制剂工艺学

（供药学、药物制剂、制药工程专业用）

姜虎林　范　军　主　编

邢　磊　吴正红　副主编

化学工业出版社

·北京·

内 容 简 介

《制剂工艺学》是一本内容丰富、实用性强的教材。全书内容涵盖制剂工艺学的基本原理、制剂工艺设计、质量控制以及新剂型的开发等多个方面，其中：第一章介绍制剂工艺学的基本概念、特点和重要性，使读者对制剂工艺学有一个全面的认识；第二至第六章详细阐述口服液体制剂、口服固体制剂、无菌制剂、半固体制剂、吸入制剂等多种剂型的制备工艺、生产控制要点、常见问题及对策，帮助读者掌握各种剂型的制备技术和质量控制方法；第七章重点介绍新型制剂工艺，如速释制剂、缓控释制剂、经皮给药制剂等，以此展示制剂工艺学的前沿技术和发展趋势；第八至第十章分别介绍中药制剂工艺、微粒制剂工艺以及生物药物制剂工艺，拓宽读者的知识面，增强本书的实用性、适用性和前沿性。

《制剂工艺学》适合药学、药物制剂、制药工程等相关专业的本科生、研究生学习使用，也适合从事药物制剂研发、生产、质量控制等工作的专业人员参考。

图书在版编目（CIP）数据

制剂工艺学 / 姜虎林，范军主编 ；邢磊，吴正红副主编． -- 北京 ：化学工业出版社，2025. 6. --（化学工业出版社"十四五"普通高等教育规划教材）（国家级一流本科专业建设成果教材）． -- ISBN 978-7-122 -48254-9

Ⅰ. TQ460.6

中国国家版本馆CIP数据核字第2025GB5020号

责任编辑：褚红喜　　　　　　　　　　文字编辑：郑金慧　朱　允
责任校对：李雨晴　　　　　　　　　　装帧设计：关　飞

出版发行：化学工业出版社（北京市东城区青年湖南街13号　邮政编码100011）
印　　装：河北鑫兆源印刷有限公司
787mm×1092mm　1/16　印张23　字数570千字　2025年6月北京第1版第1次印刷

购书咨询：010-64518888　　　　　　　售后服务：010-64518899
网　　址：http://www.cip.com.cn
凡购买本书，如有缺损质量问题，本社销售中心负责调换。

定　　价：69.80元

《制剂工艺学》编写组

主　编　姜虎林　范　军

副主编　邢　磊　吴正红

编　者（按姓氏笔画排列）

丁文军（优尼特尔南京制药有限公司）

王若宁（南京中医药大学）

王婉梅（中国人民解放军军事科学院军事医学研究院）

王朝辉（中国医学科学院药物研究所）

史亚楠（烟台大学）

司俊仁（泰州越洋医药开发有限公司）

邢　磊（中国药科大学）

刘　惠（上海华新生物高技术有限公司）

刘晶晶（安徽医科大学）

祁小乐（中国药科大学）

阮劲松（优尼特尔南京制药有限公司）

孙彦华（齐鲁制药集团有限公司）

杜丽娜（中国人民解放军军事科学院军事医学研究院）

杜若飞（上海中医药大学）

李　超（济川药业集团有限公司）

李二永（越洋医药开发（广州）有限公司）

杨浚哲（山东中医药大学）

吴正红（中国药科大学）

吴紫珩（莫纳什大学）

张雪梅（山东绿叶制药有限公司）

张晨梁（泰州越洋医药开发有限公司）

陈　凯（泰州越洋医药开发有限公司）

陈永奇（珠海瑞思普利医药科技有限公司）

陈全民（上海药明生物技术有限公司）

范　军（陕西美科奥特医药科技股份有限公司）

金义光（中国人民解放军军事科学院军事医学研究院）

周　卫（中国药科大学）

赵　骞（华润双鹤药业股份有限公司）

侯曙光（成都中医药大学）

姜虎林（中国药科大学）

程开生（合肥亿帆生物制药有限公司）

曾　佳（中国药科大学）

潘友华（江苏中天药业有限公司）

序

　　无论哪种药物，都不能直接用于患者。在临床应用之前，它们都必须制成适合于医疗、预防并具有与特定给药途径相对应的形式，此种形式被称为药物剂型。剂型是药物应用于患者并使其获得有效剂量的实体形式，是药物临床使用的最终形式。制剂工艺是将原料药和适当的辅料通过特定的制剂技术和工艺流程加工制成适合临床需要且可以应用于患者的药物制剂的过程。

　　随着时代的发展，药物制剂生产工艺已经从使用简单工具的小规模手工加工发展到大规模生产。物联网、人工智能、机器人和先进计算技术已经开始挑战传统的制剂制造方法和商业模式。第三次工业革命是由计算机和通信技术的发展推动的。网络计算、互联网和无线通信技术实现了流程和设备的更高程度自动化，在制剂行业中，连续制造等概念已经实现。此外，第三次工业革命还带来了制剂制造业的先进过程分析技术，该技术旨在近实时地提供过程和产品质量数据。我们正在迎来从工业 3.0 的自动化和数字化环境中获得的经验推动制剂制造业向工业 4.0 转型的新时代。

　　《制剂工艺学》凝聚了一批活跃在我国药物制剂生产一线的工程技术人员和国内各高校、科研院所的科研人员的集体智慧。该书还尝试性地对纳米制剂、核酸类药物制剂和细胞药物制剂生产工艺进行了介绍。希望该书的出版能激发广大读者探索制剂工艺设计的兴趣，吸引更多人投身于创新药物制剂的研发和生产，为推动我国制剂工业高质量发展贡献一份力量。

方　亮

沈阳药科大学

2025 年 4 月于沈阳

前言

药物制剂工艺学主要研究将原料药经特定的工艺流程和制剂技术加工成满足临床应用的药物制剂，是研究药物制剂的设计、制备、生产工艺、质量控制和评价等方面的学科。它是药学的一个重要分支，旨在研究如何将药物原料转化为安全、有效、稳定、易于使用的药物制剂。药物制剂工艺学涉及药物制剂的物理化学性质、制剂工艺、设备和工艺流程等方面的知识和技术，以确保药物制剂的质量、安全性和疗效。

在当今医药科技迅猛发展的时代洪流中，药物制剂工艺学日益崭露头角，成为连接药物研发与临床应用不可或缺的纽带。药物制剂不仅是药物实现疗效的基石，更是确保药物质量、安全性及患者顺应性的核心要素。因此，深入系统地学习和掌握制剂工艺学的基本原理、先进方法和技术，对于提升药品的整体品质、满足患者多元化需求以及推动医药产业的长远可持续发展，具有举足轻重的战略意义。

本教材的编写团队由具备丰富制剂科研实践经验的一线教师和拥有多年药物研发经验的企业工程师共同组成，他们在各自领域都有着深厚的专业背景和独到的见解。在编写过程中，我们广泛参考了国内外权威的相关教材和专著，力求将最全面、最准确的知识呈现给读者。同时，我们也收集了大量典型的应用实例和最新的制剂工艺案例，使教材内容更具实践性和前瞻性。

这部精心编撰的《制剂工艺学》教材，希望能成为广大读者的一部全面、系统且极具实用价值的药物制剂工艺学宝典。《制剂工艺学》的主要特色如下：

（1）实践经验与理论知识紧密结合　本教材由具备丰富制剂科研实践经验的一线教师和资深企业工程师共同编写，确保了教材内容既包含深厚的理论基础，又紧密贴合实际生产操作。

（2）内容全面且前沿　教材涵盖了从传统的制剂到新型制剂的各个方面，包括口服液体制剂、口服固体制剂、无菌制剂、速释制剂、缓控释制剂、经皮给药制剂、中药制剂、微粒制剂以及生物药物制剂等。同时，教材还融入了最新的制剂技术和研究动态，使读者能够了解制剂工艺学的最新发展趋势。

（3）**注重实际应用**　教材中不仅包含了各类制剂的制备工艺和生产质量控制要点，还结合了大量典型的应用实例和最新的制剂实例，使读者能够直观地理解和掌握制剂工艺学的实践应用。

（4）**结构清晰，易于理解**　教材每一章均从概述开始，逐步深入，内容层次分明，易于读者理解和掌握。同时，教材中还配备了丰富的图表和实例，使内容更加直观易懂。

本书可作为药学、药物制剂、制药工程等相关专业的本科生、研究生的学习教材，同时也可为从事药物制剂研发、生产、质量控制等领域的专业人士提供宝贵的参考资料。我们希望读者通过对本书的学习，将能够全面而深刻地掌握药物制剂工艺学的基本原理、前沿技术和方法，从而在提升药品质量、确保患者用药安全方面发挥积极作用。

在此，我们衷心感谢所有为本书编写付出辛勤劳动的专家和学者，以及为本书提供无私支持和帮助的单位和个人。正是有了你们的智慧与心血，本书才能得到顺利出版并成为读者学习药物制剂工艺学不可或缺的重要参考书，为推动我国医药事业的蓬勃发展贡献一份力量。

本书虽力求详尽，但难免存在不足之处。我们真诚地欢迎广大读者提出宝贵的批评与建议，以便我们能够不断修正、完善这本教材，为广大读者和从业者提供更加准确、全面的学习资料。我们珍视每一次反馈，它们将是我们持续进步的重要动力。

编者

2025 年 5 月

目录

第三章　口服固体制剂工艺　058

第四章　无菌制剂工艺　124

第五章   半固体制剂工艺   168

第六章   吸入制剂工艺   185

第七章　新型制剂工艺　　202

第八章　中药制剂工艺　　232

第九章　微粒制剂工艺　271

第十章　生物药物制剂工艺　324

第一章
绪 论

▶ 本章要点

1. **掌握**：制剂工艺学的概念，质量源于设计的内容，制剂工艺放大的主要任务，中试放大的步骤、方法及研究内容。

2. **熟悉**：制剂工艺设计，质量源于设计方法与传统方法的差异，影响药物制剂中试放大的因素。

3. **了解**：质量源于设计的工作流程，中试放大工艺参数和条件的优化选择。

制剂工艺学是研究药物制剂工艺原理，工艺生产过程及质量控制，实现制剂生产过程最优化的一门综合性技术科学。它不仅与其他基础课程紧密联系，而且与工业化生产实践密切相关，具有很强的综合性、实践性和应用性。

第一节　概述

一、制剂工艺学的研究内容

制剂工艺学（pharmaceutical technology）是一门以药剂学、工艺学及相关科学理论和技术来综合研究药物制剂的工艺及其设计的应用学科，具体研究制剂的处方、工艺特点、工艺环境、工艺流程、工艺参数、工艺放大、生产控制要点、常见问题及对策等。制剂工艺学是药物研究、开发和生产中的重要组成部分，它是研究、设计和选择最安全、最经济、最简便和最先进的药物生产途径和方法的一门学科，也是研究和选择适宜的原辅料、中间体来确定药物的最佳生产技术路线和工艺原理，实现药物制剂生产最优化的一门学科，是药学类专业中重要的课程之一。

制剂工艺学的主要内容包括固体制剂、液体制剂、半固体制剂、无菌制剂、吸入制剂、中药制剂、微粒制剂、新型制剂以及生物药物制剂的制剂工艺，以及各类药物制剂的基本概念、制备方法、工艺过程、工序洁净度、质量控制和生产控制要点等。因此，制剂工艺学是一门综合应用物理化学、有机化学、生物化学、微生物学、药物分析学、药物化学、药剂学、基因工程学、化工原理和设备等学科的理论知识，研究药物的工艺原理和生产过程的综合性工程学科。

制药工业是一个知识密集型的高技术产业，研究开发医药新产品和不断改进制剂生产工艺是当今世界各国制药企业在竞争中求得生存与发展的基本条件。它一方面要为创新药物积极研究和开发易于组织生产、成本低廉、操作安全、不污染环境的生产工艺；另一方面还要为已投产的药物，特别是产量大、应用范围广的品种，研究和开发更先进的技术路线和生产工艺。

二、制剂工艺学的研究任务

制剂工艺学是一门应用性很强的学科，虽然在长期实践中积累的丰富经验对剂型设计和制剂生产仍具有重要作用，但完全依赖于过去的经验则不能适应发展要求。对于剂型及制剂的改进和提高，若没有理论和现代技术的应用则不能真正提高科学技术水平，生产出有竞争力的产品。在面向生产的同时，也要为社会服务，发展新剂型、新制剂、新工艺、新辅料以及提高现有剂型和制剂的水平，是药物制剂工艺的首要任务。

综合应用各种技术手段为发展剂型和制剂服务，促进本学科的发展，是历史的必然，也是应用性学科先进性和前沿性的体现。各种药物递送系统，无论是缓释和控释系统，还是经皮给药系统和靶向给药系统，无不体现了现代科学与技术水平。制剂从业者应积极地从相关学科领域不断提升剂型研究、开发和生产的本领，深化剂型和制剂设计理论及制造技术，提倡多学科之间的紧密合作和优势互补，只有这样才能加快我国药物制剂的发展，促进药物制剂工艺学更趋系统化和科学化。

随着生物技术水平的不断发展，生物技术药物已成为 21 世纪新药的重要来源。自 20 世纪 80 年代初第一个人胰岛素基因工程产品上市以来，至今已有多个生物药物品种成功上市，这些药物不仅在治疗效果上取得了突破，其制剂形式也日益多样化，以满足不同疾病治疗和患者需求。在生物药物制剂方面，科研人员不断探索新型给药系统和药物递送技术，以提高药物的生物利用度、稳定性和靶向性。例如，通过脂质体、纳米粒、微球等载体技术，可以将药物包裹或嵌入其中，实现药物的缓释、控释或靶向递送，从而提高治疗效果并减少副作用。此外，口服、吸入、注射等多种给药途径的开发，也为患者提供了更加便捷和舒适的治疗选择。同时，细胞药物制剂作为生物药物的一个重要分支，也取得了显著的进展。细胞治疗，如干细胞疗法、CAR-T 细胞疗法等，通过改造患者自身的细胞并回输体内，以修复受损组织或杀灭癌细胞，为多种难治性疾病提供了新的治疗策略。在细胞药物制剂的制备过程中，科研人员需要关注细胞的来源、分离、培养、分化以及质量控制等多个环节，以确保细胞制品的安全性和有效性。

制剂工艺学的课程内容侧重于通过对药物制剂处方和工艺参数等进行有效管理，从而实现药物制剂的产业化发展。通过对本教材的学习，读者可以熟悉药物制剂工艺设计路线及思路、选择方法及工艺途径，掌握药物制备的基本方法，培养观察、分析和解决制剂工艺过程中出现问题的能力，使他们能够胜任药物生产及新产品的研究、试制等工作，为顺利适应社会生产发展的需求打下良好的基础。

三、制剂工艺学的特点

药品是直接关系到人民健康、生命安危的特殊产品。医药工业是一个特殊行业，其特殊性主要表现在以下几点。①药品质量要求特别严格。药品质量必须符合《中华人民共和国药典》（以下简称《中国药典》）规定的标准和《药品生产质量管理规范》（GMP）要求。②生产过程要求高。在药品生产中，经常遇到易燃、易爆及有毒、有害的溶剂、原料和中间体，因此，对于防火、防爆、安全生产、劳动保护、操作方法、工艺流程和设备等均有特殊要求。③药品供应时间性强。社会需求往往有突发性（如灾情、疫情和战争），这就决定了医药生产要具有超前性和必要的储备。④品种多、更新快。随着医药高质量发展按下"启动键"，医药行业不断向创新驱动转型，并加速发展。

虽然医药工业同其他工业有许多共性，但又有它自己的基本特点，主要表现在以下几个方面。

1. 高度的科学性、技术性

随着科学技术的不断发展，早期的手工作坊式的药物生产方式逐步被机器生产取代，药物制剂生产企业中现代化的仪器、仪表、电子技术和自控设备得到了广泛的应用，无论是产品设计、工艺流程的确定，还是操作方法的选择，都有严格的要求，必须依据科学技术知识，否则就难以保证正常生产，甚至出现事故。所以，只有系统地运用科学技术知识，采用现代化的设备，才能合理地组织生产，促进药品生产的发展。

随着经济的发展和人民生活水平的不断提高，对产品的更新换代要求越来越强烈，疗效差的老产品被淘汰，新产品不断产生。因此，要满足市场和人民健康的需求，药品生产者不仅要有现代化的科学知识，懂得现代化的生产技术和企业管理的要求，还要加紧研制新产品，改革老工艺和老设备，以适应制药工业的发展和市场的需求。

2. 生产分工细致、质量要求严格

医药企业包括原料药合成厂和制剂生产厂等，虽然它们的生产方法不同，但必须密切配合才能完成药品的生产任务。在现代化的制药企业中，根据机器设备的要求，合理地进行分工和组织协作，企业生产的整个过程和各道工序以及每个人的生产活动，都能同机器运转协调一致，企业的生产才能顺利进行，生产出合格的药品，否则就会影响产品的质量，甚至危害人民的健康和生命安全。所以，药品的生产分工细致，质量要求严格。我国政府颁布了《中华人民共和国药品管理法》，用法律的形式将药品生产经营管理的制度确定下来。药品生产企业必须严格遵守GMP的要求组织生产，如厂房、设施卫生环境必须符合现代化的生产要求，必须为药品的高质量生产创造良好的条件，生产药品所需的原料、辅料以及直接接触药品的容器和包装材料必须符合药用要求。研制新药，必须严格遵守《药物非临床研究质量管理规范》（GLP）和《药品临床试验管理规范》（GCP）等。

3. 生产技术复杂、品种多、剂型多

在药品生产过程中，所用的原料、辅料的种类繁多。常见的药物剂型有40多种，其中人们对脂质体、微球、缓控释制剂以及细胞药物制剂等新型复杂制剂的关注度不断上升。但无

论是普通制剂还是新型制剂，其研发与生产都是一项复杂的系统工程，包含对多种技术的应用和关键技术参数，对药品的安全性、有效性、稳定性等具有决定性作用。例如，琥珀酸美托洛尔缓释片是由缓释包衣微丸外加其他辅料混合后压制而成的，由于微丸与辅料难以混合均匀，且微丸的包衣膜容易被压碎，制备过程中尤其要注意混合后的物料转移或压片过程的振动，甚至终混物压片前放置过程中因微丸的渗滤下沉作用等因素也会引起压片不均匀问题。因此，只有加强工艺控制才能保证不同批次琥珀酸美托洛尔缓释片的质量均一、可控。

总的来说，制剂工艺研发过程中要加强对生产工艺的理解。首先，在立项阶段，就要对可能的工艺进行评估，初步了解工艺对产品质量的影响程度。其次，在研发过程中，应通过实验室工艺摸索，进一步明确关键工艺对制剂可行性及稳定性的影响，制定合适的操作工艺范围。最后，在技术转移过程中，考虑到批量及设备的变化，需要对操作工艺进行适当优化，以保障最终的复杂制剂成品不会受到影响；而对于部分放大效应比较大的药物，则要结合实际逐渐扩大生产规模。

4. 生产的比例性、连续性

生产的比例性、连续性是现代化大生产的共同要求，但药物制剂生产的比例性、连续性有其自身的特点。连续制剂工艺是指原料投入和产品产出是同时进行且成比例的，贯穿整个生产过程，强调的是生产过程的比例性、连续性，而不是各生产单元的简单拼凑。它是一个整体概念，是由个别连续单元操作连接而成的一个集成制造工艺。在生产过程中，每个工序产生的物料都被直接地送到下一个步骤进一步处理，每个工序只要产生符合标准的中间产品即可。故生产过程要有更高的工艺设计水平和更精准的工艺控制，才能生产出更优质的产品，满足人们的需求。

5. 高投入、高产出、高效益

制药工业是一个以新药研究与开发为基础的工业，新药的开发需要投入大量的资金。一些发达国家在此领域中的资金投入仅次于国防科研，这种高投入带来了显著的成效，即高产出与高效益。高产出体现在新药的不断涌现和制药工业总产值的持续增长。随着新药研发技术的不断进步，越来越多的创新药物被推向市场，这些新药不仅满足了患者的治疗需求，也为制药企业带来了丰厚的回报。某些发达国家制药工业的总产值已跃居各行业的第 5～6 位，仅次于石油、汽车、化工等，这充分展示了制药工业的高产出和高效益特性。高效益还体现在多个方面：首先，新药的成功研发为制药企业带来了巨额利润，这些利润不仅补偿了前期的研发投入，还为企业的后续发展和创新研究提供了资金支持；其次，创新药物的上市推动了医疗技术的进步，提高了疾病的治愈率和患者的健康水平，从而产生了巨大的社会效益；此外，还体现在对经济的拉动作用上，它带动了生物技术、化学原料、医疗器械等相关产业的发展，促进了就业和经济增长。

四、我国制剂工艺的发展现状及发展前景

医药产业，作为国民经济中的关键支柱产业，承载着国民健康、社会稳定与经济发展的重大使命，是公认的最具发展潜力、高投入、高效益及高度竞争性的行业之一。自 20 世纪 80 年代以来，全球医药领域经历了一场由创新药物驱动的革命，不仅推动了制药工业的飞速发

展，还促使制药行业从广义的化工行业中独立出来，与现代生物技术深度融合，形成了一个集研发、生产、销售于一体的完整医药产业体系。

在我国，医药产业的发展历程同样见证了从基础到现代、从模仿到创新的转变。1953年，我国首部《中国药典》颁布，标志着我国医药工业开始步入标准化、规范化的阶段，为提升药品质量奠定了坚实基础。此后，随着国家"七五"至"九五"计划的实施，我国医药工业体系逐步建立健全，涵盖了注射剂、软膏剂、片剂、胶囊剂等多种剂型，生产能力大幅提升。同时，国家对医药院校及科研院所的制剂研究给予了大力支持，推动了新剂型、新技术、新工艺的研发与应用。例如膜控释、脂质体、毫微囊与微球制备等技术，正在逐步应用于实际生产中。这些技术的应用使得药物在体内的释放更加可控，提高了药物的生物利用度和疗效。同时，我国也在加大对制剂技术的研发力度，致力于提高制剂产品的质量和稳定性。以片剂为例，制剂工艺的优化不仅提升了药物质量和疗效，还降低了生产成本，增强了市场竞争力。从传统的制粒—压片—包衣技术到纳米技术、3D打印技术、微流控技术等新兴技术的应用，片剂制剂工艺正经历着深刻的变革。

在此背景下，我国医药产业迎来了快速发展期，一批大型制剂企业或车间完成了符合GMP标准的技术改造，新建制剂生产厂如雨后春笋般涌现，以高技术含量取代高产量的理念逐渐深入人心。然而，机遇与挑战并存，与国际先进水平相比，我国医药产业在品种特色、质量竞争力、自我创新能力等方面仍存在差距。特别是长期存在的"重原料药、轻制剂"的发展模式，导致原料药产业强势而制剂行业薄弱，新制剂、新辅料及新技术市场被国外公司主导，制约了我国医药产业的均衡发展。

为提升我国制药行业整体水平，保障药品安全性和有效性，我国开展了仿制药质量和疗效一致性评价工作。通过这一工作，我国仿制药的质量与疗效得到了显著提升，与原研药更加接近。这不仅有助于保障患者的用药安全，也提高了我国制药行业的国际竞争力。同时，这一举措也推动了制药企业加大研发投入，提升自主创新能力。此外，我国对化学药品注册分类进行了改革，将化学药品的注册分类分为创新药、改良型新药、仿制药等共5个类别。这一改革旨在鼓励新药创制，严格审评审批，提高药品质量。同时，这也为我国制药行业提供了更加明确的发展方向和政策支持。在政策的引导下，制药企业纷纷加大新药研发力度，推动医药产业向更高质量、更高效率的方向发展。

近年来，我国医保政策和集采政策也发生了显著变化。一方面，医保政策的不断完善使得更多患者能够享受到优质的医疗服务；另一方面，集采政策的实施也显著降低了药品价格，减轻了患者的经济负担。在政策的推动下，制药企业纷纷调整产品结构，提升产品质量和竞争力，以适应市场的变化。这些政策的变化对制药行业产生了深远影响，推动了制药行业的高质量发展。

近几年暴发的全球公共卫生事件对全球制药行业都产生了巨大影响。一方面，全球公共卫生事件使得人们对健康和医药的需求更加迫切，推动了制药行业的快速发展；另一方面，应对此次全球公共卫生事件，我国制药行业在供应链、研发和生产等方面略显不足，这促使制药行业加强自身的创新能力和竞争力，加大研发投入，加快新药研发速度，以满足市场需求。

面对这一现状，新型制剂的研发与应用显得尤为重要。全球范围内，新型制剂市场以年均10%以上的速度增长，远高于医药行业平均水平。而在我国，新型制剂的使用率不足5%，远低于全球平均水平，这预示着巨大的市场潜力和发展空间。随着消费者对健康需求的升级和医药消费结构的转变，新型制剂的广泛应用将成为必然趋势，有望推动我国医药市场实现爆发式增长。

值得注意的是，新型制剂和新释药系统的开发不仅符合我国医药产业升级的需求，也符合发展中国家资源有限、时间紧迫、追求高效益和环保的实际。这些新技术不仅能快速推出新药品种，提升临床价值，满足市场需求，还能通过延长药物生命周期、提高附加值等方式，为医药行业带来显著的社会效益和经济效益。例如，脂质体、载药乳剂、口服缓控释制剂等新型释药系统在国内市场上已展现出巨大潜力，部分产品年销售额超过 10 亿元，对医药行业产生了深远影响。

展望未来，在经济发展和医疗体制改革的双重驱动下，我国医药产业将持续保持强劲的发展势头。政府政策的引导和支持、科研机构的不断创新、企业竞争力的提升以及消费者健康意识的增强，将共同推动医药产业向更高质量、更高效率、更加可持续的方向发展。通过加强国际合作，引进先进技术和管理经验，提高自主研发能力，我国医药产业有望在全球市场中占据更加重要的位置，实现从制药大国向制药强国的跨越。同时，新型制剂和新释药系统的广泛应用，将进一步提升我国医药产业的国际竞争力，为全球患者提供更多优质、高效的医药产品，为人类健康事业作出更大贡献。

五、制剂工艺的发展趋势

随着生命科学、分子药理学、材料科学及信息科学的迅猛发展，各学科之间不断交叉渗透，药物制剂的新技术、新工艺、新辅料、新设备不断涌现，使得药物制剂工艺学研究可以向更加纵深微观发展，从微米到纳米，再到分子水平，为更全面详细地研究开发药物新剂型提供更加充足的理论和方法依据。伴随着给药系统（drug delivery system，DDS）设计理念、制剂技术水平以及质量控制标准的不断提升，新型释药系统与新剂型的研究步入了更高的层次。鉴于 DDS 良好的发展势头，释药技术会更加成熟，更多的新型 DDS 产品将投放市场。

在制剂技术的研究方面，创新是主流，从品种创新、追踪创新开始，目标是原创性 DDS 和新释药技术平台，形成完整的创新体系，提升综合创新能力和推出系列化的新品种。在此过程中应充分利用最新的科学技术研究成果提高现有普通制剂水平，促进新型 DDS 的发展，以达到制剂研究的宗旨：安全、有效、质量可控、顺应性良好，使临床用药更科学化、准确化、精密化，以获得最佳临床治疗效果。不仅创新释药系统和创新释药技术需要发展，而且制药设备、给药装置、药用辅料、包装材料、检测设备等方面也需要同步发展，特别是有些创新释药系统产业化需要特殊制备工艺和制药设备或给药装置；有些创新释药系统需要与相应的新辅料进行同步开发。

第二节　制剂工艺设计

制剂工艺设计是药物生产中的核心环节，它关乎将原料药转化为适合患者使用的成品药的过程，需确保药物的质量、安全性和有效性。该过程主要包括原料药处理、制剂成型、质量控制、包装与标签等基本步骤。在制剂工艺设计中，原料药的性质、制剂类型、辅料的选择以及生产工艺参数都是关键要素。原料药的物理和化学性质直接影响制剂工艺的选择和药品质量。制剂类型则根据药物性质和治疗需求确定，影响药物的释放速度、生物利用度和患者顺应性。辅料的选择对优化制剂工艺性能和药物释放性能至关重要。同时，生产工艺参数如混合时间、搅拌速度或加热温度等，也需严格控制以确保药物质量和稳定性。

为了优化制剂工艺设计，可以积极采用新技术和新设备，如喷雾干燥技术和热熔挤出技术等，以提高药物的均匀性、稳定性和生物利用度。此外，加强质量控制和进行工艺验证也是优化策略的重要组成部分。在制剂工艺设计过程中，应实施严格的质量控制措施，实时监测和评估关键参数和成品质量。工艺验证则包括小试、中试和放大生产等多个阶段，确保工艺的稳定性和可靠性。总之，制剂工艺设计是一个复杂而精细的过程，需要综合考虑多个关键要素，并采取有效的优化策略，以确保生产出高质量、安全有效的药品。

一、制剂工艺设计的重要性

制剂工艺设计在医药产业中占据着举足轻重的地位，不仅是确保药物安全有效、质量可控的关键环节，也是提升药品生产效率、降低成本、增强市场竞争力的重要手段。制剂工艺设计重要性具体体现如下：

1. 确保药物的安全性与有效性

制剂工艺设计直接关系到药物在体内的释放、吸收、分布、代谢和排泄过程，从而影响药物的疗效和安全性。通过科学合理的工艺设计，确保药物以适宜的剂型、剂量和释放速率到达靶器官或靶细胞，发挥最佳的治疗作用，同时减少副作用和不良反应。此外，工艺设计还需考虑药物的稳定性，确保在有效期内药物的质量和疗效保持不变。

2. 提高药品质量

制剂工艺设计对药品质量的影响是多方面的。通过优化生产工艺，可以提高药物的纯度、均匀性和稳定性，减少杂质和降解产物的生成，从而提高药品的整体质量。此外，工艺设计还需考虑生产过程中的质量控制点，确保每一步操作都符合既定的质量标准和规范，以生产出合格的药品。

3. 提升生产效率与降低成本

科学合理的制剂工艺设计可以显著提高生产效率，减少生产过程中的浪费和损耗。通过优化生产流程、提高设备利用率、缩短生产周期等方式，降低生产成本，提高药品的性价比，从而增强市场竞争力。同时，制剂工艺设计的优化还可以减少能源消耗和环境污染，符合绿色生产的要求。

4. 推动医药产业创新与发展

制剂工艺设计是医药产业创新的重要组成部分。通过不断研发新的制剂技术和工艺，推动医药产业的持续进步和发展。例如，纳米技术、3D打印技术、微流控技术等新兴技术在制剂工艺中的应用，为药物的制备提供了更多的可能性和选择，也为医药产业的创新和发展注入了新的活力。

5. 满足个性化医疗需求

随着医疗技术的不断进步和人们对健康需求的日益提高，个性化医疗已成为未来发展的趋势。制剂工艺设计可以根据患者的个体差异和疾病特点，量身定制适合的剂型和剂量，以满足个性化医疗的需求。这不仅可以提高治疗效果，还可以减少不必要的药物使用和副作用，提高患者的生活质量。

6. 遵守法规与标准

制剂工艺设计还需遵守相关的法规和标准，确保生产过程的合法性和合规性。这包括药品注册法规、GMP 要求、药典标准等。遵循这些法规和标准，可以确保药品的质量和安全，同时也有助于提升企业的信誉和形象。

因此，在医药产业中，应高度重视制剂工艺设计的研究和应用，不断优化和完善工艺设计流程，以生产出更多优质、安全、有效的药品，为人类健康事业作出更大的贡献。

二、制剂工艺设计的任务和成果

1. 制剂工艺设计的任务

（1）确定流程的组成　从原料药到成品制剂，包括包装和"三废"处理，都需要经过一系列的单元操作和制剂成型步骤。确定这些单元操作和制剂成型步骤的具体内容、顺序以及它们之间的连接是制剂工艺设计的基本任务。这包括确定所需设备的类型、数量和规格，以及它们在水平和垂直方向上的布局，还有物料在流程中的流向等。

（2）确定载能介质的技术规格和流向　在制剂工艺中，常用的载能介质包括加热介质（如蒸汽）、冷却介质（如水）、压缩空气等。工艺流程设计需要明确这些载能介质的种类、规格、用量以及它们在流程中的流向。

（3）确定生产控制方法　制剂工艺中的单元操作和制剂成型步骤需要在一定的条件下进行。在工艺流程设计中，需要确定这些操作的条件和参数（如温度、压力、湿度、搅拌速度、混合时间等），并确定检测点、显示器、仪表和控制方法（手动或自动），同时，还需要确定检测仪表的安装位置和功能。

（4）确定"三废"的治理方法　制剂工艺中产生的废水、废气和固体废物（"三废"）需要得到妥善处理。在工艺流程设计中，需要确定这些废物的综合利用方法，对于暂时无法回收利用的废物，则需要制定无害化处理方案。

（5）制定安全技术措施　制剂工艺流程中可能存在安全风险，特别是在设备启停、检修等过程中。因此，在工艺流程设计中，需要制定预防、预警和应急措施，如设置报警装置、安全阀、泄放装置等，以确保生产安全。

（6）绘制制剂工艺流程图　根据以上设计内容，绘制出制剂工艺流程图，以直观展示从原料药到成品制剂的整个生产过程。

（7）编写工艺操作方法　在工艺操作说明中，详细阐述从原料药到成品制剂的每一个步骤的具体操作方法，包括原料药的名称、规格、用量，制剂成型步骤的条件和参数，控制方法，所需设备的名称、型号和规格等。

2. 制剂工艺设计的成果

制剂工艺设计的成果主要包括初步设计阶段带控制点的制剂工艺流程图和工艺操作说明，为后续的详细设计和生产实施提供基础和指导。带控制点的制剂工艺流程图直观展示了从原料药到成品制剂的整个生产过程，包括各个单元操作和制剂成型步骤的顺序、连接以及控制点。工艺操作说明则详细阐述了每个步骤的具体操作方法、条件、参数以及所需设备等，为生产人员提供了详细的操作指南。

三、设计原则

设计原则是设计过程中必须首先确定的关键要素。由于药品关乎生命，所以制剂工艺在设计之初必须做出明确规定。一般意义上讲，设计过程应该遵循以下原则。

1. 制备工艺选择

根据剂型（口服固体、液体，注射剂等）、药物的理化性质、拟达到的质量指标等因素选择最合适的制备工艺。

2. 影响产品质量的因素

考虑生产人员、生产过程、厂房、设备、环境、原辅料、包装材料、生产工艺等因素，确保这些因素不会影响最终产品的质量。

3. 工艺参数的确定

关键工艺参数应在开发阶段确定或根据历史数据确定，以确保工艺的稳定性和可控性。

4. 工艺的验证

验证工艺是否稳定、是否易于控制、是否适合大生产以及在放大生产中是否发生改变，确保工艺的可靠性和适应性。

5. 质量控制和安全性评估

制订合理的质量控制标准，对制剂进行严格的质量控制和安全性评估，确保制剂在生产、储存和使用过程中具有足够的稳定性和安全性。

6. 优化生产工艺

通过优化生产工艺来降低生产成本，提高经济效益，同时确保药物活性成分在制剂中的含量和纯度达到规定标准。

7. 合理利用资源和能源

减少对环境的负面影响，合理利用资源和能源，符合可持续发展的要求。

这些原则既确保了制剂工艺的有效性、安全性和经济性，同时也考虑了环境保护的需求。

四、设计思路

制剂工艺设计是一项比较繁杂的设计过程，其中包含众多的考虑因素，但是从大体上讲，也有比较概括性的设计思路。制剂工艺流程为基础，最终是为药品的顺利生产服务。因此，保证工艺的严格执行，高质、高效地完成工艺十分重要。

随着技术发展和进步，行业竞争越来越激烈，以及国家对药品生产实行严格、规范化管理，在制剂工艺设计中，质量、安全、经济等因素的影响更显重要。根据多方面的要求和考虑，按照各项要求的轻重缓急划分出合理的设计优先顺序，在设计过程中逐项达到要求，并在优化的基础上，做出优中选优的最终方案，这是在设计中首先要明确的思路。如满足工艺、设备精简、洁净区集中、环保处理统一进行、人员操作方便、人流人性化、物流路径短等，即可以作为一种设计思路以供选择。

制剂工艺设计过程需要考虑的方面比较多，虽有一个比较明确的设计过程，但是实际操作过程中往往有各个过程步骤相互交叉的情况出现，需要具体情况具体分析。

工艺流程是设计的前提和基础，制剂工艺设计的所有工作，都围绕着工艺流程展开。一般把工艺流程用图解（框图）的形式表示出来，例如由原辅料到制得成品的过程中，物料发生的变化及流向，采用哪些药剂加工方式（主要指物理过程、物理化学过程）和设备，以及洁净区域等。工艺流程的确定，为进一步进行中试放大、设备选型设计等提供依据和参考。

图 1-1 至图 1-5 为几种典型制剂工艺流程框图举例。

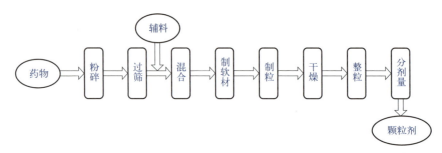

图 1-1　颗粒剂生产工艺流程简图

图 1-2　吸入气雾剂生产工艺流程简图

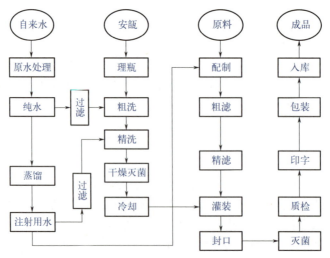

图 1-3　注射剂生产工艺流程简图

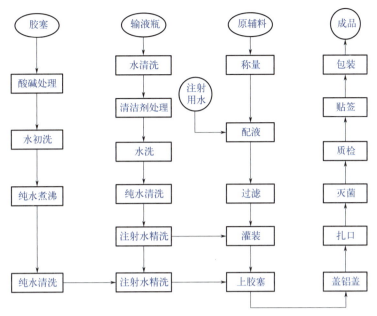

图 1-4   玻璃瓶装大输液生产工艺流程简图

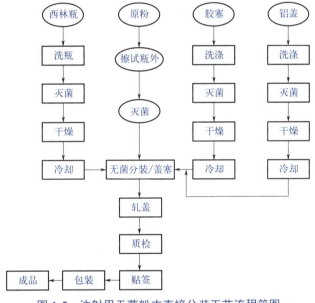

图 1-5   注射用无菌粉末直接分装工艺流程简图

五、工艺设计的技术方法

1. 工艺设计的基本方法——方案比较

（1）**方案比较的意义**   制剂工业生产中，一个工艺流程往往可以通过多种方案来实现。以片剂的制备为例，固体间的混合有搅拌混合、研磨混合与过筛混合等方法；湿法制粒有三步制粒法（混合、制粒、干燥）和一步制粒法；包衣方法有滚转包衣、流化包衣、压制包衣等。只有根据药物的理化性质和加工要求，对上述各工艺流程方案进行全面的比较和分析，才能产生一个合理的片剂制备工艺设计方案。

（2）**方案比较的判据**　进行方案比较，首先要明确判断依据。在制剂工程中，常用的判据有：药物制剂产品的质量、产品收率、原辅料及包装材料消耗、能量消耗、产品成本、工程投资、环境保护、安全等。制剂工艺设计应以采用新技术、提高效率、减少设备、降低投资和设备运行费用等为原则，同时也应综合考虑工艺要求、工厂或车间所在的地理和气候环境、设备条件和投资能力等因素。

（3）**方案比较的前提**　进行方案比较的前提是保持药物制剂工艺的原始信息不变，如：制剂工艺的操作参数，如单位生产能力、工艺操作温度、压力、生产环境（洁净度、湿度）等原始信息，设计者是不能变更的。设计者只能采用各种工程手段和方法，保证实现工艺规定的操作参数。

2. 工艺设计的技术处理

当生产方案明确后，必须对工艺进行技术处理。在考虑工艺的技术问题时，应以工业化实施的可行性、可靠性和先进性为基点，综合权衡多种因素，使工艺满足生产、经济和安全等诸多方面的要求，实现优质、高产、低成本、安全等综合目标，因此，进行工艺设计的技术处理时应考虑下述主要问题。

（1）**操作方式**　制剂工艺操作方式有连续操作、间歇操作和联合操作。无论采用哪一种操作方式，都要因地制宜。

① 连续操作。连续操作具有设备紧凑、生产能力大、操作稳定可靠、易于自动控制、成品质量高（符合GMP要求）、操作运行费用低等一系列优点。因此，对于生产量大的产品，制剂工艺上一般都采用连续操作方式。例如，在水针剂生产中，除了灭菌工序外，从洗瓶到灌封以及从可见异物检查到印包都实现了连续化生产操作，大大提高了水针剂生产的技术水平。又如抗生素粉针剂的生产，一般需经过以下过程：粉针剂玻璃瓶的清洗、灭菌和干燥，药物粉末的充填及盖胶塞、轧封铝盖，半成品检查，贴签，装盒，装箱。目前，国外许多公司已有成套粉针剂生产联动线及单元设备，实现了上述粉针剂生产过程的连续自动化，避免了间歇操作时人体接触、空瓶待灌封等对产品带来的污染，从而保证并提高了产品的生产质量。

② 间歇操作。间歇操作是我国制剂工艺目前主要采用的操作方式。这主要是因为制剂产品的产量较小，国产化连续操作设备尚未成熟，原辅料质量不稳定，技术工艺条件及产品质量要求严格等。目前采用间歇操作的多数制剂产品不是不应该连续化（自动化），而是制剂技术条件达不到。从国外制药工业发展情况看，广泛采用先进的连续化操作生产线（联动线）是制药工业向专业化、规模化方向发展的必然趋势，也是促进我国制药企业全面实施GMP、与国际接轨的有效途径。

③ 联合操作。在不少情况下，制剂工艺采用联合操作，即连续操作和间歇操作的联合。这种组合方式比较灵活。在整个生产过程中，可以是大多数过程采用连续操作，而少数过程为间歇操作的组合方式；亦可以是大多数过程采用间歇操作，而少数为连续操作的组合方式。例如片剂的制备工艺过程，制粒为间歇操作，压片、包衣和包装可以采取连续操作方式。

（2）**确定主要制剂过程及机械设备**　操作方式确定以后，工艺设计应该以工业化大规模生产的概念来考虑主要制剂过程及机械设备。例如，以间歇式浓缩法配制水针剂药液，在实验室操作很简单，只需玻璃烧杯、玻璃棒和垂熔玻璃漏斗，将原料加入部分溶剂中，加热过滤后再加入剩余溶剂混匀精滤即可。但是这个简单的混合过程在工业化生产中就变得复杂起来，必须考虑以下一系列问题：①要有带搅拌装置的配料罐；②配制过程是间歇操作，要配置溶剂计量罐，该溶剂若为混合溶剂，情况更复杂；③由车间外供应的原料和溶剂不是连续提供，则应考虑输送方式和储存设备；④将溶剂加入溶剂计量罐中的方法，如果采用泵输送，则需配置进料泵；⑤固体原料的加入方法；⑥根据药液的性质及生产规模选择滤器；⑦确定过滤方式是静压、加压还是减压。

综上所述，工业化生产中药液的配制工序，至少应确定备有配料罐、溶剂计量罐、溶剂贮槽、进料泵、过滤装置等主要设备。

（3）保持主要设备能力平衡，提高设备的利用率　制剂工艺中，制剂加工过程是工艺的主体，制剂加工设备及机械是主要设备。在设计工艺时，应保持主要设备的能力平衡，提高设备的利用率。若引进成套生产线，则应根据药厂的制剂品种、生产规模、生产能力，来选定生产联动线的组成形式，并确定由什么型号的单元设备配套组成，以充分发挥各单元设备的生产能力，保证联动线最佳生产效能。

（4）确定配合主要制剂过程所需的辅助过程及设备　制剂加工和包装的各单元操作（如粉碎、混合、干燥、压片、包衣、充填、配制、灌封、灭菌、贴签、包装等）是制剂生产工艺流程的主要内容，设计时应以单元操作为中心，确定配合完成这些操作所需的辅助设备、公用工程及设施、介质（水、压缩空气、惰性气体）及检验方法等，从而建立起完整的生产过程。

例如，包糖衣过程是片剂车间的主要制剂加工过程之一，除了考虑包衣机本身外，尚需考虑：①片芯进料方式（人工加料或者机械输送）；②包衣料液的配制、储存及加入方式；③包衣机的动力及鼓风设备；④包衣过程的除尘装置；⑤包衣片的打光处理；⑥操作环境（洁净度、空气湿度）；⑦包衣机的清洗保养。

（5）其他　还应考虑物料的回收、套用，节能，安全等问题；合理地选择质量检查和生产控制方法等。

第三节　质量源于设计

尽管药品的生产研发过程因药品类型、研发目标和生产条件的不同而各具特色，但所有过程都致力于达到一个共同的目标：生产出符合质量标准、安全有效且能够满足患者需求的药品。国际上药品质量管理的理念不断发生变化，经历了从"检验控制质量"到"生产控制质量"再到"质量源于设计"（quality by design，QbD）的过程。这意味着从药品研发的初期阶段起，就必须将最终产品的质量纳入考量范畴。在配方设计、工艺路线确定、工艺参数选择以及物料控制等各个环节，都需要开展深入细致的探究，并积累充足且准确的数据。基于这些数据，能够确定出最优的产品配方和生产工艺。遵循 QbD 的理念，不但可以更加保证药品的安全有效性与质量可控性，同时还可以大大提高药品的生产效率，减少物料损耗。

一、质量源于设计的概述

传统的处方设计、研究思路和方法往往采用单变量的实验方法来优化处方和工艺参数，得出最优处方，并根据其实验数据来确定质量标准。然而，实际生产中不同的原辅料来源、不同的设备常常使成品的检测数据偏离设定的质量指标，导致产品报废率高甚至大规模召回。因此，人们认识到，在制剂研究中不能简单地追求一个最优处方，而是应该对处方和工艺中影响成品质量的关键参数及其作用机制有系统的、明确的认识，并对它们的变化范围对质量的影响进行风险评估，从而在可靠的科学理论的基础上建立制剂处方和工艺的设计空间。实际生产中可以根据具体情况，通过在设计空间的范围内改变原料和工艺参数，保证药品的质量。

质量源于设计是在充分的科学知识和风险评估基础上，始于预设目标，强调对产品与工艺的理解及过程控制的一种系统优化方法。质量源于设计是目前国际上推行的先进理念，该理念已逐渐被整个工业界所认可并实施，且被 ICH（国际人用药品注册技术协调会）纳入药物开发和质量风险管理中。在 ICH 发布的 Q8 药物研发中指出，质量不是通过检验注入产品中，而是通过设计赋予的，要想获得优良的设计，就必须加强对产品的理解和对生产的全过程控制。美国食品药品管理局（Food and Drug Administration，FDA）认为，产品的设计要符合患者的需求，设计的过程要始终符合产品的质量特性，充分了解各类成分及过程参数对产品质量的影响，充分寻找过程中各种可变因素的来源，不断地更新、持续改进和监测过程以保证稳定的产品质量。QbD 是《动态药品生产管理规范》（current good manufacture practices，cGMP）的基本组成部分，是科学的、基于风险的、全面主动的药物开发方法，从产品概念到工业化均精心设计，是产品属性、生产工艺与产品性能之间关系的透彻理解。

二、质量源于设计的基本内容

1. 目标产品质量概况（quality target product profile，QTPP）

QTPP 是对产品质量属性的前瞻性总结。具备这些质量属性，才能确保预期的产品质量，并最终保证药品的有效性和安全性。目标产品质量属性是研发的起点，应该包括产品的质量标准，但不局限于质量标准。

2. 关键质量属性（critical quality attribute，CQA）

CQA 是指产品的某些物理和化学性质、微生物学或生物学（生物制品）特性，必须在一个合适的限度或范围内分布时，才能确保预期产品质量符合要求。通过进行工艺试验研究和风险评估，可确定关键质量属性。

3. 关键物料属性（critical material attribute，CMA）

CMA 是指对产品质量有明显影响的关键物料的理化性质和生物学特性，这些属性必须限定和控制在一定范围内，否则将引起产品质量的变化。

4. 关键工艺参数（critical process parameter，CPP）

CPP 是指一旦发生偏移就会对产品质量属性产生很大影响的工艺参数。在生产过程中，必须对关键工艺参数进行合理控制，并且在可接受的区间内操作。有些参数虽然会对质量产生影响，但不一定是关键工艺参数。这完全取决于工艺的耐受性，即正常操作区间（normal operating range，NOR）和可接受的区间（proven acceptable range，PAR）之间的相对距离。如果它们之间的距离非常小，就是关键工艺参数；如果距离大，就是非关键工艺参数；如果偏离中心，就是潜在关键工艺参数（图 1-6）。

图 1-6　非工艺关键参数、关键工艺参数和潜在关键工艺参数

5. 设计空间（design space）

设计空间是指经过验证能保证产品质量的输入变量（如物料属性）和工艺参数的多维组合和相互作用，目的是建立合理的工艺参数和质量标准参数。设计空间信息的总和构成了知识空间，其来源既包括已有的生物学、化学和工程学原理等文献知识，也包括积累的生产经验和开发过程中形成的新发现和新知识。在设计空间内运行的属性或参数，无须向药监部门提出申请即可自行调整。如果超出设计空间，需要申请变更，经药监部门批准后方可执行。合理的设计空间并通过验证可减少或简化药品批准后程序的变更。

6. 工艺生命周期管理

产品生命周期就是从产品研发开始，经过上市，到产品退市和淘汰所经历的所有阶段。工艺生命周期就是产品的生产工艺开发和改进贯穿于整个产品生命周期。在这个过程中，需定期评估生产工艺的性能和控制策略，系统管理涉及原料药及其工艺的知识，如工艺开发活动、技术转移活动、工艺验证研究、变更管理活动等。还应不断加强对制药工艺的理解和认识，采用新技术和新知识持续改进工艺。

三、质量源于设计的工作流程

质量源于设计（QbD）的内涵是：通过运用科学知识和风险分析，对目标产品进行理解，以预定制剂产品的质量属性为起点，确定原料药关键质量属性；基于对工艺的理解，采用风险评估，提出关键工艺参数或关键物料属性，进行多因素工艺研究，开发设计空间；基于过程控制，采用风险质量管理，建立一套稳定的工艺控制策略，确保产品达到预期设计标准。QbD 的工作流程见图 1-7。

QbD 将风险评估和过程分析技术、实验设计、模型与模拟、知识管理、质量体系等重要工具综合起来，应用于药品研发和生产，建立可以在一定范围内调控变量，排除不确定性，保证产品质量稳定的生产工艺，而且还可以持续改进，实现产品和工艺的生命周期管理。传统方法和 QbD 方法的差异见表 1-1。

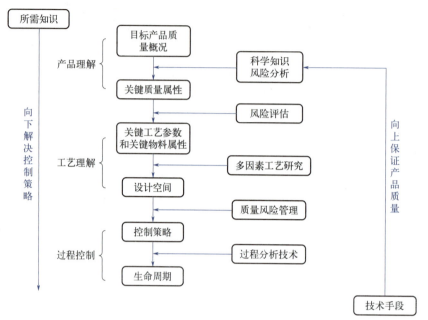

图 1-7　QbD 的工作流程与实施过程

表 1-1　传统方法与 QbD 方法的差异

项目	传统方法	QbD 方法
研发方式	单变量实验，确定与原料药有关的潜在关键质量属性，建立一个合适的模型	多变量实验，评估细化理解生产工艺，辨识物料属性和工艺参数与 CQA 的关系
工艺参数	设定工艺参数，在固定范围内操作	工艺参数和单元操作，在设计空间内运行
控制策略	可大量重复的工艺验证	结合质量风险管理，建立优化控制策略
过程控制	离线分析，应答慢	采用过程分析技术（PAT）工具，实时监测，过程操作可溯源
产品质量控制	中间体和成品的检验	用设计（研发）来保证质量
管理	对问题做出响应，通过采取被动整改措施和纠错解决问题，侧重于遵守法规	针对问题有预防性措施，持续改进，在设计空间内调整无须监管部门批准，实现全生命周期管理

　　基于 QbD 理念，药物制剂产品开发的第一步是确定 QTPP。首先需要分析其临床用药需要。不同的疾病和不同的用药情景下，适宜的给药方式和制剂形式往往不同。例如针对全身作用的药物，如果希望患者自行用药，一般应考虑研制口服制剂；但是如果需要治疗疾病的常见症状是恶心、呕吐，就应该避免口服，而是采用注射、经皮或栓剂等给药形式；如果患者用药时神志不清，不能自主吞咽或者是急救用药，应该考虑开发为注射剂；如果是慢性病长期用药，应考虑使用非注射给药的剂型或采用缓释长效注射剂型。

根据目标产品质量概况，进一步确定关键质量属性，并系统地研究各种处方和制剂工艺因素对于关键质量属性的影响及影响机制，选择能够保证产品质量的各个处方和工艺参数的范围，将其作为产品的设计空间，并应用在线检测技术，保证处方和工艺在设计空间中正常运行。这就是 QbD 理念下的药物制剂工艺设计和研究的新思路和新方法。在应用 QbD 时，以下 3 个关键因素需重点关注：①工艺理解。依照 QbD 理念，产品的质量不是靠最终的检测来实现的，而是通过工艺设计出来的，这就要求在生产过程中对工艺过程进行"实时质量保证"，保证工艺的每个步骤的输出都是符合质量要求的。要实现"实时质量保证"，就需要在工艺开发时明确关键工艺参数，充分理解关键工艺参数是如何影响产品关键质量属性的。这样在大生产时，只要对关键工艺参数进行实时监测和控制，保证关键工艺参数是合格的，就能保证产品质量达到要求。②设计空间。设计空间是指一个可以生产出符合质量要求的参数空间。其优势在于为工艺控制策略提供一个更宽的操作面，在这个操作面内，物料的既有特性和对应工艺参数无须重新申请就可以进行变化。如果设计空间与生产规模或设备无关，在可能的生产规模、设备或地点变更时无须补充申请。③工艺改进。持续地改进和提高是 QbD 理念的一部分，能够提高实际生产中的灵活性，并且使关键技术能够在研发和生产之间得到交流。如果 CQA 的变异不在可接受的范围内，就要进行调查分析，找出原因并实施改进纠正措施。如果知道导致 CQA 产生变异的原因，可以使用现有的质量标准或操作规程对修改后的工艺进行测试，以证明新的控制策略达到了目标效果。

第四节　制剂工艺放大

新药研究的最终目的是生产出质量合格的药品，供临床应用。新药投入生产前，必须研制出一条成熟、稳定、适用于工业生产的工艺技术路线。药物制剂产品研究要经过实验室研究、小试、中试和工业生产这些过程。因此制剂工艺放大一般定义为在批量增加生产中所使用的工艺，也就是把实验室研究、小试确定的工艺路线与条件在中试工厂（车间）进行验证，最终在工业化生产中开展的试验研究。工艺放大可以认为是把相同的工艺应用到不同批量中的过程。但两个概念之间有微小的差别：批量的增加并不总是意味着处理量的增加。

制剂工艺放大的核心目标在于将实验室阶段初步验证的制剂处方与制备流程成功转化为适合大规模、高效率且质量稳定的工业化生产工艺。这一过程是从科研探索到迈向市场应用的关键桥梁，确保了最终药品能够满足临床需求及监管标准。制剂工艺放大历经从实验室小规模试验、中试放大直至工业化生产的逐步过渡，每一步都至关重要，其中中试放大作为连接实验室与生产的纽带，扮演着不可替代的角色。

一、中试放大

在制剂研发的早期阶段，实验室通过小规模的摸索试验，初步筛选出具有潜力的处方组成与制备工艺。然而，这些在微量或小型设备上得出的最优条件，往往难以直接应用于大型生产设备，因为规模的变化会显著影响物料的混合均匀性、干燥速率、填充效率等多个方面。此外，不同设备的物理特性（如搅拌速度、温度控制精度、压力分布等）也会带来工艺参数的差异。因此，中试放大阶段显得尤为重要。它通过在更接近实际生产规模的设备上模拟生产环境，对实验室确定的工艺进行全面而细致的验证与优化。这一过程中，研究人员需细致观察并记录每一步操作的变化，如原料的溶解性、混合均匀性、制剂的成型性与稳定性以及产品的关键质量属性等，以识别并解决潜在的工艺瓶颈。通过调整工艺参数（如温度、时间、搅拌速度、物料配比等）、优化设备配置或引入新的辅助技术，确保放大后的工艺既能保持产品质量的均一性和稳定性，又能有效提升生产效率，降低成本。总之，中试放大是一个高度综合且复杂的过程，它要求科研人员、工程师与生产团队紧密协作，通过科学的实验设计、严谨的数据分析以及不断地迭代优化，最终将科研成果转化为安全、有效、高质量的药品，满足广大患者的健康需求。

1. 中试放大研究的主要任务

中试放大是对已确定的工艺路线的实践审查，不仅要考察收率、产品质量和经济效益，而且要考察工人的劳动强度。中试放大阶段对车间布置、车间面积、安全生产、设备投资、生产成本等也必须进行谨慎地分析比较，最后确定工艺操作方法、工序的划分和安排等。确定工艺路线后，每步工序不会因小试、中试放大和大型生产条件不同而有明显变化，但各步最佳工艺条件，则可能随实验规模和设备等外部条件的不同而需要调整。中试放大是从药品研发到生产的必由之路，也是降低工业化实施风险的有效措施，是连接实验室工艺和工业化生产的桥梁，可为工业化生产积累必要的经验和试验数据，具有重要意义。

中试放大阶段的研究内容或研究任务应根据不同情况，分清主次，有计划、有组织地进行，具体归纳为以下几点。

（1）完善生产工艺路线，确定工艺生产条件 在一般情况下，单元操作的方法和生产工艺路线在实验室阶段就应基本选定，小试研究后新药制剂工艺基本上是确定的，但工艺的各个操作环节及制备工艺条件会随着实验规模和设备等外部条件的不同而改变，因此实验室研究可能无法预测新制剂的制备方法是否适合工业生产，必须进行多次的中试放大研究，解决生产中可能出现的工艺技术和质量问题，才能完善生产工艺路线，确定生产工艺条件。例如，以乙基纤维素等辅料作为片剂缓释骨架材料时，一般要求粉末细度达到100目。在实验室研制阶段，由于实验室研究所需的该辅料量较少，研究人员多采取过100目筛的方法，取得粉末细度符合要求的该辅料，因此在小试的工艺中没有粉碎这一环节。但在中试放大时发现，从可操作性和经济成本方面考虑，均无法仅采用筛选操作对原辅料进行前处理，故需要对辅料进行粉碎，从而达到所需的粒度。因此，中试放大过程中就要对原辅料的粉碎方法、粉碎条件及粉碎的可行性进行试验。根据试验结果，调整制备工艺路线，选择最佳粉碎条件。

此外，在中试阶段由于物料处理量增加，有必要考虑后处理的操作方法如何适应工业生产的要求，特别要注意缩短工序，简化操作，研究采用新技术、新工艺，以提高劳动生产率。在加料方法和物料输送方面应考虑如何减轻劳动强度，尽可能采取自动加料和管线输送，最后通过中试放大确定生产工艺流程和操作方法。

（2）选用合适的设备，满足生产工艺条件 从实验室研究开始，研究人员就应考虑工业生产设备的选用和生产线的布置。中试放大时的处方、制备原理、工艺路线与实验室研究结果是一致的，但实验室所用的仪器设备与工业生产设备是不同的。在中试阶段处理的物料量加大，因而有必要考虑操作方法如何适应工业生产的要求，注意缩短工序时间，简化操作工序。进行中试放大时应选择所需设备材质和型式，并验证其适用性。首先，针对药物制剂中可能涉及的腐蚀性、氧化性或还原性成分，设备材质的选择需尤为慎重。例如，对于某些特殊药物成分，如含有卤素或强氧化剂的制剂，可能需要选用更为专业的耐腐蚀合金材料。在型式选择上，需考虑药物制剂生产的具体工艺需求。例如，对于固体口服制剂的中试放大，混合与制粒设备是关键。此时，应选择具有高效混合能力和精确控制制粒过程的设备，如高效混合机、流化床制粒机等，以确保药物的均匀性和稳定性。对于液体或半固体制剂，如口服液、软膏等，则需要选择适合搅拌、均质和灌装的设备，如高速分散机、胶体磨和灌装机，以保证产品的细腻度和灌装精度。此外，设备还应具备良好的密封性和清洁性，以满足药物制剂生产的高卫生标准。在设备选型时，应考虑选择易于拆卸、清洗和消毒的设备，以有效防止交叉污染，确保产品的安全性和有效性。

（3）**初步核算成本，做好原辅料的评价**　中试放大过程中根据原辅料消耗、水电消耗及劳动成本等对产品成本进行初步核算。在核算成本过程中，应注意做好原辅料的评价，生产过程中应注意辅料的品种、品牌、规格和生产厂家可能会更换。这种更换必须通过中试放大来证实其不影响药品的质量。如两个厂家生产的羟丙甲纤维素均符合《中国药典》标准，但采用该辅料以同一处方、同一工艺生产的骨架型缓释片出现质量差异，经过中试研究发现两者的颗粒度和羟丙基含量上存在差异，进而引起缓释片释放的差异。

（4）**原辅料和中间体的质量监控**　为获得质量可控的制剂产品，需严格监控原辅料和中间体的物理性质（如比热、密度、黏度、粒度）、化学性质（纯度、杂质、含量与稳定性）及微生物限度（无菌检查、微生物限度检查）。同时，根据中试经验修订质量标准，确保符合最新法规。实施有效的监控体系，定期分析数据，加强人员培训，确保质量监控工作的准确性和有效性。

（5）**为后续研究工作提供样品**　供质量标准制订、稳定性研究、临床研究用样品应是经中试研究的成熟工艺制备的产品。中试过程中应考察工艺、设备及其性能的适应性，加强制备工艺关键参数的考核、修订，完善适合生产的制备工艺，提供中试生产数据，包括投料量、辅料用量、质量指标、成品量及成品率等，提供现行版《中国药典》制剂通则要求的一般质量检查、微生物限度检查和含量测定的相关数据。

（6）**修订完善质量标准**　由于实验室研究条件与实际生产条件不一定完全一致，因此中试制备的样品应按质量标准进行检查，以考察其成分在大量生产情况下是否有变化，同时对质量标准是否能有效地控制新药在工业化生产过程中的质量进行评价。制订或修订中间体和成品的质量标准以及分析鉴定方法，为修订完善质量标准提供依据。如在中试放大阶段研究发现，羟丙甲纤维素的粒度与羟丙基的含量会影响骨架型缓释片的质量。因此，羟丙甲纤维素的质量标准中应增订粒度限度检查和修正羟丙基含量下限指标，为大生产有效消除辅料质量差异导致的成品质量差异。

（7）**安全生产与"三废"防治措施的研究**　实验室阶段由于物料量少，对安全与"三废"问题只能提出些设想，但到中试阶段，由于物料处理量增大，安全生产与"三废"问题明显地凸显出来，因此，在这个阶段应对使用易燃、易爆和有毒物质的安全生产与劳动保护及"三废"处理等问题进行研究，提出妥善的安全技术措施。

2. 中试放大的步骤和方法

（1）**中试放大的步骤**　①中试放大工艺的设计；②中试放大生产关键工艺参数的确定；③设备操作参数的优选；④中试放大过程优化设计；⑤物料平衡计算；⑥工艺验证；⑦稳定

性研究。

（2）**中试放大的主要方法**　①建立有较强适用性的中试车间。随着制剂新技术的发展，可建立适应性很强的中试车间，进行多种产品的中试放大或者多品种小批量生产。中试车间在设计上需符合 GMP 的要求，能控制室内温度、湿度、洁净度，主要设备类型与生产使用的设备相同。经这样的中试车间研究所得的中试放大的处方及工艺的影响因素较少，工艺条件、制备方法用于大生产时有较大的适应性。②在生产线上实施全程小批量试验。如注射剂的实验室批量与生产批量之间的差异远比固体制剂大，而且同类小型设备较少，加之中试放大试验区域应符合 GMP 的要求，因此，注射剂的中试研究可在生产线上进行。中试放大批量在正常情况下由设备大小、原料以及生产量的经济性来决定，中试放大的生产量一般为大生产的十分之一以上。

二、影响中试放大的因素

1. 放大效应

制剂工艺放大过程是一个复杂且精细的系统，存在许多在小试中未知的问题。因此，如果不采取调整措施，简单地对小试的操作进行放大，将导致最终产品的数量和质量变化。这种因为过程规模变大导致的原有指标不能重复的现象称为放大效应（scale-up effect）。在制剂工艺中，放大效应不仅涉及物理参数的变化，如设备尺寸、物料处理量、搅拌速度等，还涉及物料传递、热传递等多个层面的复杂变化。这些变化可能导致工艺稳定性下降、产品质量波动、生产效率降低等问题。

为了应对放大效应带来的挑战，制剂研发人员需要在中试放大阶段进行细致的工艺优化和调整。这包括重新评估和调整工艺参数，以确保工艺的稳定性和可控性；对关键设备进行改进或定制，以适应中试或大规模生产的需要；加强物料管理和质量控制，确保物料属性的一致性和稳定性。此外，制剂研发人员还需要密切关注中试放大过程中的数据变化，及时发现和解决问题。通过不断地试验和优化，逐步建立稳定、可控的中试放大工艺，为后续的大规模生产奠定坚实的基础。

2. 原辅料的差异

因原辅料来源不同，导致制剂放大失败的现象也屡见不鲜。在制剂工艺过程中，原辅料的差异是导致制剂放大失败的一个关键因素。这种差异主要源于原辅料来源的不同，包括原料产地与品质、加工与提取工艺、辅料种类与性质以及批次间的差异。不同厂家的原料药，因合成制备工艺不同，其含量和晶型会有所差异。这些差异在中试放大阶段可能会进一步放大，导致制剂的质量不稳定或疗效不佳。辅料在制剂中同样起着重要作用，不同种类的辅料具有不同的性质和用途。如果中试放大阶段使用的辅料与实验室研究阶段存在差异，也可能会导致制剂的质量不稳定或工艺失败。即使是同一厂家、同一加工和提取工艺的原辅料，不同批次之间也可能存在差异。这种差异可能源于原材料的生产周期、加工条件等多种因素，同样会对制剂的质量产生影响。

为了应对原辅料差异导致的制剂放大失败，需要采取一系列措施。首先，在中试放大阶段前对原辅料进行严格的筛选和检测，确保其质量和性质符合制剂的要求。其次，根据原辅料的性质和制剂的要求，优化加工和生产工艺，提高有效成分的含量和纯度。同时，加强原辅料的质量控制，确保其种类、性质和用途符合制剂的要求。最后，建立批次间的质量控制体系，对原辅料的批次进行严格的监控和管理，确保不同批次之间的原辅料质量和性质保持一致。这些措施的实施可以有效减小原辅料差异对制剂质量的影响。

3.设备因素

在制剂中试放大过程中，设备因素是一个不可忽视的重要环节。设备的性能、规格、精度以及稳定性等方面的差异，都可能对制剂的质量产生显著影响。不同厂家或型号的设备，在制造工艺、材料选择、控制系统等方面存在差异，这些差异可能导致设备在运行过程中的稳定性、准确性和重现性有所不同。例如，混合设备的搅拌速度和均匀度、干燥设备的温度控制和湿度控制等，都可能影响制剂的均匀性和稳定性。此外，设备的维护和保养状况也对制剂质量至关重要。如果设备未能得到及时、有效的维护和保养，可能会导致其性能下降、精度降低，从而影响制剂的质量。

为了应对设备因素导致的制剂中试放大问题，需要采取一系列措施。首先，在设备选型时，应充分考虑制剂工艺的需求和设备的性能特点，选择最适合的设备。其次，在使用过程中，应定期对设备进行维护和保养，确保其处于良好的工作状态。同时，还应建立设备的质量管理体系，对设备的性能进行定期检测和评估，以确保其满足制剂工艺的要求。

4. 工艺因素

工艺因素是制剂中试放大过程中最为复杂和关键的一环。工艺参数的设定、工艺步骤的安排以及工艺过程的控制等，都可能对制剂的质量产生决定性影响。中试放大阶段，工艺参数的微小变化都可能对制剂的质量产生显著影响。例如，温度、压力、时间等参数的波动，都可能导致制剂的物理性质、化学性质或生物活性发生变化。此外，工艺步骤的安排和工艺过程的控制也是影响制剂质量的重要因素。如果工艺步骤不合理或控制不严格，可能会导致物料混合不均匀、反应不完全或产生杂质等问题，从而影响制剂的质量和疗效。

为了应对工艺因素导致的制剂中试放大问题，需要采取一系列优化措施。首先，在中试放大前，应对工艺参数进行充分的研究和优化，确定最佳的工艺参数范围。其次，在工艺过程中，应严格控制各项参数，确保其在设定的范围内波动。同时，还应加强工艺过程的监控和检测，及时发现和解决潜在的问题。

5. 生产环境因素

生产环境因素也是影响制剂中试放大的重要因素之一。生产环境的温度、湿度、光照、洁净度等条件，都可能对制剂的质量产生影响。例如，温度的变化可能影响物料的稳定性和制剂的溶出度等性质；湿度的变化可能导致物料吸湿或干燥不充分，从而影响制剂的质量和稳定性；光照可能导致某些药物发生光解作用或氧化反应，从而降低疗效；洁净度不足则可能导致微生物污染等问题。

为了应对生产环境因素导致的制剂中试放大问题，需要采取一系列措施。首先，应建立严格的生产环境管理制度，确保生产环境符合制剂工艺的要求。其次，应定期对生产环境进行监测和评估，及时发现和解决潜在的环境问题。同时，还应加强员工的培训，强化员工对生产环境因素影响制剂质量的意识，确保他们了解并遵守相关的生产环境管理规定。

三、中试放大工艺的优化选择

在小试处方及工艺的基础上，根据现有中试设备放大试验的设计，以成品制剂的质量为标准，在 GMP 条件下采用中试设备确定中试放大生产过程中的关键工艺参数，调整处方，确定最佳的制备工艺条件和处方组成。

剂型的种类很多，每种剂型所用的辅料不同，成型的方式不同，生产过程各有特点，如注射剂、片剂、栓剂的生产工艺各不相同。即使同类剂型，由于原料药、辅料、处方不同，也会有差异。因此，中试生产要结合剂型特点，适应大生产的需要，认真做好中试生产工艺的设计。应根据剂型特点、处方内容、原辅料的性质和制剂规格，对可能影响制剂质量的各种因素如粉碎、混合、制粒等工序，以及灭菌消毒方法等逐项进行研究。对生产过程中所用的原料药、辅料、溶剂、半成品和成品进行检验，从而生产出优良的制剂。此外，还要注意简化制剂工艺，提高劳动生产率，降低成本。

考虑到对人类健康具有快速直接的影响，制药业更有理由达到高技术水平，通过自动化系统确定产品质量，以及认知和尽可能降低差异源。即使不考虑上述原因，制药业还是应该支持并拥护以模型为基础进行优化的方法，这种方法既能够降低产品成本，又可以使产品超越其他工业快速发展。

（编写者：姜虎林；审校者：陈凯）

 思考题

1. 什么是制剂工艺学？简述制剂工艺学的特点。
2. 药物制剂工艺设计的具体过程有哪些？根据制剂工艺设计的基本原则，简述口服制剂工艺设计的流程。
3. 药物制剂工艺的设计要求有哪些？
4. 药物生产工艺的设计和选择的一般程序是什么？
5. 简述 QbD 理念在药物制剂工艺设计中的应用。
6. 处方前工作有哪些内容？
7. 简述如何实现药物制剂工艺的优化设计。
8. 药物制剂的工艺放大过程需要注意哪些问题？

参 考 文 献

[1] 张秋荣，施秀芳.制药工艺学 [M].郑州：郑州大学出版社，2018.

[2] 高向东.生物制药工艺学 [M].5 版.北京：中国医药科技出版社，2019.

[3] 吴正红，周建平.工业药剂学 [M].北京：化学工业出版社，2021.

[4] 国家药典委员会.中华人民共和国药典（2025 年版）.[M].北京：中国医药科技出版社，2025.

[5] 何志成.制剂单元操作与车间设计 [M].北京：化学工业出版社，2018.

[6] 郭永学.制药设备与车间设计 [M].3版.北京：中国医药科技出版社，2019.

[7] 国家食品药品监督管理局.药品生产质量管理规范 [S].2011.

[8] 吴正红，祁小乐.药剂学 [M].北京：中国医药科技出版社，2020.

[9] 元英进.制药工艺学 [M].2版.北京：化学工业出版社，2017.

[10] 王沛.制药工艺学 [M].2版.北京：中国中医药出版社，2017.

[11] 吴范宏.制药工艺学 [M].北京：中国纺织出版社，2023.

[12] 吴正红，周建平.药物制剂工程学 [M].北京：化学工业出版社，2022.

[13] 皮桐昊，代英辉，王东凯.质量源于设计在制剂设计中的应用研究进展 [J].中国药剂学杂志，2022，20（4）：129-138.

[14] 胡英.药物制剂工艺与制备 [M].北京：化学工业出版社，2012.

[15] 杜妍辰，石更强.药物制剂工艺与设备 [M].北京：科学出版社，2021.

第二章
口服液体制剂工艺

> **本章要点**
>
> 1. **掌握**：口服溶液剂、混悬剂和乳剂的生产工艺流程、生产控制要点、常见问题及对策。
> 2. **熟悉**：糖浆剂生产工艺流程、生产控制要点、常见问题及对策。
> 3. **了解**：不同给药途径的口服液体制剂的分类，口服液体制剂的质量要求。

第一节　概述

一、口服液体制剂的定义

口服液体制剂系指药物（化学药或中药材提取物）以一定形式分散于液体介质中制成的可供人体口服（oral administration）的液体分散体系。液体制剂的分散相，可以是固体，也可以是液体或气体。在一定条件下药物以颗粒、液滴、胶粒、分子、离子或其他混合形式存在于分散介质中，形成混悬剂、乳剂、溶液剂等。液体制剂的理化性质、稳定性、药效甚至毒性等均与药物分散状态及颗粒大小有密切关系。

分散介质也称溶剂，如水、PEG 400、乙醇等。不同的分散介质对药物的溶解性均不同，在不同程度上影响药物的疗效及毒性。此外，在口服液体制剂中往往加入不同的附加剂以增加药物的分散度或溶解度，从而在增加制剂成品的稳定性以保障药物安全性的同时提高药效。口服液体制剂一般具有吸收快、服用方便等特点，因此应用十分广泛。

二、口服液体制剂的分类

根据分散系统的不同，口服液体制剂可分为均相（homogeneous phase）与非均相（heterogeneous phase）液体制剂。在均相液体制剂中，药物以分子、离子形式分散在液体介质中，没有相界面的存在，称为溶液（真溶液）。其中分子量小的药物形成的溶液称为低分子溶液，分子量大的称为高分子溶液，均属于稳定体系。而在非均相液体制剂中，药物以微粒或液体的形式分散在液体分散介质中，其分散相与液体分散介质之间具有相界面，所以属于不稳定体系，如溶胶剂、混悬剂和乳剂。

按分散相粒子的大小进行分类，口服液体制剂可分为低分子溶液剂、高分子溶液剂、溶胶剂、混悬剂和乳剂等（表2-1），便于对制剂的制备工艺和稳定性进行研究，以保证制剂的质量和疗效。

表 2-1　口服液体制剂的分类与特征

类型	分散相大小	特征	举例
低分子溶液剂	< 1nm	以分子或离子形式分散，形成真溶液，均相，属热力学稳定体系，能透过滤纸和半透膜	对乙酰氨基酚口服液
高分子溶液剂	1 ~ 100nm	以高分子形式分散，属热力学稳定体系，扩散慢，能透过滤纸，不能透过半透膜	胃蛋白酶合剂
溶胶剂	1 ~ 100nm	以微粒形式分散，为多相分散体系，属热力学不稳定体系，扩散慢，能透过滤纸，不能透过半透膜，具有丁达尔效应	胶体氢氧化铝
混悬剂	> 500nm	以固体微粒形式分散，为多相分散体系，属动力学和热力学不稳定体系	布洛芬混悬剂
乳剂	> 100nm	以液体微粒形式分散，为多相分散体系，属动力学和热力学不稳定体系	鱼肝油乳剂

三、口服液体制剂的特点

口服液体制剂在汤剂的基础上进行改革与发展，结合汤剂、糖浆剂、注射剂等液体剂型的特点，患者服药后吸收快，起效迅速，临床疗效可靠。此外，与汤剂相比，口服液体制剂的服用剂量大大减少，且适宜矫味剂的加入，使得其口感好，患者用药顺应性良好。

口服液体制剂在制备过程中避免微生物污染难度较大，特别是以水为溶剂的液体制剂，易被微生物污染而霉变，其次在贮存过程中也易发生霉变。因此在制备过程中，选择适宜的防腐剂加至成品中，并经 0.45μm 微孔滤膜过滤、灌装、密封包装，防止其霉变。具体防腐措施如下：

（1）**严格控制原辅料的质量**　①口服液体制剂多以水为溶剂，应使用蒸馏水；②稳定剂、矫味剂或着色剂等附加剂的质量需严格控制。

（2）**减少或防止环境污染**　防止微生物污染是防腐的重要措施，包括生产环境的管理、清除环境的污染源、加强操作人员的卫生管理等，有利于防止污染。

（3）**添加防腐剂**　在口服液体制剂的制备过程中，少量微生物污染可加入防腐剂。常用的防腐剂见表2-2。

表 2-2　常用防腐剂的性质及应用

品种	性质	应用
羟苯酯类	①常用对羟基苯甲酸甲酯、乙酯、丙酯和丁酯，商品名为尼泊金类，抑菌作用随烷基碳数增加而增加，但溶解度随之减小，故常混合使用；②在酸性、中性溶液中均有效，在酸性溶液中作用较强；③抑菌浓度一般在 0.01%～0.25%	①广泛用于内服液体制剂中，也可用于外用液体制剂❶；②避免与聚山梨酯类和聚乙二醇类等合用；遇铁变色，遇弱碱或强酸易水解，塑料能吸附本品
苯甲酸与苯甲酸钠	①发挥防腐作用的是未解离分子，故在酸性溶液中抑菌效果较好，苯甲酸 pH 为 2.5～4.5，苯甲酸钠 pH 为 2～5 时防腐效果最好；②苯甲酸钠在酸性溶液中与苯甲酸的防腐能力相当；③苯甲酸在水中溶解度为 0.29%，在乙醇中为 43%（20℃），用量为 0.03%～0.1%	苯甲酸 0.25% 和尼泊金 0.05%～0.1% 联合应用对防止发霉和发酵十分有效，特别适于中药液体制剂
山梨酸及其盐	①山梨酸为白色至微黄白色结晶性粉末，有特臭；②发挥防腐作用的是未解离分子，在 pH 4.5 水溶液中效果较好；③山梨酸钾、山梨酸钙作用与山梨酸相同，水中溶解度更大，需在酸性溶液中使用；④在乙醇中易溶，水中极微溶解，对细菌最低抑菌浓度为 0.02%～0.04%（pH < 6.0），对酵母、真菌最低抑菌浓度为 0.8%～1.2%	山梨酸与其他抗菌剂联合使用产生协同作用

此外，20% 以上的乙醇，30% 以上的甘油溶液也具有防腐作用；0.01%～0.05% 桉叶油、0.05% 薄荷油、0.01% 桂皮油等也可用于防腐。

总的来说，口服液体制剂具有以下特点：

① 药物分散度大，接触面积大，吸收快，能迅速发挥药效；

② 服用方便，口感好，便于分剂量，尤其适宜于老年患者和婴幼儿服用；

③ 制备工艺严格控制，质量和疗效稳定；

④ 制成口服液体制剂，避免某些药物（如溴化物、水合氯醛）由于局部浓度过高而导致的刺激性；

⑤ 由于制备工艺复杂，设备要求较高，成本相对较高；

⑥ 大多以水为溶剂，容易霉变，具有生物不稳定性，故常需加入防腐剂；

⑦ 液体制剂一般体积较大，携带、贮运也比较不方便；

⑧ 非均相液体制剂易产生物理不稳定性；

⑨ 包装材料要求高。

四、口服液体制剂的质量要求

口服液体制剂的具体质量要求如下：

① 均相液体制剂应是澄清溶液，非均相液体制剂的药物粒子应分散度大且均匀，振摇时

---

❶ 根据给药途径的不同，液体制剂可分为内服液体制剂和外用液体制剂。其中，内服液体制剂包括糖浆剂、合剂、混悬剂、乳剂、芳香水剂等；外用液体制剂包括皮肤用液体制剂（搽剂、洗剂）、五官用液体制剂（滴鼻剂等）以及直肠、阴道、尿道用液体制剂（灌肠剂等）。

易分散均匀，即具有再分散性；

② 有效成分浓度准确、稳定、久贮不变；

③ 制剂应具有一定的抑菌效力，不得有发霉、酸败、变色、异物、产生气体或其他变质现象；

④ 内服液体制剂应外观良好，口感适宜；

⑤ 口服液体制剂的包装容器应大小适宜，方便患者携带和用药。

总的来说，口服液体制剂要求药物分子在分散介质中均匀分布，并在贮存、运输过程中可维持长期稳定。

五、口服液体制剂的生产工艺流程总图

口服液体制剂种类较多，但其生产工艺、设备和车间布置通常较为接近，主要生产工序有：灌装容器的洗涤，口服液体的配制、滤过、灌装，质量检查以及贴签与包装等。口服液体制剂的一般生产工艺流程如图2-1所示。

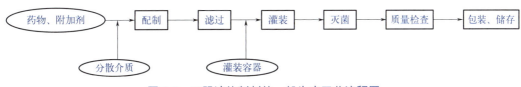

图 2-1　口服液体制剂的一般生产工艺流程图

本章将以常见的口服溶液剂、糖浆剂、混悬剂和乳剂四种口服液体制剂为例对其生产工艺、生产控制要点、常见问题及对策等进行介绍。

第二节　口服溶液剂工艺

口服溶液剂（oral solution）系指原料药溶解于适宜溶剂中制成的供口服的澄清液体制剂。口服溶液剂属于液体制剂的一部分，准确地说，口服溶液剂属于液体制剂中低分子溶液剂的范畴。口服溶液剂通常具有剂量分布均匀、给药剂量灵活、患者顺应性好等特点，部分品种服用时还可酌情加入水或饮料中，尤其适用于有吞咽困难的老人、儿童等患者。

《中国药典》（2025年版）四部制剂通则中对口服溶液剂的质量有明确规定，一般要求有以下几点。

① 口服溶液剂的分散介质一般用水。

② 根据需要可加入适宜的附加剂，如抑菌剂、润湿剂、缓冲剂、稳定剂、矫味剂以及色素等，附加剂品种与用量应符合国家标准的有关规定。

③ 口服溶液剂在确定处方时，应评估和考察加入抑菌剂的必要性、抑菌剂类型和加入量，若加入抑菌剂，该处方的抑菌效力应符合抑菌效力检查法［《中国药典》（2025年版）四部通则1121］的规定。

④ 口服溶液剂通常采用溶剂法或稀释法制备。

⑤ 制剂应稳定、无刺激性，不得有发霉、酸败、变色、异物、产生气体或其他变质现象。

⑥ 除另有规定外，应避光、密封贮存。

⑦ 口服滴剂包装内一般应附有滴管和吸球或其他量具。

一、口服溶液剂生产工艺

口服溶液剂在生产过程中很容易被微生物污染，特别是水性制剂，容易腐败变质，在包装、运输、贮存中也存在很多问题。所以，口服溶液剂生产中必须充分强调全过程的质量监控，保证制造出品质优良的产品。

（一）口服溶液剂的主要生产工序与洁净度要求

口服溶液剂生产过程主要包括称量、配制、滤过、洗瓶、洗盖、灌封、灭菌、灯检、包装和入库等工序。

不同工序的洁净度要求不同。按照 GMP 规定，口服溶液剂生产环境分为三个区域：一般生产区、D 级洁净区以及 C 级洁净区。一般情况下，灌装容器的洗涤、干燥与灭菌，药液的配制、滤过、灌封等工序应控制在 D 级洁净区；不能热压灭菌的口服溶液剂的配制、滤过、灌封应控制在 C 级洁净区；其他工序为一般生产区，虽无洁净度要求，但也要清洁卫生、文明生产、符合要求。有洁净度要求的洁净区域的天花板、墙壁及地面应平整光滑，无缝隙，不脱落、散发或吸附尘粒，并能耐受清洗及消毒。洁净厂房和墙壁与天花板、地面的交界处宜成弧形。控制区还应设防蚊蝇、防鼠等"五防"设施。

（二）口服溶液剂的生产工艺流程图

口服溶液剂的生产系在洁净无菌环境下进行，具体生产工艺流程及工序洁净度要求见图 2-2。

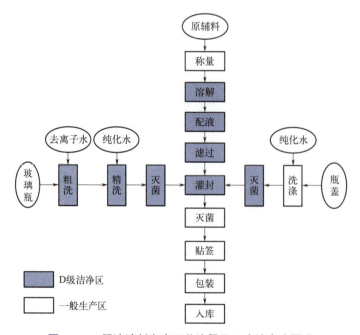

图 2-2 口服溶液剂生产工艺流程及工序洁净度要求

二、口服溶液剂生产控制要点、常见问题及对策

（一）生产控制要点

1. 口服溶液剂的容器及其处理

口服溶液剂属于溶液型液体制剂的典型代表，其包装的核心材料主要是装药小瓶和封口盖，但亦有用无毒塑料制品或玻璃安瓿者。

（1）玻璃容器

① 玻璃容器的样式。按国家卫生健康委员会规定，口服溶液剂的灌装容器应为易拉盖玻璃瓶，其常用规格有 10mL、20mL、50mL 等，其封口适用硅胶塞或丁基胶塞，普通双涂铝盖或铝塑组合盖。20 世纪 60 年代初，将液体制剂按照注射剂工艺灌封于安瓿瓶中，成为一种新型口服溶液剂。该包装服用方便、可较长期保存、成本低，所以早期使用十分普及，但服用时需用小砂轮割去瓶颈，极易使玻璃碎屑落入口服液中，现已淘汰。

② 玻璃容器的清洗。为了提高口服溶液剂灌装玻璃瓶的质量，建议先进行醋酸水热处理。操作方法是将玻璃瓶灌满 $3.0 \sim 5.0$g/L 醋酸水溶液（用纯水配制）进行 100℃ 30min 蒸煮处理。其目的是使玻璃瓶内壁附着的灰沙杂质经加热处理后，脱离内壁，便于洗涤干净；同时这也是一种化学处理过程，使玻璃表面的硅酸盐水解，除去微量的游离碱和金属离子，以提高玻璃瓶的化学稳定性。经处理后，甩去醋酸水溶液，再进行常规洗涤。

常规洗涤，通常用甩水洗涤法、加压喷射气水洗涤法以及联动机组超声波洗涤法等。

a. 甩水洗涤法：将处理过的玻璃瓶放于理瓶盘中，置于灌水机的传送链条上，缓缓而过，从该机上部顶端喷淋出经过滤的蒸馏水，灌满玻璃瓶，随后用甩水机将玻璃瓶内的水甩干。然后再在灌水机上灌满水，再用甩水机甩干水。如此操作 2 次，即可达到清洗的目的。此法洗涤质量欠佳，仅适合 10mL 玻璃瓶的洗涤。

b. 加压喷射气水洗涤法：是目前生产上常用的有效洗瓶方法，此法洗瓶质量较好，特别适用于大安瓿的洗涤。该法的工作原理是将经加压过滤的去离子水或蒸馏水与经处理后洁净的压缩空气由针头交替喷入瓶内，交替数次，充分冲洗。其洗涤水与压缩空气的压力一般应控制在 392kPa 左右。为防止压缩空气带有润滑油雾或尘埃而污染洗涤水，必须进行过滤净化处理，否则会污染玻璃瓶而出现"油瓶"，即将压缩空气冷却使压力平衡，再经过水洗、焦炭（木炭）、磁圈、泡沫塑料、砂滤棒等使空气滤过净化。洗涤水经过滤后方可使用。压缩空气与洗涤水亦可采用微孔滤膜过滤处理。近年来，也有采用无润滑油空气压缩机供给压缩空气，该机压缩出来的空气含油雾较少，滤过系统可以简化，其净化系统是空气经压缩通过滤缸，再经缓冲缸即可供洗瓶用。

c. 联动机组超声波洗涤法：系加压喷射气水洗涤与超声波洗涤相结合的方法。整个洗涤程序安排在一台机器内，先通过滤过的蒸馏水（60℃水温）冲洗 2 次，同时进行超声波洗涤，再经压缩空气喷吹 1 次，然后用滤过的新鲜蒸馏水喷洗 1 次，再经压缩空气喷吹 3 次，以除去剩余的水。机器旋转一圈，自动完成全部洗涤过程。此外，尚有洗瓶、干燥、灌装、上盖锁口的全自动流水线，系由以上四部分联合组成，一次性自动完成洗涤、烘干、灌装、锁口等程序。该法生产率较高，机械化程度高，洗涤与干燥冷却均在同一机器内完成，洗涤效果较好，

适合于大生产。

③ 玻璃容器的干燥与灭菌。灌装容器经洗涤后应进行干燥与灭菌。通常是将洗涤过的易拉盖玻璃瓶理好放于烘盘上，用蒸汽干燥箱进行干燥，或于电烘箱中干燥，亦可用煤气烘箱等。于200℃左右干热灭菌45min，以破坏容器中可能污染的细菌。

大量生产时可采用隧道式红外线烘箱。该设备主要由红外线发射装置与容器自动传送装置两部分组成。在隧道的上部与下部装有铁铬铝合金丝红外线发生器，或多孔瓷板红外线发生器，通煤气燃烧时产生红外线。容器由传送链条输送，缓缓通过，隧道内平均温度在200℃，通常只要10～20min即可烘干。红外线是一种波长较长的非可见光线，热能大，不需要经空气传导与对流来传热，红外线发生器与容器的距离以20cm为宜。烘箱可配备较强的排风机，可将含水蒸气的热空气迅速排出。红外线烘箱温度高、干燥时间短、产量大，采用这种隧道式烘箱，可为生产连续化创造有利条件。为了防止污染，还可用一种电热红外线隧道式自动干燥灭菌机。有的附有局部层流装置，容器在连续的层流洁净空气的保护下，经过350℃的高温，很快就能完成干燥灭菌。

近年来，又有一种远红外振动式烘箱。远红外线波长为4～1000μm，具有一定穿透能力，能使物体内部同时受热，加快干燥速度，效率高且节省能源。远红外线辐射装置是在碳化硅电热板等红外线辐射源表面涂上一种远红外涂料（如氧化钛、氧化锆等），通过电热能将能量传递给涂料，使涂料辐射出远红外线。

容器经干燥灭菌后，应密闭静置冷却，防止污染。同时放置时间不宜过长，否则需重新处理。

（2）塑料容器 塑料容器应为无毒副作用的塑料制品，可先用纯化水充分洗涤，再用过滤的蒸馏水洗涤至澄清，干燥后经气体灭菌。应当注意，塑料有透气、透水性，某些制品久贮后有发霉现象，以少用塑料容器或选用优质塑料制品为宜。

（3）铝盖和内垫 铝盖先用洗涤剂加水50～60℃洗涤，再用饮用水充分洗涤，然后用蒸馏水清洗干净，于低温干燥，冷却备用；或将铝盖用饮用水充分洗涤，再用75%乙醇浸泡30～60min后，用蒸馏水清洗干净，沥干或低温烘干备用。

橡胶内垫先用2.0g/L盐酸溶液加热煮沸30min，除去碱性物质，再用20g/L碳酸钠溶液中和至pH6.0～9.0，用饮用水进行充分洗涤，然后用蒸馏水清洗干净，沥干水，用电热或热风干燥；或先用75%乙醇浸泡洗涤30～60min，再用过滤干净的蒸馏水清洗，然后用电热或热风干燥亦可。

2. 药液的配制和过滤

（1）配制前准备工作 口服溶液剂配制前准备工作主要有原料与附加剂的检验、产前试制、投料计算以及称量等。

① 凡供口服溶液剂生产配制用的原料、配制用水以及附加剂等，均须按《中国药典》或有关规定全面检验合格方可投料。有些项目尚需按内部控制标准进行检查，合格后才能使用。

② 经检验合格的原辅料、灌装容器应按试制工艺方案进行产前试制，其样品需经含量、pH值、鉴别以及相对密度、装量差异等全面检查。

③ 配制前应按处方规定和原辅料化验测定的含量、相对密度等结果，计算出每种原辅料的每批投料量。如投料前需折水折纯，然后分别准确称取或量取，并应核对，做好计算与配制称量记录，以避免差错。

药液的浓度除另有规定外，可采用质量浓度（g/L）表示。投料量可按下式计算：

$$原料实际用量 = 原料理论用量 × 相当标示量百分数 / 原料实际含量$$
$$原料理论用量 = 实际配液量 × 标示量 \qquad (2-1)$$
$$实际配液数 = 实际灌注数 + 实际灌注时损耗量$$

（2）药液的配制

① 配制主要设备的选择与处理　口服溶液剂配制设备，可根据每批配液量多少，选用不同的配制设备与用具。小量试生产或生产规模不大时，采用316不锈钢桶、广口中性玻璃容器均可。大量生产时，多采用蒸汽夹层反应锅、316配液罐，既可通蒸汽加热，又可通冷却水进行冷却，并可配备轻便式搅拌器。配制所用容器与器具应是化学性质稳定且耐腐蚀的材料制品，如搪瓷、不锈钢、玻璃、耐酸碱陶瓷以及无毒聚氯乙烯或聚丙烯塑料制品，铝制品不宜采用。输送药液的工艺管道亦以不锈钢、玻璃为宜。

所用配制设备（如配料桶、容器、用具以及输送管道）使用前，先用饮用水与适宜的洗涤剂充分洗刷干净后，再用适宜的清洁消毒液如20g/L的过氧化氢溶液、硝酸钠清洁液、高锰酸钾-亚硫酸钠清洁液、二氧化氯高效灭菌剂以及75%乙醇等荡洗或浸泡玻璃、搪瓷玻璃以及不锈钢容器与管道，用饮用水冲洗干净后，再用蒸馏水洗涤，临用前再用新鲜热纯化水荡洗干净。

② 配制方法。口服溶液剂的配制方法基本上有两种：稀配法与浓配法，应根据工艺要求而选用。

a.稀配法：系将原料药物直接加入所需的溶剂中，并添加适宜的附加剂，一次配成所需的浓度（百分含量或相对密度），适用于质量好的原料。

b.浓配法：系将原料药物加入部分溶剂中，加热煮沸溶解滤过，或经冷藏、静置等步骤再滤过，然后加水稀释至所需浓度（百分含量或相对密度）。原料虽符合质量要求，但溶液的澄清度较差的药物，通常多采用浓配法。

配制含有多种原辅料的口服溶液剂，应按工艺操作规程进行配制；对于含量小又不易溶解的药物，应先加入适宜的助溶剂或用适当的溶剂溶解后再混入大量溶剂中。使用活性炭时应注意其对药物的吸附作用，特别是对溶解度小或小剂量的药物，如生物碱盐类，应按全量100%投料配制，以免含量偏低。在配制中还应注意搅拌的时间与力度，保证药液的均匀性。此外药液的保温时间与温度均需严格按操作规程进行。当药液配好后，应进行半成品测定。通常要测定pH、含量均一性、色泽、相对密度等，符合规定后，方可进行滤过。

（3）药液的滤过　配制得到的药液，经半成品测定合格后方可进行滤过。通常浓配或不易澄清者均需先粗滤，后精滤；凡稀配且易澄清者滤过一次即可；一般为保证药液澄清采用粗滤后再进行精滤为佳。

滤过系借多孔性材料把固体阻留而使液体通过的过程。其机理有两种：其一是机械的过筛作用，即大于滤器孔隙的微粒全部被截留在滤过介质的表面，如用微孔滤膜的滤过情况；其二是微粒被截留在滤器的深层，如用砂滤棒的滤过情况。这些滤器具有不规则的多孔性能，孔隙错综迂回，使微粒被截留在这些弯弯曲曲的孔隙中。在口服溶液剂制备中常用的过滤器材有垂熔玻璃漏斗、砂滤棒、多孔素瓷滤棒、施氏滤器（又称石棉板滤器）、板框滤器、布氏漏斗、多孔不锈钢滤筒、微孔滤膜过滤器以及涤纶套滤膜器等。

3. 药液的灌封

口服溶液剂的灌封系将滤过经检查合格的药液，定量灌装到易拉盖玻璃瓶或安瓿等容器中，并加以锁口或熔封的过程。通常要求在 D 级洁净度下进行。灌装容量不得少于标示量，装量过多则造成浪费，如 10mL 装灌装 10.0～10.7mL 则可。口服溶液剂的灌装方法通常分为手工灌装、机械灌装与联动机组灌装等。

（1）手工灌装 手工灌装多适用于口服溶液剂试制、小规模生产或采用安瓿灌装者。常用的为单针安瓿灌注器，有竖式和横式两种。该灌注器主要由上下两个单向活塞与灌注器组成。单向活塞控制药液向一个方向流动，灌注器上提使筒内形成负压，迫使上面活塞关闭、下面活塞开放而将药液吸入。灌药器下压，筒内压力增大，迫使下面活塞关闭、上面活塞开启而将药液注出。装量调节螺杆可上下移动，以控制灌注筒拉出的距离而调整灌注药液的装量，储液瓶应放置在灌注器较低的位置。如系安瓿灌装，多为拉丝封口，可用单火焰或双火焰。火焰过大易鼓泡，火焰过小则不易封严，故以调节合适为宜。如系用易拉盖玻璃瓶灌装，应在灌药后，立即盖好易拉金属盖，用手动锁口机进行轧口，以严密不易松动为度。

（2）机械灌装 口服溶液剂如用安瓿灌装，常用的是安瓿自动灌封机。该机主要由安瓿自动传送带、灌装、封口等部分组成。安瓿自加瓿斗依次进入传送轨道，在传送轨道上有传动齿板与定位齿板，安瓿靠传动齿板的往复运动向前传递，每次向前移动一定的距离后，就将安瓿停放在定位齿板工位一次。当安瓿传送至灌药、封口等工位时，灌药针头下降，插入安瓿，灌注器运动，注入药液。若灌注针头处缺安瓿时，通过止灌装置控制停止注入药液，不使药液流出污染机器与浪费。灌装药液后的安瓿被传动齿板送至五组火焰熔封灯头处加热顶部而拉丝熔封。最后，传动齿板将熔封安瓿传送至出瓶斗。熔封火焰灯头所用燃气为石油液化气。火焰的大小靠调节助燃气与燃气之比来控制，火焰以蓝色为最好。

（3）联动机组灌装 口服溶液剂联动机组由洗瓶、烘干、灌装、上盖、锁口等部分组成，即由洗瓶机、烘干机、灌装机、锁口机等单机组合而成。其洗瓶部分，系将理好的易拉盖玻璃瓶放入加瓶斗，依次送入洗瓶机的倒插转鼓上，将加热滤净的蒸馏水喷射入瓶内，经气、水倒冲洗净后，送入电热干燥箱内，经高温干燥、灭菌并冷却，输入到机械定容灌注器的马氏转盘内，进行灌装。灌装完成后输送至下盖斗处自动上盖，并经转盘式自动锁口机锁口后送至出瓶处。该机系连续自动机械作业线，适用于大规模生产，国内已有该机的定型产品，但应在 D 级洁净度下使用。

4. 口服溶液剂的灭菌

除无菌操作制备的口服溶液剂外，一些口服溶液剂在灌装前后是否灭菌，需根据产品特性进行调整，以保证质量。通常情况下，根据药物有效期内微生物限度是否合格来决定是否进行灭菌工艺。另外，化学药口服溶液剂一般不采取灭菌工艺，需从原辅料和环境控制微生物限度；儿童用药口服溶液剂可以采取灭菌工艺；中药口服溶液剂建议采取灭菌工艺。口服溶液剂的灭菌方法主要有湿热灭菌法和滤过除菌法，主要根据药液中原辅料的性质与工艺要求来选用。灭菌方法与灭菌条件的选择，既要考虑保证药效，又要保证灭菌完全，必要时可采取几种灭菌方法联合使用。

（1）湿热灭菌法的分类及其影响因素 湿热灭菌法系用饱和水蒸气或沸水来杀灭微生物的一种方法，是口服溶液剂采用较多的方法。其灭菌作用的机制是因湿热能使微生物细胞中的蛋白质凝固变性而达到灭菌的目的。其效果与加热的程度、时间及有无水的存在有关。在能杀灭细菌的温度范围内，温度越高，需要的时间越短。水的存在与否会影响蛋白质的凝固，从而影响灭菌效果。如含水 50% 时，加热至 56℃ 则蛋白质凝固；含水 25% 时，加热至 80℃ 则蛋白质凝固；若仅含水 6% 时，则需加热至 145℃ 蛋白质才凝固；而无水时，温度高达 170℃ 时，蛋白质才凝固并氧化。

在同一温度下，湿热灭菌的效果要比干热灭菌的效果好得多，这是因为水蒸气的穿透力强，传导快，易于透入细菌体内使蛋白质凝固。此外，水蒸气含有潜热，此热较热空气大，在水蒸气冷凝时放出的热能等于其蒸发热。100℃ 时 1g 水由气态变为液态，可放出 226kJ 的热能；而热空气降低 1℃，只能放出少量的热能。在接触到被灭菌的冷物体时，饱和水蒸气所放出的热能约为等量热空气所释放热能的 500 倍，能迅速提高灭菌物体的温度，灭菌的时间大大缩短，因此用蒸汽加热要比热空气加热快得多。

湿热灭菌按其灭菌方式不同又分为热压灭菌法、流通蒸汽灭菌法、煮沸灭菌法和低温间歇灭菌法等。

① 湿热灭菌法的分类

a. 热压灭菌法：又称高压蒸汽灭菌法，系指在高压蒸汽灭菌箱内，利用超过 100kPa 气压的饱和水蒸气的高热能和强穿透力的性质，以杀灭微生物的方法。该法具有灭菌完全、可靠、操作简便、易于控制等优点，适用于耐热药物以及水溶液、工作服、器具等物品的灭菌。热压灭菌由于灭菌箱密闭，饱和水蒸气不致逸出，蒸汽量不断增加，因而压力增大，温度提高，即可达到灭菌效果好、时间短的要求。

常用的灭菌箱为卧式热压灭菌箱，全部由坚固的合金制成，有的带有夹层。灭菌箱顶部装有两只压力表，一只指示蒸汽夹层的压力，另一只指示箱内的压力。两压力表中间为温度计，底部装有排气管，在排气管上装有温度表头，以导线与温度表相连。箱内备有带轨道的灭菌车，另有可推动的搬运车，可将灭菌车推至搬运车上，送至装卸灭菌物品的地点。具体操作方法为：用前先做好灭菌箱内清洁工作，然后先开夹层蒸汽阀门及回水阀门，使夹层压力逐渐上升至灭菌所需压力；同时将待灭菌的物品排列于灭菌车上，借搬运车推入箱内，关闭箱门；待夹层加热至所需温度时，开灭菌蒸汽阀门；此后应留意温度表，当温度上升至所需温度，此时定为灭菌开始的时间；箱室压力表应稳定在相应的压力值，待灭菌时间到达后，关总进气和夹层进气阀门，接着开排气阀门，开始逐渐排气，使箱室压力表上的压力降至 "0" 点；稍开箱门，并开启温热喷淋水进行降温，降温后即可关水取出灭菌物品。切不可将灭菌物品闷在箱内，以免积热时间过久而使药液变色或干燥物品回潮。

各种微生物对湿热的抵抗力各有不同。经实验结果证明，湿热的温度越高，则杀灭细菌所需的时间越短。如表压 102.5kPa 热压蒸汽灭菌 15 ～ 20min，能杀灭所有细菌繁殖体和芽孢。

b. 流通蒸汽灭菌法：系指在常压下，在不密闭的灭菌容器内，用 100℃ 流通蒸汽杀灭细菌的方法，其压力与大气压相等。对不耐高热的品种，基本上都采用流通蒸汽 100℃ 灭菌 30 ～ 60min。这种灭菌方法对细菌繁殖体的灭菌效果大，但不能保证完全杀灭芽孢。

c. 煮沸灭菌法：系将待灭菌的物品放入水中加热煮沸的灭菌方法。煮沸灭菌的温度与时间一般是 100℃、30 ～ 60min，但不能完全杀灭芽孢，故需加入适宜的抑菌剂。水的沸点与大气压有关，在地势较高的地区，水的沸点不能达到 100℃，故灭菌时间应适当延长，以保证灭菌效果。

目前，口服溶液剂较多采用水浴灭菌法，但在灭菌前宜先进行滤过除菌。亦可采用水煮灭菌锅，对于使用易拉盖玻璃瓶的口服溶液剂，其灭菌效果好，无封口松动、瓶盖变形、漏液及炸瓶现象。该锅在灭菌后能迅速检漏，原理是在水压作用下，水能压入密封不严的玻璃瓶内，从而解决了易拉盖玻璃瓶检漏的难题。该锅的具体使用方法是将口服溶液剂待灭菌品分别放入装有室温水的烧杯中，使玻璃瓶没入水中，将烧杯放入装有室温水的灭菌器中，并关闭灭菌器的排气阀，加热至0.1kPa（实际温度为100℃）灭菌30min，待冷却后，取出即得。

其他湿热灭菌方法还有低温间歇灭菌法、油浴和盐水浴灭菌法等，但这些方法在口服溶液剂制备中不常用。

② 湿热灭菌法的影响因素。影响湿热灭菌的因素较多，但主要因素有以下几个方面。

a.蒸汽性质的影响：由于蒸汽的性质不同，所表现出的温度与灭菌效力亦不相同。通常湿热灭菌时需用饱和蒸汽，即蒸汽的温度与水的沸点相当。当蒸汽的压力达到平衡时，此时蒸汽中不含有微细的水滴，饱和蒸汽焓较高，热穿透力较强，灭菌效果较好。反之，若蒸汽中混悬着无数的微细水滴，形成湿饱和蒸汽，焓较低，穿透力较弱，灭菌效力则较低。又如热压灭菌器中的水不足，液体状态的水完全蒸发后，再继续加热则生成过热蒸汽，与干热状态相似，在压力不变、温度继续上升的情况下，此温度虽比饱和蒸汽高，但穿透力很弱，在未达到一般干热灭菌所需的温度时，就不易对所有菌体发生不可逆的蛋白质变性，因而灭菌效力不如饱和蒸汽。

b.灭菌的温度与时间：通常灭菌所需时间与温度成反比，即温度越高所需时间越短，但口服溶液剂在灭菌时首先考虑的应是药物受热的稳定性问题，某些药物超过100℃时起变化则不应使用热压灭菌法，在能达到灭菌的前提下，尽量采用其他适宜的灭菌方法。

c.介质的性质：如口服溶液剂中含有糖类、蛋白质等营养性物质时，对细菌可能有一种保护作用，能增加细菌的耐热性。又如药液的pH对细菌的活性也有影响，通常药液的pH高于7.0或低于7.0时均能降低细菌的耐热性。生物碱盐类的口服溶液剂因pH较低，用流通蒸汽灭菌法即能达到灭菌的目的。

d.细菌的性质与数量：各种细菌对热的抵抗力有个体间的差别；微生物的不同生长时期对热的抵抗力不同；生长时期的细菌对高温的抵抗力要比衰老时期抵抗力小得多。

细菌和芽孢的数量越多，所需的灭菌时间则越长。因其数量较多时，其中耐热性强的个体细菌存在的概率也越大，因此对热具有更大的耐受力。在口服溶液剂制备过程中，应尽可能减少微生物的污染，并注意及时灭菌。

（2）滤过除菌法 在口服溶液剂制备中，对不耐热药液的除菌或需用无菌操作法生产的品种，需用滤过除菌法，即利用细菌不能通过微孔滤器的性质，可用加压或减压的办法使药液通过微孔滤器以除去细菌的一种方法。此法的优点是可将活菌与死菌一并除去。常用的除菌滤器有G6号垂熔玻璃漏斗、石棉板滤器及0.22μm微孔滤膜。应用滤过除菌法，必须与无菌操作相配合，有些口服溶液剂产品尚需添加抑菌剂。

5.质量检查

质量检查是口服溶液剂生产的一个重要工序，在口服溶液剂灭菌完成后，需对其含量、有关物质及微生物限度等进行检查。

【含量测定】依据具体药物检查方法进行含量测定。

【有关物质】依据具体药物项下有关物质检测方法要求进行测定。

【装量】除另有规定外，单剂量包装的口服溶液剂的装量，照下述方法检查，应符合下列规定。

取供试品 10 个（袋、支），将内容物分别倒入经标化的量入式量筒内，检视，每支装量与标示装量相比较，均不得少于其标示量。

多剂量包装的口服溶液剂照最低装量检查法［《中国药典》（2025 年版）四部通则 0942］检查，应符合规定。

【微生物限度】除另有规定外，照非无菌产品微生物限度检查：微生物计数法［《中国药典》（2025 年版）四部通则 1105］和控制菌检查法［《中国药典》（2025 年版）四部通则 1106］及非无菌药品微生物限度标准［《中国药典》（2025 年版）四部通则 1107］检查，应符合规定。

【其他】除上述检查外，还应依据具体药物的检查要求进行其他项目（如性状、相对密度、pH 等）检查，符合规定后，进行贴签包装。

6. 贴签与包装

口服溶液剂经质量检查合格后，即可进行贴签（印字）与包装。瓶签内容包括品名、规格、批号及批准文号。包装程序为贴签（印字）→装盒→装箱。贴签多用印制的不干胶瓶签，用手工或贴签机贴于口服溶液剂容器上，要求端正牢固。装盒，一般采用 10 支卧式平盒装或两排立式盒装，盒中均有塑料格挡，并装有产品说明书与封签，有的盒外层上包一层玻璃纸。装箱系用瓦楞纸制作，按规定印制文字。装盒后，应放入合格证与装箱单，经检查后，进行封箱，用编织袋包扎牢实。

（二）常见问题及对策

在口服溶液剂生产线的运行中，各工序、设备的稳定性及衔接性对生产线的生产效率有着至关重要的作用。但是，在实际生产中生产效率只能达到设计能力的一部分，使得生产成本增加，工作时间增长。经分析发现，造成生产率低下的主要原因有：灌装机计量不稳定、洗瓶机出瓶拨轮不合理导致"破瓶"、药液澄清度差等。

1. 灌装机计量不稳定问题

流量计误差、灌装缸压力不稳定、灌装嘴堵塞、机械磨损、灌装液体的温度和黏度不稳定等各种因素，会导致灌装机计量不稳定，这些是导致灌装效率低的主要原因。解决这些问题的方法包括：更换磨损的机械部件，定期清洗和维护灌装嘴，确保灌装缸的压力稳定，使用准确的流量计，以及控制液体温度和黏度等。

2. 洗瓶机"破瓶"问题

由于出瓶拨轮至灭菌烘箱平台这段的玻璃瓶阻力过大，出瓶拨轮负荷增加，从而导致夹头与出瓶拨轮错位而"破瓶"。另外，玻璃瓶清洗后由于水在金属表面不易流动及水的张力等原因，玻璃瓶与不锈钢表面产生吸附力，增加玻璃瓶前进的阻力，从而引起洗瓶机故障。经过多次实验，在轨道及平台上平铺一层聚四氟板，利用聚四氟的较低的摩擦系数和水在上面的良好流动性来减小玻璃瓶的阻力，可解决洗瓶机易"破瓶"的故障，减少洗瓶机停机次数。

3. 药液澄清度差

生产用水质量差及生产操作（如过滤）不当等各方面原因均会导致药液澄清度差的问题。选用合适的生产用水、过滤方法，控制容器清洗质量等均可以提高药液澄清度。

三、口服溶液剂实例

❖ **例 2-1 化学药口服溶液剂实例**

葡萄糖酸钙口服溶液

本品含葡萄糖酸钙（$C_{12}H_{22}CaO_{14} \cdot H_2O$）应为 9.00% ～ 10.50%（g/mL）（无糖型）。

【处方】

葡萄糖酸钙	100g
食用香精	0.3mL
羟苯乙酯	0.5g
蒸馏水	加至1000mL

【处方分析】葡萄糖酸钙为主药；食用香精为芳香剂；羟苯乙酯为防腐剂；蒸馏水为溶剂。

【制备工艺】取新鲜蒸馏水 500mL 置于洁净的夹层配料桶中，加热煮沸并保持微沸状态，加入葡萄糖酸钙，搅拌使溶解，加入羟苯乙酯（加水适量，加热溶解）、食用香精，随后添加水至全量 1000mL。充分搅拌，混合均匀。测定其 pH 为 4.0 ～ 7.5。取样送检合格后，选用适宜的滤器过滤至澄清。滤液在保温状态下灌装于洗净、灭菌、干燥的容器中，密封。及时以流通蒸汽 100℃灭菌 60min，质检，包装，即得。

【规格】10mL：1g。

【注解】配料时，应将蒸馏水加热至沸以去除氧气和二氧化碳，并将 pH 控制在 4.5 左右。在搅拌下加入原料使其完全溶解。在过滤与灌装时应保温进行。制备过全程中，应保持室内通风、干燥，尽量避免与二氧化碳气体接触。灭菌时应保证灭菌时间。

❖ **例 2-2 中药口服溶液剂实例**

小儿肺热咳喘口服液

【处方】

麻黄	50g	苦杏仁	100g
石膏	400g	甘草	50g
金银花	167g	连翘	167g
知母	167g	黄芩	167g
板蓝根	167g	麦冬	167g
鱼腥草	167g	苯甲酸钠	适量
甜蜜素	适量	蒸馏水	加至1000mL

【制备工艺】石膏加水煎煮 0.5h，加入麻黄等其余十味药，加水煎煮 2 次，每次 1h，合并煎液，滤过，滤液浓缩至相对密度为 1.10 ～ 1.15（80℃），放冷，加乙醇使含醇量达 75%，搅匀，静置 24h，滤过，滤液回收乙醇并浓缩至相对密度为

1.20～1.25（80℃）的清膏，加水约至1000mL，搅匀，冷藏（4～7℃）36～48h，滤过，滤液加入适量的苯甲酸钠（防腐剂）和甜蜜素（矫味剂），加水至1000mL，混匀，灌装，灭菌，质检，包装，即得。

【规格】每支装10mL。

【注解】本品制备系用水提醇沉工艺，煎煮法提取有效成分，辅以醇沉冷藏静置沉淀，除去无效成分。若杂质较多，应冷藏静置48h。使用减压浓缩，对保证产品质量有利。

本品应在无菌洁净的环境中制备，取样检查合格后，灌装于经洗净灭菌的干燥容器内，密封，以流通蒸汽100℃灭菌30min或用微波灭菌。

❖ 例2-3　高分子药物口服溶液剂实例

胃蛋白酶合剂

【处方】

胃蛋白酶	2.0g
单糖浆	10.0mL
5%羟苯乙酯乙醇溶液	1.0mL
橙皮酊	2.0mL
稀盐酸	2.0mL
纯化水	加至100.0mL

【处方分析】胃蛋白酶为主药；单糖浆和橙皮酊为矫味剂；5%羟苯乙酯乙醇溶液为防腐剂；稀盐酸为pH调节剂；纯化水为溶剂。

【制备工艺】将稀盐酸、单糖浆加入约80.0mL纯化水中，搅匀；再将胃蛋白酶撒在液面上，待其自然溶胀、溶解；将橙皮酊缓缓加入溶液中。另取约10.0mL纯化水与羟苯乙酯乙醇溶液混匀后，将其缓缓加入上述溶液中；再加纯化水至全量，搅匀，分装，即得。

【规格】每1mL含胃蛋白酶活力不得少于14单位。

【注解】胃蛋白酶是一种高分子化合物，溶解需要一个充分溶胀的过程，故溶解时应先将其撒于含适量稀盐酸的纯化水液面上，静置待其溶胀后，再缓缓搅匀，且不得加热以免失去活性；pH是影响胃蛋白酶活性的主要因素之一，一般胃蛋白酶的最适pH为1.5～2.5，含盐酸的量不可超过0.5%，否则会使胃蛋白酶失去活性，故配制时先将稀盐酸用适量纯化水稀释。

本品一般不宜过滤。因胃蛋白酶等电点pI为2.75～3.00，因此该液中pH小于等电点，胃蛋白酶带正电荷，而润湿的滤纸或脱脂棉带负电荷，过滤时吸附胃蛋白酶。必要时，可将滤材润湿后，用少许稀盐酸冲洗以中和滤材表面电荷，消除吸附作用。本品不宜与胰酶、氯化钠、碘、鞣酸、浓乙醇、碱以及重金属配伍，因其能降低胃蛋白酶活性。胃蛋白酶合剂不稳定，久贮易减效，故不宜大量调配。

第三节　糖浆剂工艺

糖浆剂（syrups）系指含有药物或芳香物质的浓蔗糖水溶液，供口服。糖浆中的药物可以是化学药物也可以是药材提取物。糖浆剂可分为单糖浆、矫味糖浆和药用糖浆。单糖浆系指纯蔗糖的近饱和水溶液，含蔗糖量为 85%（g/mL）或 64.7%（g/g），除供制备药用糖浆外，一般作为矫味剂、助悬剂等；矫味糖浆，又称为芳香糖浆，如姜糖浆、橙皮糖浆等，主要用于矫味，有时也作助悬剂用；药用糖浆，主要用于疾病的治疗，如急支糖浆。

《中国药典》（2025 年版）四部制剂通则中对糖浆剂的质量有明确规定，一般要求有以下几点。

① 将原料药物用水溶解（饮片应按各品种项下规定的方法提取、纯化、浓缩至一定体积），加入单糖浆；如直接加入蔗糖配制，则需煮沸，必要时滤过，并自滤器上添加适量新煮沸过的水至处方规定量。

② 含蔗糖量应不低于 45%（g/mL）。

③ 根据需要可加入适宜的附加剂。糖浆剂在确定处方时，应评估和考察加入抑菌剂的必要性、抑菌剂类型和加入量，若加入抑菌剂，该处方的抑菌效力应符合抑菌效力检查法［《中国药典》（2025 年版）四部通则 1121］的规定。山梨酸和苯甲酸的用量不得过 0.3%（其钾盐、钠盐的用量分别按酸计），羟苯酯类的用量不得过 0.05%。如需加入其他附加剂，其品种与用量应符合国家标准的有关规定，且不应影响成品的稳定性，并应避免对检验产生干扰。必要时可加入适量的乙醇、甘油或其他多元醇。

④ 除另有规定外，糖浆剂应澄清。在贮存期间不得有发霉、酸败、产生气体或其他变质现象，允许有少量摇之易散的沉淀。

⑤ 一般应检查相对密度、pH 等。

⑥ 除另有规定外，糖浆剂应密封，避光置干燥处贮存。

一、糖浆剂生产工艺

糖浆剂的配制应在清洁无菌的环境中进行，及时灌装于灭菌的洁净干燥容器中，并在 25℃以下避光保存。

（一）糖浆剂的主要生产工序与洁净度要求

糖浆剂生产过程主要包括称量、浓配、过滤、稀配、二次过滤、灌封、印批号、贴标和外包等工序。

此外，根据有效期内微生物限度是否合格来决定是否采用灭菌工艺。

不同工序的洁净度要求不同。按照 GMP 规定，糖浆剂生产环境分为一般生产区和 D 级洁净区两个区域。一般情况下，药液的配制、滤过、灌封等工序应控制在 D 级洁净区；原辅料的称量、成品的贴签和外包装等工序在一般生产区，无洁净度要求，但也要清洁卫生、文明生产、符合要求。

（二）糖浆剂的生产工艺流程图

糖浆剂的生产系在洁净无菌环境下进行，具体生产工艺流程及工序洁净度要求见图2-3。

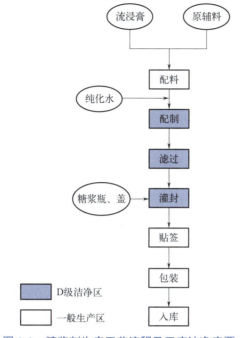

图 2-3　糖浆剂生产工艺流程及工序洁净度要求

二、糖浆剂生产控制要点、常见问题及对策

（一）生产控制要点

1. 原辅料准备

（1）**生产前确认**　检查确认生产场所是否还留存有前批生产的产品或物料，生产场所是否已清洁，并取得"清场合格证"；检查确认生产现场的机器设备和器具是否挂上"已清洁"状态标示牌；检查确认所使用的原辅料是否准备齐全，是否有相关质检报告单；检查确认与生产品种相适应的批生产指令、相应配套文件及有关记录是否已准备齐全；检查确认生产场所的温度与湿度是否在规定范围内，室内温度应控制在18～26℃，湿度应控制在45%～65%；称量器必须在每次称量前校零，并定期专人校验，做好记录。

（2）**原辅料的准备**　制备糖浆剂所用的蔗糖应符合《中国药典》（2025年版）规定，且应是精制的无色或白色干燥的白砂糖，不能选用食用糖，因为食用糖中含有黏液质、蛋白质等杂质，且只有质量管理部门批准放行的原辅料，方可配料使用。称量前应核对原辅料品名、批号、生产厂家、规格等，应与检验报告单相符。

（3）**糖浆剂包装材料的处理**　糖浆剂通常采用玻璃瓶包装，封口主要有滚轧防盗盖封口、内塞加螺纹盖封口、螺纹盖封口等。糖浆剂玻璃瓶规格可以为25～1000mL，常用规格为25～500mL。玻璃瓶及封口盖的清洗、干燥灭菌与口服溶液剂一致。容器经干燥灭菌后，应密闭静置冷却，防止污染。同时放置时间不宜过长，否则需重新处理。

2. 药液的配制和滤过

（1）药液的配制 糖浆剂药液配制的方法主要有两种：溶解法和混合法。

① 溶解法。溶解法包括热溶法和冷溶法。

a. 热溶法：系将蔗糖溶于新煮沸过的纯化水中，继续加热使其全部溶解，待温度降低后加入其他药物，混合搅拌使之溶解，滤过，再从滤器上加入适量纯化水至全量，分装即得。不加药物即可制备单糖浆。在热溶法中，蔗糖溶解速率快，糖浆易于滤过澄清，生长期的微生物容易被杀灭。蔗糖内含有的高分子杂质如蛋白质等，可因加热而凝聚滤除。注意加热时间不宜太长（溶液加热至沸后5min即可），温度不宜超过100℃，否则会使转化糖含量增加，糖浆剂颜色变深。此法适用于对热稳定的药物及有色糖浆、不含挥发性成分的糖浆、单糖浆的制备。

b. 冷溶法：系将蔗糖溶于冷纯化水或含有药物的溶液中，待完全溶解后，滤过，即得糖浆剂。也可以使用渗漉器制备。此制备方法的优点是所制得的糖浆剂颜色较浅或无色，转化糖含量少。该法缺点是蔗糖溶解速率慢，生产时间长，在生产过程中易被微生物污染，因此要严格控制卫生条件，以免污染。冷溶法适用于对热不稳定的药物、挥发性药物、单糖浆的制备。

② 混合法。混合法系将含药溶液与单糖浆均匀混合制备糖浆剂的方法。此种方法适合于制备药用糖浆。此法的优点为灵活、简便，可大量配制也可小量配制。根据此法所制备的药用糖浆含糖量较低，要注意糖浆剂的防腐。

根据药物状态和性质，混合法有以下几种混合方式。

a. 药物为可溶性液体或药物为液体制剂时，可直接与计算量单糖浆混匀，必要时滤过。如药物是挥发油时，可先溶于少量乙醇等辅助溶剂或酌加适宜的增溶剂，溶解后再与单糖浆混匀。

b. 药物为含乙醇的制剂（如醑剂、流浸膏剂等）时，与单糖浆混合时常发生浑浊而不易澄清，为此可将药物溶于适量蒸馏水中，加滑石粉助滤，反复过滤至澄清，再加蔗糖制成药用糖浆或与单糖浆混合制成药用糖浆；也可加适量甘油助溶。

c. 药物为可溶性固体，可先用少量蒸馏水制成浓溶液后再与计算量单糖浆混匀。水中溶解度较小的药物可酌加少量其他适宜的助溶剂溶解，再加入单糖浆中，搅匀，即得。

d. 药物为干浸膏时，应将干浸膏粉碎成细粉后加入适量甘油或其他适宜稀释剂，在无菌研钵中研磨混匀后，再与单糖浆混匀。

e. 药物为水浸出制剂时，因其含有黏液质、蛋白质等高分子物质，容易发酵、长霉变质，可先加热至沸腾后5min使其凝固后滤除，再将滤液与单糖浆混匀。必要时将浸出液的浓缩物用乙醇处理一次，回收乙醇后的母液加入单糖浆混匀。

在制备糖浆剂时，为了有效防止微生物污染而腐败变质，制备时应在无菌环境中进行，各种用具、容器应进行洁净或灭菌处理，并及时灌装。在工业生产中，若采用热溶法制备糖浆剂，宜采用蒸汽夹层锅加热，温度和时间应严格控制。糖浆剂应在30℃下密闭贮存。

（2）药液的滤过 配制得到的药液，需根据药物的性质选用合适的过滤速度、过滤材质及目数，且过滤操作需在D级洁净度的房间内进行，均采用密闭系统。药液过滤至纯净、均匀，经检验合格后才能灌装。

3. 药液的灌封

配制好的药液一般应在当天灌装完毕，否则应将药液在规定条件下保存（最多不超过 2 天），确保药液不变质。糖浆剂常用灌装设备有四泵直线式灌装机、自动液体充填机及液体灌装自动线。

（1）四泵直线式灌装机 是目前制药企业常用的糖浆灌装设备，其工作原理是：容器经整理后，通过输瓶轨道进入灌装工位，药液经柱塞泵计量后，通过直线式排列的喷嘴灌入容器。机器具有堆瓶、缺瓶、卡瓶等自动停车保护机构。生产速度、灌装容量均能在其工作范围内无级调节。四泵直线式灌装机一般适用于容积为 50 ～ 1000mL 的糖浆瓶。

（2）自动液体充填机 以活塞定量充填设计，使用空气缸定位，无噪声，易于保养，可快速调整各种不同规格的瓶子。有无瓶自动停机装置，易于操作。充填量可以一次调整完成，亦可微量调整，容量精准、误差小。拆装简便，易于清洗、符合 GMP 标准。该机充填容量为 5 ～ 30mL。

（3）液体灌装自动线 主要由冲洗瓶机、四泵直线式灌装机、单头旋盖机（或防盗轧盖机）、ZT20/1000 转鼓贴标机（或不干胶贴标机）组成，可以完成冲洗瓶、灌装、旋盖（或轧轨防盗盖）、贴签、印批号等步骤。该机充填容量为 30 ～ 1000mL。

4. 质量检查

【含量测定】依据具体药物检查方法进行含量测定。

【装量】单剂量灌装的糖浆剂，照下述方法检查应符合规定。

检查法 即取供试品 5 支，将内容物分别倒入经标化的量入式量筒内，尽量倾净。在室温下检视，每支装量与标示装量相比较，少于标示装量的不得多于 1 支，并不得少于标示装量的 95%。

多剂量灌装的糖浆剂，照最低装量检查法［《中国药典》（2025 年版）四部通则 0942］检查，应符合规定。

【微生物限度】除另有规定外，照非无菌产品微生物限度检查：微生物计数法［《中国药典》（2025 年版）四部通则 1105］和控制菌检查法［《中国药典》（2025 年版）四部通则 1106］及非无菌药品微生物限度标准［《中国药典》（2025 年版）四部通则 1107］检查，应符合规定。

【其他】除上述检查外，还应依据具体药物的检查要求进行其他项目（如性状、相对密度、pH 等）检查，符合规定后，进行贴签包装。

5. 贴签与包装

糖浆剂经质量检查合格后，即可进行贴签（印字）与包装，瓶签内容包括品名、规格、批号及批准文号。

（二）常见问题及对策

1. 中药糖浆剂的沉淀

中药糖浆剂在贮存一段时间后，容易产生沉淀，主要原因有以下几个方面：
① 药材中含有细小颗粒或杂质，净化处理不够；

②提取液中有些成分在加热时溶于水，但冷却后又逐渐沉淀出来；

③提取液中所含的高分子物质，在贮存过程中发生胶态粒子"陈化"聚集沉出现象；

④糖浆剂的 pH 发生改变，某些物质沉淀析出。

因此，对沉淀物要进行具体分析并采取相应措施。首先必须选用质量合格的原辅料进行生产；制备时用适宜的精制方法，除去杂质或细小颗粒。对于提取液中的高分子物质和热溶冷沉类物质不能简单地视为"杂质"。《中国药典》(2025 年版) 四部制剂通则中规定：糖浆剂应澄清；在贮存期间不得有发霉、酸败、产生气体或其他变质现象，允许有少量摇之易散的沉淀。但在糖浆剂中，应尽可能减少沉淀，可采取加入乙醇沉淀、热处理冷藏滤过、加表面活性剂增溶、离心分离、超滤等方法改进。

2. 霉败

糖浆剂特别是低浓度的糖浆剂容易被微生物污染后霉败，使药物变质，但即使加入了防腐剂也不能完全避免其霉败。

引起霉败的主要原因是原料（蔗糖和药物）不洁净，用具处理不当及生产环境不达标。所以生产糖浆剂时，其蔗糖应符合现行版《中国药典》质量标准，生产用具及生产环境的质量应符合 GMP 规范要求。

3. 变色

蔗糖为双糖，在加热或酸性条件下易水解，水解后生成的糖浆含有转化糖，且颜色变深。因转化糖具有还原性，可防止某些药物氧化变质，但也能加速糖浆自身的发酵变质。加热糖浆剂也会使糖糊化变色。所以在生产过程中避免高压灭菌，注意加热时间和温度，贮藏时注意避光存放。

三、糖浆剂实例

❖ **例 2-4 单糖浆**

【处方】

蔗糖　　　　　　　8.5kg

纯化水　　　　加至 10L

【制备工艺】取纯化水 4.5L 煮沸，加蔗糖搅拌溶解，继续加热至 100℃，趁热保温滤过，再自滤器上加纯化水适量，使其冷至室温后成 10L，搅匀，质检后分装，即得。

【规格】500mL/瓶。

【注解】本品 25℃时相对密度为 1.313，常作矫味剂和赋形剂。制备过程中温度升至 100℃后的加热时间应适宜。加热时间过长，转化糖含量高，在贮存时易发酵；加热时间太短，则达不到灭菌目的。

❖ 例2-5　川贝枇杷糖浆

【处方】

川贝母流浸膏	45mL	羟苯乙酯	适量
枇杷叶	300g	薄荷脑	0.34g
桔梗	45g	杏仁香精	适量
蔗糖	400g	乙醇	适量
苯甲酸钠	适量	纯化水	加至1000mL

【处方分析】川贝母流浸膏、枇杷叶及桔梗为主药；蔗糖为矫味剂；苯甲酸钠和羟苯乙酯为防腐剂；薄荷脑和杏仁香精为芳香剂；乙醇为助溶剂；纯化水为溶剂。

【制备工艺】川贝母流浸膏系取川贝母45g，粉碎成粗粉，用70%乙醇作溶剂，浸渍5天后，缓缓渗漉，收集初渗漉液38mL，另器保存，继续渗漉，待可溶性成分完全滤出，续渗漉液浓缩至适量，与初渗漉液混合，继续浓缩至45mL，滤过。桔梗和枇杷叶加水煎煮2次，第一次2.5h，第二次2h，合并煎液，滤过，滤液浓缩至适量，加入蔗糖400g及防腐剂适量，煮沸使溶解，滤过，滤液与川贝母流浸膏混合，放冷，加入薄荷脑和含适量杏仁香精的乙醇溶液，加水至1000mL，搅匀，即得。

【规格】每支装10mL。

【注解】本品为棕红色的黏稠液体；气香，味甜、微苦、凉。主要功能为清热宣肺，化痰止咳。用于风热犯肺、内郁化火所致的咳嗽痰黄或吐痰不爽、咽喉肿痛、胸闷胀痛、感冒咳嗽及慢性支气管炎。

第四节　口服混悬剂工艺

口服混悬剂系指难溶性固体原料药物分散在液体介质中制成的供口服的混悬液体制剂。也包括浓混悬剂或干混悬剂。非难溶性药物也可以根据临床需求制备成干混悬剂。

口服混悬剂属于热力学和动力学均不稳定的非均相分散体系，分散的固体微粒与未分散的大颗粒比较，具有很大的表面自由能，具有自发的聚集和粗化趋势。此外，由于重力作用，悬浮在液体中的固体粒子易发生沉降，沉降后的粒子相互接触和挤压导致聚结而不能再分散。

因此，根据《中国药典》（2025年版）的规定，口服混悬剂应符合以下基本要求：

① 口服混悬剂应分散均匀，放置后若有沉淀物，经振摇应易再分散，沉降体积比应不低于0.90；

② 根据需要可加入适宜的附加剂，如抑菌剂、抗氧剂、分散剂、助悬剂、增稠剂、润湿剂、缓冲剂、稳定剂、矫味剂等，其品种与用量应符合国家标准的有关规定。

③ 制剂应稳定、无刺激性，不得有发霉、酸败、变色、异物、产生气体或其他变质现象；

④ 口服混悬剂的分散介质一般用水；

⑤ 口服混悬剂通常采用分散法制备；

⑥除另有规定外，应避光、密封贮存；

⑦口服混悬剂在标签上应注明"用前摇匀"。

⑧在制剂确定处方时，应评估和考察加入抑菌剂的必要性、抑菌剂类型和加入量，若加入抑菌剂，该处方的抑菌效力应符合抑菌效力检查法［《中国药典》（2025年版）四部通则1121］的规定。

一、口服混悬剂生产工艺

（一）混悬剂的主要生产工序与洁净度要求

口服混悬剂的制备过程包括研磨、分散、混合、调配、过滤、灌封、贴签、包装等步骤。

不同工序的洁净度要求不同。按照GMP规定，混悬剂生产环境分为两个区域：一般生产区和D级洁净区。一般情况下，药物的分散、混合、调配、过滤、灌封等工序应控制在D级洁净区；原辅料的研磨润湿、成品的贴签和包装等工序为一般生产区，虽无洁净度要求，但也要清洁卫生、文明生产、符合要求。

（二）混悬剂的生产工艺流程图

口服混悬剂系在洁净无菌环境下进行，具体生产工艺流程及工序洁净度要求见图2-4。

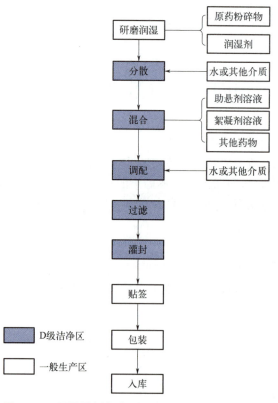

图 2-4 口服混悬剂生产工艺流程及工序洁净度要求

二、口服混悬剂生产控制要点、常见问题及对策

（一）生产控制要点

1. 根据处方准确计量称量

按规定要求称重计量，并填写称量记录。称量前，必须再次核对原辅料的品名、批号、数量、规格、生产厂家及合格证等，核对处方的计算数量，检查衡器是否经过校正或校验。然后正确称取所需要的原辅料并置于清洁容器中，做好记录并经人工复核签字。剩余的原辅料应封口贮存，并在容器外标明品名、数量、日期以及使用人等，在指定地点保管。

2. 润湿和分散

固体原料药物的亲水性强弱，能否被水润湿，与混悬剂制备的难易、质量优劣及稳定性高低密切相关。

亲水性药物制备时易被水润湿，易于分散，制成的混悬剂较稳定。亲水性药物通常通过分散法和水飞法润湿。

疏水性药物不能被水润湿，较难分散，可加入润湿剂改善疏水性药物的润湿性，从而使混悬剂易于制备并增加其稳定性。如加入甘油研磨制备微粒，不仅能使微粒充分润湿，而且还易于均匀混悬于分散介质中。疏水性药物应先将其与润湿剂（如表面活性剂）研磨，再与其他液体研磨，最后加其余的液体至全量。

混悬剂的粒径对其稳定性至关重要，通常采用以下方法减小混悬剂的粒径。

① 球磨式冲击法。该法为密闭粉碎，常用设备为球磨机，通过冲击力和研磨力使粒子粉碎，适用于贵重物料的粉碎。球磨机由水平的筒体、进出料空心轴及磨头等部分组成，筒体为长圆筒形，内部装有研磨体。筒体由钢板制造，配有钢制衬板与筒体固定。研磨体一般为钢制圆球，并按不同直径和一定比例装入筒中，研磨体也可用钢段。球磨机根据研磨物料的粒度加以选择。物料由球磨机进料端空心轴装入筒体内，当球磨机筒体转动时，研磨体由于惯性、离心力及摩擦力的作用，附在筒体衬板上被筒体带起，当被带到一定的高度时候，由于重力作用而被抛落，下落的研磨体像抛射体一样将筒体内的物料击碎。

为了有效地利用研磨作用，对粒度较大（一般为20目）的物料进行磨细时，把球磨机筒体用隔仓板分隔为两段，即成为双仓，物料进入第一仓时被钢球击碎，物料进入第二仓时，钢段对物料进一步研磨，粒度合格的物料从出料端空心轴排出。对进料颗粒小的物料进行磨细时，球磨机筒体可不设隔板，成为一个单仓筒磨。

② 石打石式冲击法。该法以冲击力为主，常用设备为冲击式粉碎机，适用于脆性、韧性及细碎、超细碎物料等。冲击式粉碎机的工作原理比较简单，即石打石的原理。石子在自然下落过程中与经过叶轮加速甩出来的石子相互碰撞，从而达到破碎的目的。而被加速甩出的石子与自然下落的石子冲撞时又形成一个涡流，返回过程中又进行二次破碎，所以在运行过程中对机器反击板的磨损很小。

原料由机器上部直接落入高速旋转的转盘，在高速离心力的作用下，与另一部分以伞形方式分流在转盘四周的靶石产生高速的撞击与高密度的粉碎。在互相打击后，原料又会在

转盘和机壳之间形成涡流运动而造成多次的互相打击、摩擦、粉碎，然后从下部直通排出，如此形成闭路多次循环，由筛分设备控制达到所要求的粒度。

③ 气流式粉碎法。该法常用设备为流能磨（也称气流式粉碎机），适用于热敏性药物和低熔点药物或粒度要求为 3 ~ 20μm 的超微粉碎。气流式粉碎机与旋风分离器、除尘器、引风机组成一整套粉碎系统。压缩空气经过滤干燥后，通过拉瓦尔喷嘴高速喷射入粉碎区，在多股高压气流的交汇点处物料被反复碰撞、摩擦、剪切而粉碎，粉碎后的物料在引风机抽力作用下随上升气流运动至分级区，在高速旋转的分级涡轮产生的强大离心力作用下，粗细物料分离，符合粒度要求的细颗粒通过分级轮进入旋风分离器和除尘器收集，粗颗粒下降至粉碎区继续粉碎。

混悬剂的粒子也不能过于细小，因为过小的粒子沉降后易板结成块，不能轻摇再分散。

3. 配制与过滤

在药液配制前，要求配制工序必须有清场合格证，配料锅及容器、管道必须清洗干净。此后，必须按处方及工艺规程和岗位技术安全操作规范的要求进行。配制过程中所用的水（去离子水）必须是新鲜制取的，去离子水的储存时间不能超过 24h，若超过 24h，必须重新处理后才能使用。如果使用压缩空气或惰性气体，使用前也必须进行净化处理。在配制过程中，如果需要加热保温，则必须严格加热到规定的温度并保温至规定时间。当药液与辅料混匀后，若需要调整含量、pH 等，调整后需经重新测定和复核。药液经过含量、相对密度、pH、防腐剂等检查复核后才能进行过滤。应注意按工艺要求合理选用无纤维脱落的滤材。在配制和过滤中应及时、正确地做好记录，并经人工复核。滤液放在清洁的密闭容器中，及时灌封。在容器外应标明药液品种、规格、批号、生产日期、负责人等。

4. 灌装与封口

在药液灌装前，精滤液的含量、色泽、澄清度等必须符合要求；直形玻璃瓶必须清洁才可使用；灌装设备、针头、管道等必须用新鲜蒸馏水冲洗干净并灭菌。此外，工作环境要清洁，符合要求。配制好的药液一般应在当班灌装、封口，如有特殊情况，必须采取有效的防污措施，可适当延长待灌时间，但不得超过 48h。经灌封或灌装、封口的半成品盛器内应放置生产卡片，标明品名、规格、批号、日期、灌装（封）机号及操作者工号等。

操作工人必须经常检查灌装及封口后的半成品质量，随时调整灌装（封）机器，保证装量差异及灌封等符合质量规定。

5. 质量检查

【含量测定】依据具体药物的检查方法进行含量测定。

【装量】除另有规定外，单剂量包装的口服混悬剂的装量，照下述方法检查，应符合下列规定。

检查法 取供试品 10 袋（支），将内容物分别倒入经标化的量入式量筒内，检视，每支装量与标示装量相比较，均不得少于其标示量。

凡规定检查含量均匀度者，一般不再进行装量检查。

多剂量包装的口服混悬剂照最低装量检查法［《中国药典》（2025 年版）四部通则 0942］检查，应符合规定。

【装量差异】除另有规定外，单剂量包装的干混悬剂照下述方法检查，应符合规定。

检查法 取供试品 20 袋（支），分别精密称定内容物，计算平均装量，每袋（支）装量与平均装量相比较，装量差异限度应在平均装量的 ±10% 以内，超出装量差异限度的不得多于 2 袋（支），并不得有 1 袋（支）超出限度的 1 倍。

凡规定检查含量均匀度者，一般不再进行装量差异检查。

【干燥失重】 除另有规定外，干混悬剂照干燥失重测定法［《中国药典》（2025 年版）四部通则 0831］检查，减失重量不得过 2.0%。

【沉降体积比】 口服混悬剂照下述方法检查，沉降体积比应不低于 0.90。

检查法 除另有规定外，取供试品摇匀后，用具塞量筒量取 50ml，密塞，振摇 1 分钟，记下混悬物的开始高度 H_0，静置 3 小时，记下混悬物的最终高度 H，按下式计算：

$$沉降体积比 = H/H_0 \tag{2-2}$$

干混悬剂按各品种项下规定的比例加水振摇，应均匀分散，并照上法检查沉降体积比，应符合规定。

【微生物限度】 除另有规定外，照非无菌产品微生物限度检查：微生物计数法［《中国药典》（2025 年版）四部通则 1105］和控制菌检查法［《中国药典》（2025 年版）四部通则 1106］及非无菌药品微生物限度标准［《中国药典》（2025 年版）四部通则 1107］检查，应符合规定。

【其他】 除上述检查外，依据具体药物的检查要求进行其他项目（如性状、相对密度、pH 等）检查，符合规定后，进行贴签包装。

（二）常见问题及对策

混悬剂主要存在物理稳定性问题。混悬剂中药物微粒分散度大，使混悬微粒具有较高的表面自由能而处于不稳定状态。欲制备物理稳定的混悬剂，首先要考虑的因素是粒径大小及粒度分布，这些是影响混悬剂外观、沉降速度、药物溶出度、药物吸收及再分散性的重要因素。

1. 粒径

混悬剂的粒径与药物的分散性和稳定性相关。药物的分散性指的是药物在溶剂中的均匀分布程度，而药物的稳定性则是指药物在混悬液中的稳定性。如果药物的分散性不好，会导致药物在混悬液中沉淀或凝聚成大颗粒，影响药物的均匀性和治疗效果；如果药物的稳定性不好，会导致药物在混悬液中发生分解或聚集，降低药物的活性，甚至产生毒副作用。

因此，粒径控制是混悬剂制备中的关键环节之一。粒径的控制可以通过合适的研磨、超声波处理、乳化等方法来实现。此外，粒径控制不仅仅涉及药物的制备工艺，还与药物的质量控制密切相关。药物的质量控制包括药物的成分分析、纯度分析和稳定性分析等。只有在严格的质量控制下，才能保证混悬注射液的粒径控制达到要求。

2. 结晶微粒的长大

混悬剂中的微粒大小不可能完全一致，并且混悬剂在放置过程中，微粒的大小和数量在不断变化，即小的微粒数不断减少，而大的微粒数不断增加，使微粒的沉降速度加快，结果导致混悬剂的稳定性降低。研究结果发现，微粒大小与溶解度有关，当药物微粒小于 0.1μm 时，其关系可用 Ostwald-Freundlich 方程式表示：

$$\lg \frac{S_2}{S_1} = \frac{2\sigma M}{RT\rho}\left(\frac{1}{r_2} - \frac{1}{r_1}\right) \tag{2-3}$$

式中，S_1 和 S_2 分别是半径为 r_1 和 r_2 的药物的溶解度；σ 为表面张力；ρ 为固体原料药物的密度；M 为分子量；R 为气体常数；T 为热力学温度。根据上述公式可知，当药物处于微粒状态时，若 $r_2 < r_1$，则 r_2 的溶解度 S_2 大于 r_1 的溶解度 S_1。混悬剂溶液总体上是饱和溶液，但小微粒的溶解度大，在不断溶解，而大微粒因过饱和，不断长大。

解决方法是必须加入抑制剂以阻止微粒的溶解和生长，以保持混悬剂的物理稳定性。

3. 沉降

混悬液的贮存存在物理稳定性问题。混悬液中药物微粒与分散介质之间存在着物理界面，使混悬微粒具有较高的表面自由能，混悬剂处于不稳定状态。疏水性药物的混悬剂比亲水性药物存在更大的稳定性问题。为了保持混悬微粒分散均匀，则希望混悬微粒沉降缓慢甚至不沉降。但由于微粒有一定的重量，其密度一般不可能与分散介质一样，因此微粒最终会沉降，其沉降速度可用 Stoke's 公式来描述：

$$V = \frac{2r^2(\rho_1 - \rho_2)g}{9\eta} \tag{2-4}$$

式中，V 为沉降速度，cm/s；r 为混悬微粒的半径，cm；ρ_1 和 ρ_2 分别为混悬微粒和分散介质的密度，g/cm^3；g 为重力加速度，981cm/s^2；η 为分散介质的黏度，g/（cm·s）或 Pa·s。

根据上述 Stoke's 公式可知，微粒沉降速度与微粒半径的平方成正比，与微粒和分散介质间的密度差成正比，与分散介质的黏度成反比。混悬剂微粒沉降速率越大，稳定性就越小。

因此，欲使混悬剂稳定或减慢微粒的沉降速度，可采取的措施包括：①必须尽量减小微粒的半径，以减小沉降速度；②减小固体微粒与分散介质之间的密度差；③增加分散介质的黏度。其中粒径是最主要的因素，因沉降速度与微粒半径的平方成正比，在多数情况下，调整分散相的粒径以保持混悬剂的稳定性常常比调整分散介质的密度或黏度更有效。

4. 荷电和水化

混悬剂微粒表面荷电并具有水化作用，有较高的表面自由能，因此在制备过程中需要加入一定量的助悬剂、絮凝剂或反絮凝剂。

混悬剂中微粒可因本身解离或吸附分散介质中的离子而荷电，具有双电层结构，即有 ζ 电位，使微粒间产生排斥作用。由于微粒表面荷电，水分子可在微粒周围形成水化膜，这种水化作用的强弱随双电层厚度而改变。这些均阻止了微粒间的相互聚结，使混悬剂稳定。混悬剂中微粒双电层结构与水化膜如图 2-5 所示。

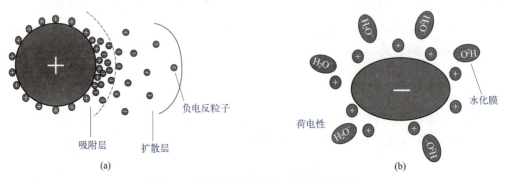

(a)   (b)

图 2-5 微粒双电层结构与水化膜示意图

向混悬剂中加入少量的电解质，可以改变双电层的构造和厚度，影响混悬微粒的聚结稳定性并产生絮凝。疏水性药物混悬剂的微粒水化作用较弱，对电解质更敏感。亲水性药物混悬剂的微粒除荷电外，本身具有水化作用，受电解质影响较小。

混悬剂中的微粒由于分散度大而具有较大的比表面积，所以微粒具有很高的表面自由能，这种高能态的混悬微粒具有降低表面自由能的趋势，表面自由能的改变公式可用下式表示：

$$\Delta F = \delta_{s.l} \Delta A \tag{2-5}$$

式中，ΔF 为表面自由能的改变值；ΔA 为微粒总表面积的改变值；$\delta_{s.l}$ 为固液界面张力。

对于一定的混悬剂来说，$\delta_{s.l}$ 是一定的，因此只有降低 ΔA，才能降低微粒的表面自由能 ΔF，这就意味着微粒之间有一定的聚集。但由于微粒荷电，其排斥力阻碍了微粒的聚集。因此只有加入适当的电解质，使 ζ 电位降低，以减少微粒间的排斥。ζ 电位降低一定程度后，混悬剂中的微粒形成疏松的絮状聚集体，使混悬剂处于稳定状态。

混悬微粒形成疏松的絮状聚集体的过程称为絮凝，加入的电解质称为**絮凝剂**（flocculating agent）。为了得到稳定的混悬剂，一般控制 ζ 电位在 20 ~ 25mV，使其恰好产生絮凝作用。絮凝剂主要是具有不同价数的电解质，其絮凝效果与离子的价数有关，离子价数增加 1，絮凝效果增大 10 倍。常用的絮凝剂有枸橼酸盐、酒石酸盐、磷酸盐及氰化物等。

絮凝状态特点是：①沉降速度快，有明显的沉降面；②沉降体积大；③经振摇后能迅速恢复均匀的混悬状态。

向絮凝状态的混悬剂中加入电解质，使絮凝状态变为非絮凝状态的过程称为反絮凝。加入的电解质称为**反絮凝剂**（deflocculating agent）。反絮凝剂所用的电解质常常与絮凝剂相同。

5. 分散相的浓度和温度

在同一分散介质中，分散相的浓度增加，混悬剂稳定性降低。温度对混悬剂的影响更大，温度的变化不仅改变药物的溶解度和溶解速率，还改变微粒的沉降速度、絮凝速度、沉降容积比，从而改变混悬剂的稳定性。冷冻可破坏混悬剂的网状结构，也可使其稳定性降低。

三、口服混悬剂实例

❖ 例 2-6　布洛芬口服混悬剂

【处方】

布洛芬	20g	聚山梨酯 80	801g
甘油	50g	单糖浆	400g
枸橼酸	2g	苯甲酸钠	2g
羧甲基纤维素钠	5g	纯化水	加至 1000mL

【处方分析】布洛芬为主药，羧甲基纤维素钠为助悬剂，聚山梨酯 80 和甘油为润湿剂，单糖浆为矫味剂，枸橼酸为 pH 调节剂和絮凝剂，苯甲酸钠为防腐剂，纯化水为分散介质。

【制备工艺】将布洛芬、聚山梨酯 80 和苯甲酸钠加热溶解于甘油中，另将羧甲基纤维素钠用 500mL 水制成胶浆，在搅拌条件下缓缓加入布洛芬溶液中，加入单糖浆混匀，用枸橼酸调节 pH 至 4.0，加入纯化水至全量，搅匀，即得。

【规格】30mL/ 瓶。

【注解】布洛芬为非甾体抗炎药，有解热、镇痛及抗炎作用，用于儿童普通感冒或流感引起的发热、头痛，也用于缓解儿童轻至中度疼痛，如头痛、关节痛、神经痛、偏头痛、牙痛、肌肉痛等。

第五节　口服乳剂工艺

乳剂（emulsions）系指两种互不相溶或极微溶的液体，其中一种液体以微小液滴形式分散在另一种液体连续相中所形成的相对稳定的非均相液体分散体系。通常将前一种液体称为分散相、内相或不连续相，后一种液体称为分散介质、外相或连续相。其中一相通常是水或水溶液，常称为水相，用 W 表示；另一相是与水不相溶的有机液体，常称为油相，用 O 表示。乳剂由水相、油相和乳化剂组成，三者缺一不可。根据乳化剂的种类、性质以及连续相、分散相体积比的不同，乳剂可分成油包水型（W / O）乳剂和水包油型（O / W）乳剂。前者连续相为油相，分散相为水溶液；后者连续相为水溶液，分散相为油相。此外，还有复乳，又称为二级乳，分为 W/O/W 型和 O/W/O 型。在药剂学中，注射剂、口服液体制剂、栓剂、软膏剂、气雾剂等都有乳剂型制剂存在，所以乳剂在理论上和制备方法上对药剂学中其他剂型都有指导意义。

本节将重点介绍口服乳剂的内容。根据《中国药典》（2025 年版），口服乳剂系指用两种互不相溶的液体将药物制成的供口服等胃肠道给药的水包油型液体制剂。

口服乳剂属于热力学不稳定的非均相分散体系，由水相、油相和乳化剂经乳化制成，油水两相之间存在界面张力，当一相以液滴状态分散于另一相中时，两相的界面增大，表面自由能也增大，液滴将重新聚集合并。根据《中国药典》（2025 年版）的规定，口服乳剂应符合以下基本要求：

① 根据需要可加入适宜的附加剂，如抑菌剂、抗氧剂、分散剂、助悬剂、增稠剂、助溶剂、润湿剂、缓冲剂、乳化剂、稳定剂、矫味剂等，其品种与用量应符合国家标准的有关规定；

② 在制剂确定处方时，应评估和考察加入抑菌剂的必要性、抑菌剂类型和加入量，若加入抑菌剂，该处方的抑菌效力应符合抑菌效力检查法［《中国药典》（2025 年版）四部通则1121］的规定；

③ 口服乳剂通常采用乳化法制备；

④ 制剂应稳定、无刺激性，不得有发霉、酸败、变色、异物、产生气体或其他变质现象；

⑤ 口服乳剂的外观应呈均匀的乳白色，用半径为 10cm 的离心机每分钟 4000 转的转速（约 $1800 \times g$）离心 15min，不应出现分层现象；乳剂可能会出现相分离的现象，但经振摇应易再分散；

⑥ 除另有规定外，应避光、密封贮存。

一、口服乳剂生产工艺

口服乳剂的配制应在清洁无菌的环境中进行，及时灌装于灭菌的洁净干燥容器中，并在25℃以下避光保存。

（一）口服乳剂的主要生产工序与洁净度要求

口服乳剂的生产过程包括混合、乳化、均质、灌装等步骤。

不同工序的洁净度要求不同。按照GMP规定，乳剂生产环境分为一般生产区和D级洁净区两个区域。D级洁净区包括物料混合、乳化、均质、灌装等；其余步骤为一般生产区。每一步生产操作的环境都应当达到适当的动态洁净度标准，尽可能降低产品或所处理的物料被微粒或微生物污染的风险。

（二）口服乳剂的生产工艺流程图

口服乳剂的生产制备在洁净无菌环境下进行，具体生产工艺流程及工序洁净度要求见图2-6。

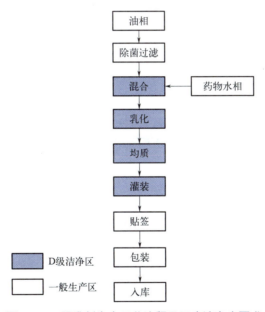

图 2-6　口服乳剂生产工艺流程及工序洁净度要求

二、口服乳剂生产控制要点、常见问题及对策

（一）生产控制要点

口服乳剂是液态流体，黏度是流体的主要性质之一，因此黏度也是口服乳剂的一项重要质量属性。口服乳剂的黏度与口服乳剂的质量、生产、临床应用都有一定的关系。

1. 原辅料及设备处理

（1）生产前确认 为了避免批与批之间的任何污染，设备必须彻底清洗。大规模生产设备的清洗，可使用目前有供应的高压低容泵系统。含有去垢剂的高压热水的冲洗力量像刀刃一样，可以用来清洗釜、槽以及各种生产和加工设备内不易清洁的坚固的污物，替代了手工擦洗的老式方法。均化器、泵和充填灌药装置内可能积聚水或产品的地方，通常是难于接触到的地方，必须完全拆卸，清洗干净，并在干燥后再组装。整个加工系统应全部采用球阀和卫生型（Ladish 型）或卫生螺纹配管。对于用作混合器旋转轴润滑油的填充材料，若有藏匿微生物的可能，在清洗过程中也应更换。生产和包装设备应在用去垢剂彻底清洗后消毒。这些设备可用加氯消毒的水、福尔马林或其他适宜的消毒剂冲洗，然后用无菌水冲洗。应取水和拭子的样品，以验证微生物都已除净。

（2）备料 起始物料一般包括溶剂、活性药物成分和辅料。工作人员在接收物料时，需核对原辅料的品名、批号、规格、含量、检验报告书、合格证、产地及数量，按生产指令领取当天所需原辅料并存放在暂存间，做好物料交接记录。

（3）清场 同产品换批时，将前一批次产品的文件、物料、标识等清出称量间。经清场负责人检查合格后，质量保证（quality assurance，QA）复查人检查合格后，进行下一批次的生产。换产品、规格时，应将上一品种的物料、文件、标识等清出称量间，并经清场负责人检查合格后，QA 复查人检查合格，发清场合格证后方可进行下一品种生产。

2. 药液的混合和乳化

（1）水 制备乳剂应采用蒸馏水或纯化水（如去离子水、反渗透水等），而不能使用硬水。因为硬水中的钙离子、镁离子对乳剂的稳定性会产生不良的影响，当用脂肪酸皂作乳化剂时尤其如此。

（2）温度 对乳剂的影响是多方面的。一般认为适宜的乳化温度为 $50 \sim 70℃$，因为在此温度下可以发生两相的紧密混合。如果油的熔点很低，而且足以防止其组分结晶或凝结，那么，相混合的温度可以适当降低。

（3）分散介质和分散相

① 黏度。当分散相的体积分数较小（即相体积分数小于 2%）时，分散介质的黏度对乳剂的整体黏度起主要的影响作用，即分散介质的黏度越大，乳剂的黏度就越大。当分散相的体积分数较大时，分散相若为流动状态时，其黏度在一定程度上影响乳剂的黏度，即分散相的黏度越大，乳剂的黏度也就越大；当分散相不是流动状态时，则分散相将对乳剂的黏度产生较大影响。在进行某乳剂稳定性考察试验时发现，处方中硬脂酸及其衍生物类乳化剂用量较大，使乳剂黏度增加了近 $100 \mathrm{MPa \cdot s}$，因其熔点较高，低温放置过程中，乳化剂逐渐凝固，使分散相相对固化，造成样品黏度增加。

② 相的混合。可按以下三种方法中的一种进行：a. 两相同时混合，需要使用配比泵和连续混合器，适用于连续的或大批量的操作；b. 把分散相加到连续相中，适合于含小体积分散相的乳剂系统；c. 把连续相加到分散相中，适用于多数乳剂系统，在混合过程中引起乳剂的转相，从而产生更为细小的分散相粒子。如制备 O/W 型乳剂基质时，水相在搅拌下极缓加到油相内，开始时水相的浓度低于油相，形成 W/O 型乳剂，当更多水加入时，乳剂黏度继续增加，直至 W/O 型乳剂水相的体积扩大到最大限度，超过此限，乳剂黏度降低，发生转相而成 O/W 型乳剂，使内相（油相）得以更细地分散。

（4）乳化剂的用量和种类　在相同乳化剂的乳剂中，乳化剂的用量跟乳剂黏度成正比，即乳化剂用量越大，乳剂黏度越大。在不同乳化剂的乳剂中，由于不同的乳化剂形成的界面膜性质不同，不同乳化剂对乳剂的黏度影响也不同。比如较低温度下熔点高的乳化剂界面膜的流动性就较差，乳剂的黏度较大；而熔点低的乳化剂界面膜的流动性较好，乳剂的黏度则较小。

3. 均质

均质，即在乳剂生产中，通过机械作用将分散相均匀分散到连续相中以减少液滴大小而提高乳剂的稳定性的过程。均质通常使用均质乳化机，它是将三种不同性能的分散搅拌装置组合在罐内，固定于罐盖或罐底，分别由三台电机单独传动，可以调节搅拌转速以适应不同产品的需要。一种是低速转动的错式刮板搅拌器，一种是螺带式搅拌器（如 BROGLI 公司 SPM-200 型机）或盘式溶解搅拌器（如弗科玛公司 VME-250 型机）或旋桨式搅拌器（如 FLUKO 公司 EU110pro 型机）和一只胶体磨。这三种搅拌装置的组合方式还可根据物料性质和设备容积大小等因素的不同而有所不同，但都可使物料产生径向和轴向的搅动。当这三种搅拌装置开始工作时，罐内便形成迅速而强烈的物料循环，物料被强制推向胶体磨，在磨内被研磨和分散并被驱出胶体磨，不断循环。这种组合方式不会留下死角，可把物料全部研磨，具有明显的优点。

4. 质量检查

【含量测定】依据具体药物的检查方法进行含量测定。

【装量】除另有规定外，单剂量包装的口服乳剂的装量，照下述方法检查，应符合下列规定。

检查法　取供试品 10 袋（支），将内容物分别倒入经标化的量入式量筒内，检视，每支装量与标示装量相比较，均不得少于其标示量。

凡规定检查含量均匀度者，一般不再进行装量检查。

多剂量包装的口服乳剂照最低装量检查法［《中国药典》（2025 年版）四部通则 0942］检查，应符合规定。

【微生物限度】除另有规定外，照非无菌产品微生物限度检查：微生物计数法［《中国药典》（2025 年版）四部通则 1105］和控制菌检查法［《中国药典》（2025 年版）四部通则 1106］及非无菌药品微生物限度标准［《中国药典》（2025 年版）四部通则 1107）检查，应符合规定。

5. 贴签与包装

口服乳剂经质量检查合格后，即可进行贴签（印字）与包装，瓶签内容包括品名、规格、批号及批准文号。

（二）常见问题及对策

1. 分层

乳剂的分层（delamination）系指乳剂在放置过程中，由于分散相和连续相的密度不同，分散相小液滴出现上浮或下沉现象，又称乳析。任何乳剂都会出现分层。由于油相密度一般小于水相，所以 O/W 型乳剂会出现分散相上浮现象，而 W/O 型乳剂会出现分散相下沉现象。发生分层的乳剂浓度在上层和下层变得不均匀，如 O/W 型乳剂在分层时，上层的油滴浓度要比下层高得多。分层的乳剂并未真正破坏，经振摇后仍然可恢复均匀。但药品不应出现分层现象，必须保证质量为始终如一的制剂。而且，分层使微粒更接近，可能促进更严重的聚结，优良的乳剂分层应非常缓慢，以至于不易觉察。

解决乳剂分层的方法包括以下几种。

① 调整液体处方。合理选择乳剂中的液体成分，使其密度接近，减少分层的可能性。

② 增加界面活性剂。适量增加界面活性剂的使用量，可以增大乳剂中液体颗粒之间的相互作用力，从而增强乳剂稳定性。

③ 使用分散剂。合适的分散剂可以增大液体颗粒之间的相互作用力，减小分层的可能性。

④ 增加黏度。通过增加黏度，可减慢液滴的扩散速度，减少液滴的碰撞机会，从而减慢分层的速度，减小聚结的可能性。连续相的黏度不仅与相体积分数（ϕ）有关，而且与分散相液滴的大小和多少有关，分散相液滴多，连续相的黏度大，扩散速度慢。因此，往往相体积分数大的乳剂比相体积分数小的乳剂更稳定。增加乳剂的黏度还可通过加入一些辅料特别是亲水胶体得以实现。加入亲水胶体不仅可增加乳剂的黏度，而且可发挥保护胶体的作用，进一步增强乳剂的稳定性。

2. 絮凝

絮凝（flocculation）系指乳剂中分散相的乳滴发生可逆的聚集现象。但由于乳滴荷电以及乳化膜的存在，絮凝时乳滴的合并受阻。发生絮凝的条件是：乳滴的电荷减少，电位降低，乳滴产生聚集而絮凝。絮凝状态仍保持各乳滴及乳化膜的完整性。乳剂中的电解质和离子型乳化剂的存在是产生絮凝的主要原因，同时絮凝与乳剂的黏度、相体积分数以及流变性有密切关系。乳剂的絮凝作用，限制了乳滴的移动并产生网状结构，可使乳剂处于高黏度状态，有利于乳剂的稳定。但絮凝状态进一步发展也会引起乳滴的合并。因此，可在附加剂中加入絮凝剂或反絮凝剂进行调节。

3. 转相

转相（phase inversion）系指乳剂由于某些条件的变化而改变类型，即由 O/W 型转变成 W/O 型或由 W/O 型转变成 O/W 型。转相主要是由于乳化剂的性质改变而引起的。例如：硬脂酸钠是 O/W 型乳化剂，加入氯化钙后生成硬脂酸钙，变成了 W/O 型乳化剂，因此，乳剂则由 O/W 型转变成 W/O 型。向乳剂中加入相反类型的乳化剂也可使乳剂转相，特别是两种乳化剂的量接近或相等时，更容易转相。转相时两种乳化剂的量之比称为转相临界点（phase inversion critical point）。当所生成或外加性质相反的乳化剂量在转相临界点以下时，乳剂不会发生转相；当在转相临界点时，乳剂被破坏，不属于任何类型；只有在转相临界点以上时，乳剂才会发生转相。

加入外加物质、改变相体积分数和温度也可能导致乳剂转相。当外加物质为电解质时，有可能使乳剂液滴表面电荷被中和而引起分散相小液滴发生絮凝，从而促使转相。对于 W/O 型乳剂相体积分数（ϕ）在 50% 以上时容易发生转相，而 O/W 型乳剂则需达到 90% 才容易发生转相。升高温度可引起乳化膜的改变而导致转相，这种作用常在 40℃ 以上变得更为显著。

在制备乳剂过程中，为防止转相，应提高乳化膜牢固性、保证油水相体积分数、稳定乳化温度、改善制备方法。

4. 合并与破裂

乳剂的分散相小液滴的乳化膜破坏，导致液滴变大，称为合并（coalescence）。合并进一步发展，最后与连续相分离形成不相混溶的油、水两相，称为破裂（demulsification）。乳剂的稳定性与乳滴的大小密切相关，乳滴越小，乳剂稳定性越好。乳剂中乳滴大小是不均匀的，小乳滴通常填充于大乳滴之间，这会使乳滴的聚集性增加，容易引起乳滴的合并。所以为了保证乳剂的稳定性，制备乳剂时应尽可能保持乳滴的均匀性。此外，分散介质的黏度增加，可使乳滴合并的速度减慢。尽管乳剂分层是不良现象，但并不会直接导致乳剂破裂，因为其分散液滴还是独立存在的，而且剧烈振摇后能重新分散。而破裂后的乳剂，经剧烈振摇也不能恢复原有乳剂的状态。破裂可与分层同时发生，也可发生在分层以后，延缓分层对于阻止乳剂破裂也有一定作用。

解决的方法包括尽可能使乳滴大小均匀，增加连续相的黏度，使用复合乳化剂等。

5. 酸败

酸败（rancidity）系指乳剂受外界因素（光、热、空气等）及微生物的影响，体系中的油相或乳化剂等发生变化而引起变质的现象。含植物油的乳剂由于暴露在空气中或光照过久而容易氧化酸败，温度升高将加快此反应。氧化酸败后的乳剂对人体有害，不能继续使用。通常可加入抗氧剂以防止氧化变质。引起酸败的另一个原因是微生物的污染，应用天然来源乳化剂时就应特别注意。微生物的代谢产物往往能加速乳化剂的水解和氧化。故乳剂特别是 O/W 型乳剂应加入防腐剂以利保存。

解决方法包括加抗氧剂、防腐剂及改善包装贮存条件。

6. 沉淀

乳剂中的沉淀也是一个常见的不稳定现象。沉淀（precipitate）是指乳剂中的固体颗粒在乳剂中沉积下来，形成一层浑浊的沉淀物。沉淀的形成可能是由于固体颗粒的密度大于液体，或者乳剂中的固体颗粒过多，超过了乳剂的承载能力。

解决的方法包括以下几种。

① 选择合适的分散剂。使用适当的分散剂可以增大乳剂中颗粒之间的相互作用力，防止固体颗粒沉淀。

② 加强搅拌。增加搅拌的速度和时间，可使固体颗粒均匀分散在乳剂中，减少沉淀的可能性。

③ 调整 pH 值。有时候，乳剂中的沉淀是由 pH 值的变化引起的。通过调整 pH 值，可以改变乳剂中的电荷状态，从而减少沉淀的产生。

7. 凝结

凝结（coagulation）即乳剂变得黏稠或凝固。凝结的原因可能是乳剂中的水分蒸发或乳剂中的凝结剂含量过高。

解决的方法包括以下几种。

① 加入稀释剂。通过添加适当的稀释剂，可以降低乳剂的浓度，减少凝结的可能性。

② 控制温度。乳剂的温度对凝结有很大影响，保持适宜的温度可以防止乳剂的凝结。

③ 合理调整乳剂中的成分比例，控制凝结剂的含量，改善乳剂的凝结性能。

三、口服乳剂实例

❖ 例2-7 鱼肝油乳剂

【处方】

鱼肝油	500mL
阿拉伯胶（细粉）	125g
西黄蓍胶（细粉）	7g
杏仁油	1mL
糖精钠	0.1g
羟苯乙酯	0.5g
纯化水	加至1000mL

【处方分析】鱼肝油为油相和主药，阿拉伯胶细粉为乳化剂，西黄蓍胶细粉为辅助乳化剂，杏仁油、糖精钠为芳香矫味剂，羟苯乙酯为防腐剂，纯化水为水相。

【制备工艺】将阿拉伯胶与鱼肝油研匀，一次加入250mL纯化水，用力沿一个方向研磨，制成初乳，加糖精钠水溶液、杏仁油、羟苯乙酯醇溶液，再缓缓加入西黄蓍胶胶浆，加纯化水至全量，搅匀，即得。

【规格】500mL/瓶。

【注解】鱼肝油乳剂采用干胶法制备，应先在干燥乳钵中制备初乳，初乳的油、水、乳化剂的比例为4∶2∶1，加入水后应迅速向同一方向强力研磨。

（编写者：邢磊；审校者：司俊仁）

 思考题

1. 制备口服溶液剂应考虑哪些因素？具体应该怎么调节？
2. 列举口服溶液剂常用灭菌方法，并简述各种灭菌方法的优缺点。
3. 液体制剂包装与贮存时需要注意什么？应满足哪些要求？
4. 简述糖浆剂的制备工艺流程及关键工艺。
5. 画出口服混悬剂生产工艺流程框图（可用箭头图表示）。
6. 试简述口服混悬剂制备过程中常见问题及解决方法。
7. 列举口服混悬剂生产过程中原料粉碎常用方式，并简述不同方式的适用条件。
8. 试画出口服乳剂生产工艺流程框图（可用箭头图表示）。
9. 试简述乳剂制备过程中常见问题及解决方法。

参 考 文 献

[1] 国家药典委员会.中华人民共和国药典（2025年版）[M].北京：中国医药科技出版社，2025.

[2] 吴正红，周建平.工业药剂学[M].北京：化学工业出版社，2021.

[3] 方亮.药剂学[M].9版.北京：人民卫生出版社，2023.

[4] 潘卫三，杨星钢.工业药剂学[M].4版.北京：中国医药科技出版社，2019.

[5] 张多婷.制剂生产工艺与设备[M].西安：西安交通大学出版社，2016.

[6] 徐荣周，缪立德，薛大权，等.药物制剂生产工艺与注解[M].北京：化学工业出版社，2008.

[7] 张洪斌.药物制剂工程技术与设备[M].3版.北京：化学工业出版社，2019.

[8] 陈宇州.制药设备与工艺[M].北京：化学工业出版社，2020.

[9] 陈燕忠，朱盛山.药物制剂工程[M].3版.北京：化学工业出版社，2018.

[10] 张晓丹.药物制剂技术[M].北京：科学出版社，2017.

[11] 韩永萍.药物制剂生产设备及车间工艺设计[M].北京：化学工业出版社，2015.

[12] 朱盛山.药物制剂工程[M].2版.北京：化学工业出版社，2008.

[13] 杨明.中药药剂学[M].北京：中国中医药出版社，2012.

[14] 田耀华.口服液剂生产设备与工艺所存问题及其发展方向[J].机电信息，2010（20）：1-6.

[15] 王莉.口服液体制剂生产中几个常见问题的解决[J].中国科技博览，2013（33）：274.

[16] 朱建芬，吴祥根.纳米混悬剂的制备方法及在药剂学中应用的研究进展[J].中国医药工业杂志，2006（3）：196-200.

[17] 陈莉，汤忞，陆伟根.纳米混悬剂粒径稳定性及其控制策略[J].世界临床药物，2010，31（4）：245-249.

[18] 康万利，张红艳，李道山，等.破乳剂对油水界面膜作用机理研究[J].物理化学学报，2004（2）：194-198.

第三章

口服固体制剂工艺

第一节　概述

　　固体制剂（solid preparations）是指以固体状态存在的剂型的总称。一般来讲，固体剂型主要供口服给药使用，但也可用于其他给药途径，如口腔用（如口含片、舌下片和口腔贴片等）和外用。

一、口服固体制剂的定义

　　口服固体制剂系指药物以固体形式经口服进入人体内并在胃肠道释放和吸收的一大类制剂的总称。由于具有携带方便、使用准确，并且不需要复杂的储运条件的特点，口服固体制剂是目前新药开发和临床应用最为广泛的制剂形式。《中国药典》（2025 年版）收载了多种口服固体剂型。我国目前生产的药物制剂总量的 50% 以上是口服固体制剂。口服固体制剂的剂型多样，包括散剂、颗粒剂、片剂、胶囊剂、膜剂、丸剂等，本章将对其中部分剂型分节叙述。

二、口服固体制剂的分类

　　（1）**散剂**　系指药物与适宜的辅料经粉碎、均匀混合制成的干燥粉末状制剂。内服散剂可分为调散和煮散。
　　（2）**颗粒剂**　系指药物与适宜的辅料混合制成的具有一定粒度的干燥粒状制剂，可直接冲服或冲入水中饮服。包括可溶颗粒、泡腾颗粒、混悬颗粒等，其包衣后亦可制成肠溶颗粒、缓释颗粒和控释颗粒等。

（3）**片剂**　系指由药物与适宜的辅料混匀压制而成的片状制剂。包括普通片、含片、舌下片、口腔贴片、咀嚼片、分散片、可溶片、泡腾片、缓释片、控释片、肠溶片与口崩片等。

（4）**胶囊剂**　系指药物（或加有辅料）充填于空心硬质胶囊或密封于软质囊材中的固体制剂，可分为硬胶囊剂和软胶囊剂。

（5）**丸剂**　系指原料药物与适宜的辅料制成的球形或类球形固体制剂。根据原料药物不同，丸剂分为中药丸剂和化学药丸剂。中药丸剂包括蜜丸、水蜜丸、水丸、糊丸、蜡丸、浓缩丸和滴丸等；化学药丸剂包括滴丸、糖丸等。

其中，根据作用特点，滴丸可分为速效高效滴丸、溶液滴丸、栓剂滴丸、硬胶囊滴丸、脂质体滴丸、缓控释滴丸等多种类型。

（6）**其他基于制剂新技术的剂型**　主要包括微囊与微球。微囊系指利用天然或合成的高分子材料作为囊材，将固体药物或液体药物包裹成囊；微球系指将药物溶解或分散在高分子材料中，形成骨架型微小球状实体。微囊和微球的粒度范围在 $1 \sim 250\mu m$，属于微米级，又统称为微粒。

三、口服固体制剂的特点

口服固体剂型通常具有以下特点：①大多数的活性药物成分均是以固体形式存在的，将其制成固体制剂，制备工艺相对简单，成本相对低廉；②相对于液体制剂，固体制剂的物理、化学和生物稳定性均较好；③固体制剂的包装、运输、使用较为方便；④制备过程的前处理经过相同的单元操作，以保证药物的均匀混合与准确剂量，而且各固体剂型之间有着密切的联系；⑤药物在体内先经溶解才能透过生物膜，被吸收入血液循环中。

四、口服固体制剂的吸收途径

口服给药是药物研发过程中首选的给药途径，这主要是因为口服给药符合胃肠道处理外来物质（食物等）的规律，人体进化出了对应的机制，因此也更加安全。人体的胃肠道存在褶皱、绒毛、微绒毛，提供了非常大的吸收表面，但是在绒毛表面存在小肠上皮细胞单层、细胞间紧密连接以及细胞表面黏液层，这些均成为了外来物质经胃肠道进入人休的阻碍。研究表明，药物吸收的速率和程度与药物的分子大小、脂水分配系数、解离程度等有关，但药物只有处于溶解状态才可能经胃肠道吸收。因此，固体制剂的崩解和药物粒子的溶解（又称溶出，dissolution）是决定固体制剂经口服吸收的关键环节。药物的溶出速率可用 Noyes-Whitney 方程即式（3-1）来描述。

$$dC/dt=KS\left(C_s-C\right) \tag{3-1}$$

式中，K 为溶出速率常数；C_s 为固体药物的饱和浓度（即药物在溶出介质中的溶解度）；C 为溶液主体中药物的浓度；S 为溶出面积。在体内环境中药物的浓度通常较低，C 符合漏槽条件（即 $C \rightarrow 0$）时，上述方程可进一步简化为式（3-2）。

$$dC/dt = KSC_s \qquad (3\text{-}2)$$

Noyes-Whitney 方程解释了影响药物溶出速率的诸多因素，表明药物从固体剂型中的溶出速率与 K、S、C_s 成正比。在特定情况下 K 和 C_s 均为常数，故可采取以下措施来改善药物的溶出速率：①增大药物的溶出面积，采取粉碎以减小粒径或增加崩解等措施；②增大溶出速率常数，如提高搅拌速度，以减少药物扩散边界层厚度或增大药物的扩散系数；③增大药物的溶解度，如提高温度、改变晶型、制成固体分散物等。

对一些难溶性药物来说，药物的溶出过程将成为药物吸收的限速过程。若溶出速率小，吸收慢，则血药浓度难以达到治疗的有效浓度。从制剂学角度入手，提高难溶性药物溶出速率的有效方法是增大药物的溶出面积或提高药物的溶解度。例如，粉碎技术、药物的固体分散技术、药物的包合技术等可以有效地提高药物的溶解度或溶出面积。固体制剂生产中，粉碎是获得药物粉体的常用方法，通过粉碎可以大大降低固体药物的粒度，有利于改善难溶性药物的溶出度，并且有利于各组分混合均匀。

近些年随着纳米晶技术的发展，采用湿法介质研磨法（如球磨机）和高压均质法等方法可将药物粒子的直径减小到小于 1μm，再以表面活性剂或聚合物为稳定剂，将纳米尺度的药物微粒分散于水中形成稳定胶态分散体系。如以纳米晶作为中间体，利用冷冻干燥技术或流化床技术制成纳米晶粉末，可进一步制成口服固体制剂。纳米晶技术因颗粒的微尺寸能够提高药物饱和溶解度，提高药物溶出度，从而提高难溶性药物口服生物利用度。该技术于 1994 年首次被应用研发，2000 年惠氏公司推出首个市售产品西罗莫司片，随后其他纳米晶制剂相继上市。纳米晶技术正朝着制备粒度更小、物理稳定性更佳、适应大规模工业化生产的药物的方向快速发展。

从固体剂型的原本状态过渡到能够被小肠上皮吸收的形式是决定口服药物生物利用度的关键因素。不同剂型的药物经口服进入人体后的过程有所不同，从而导致药物的吸收路径不同（表 3-1）。固体制剂在体内首先分散成细颗粒是提高溶出度，以加快吸收速率的有效措施之一。如普通片剂和胶囊剂口服后首先崩解成细颗粒状，然后药物分子从颗粒中溶出，通过胃肠黏膜吸收进入血液循环中；颗粒剂或散剂口服后无须崩解，迅速分散后即具有较大的溶出面积，因此这类剂型药物的溶出、吸收和起效较快；丸剂口服后逐步溶散，药物缓慢溶出，使得药物溶出、吸收速度较慢；溶液剂口服后没有崩解与溶解过程，药物可直接被吸收进入血液循环中，从而使药物的起效时间更短。口服制剂吸收的快慢顺序一般是：溶液剂＞散剂＞颗粒剂＞胶囊剂＞片剂＞丸剂。

表 3-1　不同剂型在体内的吸收路径

剂型	崩解或分散	溶出	吸收
片剂	O	O	O
胶囊剂	O	O	O
颗粒剂	×	O	O
散剂	×	O	O
丸剂	O	O	O
溶液剂	×	×	O

注：O 为需要此过程；× 为不需要此过程。

五、口服固体制剂的质量要求

口服固体制剂质量标准的内容一般可分为两大类别：一类是与制剂中所含原料药物及其纯度有关的标准，如反映药物结构特征的必要鉴别、有关物质检查、药物含量测定等；另一类是与制剂本身的要求相关的项目，如普通片剂的崩解度或溶出度、缓释制剂的释放度、分散片的分散均匀度等。《中国药典》（2025年版）规定了相应的口服固体制剂品种下的具体检查项目。口服固体制剂关键质量控制项目一般包括均一性、制剂崩解和药物溶出等。溶出度或释放度测定在口服固体制剂的检查中占有重要地位，是口服固体制剂内在质量检查关键指标。

六、口服固体制剂生产工艺流程总图

口服固体制剂虽种类繁多，但在制备工艺方面却有相似之处，制备过程由多个单元操作工艺模块组成，而且各固体剂型之间存在一定的关联。如片剂、胶囊剂和颗粒剂的前期生产步骤基本相同，包括原辅料称量、混合、制粒，以及一些根据具体产品制定的辅助步骤，如物料的粉碎和过筛、特定湿法制粒后的干燥步骤等。口服固体制剂的主要制备工艺流程可用图3-1表示。在口服固体制剂的制备过程中，药物粉末常与具有不同功能的辅料相混合。把混合后的粉状物料直接分装，即得散剂；把粉状物料混合后进行制粒、总混后分装，可得颗粒剂；如将混合的粉末或制备的颗粒分装入胶囊中，即得胶囊剂；把制备的颗粒进行压片，即得片剂；片剂包衣后可获得包衣片剂。此外，在各工艺模块利用新技术、新辅料可以进一步制备得到速释型、缓释型、控释型口服固体制剂。

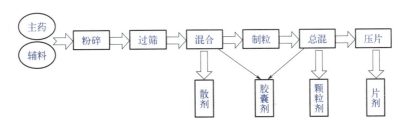

图 3-1　口服固体制剂的制备工艺流程

口服固体制剂工艺研究多年来在生产中发挥了重要作用，因为粉末及颗粒状物质的制备和加工是一个复杂的工艺流程，给口服固体制剂的研究和生产带来很多困难。制剂工艺的合理设计和控制成为确保固体制剂质量和有效性的重要保障。不同制剂的工艺路线不同，如片剂生产可采用粉末直接压片、湿法制粒压片或干法制粒压片，胶囊剂可直接灌装和制粒灌装，颗粒剂灌装与包装同步进行，因此须根据制剂剂型特点对固体常规剂型各操作单元的关键工序进行控制并设定合理控制参数。各个企业应根据实际产品特性并结合所具备的生产条件设定相应工序并确定关键参数（表3-2）。

表 3-2　口服固体制剂各工序关键参数

工序	关键参数	考察指标	关键质量属性
原辅料控制	供应商、粉碎或过筛的筛网目数	粒度、晶型、水分	均匀度、溶出度
干粉混合	批量、投料顺序、混合速度、混合时间	混合均匀度	均匀度
湿法制粒	批量，制粒机切刀和搅拌的速度；添加黏合剂的速度、温度和方法；原辅料投料的顺序；制粒终点判定；湿法整粒方式和筛网尺寸	粒度、密度、流动性、颗粒可压性	均匀度、溶出度、稳定性
湿法制粒干燥	批量；进风温度、湿度和风量；出风温度；产品温度；干燥时间；整粒筛网	水分、粒度	稳定性、溶出度、均匀度
干法制粒	辊压压力、进料速度、薄片厚度、真空压力、筛网孔径、辊压表面	堆密度、薄片强度、颗粒可压性	均匀度、溶出度
颗粒混合	批量、混合速度、混合时间	混合均匀度	均匀度
颗粒（干粉）储存	储存条件、储存时间	含量、水分、有关物质、微生物限度	稳定性
压片	压片机转速、主压力	片子外观、片重、片重差异、片厚、脆碎度、水分、硬度、溶出度或崩解度、含量均匀度	均匀度、溶出度
包衣	进风温度及风量、锅内负压、片床温度、喷液速度、浆液温度和雾化压力、喷浆量、排风温度及风量、锅体转速	外观、包衣增重、水分、硬度、溶出度或崩解度	溶出度
胶囊填充	胶囊填充机机速	装量差异、水分、溶出度、含量均匀度	均匀度、溶出度
素片或待包装品储存	储存条件、储存时间	含量、水分、溶出度、有关物质、微生物限度	稳定性
包装	包材确认；包装机速度、温度、压力	密封性、外观	稳定性
颗粒剂灌装	灌装机机速	装量差异、密封性、外观	均匀度、稳定性

在固体制剂的生产中，制剂工艺包括制剂设计、制剂工艺流程、制剂质量控制等多方面内容，需要考虑药品中药物质量特征、稳定性等问题。同时，在固体制剂的生产过程中，需要以确保药品的有效性和提高生产效率为目标，采取合理的制剂工艺方案和控制策略。本章将从常用的口服固体制剂种类出发，介绍其制剂工艺的基本流程和生产控制要点，以期为制剂工作者提供一定的指导和参考。在此基础上，制剂工作者应该结合具体情况，根据药物特性和生产流程特点，制订出适合自己企业的制剂工艺方案，确保药品的质量、疗效和安全性。

第二节　散剂工艺

散剂（powders）系指药物与适宜的辅料经粉碎、均匀混合制成的干燥粉末状制剂，具有比表面积大、起效快、工艺简单、携带方便等特点。散剂分为口服散剂和局部用散剂。口服散剂一般溶于或分散于水、稀释液或者其他液体中服用，也可直接用水送服。局部用散剂可供皮肤、口腔、咽喉、腔道等处应用；专供治疗、预防和润滑皮肤的散剂也可称为撒布剂或撒粉。

《中国药典》（2025年版）四部制剂通则中对散剂的质量有明确规定，一般要求有以下几点：

① 供制散剂的原料药物均应粉碎。除另有规定外，口服用散剂为细粉，儿科用和局部用散剂应为最细粉。

② 散剂中可含或不含辅料。口服散剂需要时亦可加矫味剂、芳香剂、着色剂等。

③ 为防止胃酸对生物制品散剂中活性成分的破坏，散剂稀释剂中可调配中和胃酸的成分。

④ 散剂应干燥、疏松、混合均匀、色泽一致。制备含有毒性药、贵重药或药物剂量小的散剂时，应采用配研法混匀并过筛。

⑤ 散剂可单剂量包（分）装，多剂量包装者应附分剂量的用具。含有毒性药的口服散剂应单剂量包装。

⑥ 除另有规定外，散剂应密闭贮存，含挥发性原料药物或易吸潮原料药物的散剂应密封贮存。生物制品应采用防潮材料包装。

⑦ 散剂用于烧伤治疗如为非无菌制剂的，应在标签上标明"非无菌制剂"；产品说明书中应注明"本品为非无菌制剂"，同时在适应证下应明确"用于程度较轻的烧伤（Ⅰ度或浅Ⅱ度）"；注意事项下规定"应遵医嘱使用"。

除另有规定外，散剂的粒度、外观均匀度、水分、干燥失重、装量差异、无菌、微生物限度等项目的检查均应符合《中国药典》（2025年版）的规定。

一、散剂生产工艺

（一）散剂的主要生产工序与洁净度要求

散剂的生产过程包括物料前处理、粉碎、过筛、混合、分剂量、包装等工序。

不同工序的洁净度要求不同。按照 GMP 规定，散剂生产环境包括一般生产区与 D 级洁净区两个区域。一般生产区包括原辅料贮存、外包装等；D 级洁净区包括物料前处理、粉碎、过筛、混合、分剂量和内包装等工序。

（二）散剂的生产工艺流程图

散剂的生产工艺流程及工序洁净度要求见图 3-2。

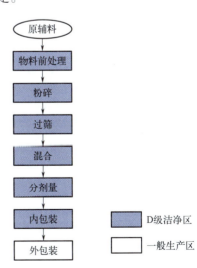

图 3-2　散剂生产工艺流程及工序洁净度要求

二、散剂生产控制要点、常见问题及对策

（一）生产控制要点

1.物料的前处理

一般情况下，将固体物料粉碎前需要对物料进行前处理。所谓物料的前处理是指将物料加工成符合粉碎所要求的粒度和干燥程度等。如果是化学药品，需将原料进行充分干燥；如果是中药，则根据药材的性质进行适当的处理，如洗净、干燥、切割或初步粉碎等供粉碎用。

2.粉碎

粉碎是将大块物料借助机械力破碎成适宜大小的颗粒或细粉的操作，其主要目的是减小粒径，增加比表面积。粉碎设备有研钵、冲击式粉碎机、气流粉碎机和球磨机等，应根据物料的性质适当选择粉碎设备。

粉碎工艺对于散剂制备十分重要，单独粉碎与混合粉碎是散剂制备中粉碎操作的常用方法。一般情况下药物粉碎，尤其是贵重、毒剧、易发生化学反应的药材粉碎，采用单独粉碎方法，单独粉碎有干法粉碎和湿法粉碎两种。无法单独粉碎的或需特殊处理的药物可采用混合粉碎的方法，比如处方中含有挥发油等成分的药材。相比于单独粉碎，混合粉碎有一定的助磨作用，可改善粉体性质，缩短工艺流程，节省时间，从而提高生产效率。

但粉碎操作也可能对药物制剂的质量和药效等产生不利影响，如药物的晶型转变或热降解、固体颗粒的黏附与团聚以及润湿性的变化等，故应给予足够重视。因此应选择适当的粉碎方法并控制相应的粒径，以保证制剂的质量。

3.过筛

将原料药物粉碎之后，根据散剂的粒度要求进行筛分，然后与处方量的其他成分（药物或辅料）混匀、分装、质检等。筛分对提高物料的流动性和均匀度具有重要影响。当物料的粒径差异较大时，会造成流动性下降，并且难以混合均匀。常用的筛分设备有振荡筛分机和旋振动筛。旋振动筛设备的分离效率高，常用于规模化生产中的筛分操作。

需要过筛粉末的数量与可过筛粉末数量之比称为筛分效率（以百分率表示）。影响筛分效率的因素有多种，如药粉的运动方式与运动速度、粉层厚度、粉末干燥程度、药物性质及形状与带电性等，其中主要因素是药粉的运动方式与运动速度。

振动是提高筛分效率的主要方法。振动时，粉末在药筛上的运动有两种：一种是跳动，跳动的粉末与筛网成直角，可使筛孔充分暴露，进而使过筛顺利；另一种是滑动，滑动使粉末运动方向与筛网平行，粉末在滑动中增加经过筛孔的数目，增大过筛的机会。滑动、跳动同时存在可更高程度提高筛分效率。进行振动时，粉末运动速度适宜，可提高筛分效率。粉末运动过快，虽然增加了粉末与筛孔的接触次数，但大部分粉末来不及穿过筛孔仍在筛网上滚动，降低了筛分效率；粉末运动速度过低，跳动、滑动幅度很小，筛分效率降低。

过筛时，表面自由能对筛分效率有直接影响，粉末越细影响越大，必须采用适当方法克服表面自由能。一般用增大振动力、毛刷搅动粉堆、鼓风等方法来暴露筛孔，避免堵塞，以

提高筛分效率。

4. 混合

散剂的粒度小、分散度大，因此混合均匀是保证散剂质量的关键。混合操作以含量的均匀一致为目的。对于各组分投料差异大的散剂，常见的混合方法有打底套色法和等量递增法。打底套色法是将量少的、质重的、色深的药粉先放入研钵中作为基础，然后将量多的、质轻的、色浅的药粉逐渐分批加入研钵中轻研混匀；等量递增法（又称配研法）是先称取小剂量的药粉，然后加入等体积的其他成分混匀，依次倍量增加，直至全部混匀，再过筛混合。

在固体混合中，粒子是分散单元，不可能得到分子水平的完全混合。因此应尽量减小各成分的粒度，以满足固体混合物的相对均匀，并根据组分的特性、粉末的用量和实际的设备条件，选择适宜的方法。少量药物与辅料的混合可采用搅拌法或研磨法，规模化生产时多采用容器固定型和容器旋转型混合机。容器固定型混合机中，物料在固定容器内叶片或螺旋推进器的搅拌作用下进行混合；容器旋转型混合机依靠容器本身的旋转作用带动物料产生多维运动而使物料混合。

在实际的混合操作中影响混合效果的因素很多，包括物料因素、设备因素、操作因素等。需要注意的是，在混合机内多种固体物料进行混合时，往往伴随着离析现象。离析是与粒子混合相反的过程，其会妨碍良好的混合，也会使已混合好的物料重新分层，降低混合程度。

（1）物料因素　物料的粉体性质，如粒度、粒度分布、粒子形态及表面状态、粒子密度及堆密度、含水量、流动性（休止角、内摩擦系数等）、黏附性、团聚等都会影响混合过程。特别是粒度、粒子形态、粒子密度等在各个成分间存在显著差异时，混合过程中或混合后容易发生离析现象而无法混合均匀。一般情况下，粒度小、粒子密度大的颗粒易于在大颗粒的缝隙中往下流动而影响均匀混合；球形颗粒容易流动而发生离析；若混合物料中含有少量水分可有效防止离析。一般来说，粒度的影响最大，在流态化操作中粒子密度的影响比粒度更显著。各成分的混合比也是非常重要的因素。混合比越大，混合度越小。

（2）设备因素　如混合机的形状及尺寸、内部插入物（挡板、强制搅拌等）、材质及表面情况等。应根据物料的性质选择适宜的混合机。

（3）操作因素　如物料的充填量、装料方式、混合比、混合机的转动速度及混合时间等。容器旋转型混合机的转速过低时，物料在筒壁表面向下滑动，各成分粒子的粉体性质相差较大时，易产生分离现象；转速过高时，粒子受离心力的作用随转筒一起旋转而几乎不产生混合作用。因此，适宜转速一般取临界转速的 $70\% \sim 90\%$，并且混合时间应适当。

5. 分剂量

分剂量是将混合均匀的物料，按剂量的需要分成质量相等的若干份。分剂量的方法有目测法、重量法和容量法等，规模化生产时多采用容量法进行分剂量。

6. 质量检查与包装贮存

散剂的质量除了与制备工艺有关以外，还与散剂的包装、贮存条件等密切相关。由于散剂的分散性很大，引湿性是影响散剂质量的重要因素，因此必须了解物料的引湿特性以及影响引湿性的因素。

（1）引湿性　散剂包装与贮存的重点在于防潮。因为散剂的比表面积较大，其引湿性与风化性都比较强，若由于包装与贮存不当而吸湿，则极易出现潮解、结块、变色、分解、霉变等一系列不稳定现象，严重影响散剂的质量以及用药的安全性。因此，散剂的引湿性及防止吸湿措施成为控制散剂质量的重要内容。

（2）**包装材料**　散剂一般采取密封包装与密闭贮存。用于包装的材料有多种，可用透湿系数（P）来评价包装材料的防湿性，P小者，防湿性能好。表3-3列举了一些常用包装材料的透湿系数 P。

表3-3　一些包装材料的透湿系数 P

名称	P 值	名称	P 值
蜡纸 A	3	滤纸	1230
蜡纸 B	12	聚乙烯	2
蜡纸 C	22	聚苯乙烯	6
亚麻仁油纸	160	聚乙烯丁醛	30
桐油纸	190	硝酸纤维素	35
玻璃纸	222	醋酸乙烯	50
硫酸纸	534	聚乙烯醇	270

（二）常见问题及对策

散剂是由药物粉末与辅料直接混合而成的，因此制备工艺简单。但散剂生产过程中，混合过程常出现混合不均匀等问题，因此主要介绍如下混合失败原因以及对策。

1. 各组分的比例

原因：组分间比例相差过大时，不易混合均匀。

解决方法：应采用等量递增法进行混合。具体方法前面已作介绍，此处不再赘述。

2. 各组分的密度

原因：各组分的密度差异较大时，由于密度小的组分易上浮，密度大的组分易下沉而不能混匀。

解决方法：操作时应先将密度小的组分置于容器中，再加入密度大的组分进行混合。

3. 各组分的黏附性与带电性

原因：混合时有些组分粉末对混合器械具有黏附性，影响混合且造成损失。

解决方法：应先用量大的组分或辅料饱和混合器械表面，然后加入量少或易被吸附的组分；混合时加入少量表面活性剂或润滑剂以克服摩擦生电现象。

4. 含液体或易吸湿组分的混合

原因：处方中含有液体组分或易吸湿组分，使得难以混合均匀。

解决方法：处方中含有液体组分，可用处方中其他固体组分或吸收剂吸收至不湿润为止。常用的吸收剂有磷酸钙、白陶土、蔗糖、葡萄糖等。含有结晶水的组分（如硫酸钠和硫酸镁结晶）在研磨时会因出水而湿润，可用等物质的量的无水物代替；引湿性强的组分（如氯化铵），应在其临界相对湿度以下迅速混合并密封防潮；因混合而引湿性增强的组分（如对氨基苯甲酸钠与苯甲酸钠，单独存在时不吸湿，但两者混合则吸湿）应分别包装。

5. 低共熔现象

原因：有些组分混合时熔点降低，如果熔点降低至室温则易出现润湿或液化现象。

解决方法：低共熔现象的发生与药物自身及混合比例有关，润湿或液化的程度取决于混合物的组成及温度，可根据其对药理作用及临床疗效的影响采取相应的解决措施。

三、散剂实例

❖ 例 3-1　硫酸阿托品散剂

【处方】

硫酸阿托品	1g
胭脂红乳糖（1.0%）	1g
乳糖	98g

【处方分析】硫酸阿托品为主药；胭脂红乳糖为着色剂；乳糖为稀释剂。

【制备工艺】取适量乳糖置于玻璃研钵中研磨饱和后倾出，将硫酸阿托品与胭脂红乳糖置研钵中研合均匀，再以等量递增法逐渐加入乳糖，研匀，待色泽一致后分装。

【规格】1mg。

【注解】称微量药物应选用灵敏度合适的天平以确保剂量的准确性。由于主药属于毒性药品，剂量要求严格，故需用重量法分剂量。

"倍散"是在小剂量的毒剧药中加入一定量的稀释剂，经配研法混合制成的稀释散。一般剂量在 0.01～0.1g，可配成十倍散（即以 9 份稀释剂与 1 份药物细粉混合）；剂量在 0.001～0.01g 配成百倍散；剂量在 0.001g 以下配成千倍散。配制倍散常用的稀释剂有糖粉、乳糖、淀粉、糊精、沉降碳酸钙、白陶土、磷酸钙等。为便于观察混合是否均匀，可以酌加胭脂红、亚甲蓝等着色剂。

硫酸阿托品应用玻璃纸称取；用玻璃研钵研时，应先用少许稀释剂乳糖饱和研钵表面自由能，再将其余稀释剂乳糖与主药按等量递增法研合均匀；用放大镜检查，要求色泽均匀；研钵用后，充分洗净，以免残留污染其他药品。

❖ 例 3-2　口服补盐液散Ⅰ

【处方】

氯化钠	3500g
氯化钾	1500g
碳酸氢钠	2500g
葡萄糖	20000g

【处方分析】氯化钠、氯化钾、碳酸氢钠、葡萄糖为主药。

【制备工艺】①取氯化钠、葡萄糖分别粉碎成细粉，过 80 目筛备用；称取处方量氯化钠和葡萄糖，混合均匀，分装于大袋中；②将氯化钾、碳酸氢钠分别粉碎成细粉，过80目筛备用；称取处方量氯化钾和碳酸氢钠，混合均匀，分装于小袋中；③将大小袋同装一包，共制1000包。

【规格】每包27.5g，大袋含葡萄糖20g与氯化钠3.5g，小袋含氯化钾1.5g与碳酸氢钠2.5g。

【注解】制备时，应先粉碎、过筛，再称量，以确保各组分用量的准确。若所有物料混合包装，因氯化钠、葡萄糖易吸湿，会使混粉潮解显碱性；本品易吸潮，应密封保存于干燥处。

本品服用时必须用规定量的凉开水（不得为沸水）溶解；心力衰竭、高钾血症、急慢性肾功能衰竭伴少尿患者禁用。

第三节　颗粒剂工艺

颗粒剂（granules）系指原料药与适宜的辅料混合制成的具有一定粒度的干燥颗粒状制剂。颗粒剂可分为可溶颗粒（通称颗粒）、混悬颗粒、泡腾颗粒、肠溶颗粒、缓释颗粒等，供口服使用。

《中国药典》（2025年版）四部制剂通则中对颗粒剂的质量有明确规定，一般要求有以下几点：

① 原料药物与辅料应均匀混合。含药量小或含毒、剧药物的颗粒剂，应根据原料药物的性质采取适宜方法使其分散均匀。

② 除另有规定外，中药饮片应按照各品种项下规定的方法进行提取、纯化、浓缩成规定的清膏，采用适宜的方法干燥并制成细粉，加适量辅料或饮片细粉，混匀并制成颗粒；也可以将清膏加适量辅料或饮片细粉，混匀并制成颗粒。

③ 凡属挥发性原料药物或遇热不稳定的药物在制备过程应注意适宜的温度条件，凡遇光不稳定的原料药物应避光操作。

④ 颗粒剂通常采用干法制粒、湿法制粒等方法制备。干法制粒可避免引入水分，尤其适合对湿热不稳定药物的颗粒剂的制备。

⑤ 根据需要颗粒剂可加入适宜的辅料，如稀释剂、黏合剂、分散剂、着色剂以及矫味剂等。

⑥ 除另有规定外，挥发油应均匀喷入干燥颗粒中，密闭至规定时间或用包合等技术处理后加入。

⑦ 为了防潮、掩盖原料药物的不良气味，也可对颗粒进行包衣。必要时，包衣颗粒应检查残留溶剂。

⑧ 颗粒剂应干燥，颗粒均匀，色泽一致，无吸潮、软化、结块、潮解等现象。

⑨ 颗粒剂的微生物限度应符合要求。

⑩ 根据原料药物和制剂的特性，除来源于动、植物多组分且难以建立测定方法的颗粒剂外，溶出度、释放度、含量均匀度等应符合要求。

⑪ 除另有规定外，颗粒剂应密封，置干燥处贮存，防止受潮。生物制品原液、半成品和成品的生产及质量控制应符合相关品种要求。

除另有规定外，颗粒剂的粒度、水分、干燥失重、溶化性、装量差异、装量等项目的检查均应符合《中国药典》（2025年版）的规定。

一、颗粒剂生产工艺

（一）颗粒剂的主要生产工序与洁净度要求

颗粒剂的生产过程包括物料前处理、粉碎、过筛、混合、制粒、干燥、整粒、分级、分剂量、包装等工序。

不同工序的洁净度要求不同。按照GMP规定，颗粒剂生产环境包括一般生产区与D级洁净区两个区域。一般生产区包括原辅料储存、外包装等；D级洁净区包括物料前处理、粉碎、过筛、混合、制粒、干燥、整粒、分级（包衣）、分剂量、内包装等工序。

（二）颗粒剂生产工艺流程

在颗粒剂生产工艺中，制粒过程是关键步骤，目前生产中常用的制粒方法有湿法制粒、干法制粒两种，实际应用中常用湿法制粒。无论采用何种制粒方法，首先需将药物粉碎、过筛、混合。湿法制粒是在混合均匀的原辅料混合粉末中加入黏合剂或润湿剂，再制软材、制湿颗粒、干燥、整粒、分级（包衣）、分剂量，最后进行包装。而干法制粒的生产是在无外加黏合剂的情况下将混合均匀的原辅料粉末挤压成块，再经过破碎、整粒后形成颗粒，最后进行分剂量和包装。

颗粒剂的生产工艺流程及工序洁净度要求如图3-3所示。

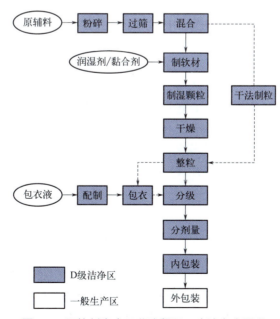

图3-3　颗粒剂生产工艺流程及工序洁净度要求

二、颗粒剂生产控制要点、常见问题及对策

（一）生产控制要点

1. 制粒前处理

制粒前需先将原辅料控制到合适的粒径并混合均匀，从而进行粉碎、过筛、混合等操作，这些操作与散剂的制备过程相同，其生产控制要点参见本章第二节"散剂工艺"相关部分。

2. 制湿颗粒

目前湿法制粒主要包括挤出制粒、高速搅拌制粒、流化制粒、喷雾干燥制粒等方法，不同的制粒方法有不同的控制要点。

（1）挤出制粒法　生产中常用机械挤压的方式使软材通过具有一定大小的筛孔而制粒，即挤出制粒法。该方法首先需制备软材，制软材是将药物与辅料充分混合后加入润湿剂或黏合剂捏合的过程，也就是一种大量固体粉末和少量液体进行混合的过程。该方法的特点有：①颗粒的大小由筛网的孔径大小调节，粒径分布范围较窄，粒子形状多为圆柱状、角柱状；②颗粒的松软程度可通过控制黏合剂种类及加入量调节，以适应不同制剂的要求；③制粒前必须混合、制软材等，制粒时软材需顺序通过筛网。此法生产工序多、劳动强度大、生产效率低。

软材置于颗粒机的不锈钢料斗中，其下部装有六条绕轴往复转动的六角形棱柱，棱柱下有筛网通过固定器固定并紧靠棱柱，当棱柱做往复运动时，将软材压、搓过筛孔而成湿颗粒。少量生产时可用手将软材握成团块，用手掌轻轻压过筛网即得。湿颗粒的质量目前尚无科学的检查方法，通常为在手掌上颠动数次，观察颗粒是否有粉碎情况。

操作过程中需控制以下几点：①湿混的强度和时间。湿混的强度大或时间长，将使制得的颗粒密度较大或硬度较大。在国内目前的实际生产中，多是凭借生产操作者的经验来掌握软材的干湿程度，以"用手紧握能成团而不黏手，用手指轻压能裂开"为度。②制粒常用的筛网有尼龙丝、镀锌铁丝、不锈钢、板块四种筛网，应根据需要选择符合要求的筛网。尼龙丝筛网适用于"湿而不太黏但成粒好"的软材制粒；镀锌铁丝筛网可用于较黏的软材制粒，但会有金属屑（断的铁丝）带入颗粒，还可能影响某些药物的稳定性；板块筛网可解决有金属屑带入颗粒的问题，但价格贵、制粒速度慢。③根据工艺要求选用适宜的筛网孔径以保证粒径范围符合要求。④加料量和筛网安装的松紧直接影响湿颗粒质量。加料斗中加料量多且筛网安装得比较松，滚筒往复转动搅拌揉动时，会增加软材的黏性，使制得的颗粒粗且紧密；反之，制得的颗粒细且松软。增加软材通过筛网的次数，可使制得的颗粒完整、坚硬。⑤及时检查、更换筛网。

（2）高速搅拌制粒法　高速搅拌制粒法是先将药物粉末和辅料加入高速搅拌制粒机的容器内，搅拌混匀后加入黏合剂高速搅拌制粒的方法。具体工作原理是：在搅拌桨的作用下，物料混合、翻动、分散甩向器壁后向上运动，形成较大颗粒；在切割刀的作用下，大块颗粒被搅碎、切割，同时切割作用和搅拌作用相结合，颗粒受到强大的挤压、滚动而形成致密且均匀的颗粒。粒度的大小由外加力与颗粒内部团聚力平衡的结果而定。此方法与挤出制粒法相比，工序少，生产效率高，操作简单，物料混合的均匀度较好。

在实际生产过程中，需控制以下几点：①搅切时间。搅切时间影响制粒效果。制粒时搅切时间过长，会引起软材黏性过强，导致制粒困难；搅切时间短，会造成软材黏性不强，成粒性不好，细粉较多。②物料的粒度。原料粉粒越小，越有利于制粒，特别是结晶性的物料。③搅拌桨的形状与角度、切割刀的位置。在制粒过程中搅拌桨的形状和角度、切割刀的位置会影响对颗粒施加的外加力，从而影响颗粒质量，在安装时应注意调整。④加料方式。药粉粉末和辅料要按先后顺序加入高速搅拌制粒机的容器内，选择合适的黏合剂加入方式，并在规定的时间内加完黏合剂。⑤混批操作。一个批次产品分几次制粒时，须控制操作的一致性以保证颗粒的属性一致。⑥当混合制粒结束时，需彻底将混合器的内壁、搅拌桨和盖子上的物料擦刮干净，以减少损失，保证产品得率。

（3）流化制粒法　近年来研发出许多新的制粒设备，应用较广的是流化床制粒设备，该设备可以一次性完成物料的混合、制粒、干燥过程。该法也称一步制粒法，是一种将常规湿法制粒的混合、制粒、干燥3个步骤在密闭容器内一次完成的方法。其主要过程是把药物粉末与各种辅料加入流化床内，从床层下通过筛板吹入适宜温度的气流，使物料在流化状态下混合均匀，然后连续喷入黏合剂，待粉体互相凝聚成颗粒后流化干燥。流化制粒的特点有：①在一台设备内进行混合、制粒、干燥，甚至是包衣等操作，简化工艺、节约时间、降低劳动强度；②制得的颗粒为多孔性柔软颗粒，密度小、强度小、颗粒的粒度分布均匀、流动性和压缩成型性好。此制法适用于对湿和热比较稳定的药物制粒，对密度差悬殊的物料制粒不太理想。

流化制粒需要控制以下几点：①物料量适中，使物料在热气流作用下形成良好的流化状态；②喷雾速度适中，以获得大小均匀的颗粒；③控制风量大小，使物料获得流化状态，制粒均匀；④控制进风的温度和湿度，适宜的温度可以保证黏合剂完全润湿粉末后蒸发，湿颗粒得到及时干燥，制备的颗粒硬度适中、流动性好。

（4）喷雾干燥制粒法　将原辅料与黏合剂混合，不断搅拌制成含固体量为50%～60%的药物溶液或混悬液，再用泵通过高压喷雾器喷雾于干燥室内的热气流中，使水分迅速蒸发以直接制成球形干燥细颗粒。喷雾干燥制粒的特点有：①由液体原料直接得到固体颗粒；②物料的受热时间短，适合热敏药物；③所制得的多为中空的球状粒子，流动性好，溶解性好。

该法需要控制以下几点：①药液的黏度。当黏度过高时，容易造成粘壁，在喷雾干燥制粒前，应先测定药液的黏度，看是否容易形成液滴。②药液相对密度。一般而言，中药浓缩液在进行喷雾干燥制粒时，相对密度控制在1.05～1.15（80℃）效果较好。药液相对密度过低，制粒速度减慢，且耗时耗能；而药液相对密度过高，其黏性增加，易造成粘壁现象。③进出风温度的选择。进出风温度应根据被干燥物料的性质而定，进风口温度一般在130～180℃，出风口温度一般低于120℃（80～110℃）。④在喷雾制粒过程中应根据制粒情况，逐渐调整，控制好颗粒干燥速度与风速、温度、喷雾量这三者的关系。通常情况下，风速较快时，热空气与颗粒的接触效率提高，水分蒸发速度加快，干燥速度加快。然而风速过高可能导致颗粒表面过快干燥，形成硬壳，造成内部水分难以逸出。当干燥温度较高时，应适当降低风速，以免颗粒表面过快干燥；低温下可增大风速以提高干燥效率。喷雾量大时需增加风速，防止颗粒粘连；喷雾量小时可降低风速，避免过度干燥。此外，在干燥的不同阶段应对风速进行调整：初始阶段可采用较低风速，使颗粒表面缓慢干燥，防止结壳；中期阶段适当提高风速，加速水分蒸发，确保颗粒内部干燥；后期阶段则应降低风速，避免颗粒过度干燥或破碎。

（5）其他制粒法

① 转动制粒法。转动制粒法是指将混合后的物料置于容器中，在容器或底盘的转动下喷洒黏合剂制备颗粒的过程。转动制粒过程一般分为母核形成阶段、母核长大阶段和压实阶段。该方法是利用转动圆盘制粒机进行制粒，其底部旋转圆盘带动物料做离心运动，靠近筒壁旋转，并通过转盘周边送进的空气流的作用使物料上下运动，使其在重力作用下落入圆盘中心，落下的粒子重新受到转盘的离心作用，反复上述过程使粒子不停地旋转聚集成颗粒。向物料层斜面上定量喷洒黏合剂，不断地均匀润湿运动的颗粒，撒布的药粉均匀地黏附在颗粒表面并层层包裹，进而得到所需的颗粒。

该制粒方法需要控制喷入黏合剂或润湿剂的量和撒入药粉的速度，在生产过程中必须随时调节并保持合理的配比，使物料达到最佳润湿程度。

② 熔融制粒法。熔融制粒法是将黏合剂以干燥粉末的形式加入，制粒时加热融化。在室温下加入黏合剂粉末进行混合，然后依靠加热套中的循环水加热或高速搅拌引起的摩擦产热使系统升温，使黏合剂由固态转变为液态，作为制粒液体。制粒过程完成后，对系统进行降温，黏合剂冷却成固体，借助固体桥的作用使粒子聚集在一起。熔融制粒最突出的优势有：a. 一步完成，不需干燥；b. 适用于对水敏感的产品或工艺；c. 特别适合于固体分散体产品。该制粒方法不适用于对温度敏感的物质，且不利于药物从高浓度黏合剂中迅速溶出。

操作中需要注意：a. 通常黏合剂的用量为 10% ~ 30%（质量分数）；b. 黏合剂的熔点范围为 50 ~ 100℃。

③ 液相中晶析制粒法。液相中晶析制粒法是使药物在液相中析出结晶的同时，借液体架桥剂和搅拌作用，凝结成球形颗粒的方法。因为颗粒的形状为球状，所以也叫球形晶析制粒法，简称球晶制粒法。该制备方法大体上可以分为湿式球晶制粒法和乳化溶剂扩散法。近年来，该技术成功地应用于功能性微丸的制备，即在球晶制粒的过程中加入高分子材料，可以制备缓释微丸、速释微丸、肠溶微丸、胃溶微丸、漂浮性中空微丸和生物降解性毫微丸等。球晶制粒技术原则上需要三种基本溶剂，即：使药物溶解的良溶剂、使药物析出结晶的不良溶剂和使药物结晶聚结的液体架桥剂。液体架桥剂在溶剂系统中以游离状态存在，即不溶于不良溶剂中，并优先润湿析出的结晶，使之聚结成粒。

常用的制备方法是先将药物溶解于液体架桥剂与良溶剂的混合液中制备药物溶液，然后在搅拌下将药物溶液注入不良溶剂中，药物溶液中的良溶剂扩散于不良溶剂中的同时析出药物结晶，药物结晶在液体架桥剂的润湿作用下聚结成粒，并在搅拌的剪切作用下形成球状颗粒。液体架桥剂也可根据需要加至不良溶剂中或在结晶析出后再加入。

除了上述不同制粒方法的不同控制要点，还有一个影响制粒效果的重要因素：黏合剂或润湿剂的合理选择。润湿剂（moistening agent）是使物料湿润，产生足够强度的黏性以利于制成颗粒的液体，如蒸馏水、乙醇。润湿剂本身无黏性或黏性不强，但可润湿物料并诱发物料本身的黏性，使之能聚结成软材并制成颗粒。凡药物本身有黏性，但遇水能引起变质或润湿后黏性过强以致制粒困难、湿度不均、使干燥困难或制成的颗粒干燥后变硬，可选用适宜浓度的乙醇作润湿剂。乙醇浓度视药物的性质和环境温度而定，一般为 30% ~ 70% 或更浓。从一定程度上说，乙醇是一种分散剂，降低颗粒之间的黏性，使黏性过强的物料容易成粒。黏合剂（adhesive）是能使无黏性或黏性较小的物料聚集黏结成颗粒或可压缩成型的具黏性的固体粉末或黏稠液体，如聚维酮（PVP）、羟丙甲纤维素（HPMC）、羧甲基纤维素钠（CMC-Na）、糖浆等。黏合剂的选择与原辅料比例及本身的性质、黏合剂的溶剂、黏合剂浓度、混合时间有关。如原料粉末细，质地疏松，在水中溶解度小，原料本身黏性差，黏合剂的用量要多些；反之，用量少些。当辅料在处方中的用量占 80% 以上时，在不影响主药性质的前提下，应结合辅料的特性来选用黏合剂。如用蔗糖作辅料，其用量达到 80% 以上时，因蔗糖遇水黏性变强，可选用非水溶剂来溶解黏合剂（只溶于水，不溶于有机溶剂的黏合剂就不适用），以降低颗粒之间的黏性，相对增强颗粒内部的黏性。

3. 颗粒的干燥

流化制粒法和喷雾干燥制粒法可以直接得到干燥颗粒，而其他方法制得的颗粒须用适宜的方法加以干燥，以尽快除去水分，防止颗粒受压结块或受压变形。干燥温度一般根据原料的性质而定，以 50 ~ 60℃ 为宜。一些对湿、热稳定的药物，干燥温度可适当升高到 80 ~ 100℃。《中国药典》（2025 年版）规定化学药品和生物制品颗粒剂干燥失重不得过 2.0%，中药颗粒剂水分一般不得过 8.0%。

制备好的颗粒应尽快干燥，并严格控制颗粒的干燥速度。在干燥过程中，物料表面液体首先蒸发，紧接着内部液体逐渐扩散到表面，继续蒸发至干燥。如果干燥速度过快，会导致物料表面的蒸发速度明显快于内部液体扩散到物料表面的速度，表面粉粒出现黏着或熔化结壳等现象，即假干燥现象，阻碍了内部水分的扩散和蒸发。假干燥的物料不能很好地保存，也不利于后续制备工序。

影响干燥速度的因素如下所述：

① 被干燥物料的性质。如形状、大小、料层厚薄、水分的结合方式等对干燥速度的影响较大。一般来说，物料呈结晶状、颗粒状、堆积薄者，比粉末状、膏状、堆积厚者干燥速度快。物料中的自由水（包括全部非结合水和部分结合水）可经干燥除去，但平衡水不能除去。

② 干燥空气的性质。在适当范围内升高干燥空气的温度有利于物料的干燥，但应根据物料的性质选择适宜的干燥温度，以防止某些热敏性成分被破坏。

干燥空气的相对湿度越低，干燥速度越快，因此降低有限空间的相对湿度也可提高干燥速度。实际生产中常采用生石灰、硅胶等吸湿剂吸除空间水蒸气，或采用排风、鼓风装置等更新空间气流。

干燥空气的流速越大，干燥速度越快。这是因为提高空气的流速，可以减小气膜厚度，降低表面气化阻力，从而提高等速干燥阶段的干燥速度。而空气流速对内部扩散无影响，故与降速阶段的干燥速度无关。

③ 干燥方式。干燥方式对干燥速度有较大影响。在采用静态干燥法时，应使温度逐渐升高，以使物料内部液体慢慢向表面扩散，源源不断地蒸发。否则，物料易出现结壳等假干燥现象。在采用动态干燥法时，颗粒处于跳动、悬浮状态，可大大增加其暴露面积，有利于提高干燥速度；但必须及时供给足够的热能，以满足蒸发和降低干燥空间相对湿度的需要。沸腾干燥、喷雾干燥由于采用了流化技术，且先将气流本身进行干燥或预热，使空间相对湿度降低、温度升高，故干燥速度显著提高。

压力与蒸发量成反比，减压是改善蒸发、加快干燥的有效措施。真空干燥能降低干燥温度，加快蒸发速度，提高干燥速度，且产品疏松易碎，质量稳定。

目前生产中干燥设备有箱式干燥器、喷雾干燥器、流化床干燥器（也叫沸腾干燥器）等。规模生产常用流化床干燥器，其特点为构造简单，操作方便，颗粒与热气流相对运动激烈，接触面积大，干燥速度快，适用于热敏性物料。卧式流化床干燥器适用于颗粒剂的干燥，效果好。流化干燥操作中需随时注意流化室温度及颗粒流动情况，检查有无结料现象，通过及时测定颗粒水分确定干燥终点。

4. 整粒与分级

湿颗粒在干燥过程中，常出现颗粒间的粘连，甚至结块，以箱式干燥法最为严重。整粒是指颗粒干燥后再通过一次筛网，使之分散成均匀的干颗粒。通过对干颗粒进行整粒，使已粘连、结块的颗粒分开，并用一号、五号筛进行分级，除去不符合规定的粉末与粒子，得到大小均匀的颗粒。

颗粒干燥时体积会有一定程度的缩小。如果颗粒较疏松，整粒时宜选用孔径较大的筛网，以免破坏颗粒而增加细粉；若颗粒较粗较硬，整粒时应用孔径较小的筛网，以免颗粒过于粗硬。

5. 包衣

某些药物为了达到矫味、稳定、肠溶或长效等目的，要对颗粒进行包衣，一般采用薄膜包衣，具体内容参见本章第五节"固体制剂包衣工艺"相关部分。颗粒包衣过程中若采用有机溶剂则应检查残留溶剂。

6. 分剂量

分剂量是将颗粒按剂量要求进行分装的过程，颗粒剂的定剂量有重量法与体积法两种。重量法是称取一定重量作为一个剂量；而体积法则是量取等量的体积作为一个剂量。由于颗粒剂的颗粒间有空隙存在，体积法将粉体装填至定容积的计量器时，要求空隙率（堆密度）具有一致性。体积法较重量法易于实现机械化。

分剂量工序系完成定剂量的颗粒剂的装袋过程。装袋的过程包括制袋、装料、封口、切断几个步骤。复合膜袋包装是颗粒剂最常见的包装形式，其中以四边封包装、三边封包装和背封包装（也称 Stick 包装）三种形式最为常见。例如，薄膜卷（由聚乙烯、纸、铝箔、玻璃纸或上述材料的复合包装材料制成）连续自上而下送料，由平展先折叠成双层，然后进行纵封热合，与下底口横封热合并充填一个剂量的颗粒剂，最后进行上口横封热合，打印批号并切断。

颗粒剂的包装重点在于防潮。颗粒剂的比表面积较大，其引湿性与风化性都比较强，若由于包装不当而吸湿，则极易出现潮解、结块、变色、分解、霉变等一系列不稳定现象，严重影响制剂的质量以及用药的安全性。颗粒剂宜密封包装并保存于干燥处，防止受潮变质。

分剂量过程中，为保证剂量的准确性，应使颗粒均匀一致、流动性好，同时需要控制工作间的相对湿度与温度，避免颗粒吸湿。颗粒剂的贮存基本与散剂相同，应注意多组分颗粒的分层以及吸湿等问题。

7. 其他

凡属挥发性药物或遇热不稳定的药物，在制备过程中应注意控制适宜的温度；凡遇光不稳定的药物应遮光操作。

除另有规定外，中药饮片应按各品种项下规定的方法进行提取、纯化、浓缩成规定的清膏，再采用适宜的方法干燥并制成细粉后加适量辅料（不超过干膏量 2 倍）或饮片细粉，混匀并制成颗粒；也可将清膏加适量辅料（不超过清膏量的 5 倍）或饮片细粉，混匀并制成颗粒。

除另有规定外，挥发油应均匀喷入干燥颗粒中，密闭至规定时间或用包合等技术处理后加入。

（二）常见问题及对策

颗粒剂可以理解为在散剂的基础上加入黏合剂使各组分粉末黏结成更大的粒子。颗粒剂制粒前的工序与散剂相同，生产中可能出现的诸如原辅料混合等方面的问题参见本章第二节"散剂工艺"相关部分。

制粒过程是影响颗粒剂质量的关键步骤，颗粒剂生产的常见问题也主要出现在制粒过程中。目前颗粒剂的制粒方法包括挤出制粒、高速搅拌制粒、流化制粒、喷雾干燥制粒等方法，各方法在生产过程中存在的常见问题如下。

1. 挤出制粒

（1）颗粒过硬 黏合剂黏性过强或用量太多、湿混时间过长或混合强度大会造成颗粒过硬，因此制粒时应选择合适的黏合剂种类及浓度并避免过量使用。在操作中还需结合软材和湿颗粒情况设定制粒参数。

（2）颗粒松散，细粉较多 制粒中颗粒较为松散且出现较多细粉时，可能的原因是：①黏合剂使用过少，建议适当增加黏合剂的使用量；②黏合剂与物料的黏合度不够，不能在粉末之间形成固体桥，建议选择黏合力更强的黏合剂；③挤出制粒过程中，挤压轮的转速对颗粒的形状及松散度可能产生影响；④筛网材质和安装的情况对制粒效果产生影响。

（3）颗粒黏稠过湿 如果物料的引湿性比较强，整个制粒过程出现黏稠现象，需考虑控制好操作间的温湿度，避免物料因吸水导致黏稠；黏合剂使用过量也会导致颗粒黏稠过湿，应避免过量使用黏合剂。

2. 高速搅拌制粒

（1）颗粒松散，细粉较多 制粒时间短，部分物料并未形成颗粒，出现细粉较多的现象；黏合剂中如果含有乙醇，且乙醇浓度较高时，制得的颗粒会较为松散；黏合剂的加入量少，也会导致细粉无法制成颗粒；黏合剂种类选择不合适，粉末之间不能形成固体桥，会出现细粉较多的现象，此时应更换黏合力强的黏合剂。

（2）颗粒成团状，结块，黏糊 在短时间内添加大量黏合剂，制粒时间较长，制粒机的切割刀和搅拌桨控制不当，都会造成颗粒出现黏糊的现象。为了防止颗粒结块、黏糊等，首先要通过试验得出添加黏合剂的最佳量，其次采取少量多次添加的方法，也可以通过黏合剂溶液系统加液，最后通过控制搅拌桨的搅拌速度、时间和切割刀的切割速度、时间，可避免颗粒出现成团状、结块、黏糊的现象。

（3）物料中有部分是湿颗粒，有部分是细粉 当搅拌桨的搅拌速度和切割刀的转速过低，不能将黏合剂迅速分散时，会出现物料中有部分是湿颗粒、有部分是细粉的问题；当物料中有易溶于黏合剂溶剂的物料也会出现这类问题，此种情况下建议更换黏合剂溶剂。

3. 流化制粒

（1）颗粒外干内湿 ①流化制粒过程中的进风温度太高，颗粒表面的溶剂过快蒸发，阻挡内层溶剂向外扩散，导致颗粒外干内湿。建议适当降低进风温度。②熔点低的物料熔化团聚后，出料时也容易出现类似颗粒外干内湿的现象。若物料内有熔点较低的物料，应注意调查并排除物料熔化的原因。

（2）**颗粒中有大颗粒**　导致颗粒中有大颗粒的原因可能是黏合剂与颗粒接触后不能及时干燥，黏合剂在大量粉末和颗粒间形成液体桥，使物料团聚成较大颗粒。防止形成大颗粒的方法有：①增大风机频率，改善物料所处的流化状态，防止物料粘连结块；②提高进风温度，使雾滴与颗粒接触后能及时干燥，防止颗粒继续长大，在此过程中要注意控制空气湿度，当空气湿度较大时，物料的干燥速度降低，此时可降低供液速度或提高进风温度；③适当增大雾化压力，使雾滴减小，黏合剂与颗粒接触后能及时干燥，防止黏合剂与大量物料团聚。

（3）**颗粒中细粉过多**　①因黏合剂用量较少、黏合剂种类或浓度不合适，颗粒间不能形成稳定的固体桥，建议增大黏合剂使用量，使较多的颗粒间形成固体桥，促进颗粒长大。同时，可以更换黏合力强的黏合剂，但需要注意避免黏合剂黏合力过强而堵塞喷枪。②设备风机转速太快或喷枪位置较高，增大了黏合剂溶剂的挥发性，造成物料不能完全润湿，颗粒间不能形成稳定的固体桥，出现喷雾易干燥的现象，阻断颗粒团聚长大。③若喷枪的喷雾范围小于物料床的面积，会造成中间物料因接触较多黏合剂形成较大颗粒，而外围物料因接触黏合剂较少导致形成的颗粒较小。

4. 喷雾干燥制粒

（1）**颗粒结块或粘连**　喷雾干燥制粒过程中，原料液在干燥室内喷雾成微小液滴是靠雾化器完成的，因此雾化器是喷雾干燥制粒机的关键部件。当出现颗粒结块、粘连、不成颗粒的情况时，首先需要检查雾化器是否存在问题。

（2）**雾滴干燥不彻底**　喷雾干燥制粒过程中，出现雾滴干燥不彻底的情况与热气流及雾滴的流向设置有关。但流向的选择需要结合物料的热敏性、所要求的粒度、颗粒密度等方面进行考虑。常用的流向设置有并流型、逆流型和混流型。

并流型是热气流与喷液并流进入干燥室，干燥颗粒与较低温的气流接触，适用于热敏性物料的干燥制粒。

逆流型是热气流与喷液逆流进入干燥室，干燥颗粒与温度较高的热风接触，物料在干燥室内的悬浮时间较长，不适用于热敏性物料的干燥制粒。

混流型是热气流从塔顶进入，物料从塔底向上喷入与下降的逆流热气接触，而后在雾滴的下降过程中再与热气流接触完成最后的干燥，这种流向使物料在干燥器内停留时间比较长，不适用于热敏性物料的干燥制粒。

三、颗粒剂实例

❖ **例 3-3　维生素 C 泡腾颗粒**

【处方】

维生素 C	100g
枸橼酸	202.5g
碳酸氢钠	173g
糖粉	1640g
糖精钠	2.2g

| 柠檬黄 | 0.036g |
| 食用香精 | 1.2mL |

【处方分析】维生素C为主药；枸橼酸为泡腾崩解剂的酸源；碳酸氢钠为泡腾崩解剂的碱源；糖粉为稀释剂；糖精钠为矫味剂；柠檬黄为着色剂；食用香精为芳香剂。

【制备工艺】①酸料配制：将枸橼酸粉碎后于50～60℃干燥5～6h；分别称取处方量维生素C、枸橼酸混合均匀，加入柠檬黄乙醇溶液，混合至色泽均匀，制粒，干燥2.5～3.5h，备用。②碱料配制：分别称取处方量糖粉、碳酸氢钠混合均匀，加入柠檬黄、食用香精以及糖精钠水溶液，混合至色泽均匀，制粒，干燥4.5～5.5h，备用。③酸、碱料混合：取干燥后的酸料、碱料混合均匀。④质检，分装。

【规格】100mg。

【注解】①枸橼酸易溶于水、口感好，但具有很强的引湿性，在65%～75%的相对湿度下即可吸收大量水分，生产和贮藏过程中常造成颗粒难烘干、易吸湿等问题。因此生产时应控制车间温度在18～20℃，相对湿度40%以下；贮藏时应采用密封性好的防潮容器。②碳酸氢钠作为泡腾崩解剂的碱源，使用时应注意干燥颗粒的温度不能超过60℃，否则易分解产生碳酸盐、水和二氧化碳。③此处方采用分开制粒方法，有效防止了泡腾崩解剂的酸源和碱源在操作过程中发生反应，提高了制剂的稳定性。④乙醇作润湿剂时应注意迅速操作，以免乙醇挥发而影响制粒效果。

❖ 例3-4 复方维生素B颗粒

【处方】

盐酸硫胺	6.0g	橙皮酊	23.8g
苯甲酸钠	20.0g	烟酰胺	600g
核黄素	1.2g	糖粉	4930g
枸橼酸	10.0g	消旋泛酸钙	1.2g
盐酸吡哆辛	1.8g		

【处方分析】盐酸硫胺、核黄素、盐酸吡哆辛、烟酰胺、消旋泛酸钙为主药；苯甲酸钠为防腐剂；枸橼酸为稳定剂；橙皮酊为芳香剂；糖粉为稀释剂。

【制备工艺】将核黄素加糖粉混合，粉碎3次，过80目筛；将盐酸吡哆辛、消旋泛酸钙、橙皮酊、枸橼酸溶于少量纯化水中作润湿剂；另将盐酸硫胺、烟酰胺、苯甲酸钠混匀，再与上述稀释的核黄素混合均匀后加入润湿剂制粒，60～65℃干燥，整粒，分级即得。

【规格】每袋含盐酸硫胺6mg，核黄素1.2mg，盐酸吡哆辛1.8mg，烟酰胺600mg，消旋泛酸钙1.2mg。

【注解】①在物料混匀制软材时搅拌时间要适度。搅切时间长，黏性过强，制粒困难；搅切时间短，黏性不强，成粒性不好。一般要求"手握成团，轻压即散"。②干燥时，温度不能突然升高，应当逐渐上升。③处方中核黄素带有黄色，须与辅料充分混匀；加入枸橼酸使颗粒呈弱酸性，可以增加主药的稳定性。④本品中核黄素等对光敏感，操作时应尽量避免光线直射。

❖ **例 3-5 盐酸阿替洛尔缓释颗粒**

【处方】

盐酸阿替洛尔	900g	二氯甲烷	22g
乳糖	125g	乙基纤维素	50g
淀粉	125g	乙酰枸橼酸丁酯	10g
十六醇	300g	纯化水	适量
甲醇	22g		

【处方分析】盐酸阿替洛尔为主药；乳糖、淀粉为稀释剂；十六醇为阻滞剂；甲醇、二氯甲烷为包衣液溶剂；乙基纤维素为包衣材料；乙酰枸橼酸丁酯为增塑剂；纯化水为润湿剂。

【制备工艺】取盐酸阿替洛尔 250g、乳糖 125g 和淀粉 125g，混匀，加适量纯化水制成粒度为 0.05～0.75mm 的颗粒；将制得颗粒置于流化床内，用盐酸阿替洛尔 300g 和十六醇 300g 组成的溶液喷雾包衣；随后用剩余的盐酸阿替洛尔的二氯甲烷-甲醇溶液喷雾包衣，制成粒度为 0.75～1.0mm 的颗粒；最后用乙基纤维素和乙酰枸橼酸丁酯组成的包衣液喷雾包衣。

【规格】50mg。

【注解】①制备缓释颗粒时，盐酸阿替洛尔在不同的制备步骤中分次加入，利用其分布于颗粒的不同部位并以不同的方式控制药物的释放速率，从而实现缓释的目的。②包衣过程喷液速度应当适宜，喷液过快容易导致颗粒过湿而发生粘连。③干燥速度和温度是影响溶剂挥发和颗粒干燥的关键，因此风速和温度以颗粒喷液后迅速干燥为宜。

第四节 片剂工艺

片剂（tablets）系指原料药与适宜的辅料制成的圆形或异形片状的固体制剂。片剂生产成本低，包装、保存、运输简便，同时剂量准确、服用方便，因此一直是现代药物制剂中应用最为广泛的剂型之一。片剂以口服普通片为主，另有含片、舌下片、口腔贴片、咀嚼片、分散片、可溶片、泡腾片、阴道片、阴道泡腾片、缓释片、控释片、肠溶片与口崩片等。

总的来说，片剂具有以下特点：

① 剂量准确，含量均匀，以片作为剂量单位；

② 化学稳定性较好，因为体积较小、致密，受外界空气、光线、水分等因素的影响较少，必要时通过包衣加以保护；

③ 携带、运输、服用均较方便；

④ 生产的机械化、自动化程度较高，产量大、成本较低；

⑤ 可以制成不同类型的各种片剂，以满足临床医疗不同的需要。

《中国药典》（2025 年版）四部制剂通则中对片剂的质量有明确规定，一般要求有以下几点：

① 原料药物与辅料应均匀混合。含药量小或含毒、剧药的片剂，应根据原料药物的性质采用适宜方法使其分散均匀。

② 凡属挥发性或对光、热不稳定的原料药物，在制片过程中应采取避光、避热等适宜方法，以避免成分损失或失效。

③ 压片前的物料、颗粒或半成品应控制水分，以适应制片工艺的需要，防止片剂在贮存期间发霉、变质。

④ 片剂通常采用湿法制粒压片、干法制粒压片和粉末直接压片。干法制粒压片和粉末直接压片可避免引入水分，适合对湿热不稳定的药物的片剂制备。

⑤ 根据依从性需要，片剂中可加入矫味剂、芳香剂和着色剂等，一般指含片、口腔贴片、咀嚼片、分散片、泡腾片、口崩片等。

⑥ 为增加稳定性、掩盖原料药物不良臭味、改善片剂外观等，可对制成的药片包糖衣或薄膜衣。对一些遇胃液易破坏、刺激胃黏膜或需要在肠道内释放的口服药片，可包肠溶衣。必要时，薄膜包衣片剂应检查残留溶剂。

⑦ 片剂外观应完整光洁，色泽均匀，有适宜的硬度和耐磨性，以免包装、运输过程中发生磨损或破碎，除另有规定外，非包衣片应符合片剂脆碎度检查法［《中国药典》（2025年版）四部制剂通则0923］的要求。

⑧ 片剂的微生物限度应符合要求。

⑨ 根据原料药物和制剂的特性，除来源于动、植物多组分且难以建立测定方法的片剂外，溶出度、释放度、含量均匀度等应符合要求。

⑩ 片剂应注意贮存环境中温度、湿度以及光照的影响，除另有规定外，片剂应密封贮存。生物制品原液、半成品和成品的生产及质量控制应符合相关品种要求。

除另有规定外，片剂的重量差异、崩解时限、微生物限度等项目的检查均应符合《中国药典》（2025年版）的规定。

一、片剂生产工艺

（一）片剂的主要生产工序与洁净度要求

片剂的生产过程包括物料前处理、粉碎、过筛、混合、制粒、干燥、压片及包衣和包装等工序。

不同工序的洁净度要求不同。按照GMP规定，片剂生产环境包括一般生产区与D级洁净区两个区域。一般生产区包括原辅料贮存、外包装等；D级洁净区包括物料前处理、粉碎、过筛、混合、制粒、干燥、压片、包衣和分装等工序。

（二）片剂的生产工艺流程图

片剂所具有的特性受自身处方和加工工艺的影响，片剂的工艺技术与流程须按照与物料性质相适宜及所具备的生产条件来设计。其常见制备工艺分为湿法制粒压片法、干法制粒压片法和粉末直接压片法等。此外，还有一种将药物粉末和预先制好的辅料颗粒（空白颗粒）混合后进行压片的方法，称为半干式颗粒压片法。在各个工艺单元中都必须控制温度和湿度，以满足GMP的要求，并保证药品的质量。

本节主要对湿法制粒压片法、干法制粒压片法和粉末直接压片法的生产工艺进行介绍。片剂的生产工艺流程及工序洁净度要求如图3-4所示。

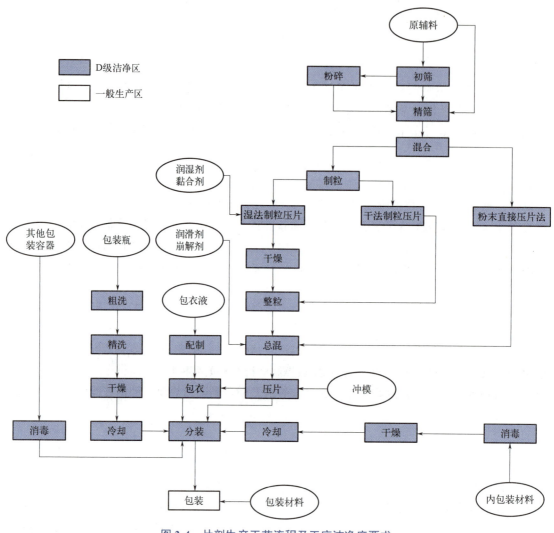

图3-4　片剂生产工艺流程及工序洁净度要求

二、片剂生产控制要点、常见问题及对策

（一）片剂生产控制要点

1.制粒前操作过程

片剂生产工艺中原辅料前处理、粉碎、过筛、混合等工艺过程与散剂的制备过程相同，相关生产控制要点参见本章第二节"散剂工艺"相关部分。

2.制粒

制粒是片剂生产过程中的关键步骤，颗粒的质量影响片剂的最终质量。对压片而言，通过制粒可以改善物料的流动性，便于分装、压片；防止片剂各种成分因粒度、密度的差异在混合过程中产生离析现象；防止粉尘飞扬及器壁上的黏附；调整堆密度，改善溶出与崩解时限；改善片剂生产中压力传递的均匀性。

制粒工艺主要分为湿法制粒和干法制粒两种，其中湿法制粒又可以分为挤出制粒法、高速搅拌制粒法、流化制粒法和喷雾干燥制粒法等，相关生产控制要点参见本章第三节"颗粒剂工艺"相关部分。

干法制粒系将物料粉末首先压成相当紧密的大块状，再经粉碎得到适宜大小的颗粒，这是一个连续的单元操作过程。对于一些湿热不稳定的药物，即热敏性、湿敏性的药物，不适宜采用湿法制粒工艺制备片剂，多采用干法制粒工艺。该方法最大的优点是不需要另添加任何水或其他液体黏合剂，特别适用于遇湿热易分解失效或结块的物料的制粒。对湿热敏感的药物如阿司匹林采用干法制粒可压出稳定性良好的片剂，其他如非那西丁、盐酸硫胺、维生素C、氢氧化镁或其他抗酸药也可用类似方法处理。干法制粒具有高效的处方开发能力，可以调节压辊的速度、间隙尺寸、送料速度、辊压等参数，筛孔目数可以在不同尺寸之间灵活转换。最近的几十年，干法制粒在制药行业的发展中日益受到关注。

干法制粒可分为重压法和辊压法。重压法又称大片法，系将固体粉末先在重型压片机上压成直径为 20 ～ 25mm 的胚片，再破碎成所需大小的颗粒。重压法适合于研究阶段和小规模制备样品。辊压法系利用辊压机将药物粉末滚压成片状物，通过颗粒机破碎成一定大小的颗粒。该法也称辊筒式压缩法，即在进行压缩前预先将药物与赋形剂的混合物粉末通过高压辊筒压紧，排出空气，然后将压紧物粉碎成均匀大小的颗粒，加润滑剂后即可压片。辊压法是目前常用的大生产方法。

干法制粒需要较大的压力才能使粉末黏结成块状，有可能会对药物的溶出造成影响；该法因易造成含量不均匀现象，不适用于小剂量片剂；同时还需注意压缩可能引起的晶型转变及活性降低等问题。

干法制粒在生产中需要重点关注多次制粒导致可压性损失问题，及从实验室 / 小试规模放大到商业规模所面临的挑战。

（1）可压性损失 物料的可压性损失是干法制粒中常见的问题，在较高的压辊压力下可压性损失更为明显。干法制粒可压性损失可以从黏结面积（bonding area，BA）和黏结强度（bonding strength，BS）两方面解释。BA 和 BS 之间相互影响，共同决定了片剂的抗张强度。制得的颗粒有较大的 BA 和 BS 对于片剂而言是有利的。任何影响 BA 或 BS 的因素都会影响颗粒的粉体学性质进而影响可成片性。

物料的可压性损失主要发生在塑性物料中，脆性材料（如甘露醇、喷雾干燥乳糖、无水磷酸氢钙等）辊压制粒不会显著降低物料的可压性。脆性材料在辊压制粒时可形成新的断面，具有合适的 BA，因此可压性损失较低。对脆性材料与塑性材料比值较高的处方进行干法制粒时，可压性损失速率也会降低。制粒过程中塑性物料往往对参数的变化更为敏感，例如辊轴压力、润滑时间及强度的变化。但脆性物料压片时则需要更高的压力，因此处方组成的物料应合理地保持延展性和脆性的平衡。

干法制粒因设备旁路密封性不好导致漏粉较多或一次制粒的颗粒得率不满足流动性要求时，会进行多次制粒。多次制粒会引起粉体的可压性损失，但损失程度与制粒次数有关。如微晶纤维素进行多次制粒，第一次辊压引起可压性损失最高，此后进一步辊压中可压性损失继续降低，直到最后可压性损失不再降低。当进行多次辊压制粒时，有时会出现半透明或类似微泛油光的条带，此为"加工硬化"现象，这对可压性是不利的，此时应该采取如降低辊压、降低供料速度或提高辊速等措施来减轻。

（2）**工艺放大** 干法制粒工艺的生产放大可能使用不同型号、不同品牌的设备，或者在相同生产设备上设定不同的参数，这种改变可能会对干法制粒制成的颗粒的质量属性产生较大的影响，进而影响片剂质量，引起诸如片剂溶出行为的改变等问题。因此如何实现干法制粒的重现性以解决生产放大时面临的参数不一致的问题是干法制粒工艺放大的一个挑战。

干法制粒过程中首先通过辊压制得条带，再进一步破碎形成颗粒，但事实上辊轮施加的压力并不是干法制粒时的实际压力，实际压力很难精确控制。生产放大时可以通过调节干法制粒机的工艺参数控制条带质量，进而得到相同质量的颗粒。条带质量可以通过条带密度、孔隙率、机械强度等进行表征，尤其是条带孔隙率可以作为放大生产时控制条带质量的一个关键质量属性。对于特定的处方，孔隙率主要由特定的压力、间隙宽度和粉末进料速度等工艺参数决定。这些工艺参数可以在不同干法制粒机或参数范围内变化，使条带具有相同的孔隙率。

3. 压片

压片是将混合均匀的物料经压片机压制成片剂的过程，一般分为制粒压片法和粉末直接压片法。制粒压片法系指混合均匀的原辅料经制粒、整粒、总混后通过压片机压制成片剂的方法。粉末直接压片法系指将药物粉末与适宜的辅料混匀后，不经过制粒而直接压片的方法。粉末直接压片法除减少了生产工艺流程中的制粒工艺过程外，其他生产工艺流程与制粒压片法一致。因此粉末直接压片法具有省时节能、工艺简便且可重现性好、产品的崩解或溶出较快等突出优点，适用于对湿热不稳定的药物。该工艺因无制粒过程，故而要求原辅料自身粉末流动性和可压性好，否则易导致片重差异大以及压缩成型性差，致使该工艺的应用受到了一定限制。

片剂压制的基本机械单元由两个钢制冲头和一个钢制冲模组成，物料被充填至冲模中，随后上下两冲头施加压力，使物料形成片剂。圆形冲头是最常见的，也有其他形状的冲头，如椭圆形、胶囊形、扁平形、三角形或其他不规则形状的冲头，片剂的最终形状由冲头表面的形状所决定。

压片生产控制要点包括压片前准备和压片两个过程。压片机操作前先清洁机器并且正确安装生产所需要的冲头和冲模，根据工艺参数设置机器参数，包括预压压力和主压压力、填充深度、强迫加料器转速和压片速度。在正式生产前需调试压片机，随机选取压制的素片检查外观，合格后检查片重差异；片重合格后，测试硬度和脆碎度。连续测试素片达到规定数量要求，若外观、片重、硬度和脆碎度在要求范围内，则可记录检测数据，准备正式生产。

切换至生产模式后需取素片检测外观、片重、重量差异、硬度和脆碎度，并记录首次取样时间，在随后压片过程中定期取样检测，发现不合格应立即停机调整。若因停机或故障排除后重新开机，须再次检测素片外观、片重、重量差异、硬度和脆碎度。经取样检测的素片不得放入合格品中。

4. 包衣

包衣是指在素片（片芯）外层包上适宜的衣料，使片剂与外界隔离。片剂包衣可以：①掩盖药物的不良臭味；②防潮，避光，隔离空气以增加药物的稳定性；③防止药物的配伍变化；④避免胃肠道对药物的降解，或防止某些药物对胃的刺激；⑤控制药物的释放速率；⑥改善片剂的外观，使产品具有一定的辨识度，提高患者顺应性。

包衣工艺根据包衣材料不同主要分为糖包衣和薄膜包衣两种，相关生产控制要点参见本章第五节"固体制剂包衣工艺"相关部分。

5. 包装

片剂包装的主要目标是全过程保护药品，包括装卸、运输、贮存和最终患者使用。此外，包装材料以及包装设计的特性不仅影响外观美观，还在一定程度上影响药品的安全性和疗效。为了更有效地确保片剂的质量，需要根据药品的物理及化学特性、贮存条件以及市场销售需求，选择具备以下基本特征的容器材料：①与药品不发生物理及化学反应；②无毒无味；③具备一定的机械强度。药厂应根据材料的质量和成本等因素进行综合考虑，在保持制剂质量稳定的基础上，选择价格适宜的材料。

(二) 常见问题及对策

1. 混合

固体制剂制备过程由多个单元操作工艺模块组成，不同剂型之间存在一定关联性。片剂前期生产步骤如原辅料前处理、粉碎、过筛、混合等工序与散剂生产步骤相同，生产中常见的原辅料混合方面的问题也类似，具体内容参见本章第二节"散剂工艺"相关部分。

2. 制粒

片剂生产通过制粒改善粉体的流动性、可压性和溶解性，进而对片剂的成型性和溶出行为等产生影响。颗粒的质量直接影响片剂的最终质量，因此制粒过程对于片剂生产而言是一个极其重要的步骤。

湿法制粒是目前医药工业中应用较为广泛的制粒方法，包括挤出制粒、高速搅拌制粒、流化制粒、喷雾干燥制粒等，不同方法在制粒过程中存在的问题各不相同，具体内容参见本章第三节"颗粒剂工艺"相关部分。

干法制粒工艺中混合工序后不会再有分散再混合操作过程，致使混合相对于湿法制粒更加关键，并且虽然干法制粒可改善流动性较差的粉末的流动性，但起始粉末的流动性也必须满足要求才能使干法制粒进料过程可以顺利进行。

干法制粒过程中的常见问题及解决方法如下。

① 颗粒中细粉较多。辅料的可压性差会造成细粉较多，可以更换可压性好的辅料，如微晶纤维素、预胶化淀粉；黏合剂的用量较少也会造成细粉较多，可增加黏合剂的用量；设备的压辊压力过小导致细粉较多，可通过增加压辊的压力或调整送料速度加以解决。

② 颗粒过硬。干法制粒过程中，如果压辊压力过大，则得到的颗粒过硬，导致颗粒的可压性降低，后续压片时需要较大压力才能压制成型，且最终制得的片剂硬度较小。颗粒过硬时，颗粒孔隙率低，进而会影响到颗粒的崩解；而且当颗粒过硬时，压片易产生"花片"现象。颗粒过硬可通过减小压辊压力或送料速度加以解决。

③ 物料粘压辊。出现物料粘压辊现象可能是因为物料中未加润滑剂或润滑剂的用量较少。可以适当增加润滑剂的用量，但应注意控制润滑剂的总用量，在能改善或解决物料粘压辊问题的前提下，尽量减少润滑剂加入量。内加润滑剂往往表现出更差的片剂可压性。这需要在工艺和处方设计过程中仔细考虑和评估。

若物料中有引湿性物料，也会引起物料粘压辊的现象，可通过控制生产环境相对湿度加以解决。

对于受热易软化物料，可采用冷却水有效降低压辊表面温度和控制适当的压辊压力避免粘辊。

④ 颗粒圆整度低。颗粒圆整度影响颗粒的流动性。干法制粒制得的颗粒圆整度相对于湿法制粒要差，制粒过程中可通过调节干法制粒机压片的片厚和整粒器的结构来控制颗粒的圆整度。

⑤ 设备参数对干法制粒的影响。送料速度、压辊压力、压辊转速对干法制粒影响较大。颗粒得率与压辊压力、水平送料速度呈正相关，与压辊转速呈负相关；颗粒脆碎度与之相反。

3. 压片

在压片过程中常出现的质量问题有：松片、裂片、黏冲与吊冲、崩解延缓、溶出超限、片重差异超限、片剂含量不均匀等多种常见问题。

（1）松片 松片是指片剂压成后硬度不够，表面有麻孔，用手指轻轻加压即碎裂。

松片的原因及解决方法如下。

① 药物粉碎细度不够、纤维性或富有弹性的药物或油类成分含量较多而混合不均匀。可利用将药物粉碎过100目筛、选用黏性较强的黏合剂、适当增加压片压力、增加油类药物吸收剂用量并充分混匀等方法加以克服。

② 黏合剂或润湿剂用量不足或选择不当，使颗粒质地疏松或颗粒粒度分布不匀，粗粒与细粒分层。可利用选择适当黏合剂（润湿剂）或增加用量、改进制粒工艺、多搅拌软材、混匀颗粒等方法加以克服。

③ 颗粒含水量太少，过分干燥的颗粒具有较大的弹性；含有结晶水的药物在颗粒干燥过程中失去较多的结晶水，使颗粒松脆，容易松片。故在制粒时应按不同情况控制颗粒的含水量。研发阶段如制成的颗粒太干时，可喷入适量乙醇溶液（50%～60%），混匀后压片；但生产阶段须严格按照确定的工艺操作，若干燥过度，出现颗粒含水量偏低的情况，不可返工。

④ 药物本身的性质。药物弹性回复大，可压性差，为克服药物弹性、增加可塑性，可加入易塑性变形的成分；药物密度小，流动性差，可压性差，需通过优化制粒克服。

⑤ 颗粒的流动性差，填入模孔的颗粒不均匀。应优化制粒工艺或加入适宜的助流剂（如微粉硅胶），改善颗粒流动性。

⑥ 有较大块或颗粒、碎片堵塞刮粒器及下料口，影响填充量。应经常疏通加料斗，保持压片环境干燥，并适当加入助流剂。

⑦ 压片机械的因素。如压力过小，多冲压片机冲头长短不齐，压片速度过快或加料斗中颗粒时多时少。可通过调节压力、检查冲模是否配套完整、调整压片速度、调整饲料器转速、勤加颗粒使加料斗内保持一定的存量等方法克服。

（2）裂片 片剂受到振动或久经放置时，出现从腰间裂开的现象称为腰裂；出现从顶部裂开的现象称为顶裂。腰裂和顶裂总称为裂片。

裂片的原因及解决方法如下。

① 物料的塑性差，由于颗粒有较强弹性，压成的药片弹性复原率高；或含纤维性药物或油类成分较多。可加入糖粉来减少纤维弹性以加强黏合作用或增加油类药物的吸收剂用量，充分混匀后压片。

② 黏合剂选择不当，制粒时黏合剂过少，黏性不足，则颗粒干燥后细粉较多，颗粒在压片时黏着力差。可通过选择适当黏合剂或增加用量、改进制粒工艺、增加搅拌软材时间或强度等方法加以克服。但增加软材黏性可能会使得干颗粒太坚硬，进而造成崩解困难，需对处方组成进行相应调整如增加崩解剂用量。

③ 颗粒太干、含结晶水药物失水过多造成裂片，解决方法与松片相同。

④ 有些结晶型药物，未经过充分粉碎。可将此类药物充分粉碎后制粒。

⑤ 细粉过多、润滑剂过量引起裂片。粉末中部分空气不能及时逸出而被压在片剂内，当解除压力后，片剂内部空气膨胀造成裂片。可通过筛去部分细粉与适当减少润滑剂用量加以克服。

⑥ 单冲式压片机比旋转式压片机易出现裂片。用单冲压片机压片时，片剂所受压力不均匀，其上表面所受压力较大；而用旋转式压片机压片时，片剂的上、下表面的压力分布较均匀。

⑦ 压片操作中压片机压力过大，反弹力大而裂片；快速压片比慢速压片易裂片，因慢速压片延长了压缩时间，可排出空气及增大塑性变形的趋势；冲模不符合要求，冲头有长短、中部磨损、中部大于上下部或冲头向内卷边，均可使片剂顶出时造成裂片；凸面片剂因应力集中比平面片剂易裂片。可调节压力与压片速度，改进冲模配套并及时检查调换。

⑧ 压片室室温低、湿度低易造成裂片，特别是黏性差的药物容易产生裂片。控制压片室温湿度可以解决。

（3）黏冲与吊冲　压片时，冲头和冲模被细粉黏附，致使片面不光滑、不平有凹痕，刻字冲头更容易发生黏冲现象。吊冲片的边缘粗糙有纹路。

黏冲与吊冲的原因及解决方法如下。

① 颗粒含水量过多、含有引湿性易受潮的药物、操作室温度与湿度过高易产生黏冲。应注意适当干燥，降低操作室温度、湿度，避免引湿性药物受潮等。

② 润滑剂用量过少或混合不匀、细粉过多。应适当增加润滑剂用量或充分混合以解决黏冲问题。

③ 冲头表面不干净，有防锈油或润滑油；新冲模表面粗糙或刻字太深有棱角。可将冲头擦净，调换冲模或用微量液状石蜡擦在刻字冲头表面使字面润滑。此外，如因机械发热而造成黏冲，应检查原因，检修设备。

④ 冲头与冲模配合过紧造成吊冲。应加强冲模配套检查，防止吊冲。

（4）片重差异超限　片重差异超限是指片重差异超过《中国药典》（2025 年版）规定的限度。

片重差异超限的原因及解决方法如下。

① 颗粒粗细分布不匀。压片时颗粒流速不同，致使填入模孔内的颗粒粗细不均匀，如粗颗粒量多则片轻，细颗粒多则片重。应将颗粒混匀，筛去过多细粉。如仍不能解决，则应优化制粒工艺。

② 颗粒流动性不好。流入模孔的颗粒量时多时少，引起片重差异过大而超限。应优化制粒工艺或加入适宜的助流剂（如微粉硅胶等），改善颗粒流动性。

③ 有细粉黏附冲头而造成吊冲时，片重差异幅度较大，此时下冲转动也会不灵活。拆下冲模，擦净下冲与模孔即可解决，并及时检查。

④ 加料斗内的颗粒时多时少，造成加料波动，这也会引起片重差异超限，所以应保持加

料斗内始终有 1/3 量以上的颗粒；加料斗被堵塞，此种现象常发生于黏性或引湿性较强的药物。应疏通加料斗、保持压片环境干燥，并适当加入助流剂解决。

⑤ 冲头与模孔吻合性不好。例如下冲外周与模孔壁之间漏下较多药粉，致使下冲发生"涩冲"现象，造成物料填充不足。对此应更换冲头、模圈。

⑥ 压片速度过快，填充量不足。要适当降低转速，以保证填充充分。

⑦ 下冲高度不一，造成填料差异。应及时调整设备，修差，控制在 ±5μm 以内。

⑧ 分配器未安装到位，造成填料不一。应及时停止仪器运行，并进行调整。

(5) 崩解延缓　崩解延缓指片剂不能在规定时限内完成崩解，影响药物溶出、吸收和发挥药效。

除了缓释、控释等特殊片剂以外，一般的口服片剂都应在胃肠道内迅速崩解。因此，《中国药典》规定了崩解度检查的具体方法，并根据国内的实际生产状况，对口服普通片、包衣片以及肠溶片规定了不同的崩解时限。若某一品种超出了这一限度，即称为崩解超限或崩解延缓。崩解延缓的问题可能受片剂孔隙状态、其他辅料、片剂储存条件的影响。

① 片剂孔隙状态的影响。水分的透入是片剂崩解的首要条件，而水分透入的快慢与片剂内部具有的孔隙状态有关。尽管片剂的外观为一种压实的片状物，但实际上它却是一个多孔体，在其内部具有很多孔隙并互相联结而构成一种毛细管网络，它们曲折回转、互相交错，有封闭型的也有开放型的。水分正是通过这些孔隙而进入片剂内部的，其规律可用毛细管理论加以说明，式（3-1）即为液体在毛细管中流动的规律。

$$L = \frac{R\gamma\cos\theta}{2\eta} \qquad (3\text{-}3)$$

式中，L 为液体透入毛细管的距离；θ 为液体与毛细管壁的接触角；R 为毛细管孔径；γ 为液体的表面张力；η 为液体的黏度。

由于一般的崩解介质为水或人工胃液，其黏度变化不大，所以影响崩解介质（水分）透入片剂的主要因素分别是毛细管数量（孔隙率）、毛细管孔径（孔隙径）R、液体的表面张力 γ 和接触角 θ。而影响这四个因素的情况有以下几种。

a. 原辅料的可压性。可压性强的原辅料被压缩时易发生塑性变形，使得片剂的孔隙率及孔隙径 R 皆较小，因而水分透入的量和距离 L 都比较小，片剂的崩解较慢。实验证明，在某些片剂中加入淀粉，往往可增大其孔隙率，使片剂的吸水性显著增强，有利于片剂的快速崩解。但若淀粉过多会导致可压性差，片剂难以成型。

b. 颗粒的硬度。颗粒（或物料）的硬度较小时，易因受压而破碎，使得压成的片剂孔隙率和孔隙径 R 皆较小，因而水分透入的量和距离 L 也都比较小，片剂崩解亦慢；反之崩解较快。

c. 压片力。在一般情况下，压力越大，片剂的孔隙率及孔隙径 R 越小，透入水的量和距离 L 均较小，片剂崩解慢。因此压片时压力应适中，否则片剂过硬，难以崩解。也有些片剂的崩解时间随压力的增大而缩短，例如非那西丁片以淀粉为崩解剂，当压力较小时，片剂的孔隙率大，崩解剂吸水后有充分的膨胀余地，难以发挥出崩解的作用；而压力增大时，孔隙率较小，崩解剂吸水后没有充分的膨胀余地，片剂胀裂崩解较快。

d. 润滑剂与表面活性剂。当接触角 θ 大于 90° 时，$\cos\theta$ 为负值，水分不能透入片剂的孔隙中，即片剂不能被水所润湿，所以难以崩解。这就要求药物及辅料具有较小的接触角 θ。如果 θ 较大，则需加入适量的表面活性剂，改善其润湿性，减小接触角 θ，使 $\cos\theta$ 值增大，从而加快片剂的崩解。片剂中常用的疏水性润滑剂也可能严重影响片剂的润湿性，使接触角 θ 增大，水分难以透入，造成崩解延缓。例如，硬脂酸镁的接触角为121°，当它与颗粒混合时，吸附于颗粒的表面，使片剂的疏水性显著增强，使水分不易透入，崩解变慢，尤其是硬脂酸镁的用量较大时，这种现象更为明显。同样，疏水性润滑剂与颗粒混合时间较长、混合强度较大时，颗粒表面被疏水性润滑剂覆盖得比较完全，片剂的孔隙壁具有较强的疏水性，使崩解时间明显延长。因此在生产实践中应对润滑剂的品种、用量、混合强度、混合时间加以严格的控制，以免造成浪费。

② 其他辅料的影响

a. 黏合剂黏合力越大，片剂崩解时间越长。在具体的生产实践中，必须把片剂的成型与崩解综合考虑，选用适当和适量的黏合剂。

b. 崩解剂会影响片剂的吸水膨胀能力或瓦解结合力的能力。另外，崩解剂的加入方法不同，也会产生不同的崩解效果。

c. 辅料中可溶性成分会增加片剂的亲水性（润湿性）以及水分的渗入。

③ 片剂储存条件的影响。片剂经过储存后，崩解时间往往延长，这主要和环境温度与湿度有关，即片剂缓缓地吸湿，使崩解剂逐渐减弱其崩解作用，片剂的崩解因此而变得比较迟缓。

（6）**溶出超限**　片剂在规定的时间内未能溶出规定的药物，即为溶出超限或称为溶出度不合格。片剂口服后，经崩解、溶出、吸收，产生药效，其中任何一个环节发生问题都将影响药物的实际疗效。溶出超限的主要原因有片剂不崩解、颗粒过硬、药物的溶解度差等，可根据具体情况查找原因予以解决。

未崩解的完整片剂的表面积很小，所以溶出速率慢。崩解后形成很多小颗粒，表面积大幅度增加，药物的溶出速率也随之加快。所以能够使崩解加快的因素一般也能加快溶出。但是也有不少药物的片剂虽可迅速崩解，而药物溶出速率却很慢。因此崩解度合格并不一定能保证药物快速而完全地溶出，也就不能保证可靠的疗效。对于许多难溶性药物来说，仅依靠崩解作用，加快溶出的效果不会很好，尚需采取一些其他方法来改善溶出。

① 研磨混合物。疏水性药物单独粉碎时，随着粒径的减小，表面自由能增大，粒子易发生重新聚集，粉碎的实际效率不高。与此同时，这种疏水性的药物粒径减小、比表面积增大，会使片剂的疏水性增强，不利于片剂的崩解和溶出。如果将这种疏水性的药物与大量的水溶性辅料共同研磨粉碎制成混合物，则药物与辅料的粒径都可以降低到很小。又由于辅料的量多，所以在细小的药物粒子周围吸附着大量水溶性辅料的粒子，这样就可以防止细小药物粒子的相互聚集，使其稳定地存在于混合物中。当水溶性辅料溶解时，细小的药物粒子便直接暴露于溶出介质中，所以溶解（出）速率大大加快。例如，将疏水性的地高辛、氢化可的松等药物与20倍的乳糖球磨混合后干法制粒压片，溶出度大大增加。

② 制成固体分散物。将难溶性药物制成固体分散物是改善药物溶出速率的有效方法。例如，将吲哚美辛与PEG 6000以1∶9的比例制成固体分散物，粉碎后加入适宜辅料压片，其溶出度得到很大的改善。

③ 载体吸附。将难溶性药物溶于能与其混溶的无毒溶剂（如PEG 400）中，然后用硅胶类多孔性载体将其吸附，最后制成片剂。由于药物以分子的状态吸附于硅胶，所以在接触到溶出介质或胃肠液时，很容易溶解，大大加快了药物的溶出速率。

（7）**片剂含量不均匀**　所有造成片重差异过大的因素，皆可造成片剂中药物含量的不均匀。此外，对于小剂量的药物来说，混合不均匀和可溶性成分的迁移是片剂含量均匀度不合格的两个主要原因。

① 混合不均匀。造成片剂含量不均匀的情况有以下几种。

a.主药量与辅料量相差悬殊时，一般不易混匀，此时应采用等量递增法进行混合或者将小剂量的药物先溶于适宜的溶剂中再均匀地喷洒到大量的辅料或颗粒中（一般称为溶剂分散法），以确保混合均匀。

b.主药粒径大小与辅料相差悬殊时，极易造成混合不匀，所以应将主药和辅料进行粉碎，使各成分的粒径都比较小并力求一致，以便混合均匀。

c.如果粒子的形态比较复杂或表面粗糙，则粒子间的摩擦力较大，一旦混匀后不易再分离；而粒子的表面光滑，则易在混合后的加工过程中相互分离，难以保持其均匀的状态。

d.当采用溶剂分散法将小剂量药物分散于空白颗粒时，由于大颗粒的孔隙率较高，小颗粒的孔隙率较低，所以吸收的药物溶液量有较大差异。在随后的加工过程中由于振动等原因，大小颗粒分层，小颗粒沉于底部，造成片重差异过大以及含量均匀度不合格。

② 可溶性成分在颗粒之间的迁移。这也是造成片剂含量不均匀的重要原因之一。为了便于理解，以颗粒内部的可溶性成分迁移为例介绍迁移的过程。在干燥前，水分均匀地分布于湿颗粒中，在干燥过程中，颗粒表面的水分发生汽化，使颗粒内外形成了温度差。因而，颗粒内部的水分向外表面扩散时，水溶性成分也被转移到颗粒的外表面，这就是所谓的迁移过程。在干燥结束后，水溶性成分就集中在颗粒的外表面，造成颗粒内外含量不均。当片剂中含有可溶性色素时，这种现象最为直观。湿混时虽已将色素及其他成分混合均匀，但颗粒干燥后，大部分色素已迁移到颗粒的外表面，而内部的颜色很淡，压成片剂后，片剂表面形成很多色斑。为了防止色斑出现，可选用不溶性色素，如使用色淀，即将色素吸附于吸附剂上再加到片剂中。上述这种颗粒内部的可溶性成分迁移在通常的干燥方法中是很难避免的，而采用微波加热干燥时，颗粒内外受热均匀一致，可最小程度地减少这种迁移。

颗粒内部的可溶性成分迁移所造成的主要问题是片剂上产生色斑或花斑，对片剂的含量均匀度影响不大。但是发生在颗粒之间的可溶性成分迁移，将大大影响片剂的含量均匀度，尤其是采用箱式干燥时，这种现象最为明显。颗粒在盘中铺成薄层，底部颗粒中的水分将向上扩散到上层颗粒的表面进行汽化，这就使底层颗粒中的可溶性成分迁移到上层颗粒之中，使上层颗粒中的可溶性成分含量增大。当使用这种上层含药量大、下层含药量小的颗粒压片时，必然造成片剂的含量不均匀。因此当采用箱式干燥时，应经常翻动颗粒，以减少颗粒间的迁移，但这样做仍不能避免颗粒内部的迁移。

采用流化干燥法时，由于湿颗粒各自处于流化运动状态，并不相互紧密接触，所以一般不会发生颗粒间的可溶性成分迁移，有利于提高片剂的含量均匀度，但仍有可能出现色斑或花斑，因为颗粒内部的迁移仍是不可避免的。另外，采用流化干燥法时还应注意由于颗粒处于不断地运动状态，颗粒与颗粒之间有较大的摩擦、撞击等作用，会使细粉增加，而颗粒表面往往水溶性成分较高，所以这些被磨下的细粉中的药物（水溶性）成分含量也较高，不能轻易地弃去。可在投料时就把这种损耗考虑进去，以防止片剂中药物的含量偏低。

（8）花斑与印斑　花斑与印斑是指片剂表面有色泽深浅不同的斑点，造成片剂外观不合格。花斑与印斑的产生原因和解决方法如下。

① 黏合剂用量过多，颗粒过于坚硬，含糖类品种中糖粉熔化，有色片剂的颗粒着色不匀、干湿不匀、松紧不匀或润滑剂未充分混匀，均可造成印斑。可通过改进制粒工艺使颗粒较为疏松；有色片剂可采用适当方法使着色均匀后制粒，制得的颗粒应粗细均匀，松紧适宜；润

滑剂应按要求先过细筛，然后与颗粒充分混匀。

② 复方片剂中原辅料颜色深浅不一，若原辅料未经粉碎或未充分混匀易产生花斑。制粒前应先将原辅料粉碎到合适粒度，颗粒混匀，才能压片。

③ 因压片时油污由上冲落入颗粒中产生油斑。需清除油污，并在上冲套上橡皮圈防止油污落入。

④ 压过有色品种后的清场不彻底而被污染。

（9）其他问题

① 叠片。叠片指两片叠成一片的现象，是由于黏冲或上冲卷边等致使片剂黏在上冲，此时颗粒填入模孔中，又重复压一次而成叠片，或由于下冲上升位置太低，不能及时将片剂顶出，而同时又将颗粒加入模孔内重复加压所致。压成叠片易使压片机损伤，应解决黏冲问题与冲头配套，改进冲模的精确性，排除压片机故障。

② 爆冲。冲头爆裂缺角，金属屑可能嵌入片剂中。冲头热处理不当，本身有损伤裂痕且未经仔细检查，经不起加压或压片机压力过大，以及压制结晶性药物均可造成爆冲。应改进冲头热处理方法、加强检查冲模质量、调整压力、注意片剂外观检查。如果发现爆冲，应立即查找碎片并找出原因和加以克服。

三、片剂新技术发展

1. 连续制造

连续制造是产品制造的各道工序前后必须紧密相连的生产方式，即从原材料投入生产到成品制成为止，各个工序按照工艺要求必须顺次连续进行，且通过过程分析技术（process analytical technology， PAT）来保证最终产品质量。连续制造是一种原材料被持续不断送入系统，同时系统终端持续不断产出成品的生产方式。

药品的连续制造为片剂的生产带来颠覆性的革命，包括：①降低设备占用空间。连续制造支持产品生产不间断地进行，且连续制造线相对紧凑，工艺步骤、设备以及相应空间的减少使连续制造运行变得更加高效。②提高制造效率。相比于传统的生产方式，在相同时间内可以生产更多的产品。③提高制造灵活性。连续制造可根据需求切换成其他的产品或工艺，在同一套连续制造系统中，既可进行药品开发，同时又能直接用于生产。④不存在批次放大的验证要求。连续生产设备的规模和体积不会随着产品产量的变化而变化，消除了可能成为产品上市道路上的巨大瓶颈——工艺放大这个步骤。⑤减少人为干预，自动化程度高，最大限度地减少生产人员数量以及人与物料的接触概率，既可节省人工成本又可降低人为操作失误概率。⑥减少库存。连续制造按需生产，且不需要各工序间的物料转运环节。⑦加速供应链，连续制造能减少储存和中间运输成本。⑧缩短研发周期。在连续制造中，只需在不停机的情况下不断调整单个参数，可以不断得到不同结果，不但能快速优化工艺，而且得到的结果可以反映关键工艺参数与药品质量变化趋势的关联性，更全面地理解整个工艺过程。

连续制造技术正在成为制药业未来技术竞争的新方向，目前已有一些制药企业在连续制造领域取得了实际进展。2015 年，Vertex 制药公司研发的用于治疗囊性纤维化的复方药物Orkambi®获得 FDA 批准，这是第一个采用连续制造技术生产的药物。2016 年，美国强生公司的抗 HIV 病毒药物地瑞拉韦片的连续生产车间工艺转换获得 FDA 批准，这是 FDA 首个批准的由批次生产向连续生产的生产工艺变更案例。目前，国内在连续制造方面尚处于起步阶段。

2. 3D 打印技术

3D 打印属于快速成型技术的一种，是一种以数字模型文件为基础，通过逐层打印的方式来构造物体的技术。目前，该技术在工业、建筑、汽车、航空航天、医疗等多领域均有应用，并吸引越来越多领域的关注。

3D 打印制药是通过 3D 打印技术生产药片的过程。与传统药物生产工艺相比，3D 打印在产品复杂度、个体化给药和按需生产上具有明显的优势：①增加产品的复杂程度。例如，3D 打印技术通过计算机控制物质的排列，可以在药片中形成特殊的网格结构，使其内部具有丰富的孔隙，具有极大的内表面积，加快药物崩解；3D 打印技术可以通过分层打印的方式在药片上改变药物的分布，从而改变药物的释放曲线，如可通过 3D 打印技术制造具有复杂药物释放曲线的植入剂；在药物 - 器械复合产品应用方面，可打印比米粒还小的无线控制的胶囊和磁力控制的微转运体，应用于可控制的口服给药；在药物 - 生物复合产品应用方面，3D 打印常用于制造药物洗脱支架。②个体化给药。通过在复杂的层结构中添加多种的原料药粉末，可一次治疗多种疾病；在药片中添加药物的最佳剂量，达到药物剂量个体化；能够按需制造几乎任何尺寸和形状的药片，以满足不同患者的个体化偏好；能制造匹配患者解剖学特点的植入剂。③按需生产。挤出和喷射技术已经用于按需制造组织工程支架和伤口愈合凝胶；按需打印在时间紧迫或资源有限的情形下，如灾区、急救室、手术室、救护车、ICU 病房和军事行动中非常实用；按需制药可以有效地减少由于药品库存而引发的一系列药品变质以及过期等问题。

2015 年，3D 打印技术制造的左乙拉西坦口腔崩解片获得 FDA 上市批准，成为全球第一个应用 3D 打印技术的新药，用于治疗癫痫发作。左乙拉西坦片具有层状、高度多孔结构，相比于传统药片质地更加疏松，能够迅速吸收液体而塌陷形成悬浮液，更容易被人体所吸收。

目前，3D 打印技术用于药物的研发与制造是国际上的研究热点，3D 打印制药技术在产品复杂度、个体化给药和按需生产上的优势，使其在精准医疗、方便购药、解决药品短缺及避免药品过剩等问题上拥有巨大的发展潜力。

3. 冻干片技术

在 20 世纪 80 年代初，谢勒公司成功地利用冷冻干燥技术制备了多孔疏松产品，这种产品能够在舌上快速溶解，无须水送服。该技术被应用于口腔崩解片的制造领域，其工艺特点在于放弃了传统的压片工艺，转而采用真空冷冻干燥工艺，以直接获得固态片剂产品。为了与压片法的口腔崩解片相区分，该技术制得的产品通常被称为冻干片。

冻干片具有以下优势，包括：①冻干片提供了一种创新型的给药技术，为面临服药难题的特殊人群提供了便捷的给药方案，这些情况包括抗拒服药以及无法用水服药等状况；②冻干片在口腔内能够快速分散并通过黏膜迅速吸收，从而迅速发挥药效，提高患者服药顺应性，降低肝脏首过效应，减少毒副作用；③冻干片制备过程中减少了传统的制粒、混合、压片、包衣等易产生粉尘的工艺环节，从而大幅度降低了污染和交叉污染的风险。

但冻干片也存在强度不高、易碎、较难保持片剂完整性的不足之处。

四、片剂实例

❖ 例3-6　复方磺胺甲噁唑片

【处方】

磺胺甲噁唑	400g
甲氧苄啶	80g
淀粉	40g
淀粉浆（100g/L）	240g
硬脂酸镁	5g

【处方分析】磺胺甲噁唑和甲氧苄啶为主药；淀粉为填充剂和崩解剂；淀粉浆为黏合剂；硬脂酸镁为润滑剂。

【制备工艺】将磺胺甲噁唑和甲氧苄啶混合后过80目筛，与淀粉混匀，加入淀粉浆制软材，过14目筛制粒，在70~80℃温度下干燥后用12目筛整粒，加硬脂酸镁混匀后，压片即得。

【规格】每片含磺胺甲噁唑400mg，甲氧苄啶80mg。

【注解】这是最普通的湿法制粒压片的实例。甲氧苄啶为抗菌增效剂，与磺胺类药物联合应用可使药物对革兰氏阴性菌（如志贺菌、大肠埃希菌等）有更强的抑菌作用。

❖ 例3-7　多酶片

【处方】

胰酶	120g
糖粉	20g
虫胶乙醇溶液（250g/L）	4g
淀粉酶	1g
胃蛋白酶	120g
30%乙醇	30g
硬脂酸镁	2g

【处方分析】胰酶、淀粉酶、胃蛋白酶为主药；糖粉为干黏合剂；虫胶为肠溶材料；30%乙醇为润湿剂；硬脂酸镁为润滑剂。

【制备工艺】①片芯的制备。取胰酶和糖粉混匀后，加入虫胶乙醇溶液搅拌均匀，制成软材后迅速过40目筛（尼龙筛）二次制粒，湿颗粒控制在50℃以下通风快速干燥，干颗粒过20目筛整粒，再加入硬脂酸镁混合，测定中间体含量，计算片重，压片即得。②外层片的制备。取淀粉酶加30%乙醇润湿后制软材，以20目尼龙筛二次制粒，湿颗粒控制在50℃以下烘干，干颗粒过20目筛整粒，于干颗粒中加入胃蛋白酶和硬脂酸镁混合后，测定中间体含量，计算片重，用包芯片压片机进行压片，最后包糖衣层，打光即得。

【规格】每片含胰酶 120mg，淀粉酶 1mg，胃蛋白酶 120mg。

【注解】本品为双层糖衣片。胰酶、淀粉酶和胃蛋白酶发挥最大作用的部位和条件各不相同，所以不能混合压片。胰酶需在肠道中发挥作用，且易被胃液中的胃蛋白酶分解失效，故选用虫胶乙醇溶液制粒而制成肠溶性片芯。而胃蛋白酶受湿热易破坏，同时和淀粉酶一样需在胃液中酸性条件下才起作用，故宜压入到外层片中。又因为制得的片剂有引湿性，故需包糖衣层，以利服用和贮存。

本品中所含三种消化酶易吸湿，并且在湿润情况下容易活力降低。为保证质量与疗效，生产时应注意以下几方面：①投料时可按处方酌量增加三种消化酶的用量。②胃蛋白酶在潮湿环境中效价降低较快，所以采用混入淀粉酶干颗粒中的方法。制得的颗粒压片前需贮存于密闭容器中，面上覆以装有硅胶干燥剂的布袋。③包糖衣时为了避免片芯吸水后降低效价，故先包粉衣层 2～3 层，虫胶隔离层 2 层，这样再包糖衣时可避免水渗入。

❖ 例 3-8　复方阿司匹林片

【处方】

阿司匹林	268g	淀粉浆（15%～17%）	85g
对乙酰氨基酚	136g	滑石粉	25g
咖啡因	33.4g	轻质液状石蜡	2.5g
淀粉	266g	酒石酸	2.7g

【处方分析】阿司匹林、对乙酰氨基酚、咖啡因为主药；淀粉为填充剂和崩解剂；淀粉浆为黏合剂；滑石粉和轻质液状石蜡为润滑剂；酒石酸为稳定剂。

【制备工艺】将咖啡因、对乙酰氨基酚与 1/3 量的淀粉混匀，加淀粉浆（15%～17%）制软材 10～15min，过 14 目或 16 目尼龙筛制湿颗粒，于 70℃干燥，干颗粒过 12 目尼龙筛整粒，然后将此颗粒与阿司匹林、酒石酸混合均匀，最后加剩余的淀粉（预先在 100～105℃干燥）及吸附有液状石蜡的滑石粉，共同混匀后，测定中间体含量，计算片重，用 12mm 冲模压片，即得。

【规格】每片含阿司匹林 268mg，对乙酰氨基酚 136mg，咖啡因 33.4mg。

【注解】处方中的液状石蜡的用量为滑石粉的 10%，可使滑石粉更易于黏附在颗粒的表面上，在压片振动时不易脱落。生产车间中的湿度不宜过高，以免阿司匹林发生水解。淀粉的剩余部分作为崩解剂加入，但要注意混合均匀。

在本品中加其他辅料的原因以及制备时应注意以下几方面：①阿司匹林遇水易水解成对胃黏膜有较强刺激性的水杨酸和醋酸，长期服用会导致胃溃疡。因此，本品中加入相当于阿司匹林量 1% 的酒石酸，可在湿法制粒过程中有效地减少阿司匹林的水解。②本品中三种主药混合制粒及干燥时易产生低共熔现象，所以采用分别制粒的方法。该工艺避免了阿司匹林与水直接接触，从而保证了制剂的稳定性。③阿司匹林水解受金属离子的催化，因此必须采用尼龙筛网制粒，同时不得使用硬脂酸镁，因而采用滑石粉作为润滑剂。④阿司匹林的可压性极差，因而采用了较高浓度的淀粉浆（15%～17%）作为黏合剂。⑤阿司匹林具有一定的疏水性（接触角 θ 为

73°～75°），必要时可加入适宜的表面活性剂，如吐温80等，加快其崩解和溶出（一般加入量为0.1%即可有显著的改善）。⑥为了防止阿司匹林与咖啡因颗粒混合不匀，可将阿司匹林干法制粒后再与咖啡因颗粒混合。

总之，当遇到像阿司匹林这种理化性质不稳定的药物时，要从多方面综合考虑其处方组成和制备方法，从而保证其安全性、稳定性和有效性。

❖ 例3-9 硝酸甘油片

【处方】

10%硝酸甘油乙醇溶液（以硝酸甘油计）	0.6g
乳糖	268g
糖粉	136g
17%淀粉浆	适量
硬脂酸镁	1.0g

【处方分析】硝酸甘油为主药；乳糖、糖粉为填充剂；淀粉浆为黏合剂；硬脂酸镁为润滑剂。

【制备工艺】取处方量乳糖、糖粉混合均匀后加17%淀粉浆制软材，过14目或16目尼龙筛制湿颗粒，于60℃干燥，得空白颗粒；然后将10%硝酸甘油乙醇溶液（按120%投料）喷洒于空白颗粒的细粉中（30目以下），二次过筛（16目）后，于40℃以下干燥50～60min，再与事先制成的空白颗粒及硬脂酸镁混匀，压片，即得。

【规格】0.6mg。

【注解】这是一种通过舌下吸收治疗心绞痛的小剂量药物的片剂，不宜加入不溶性的辅料（除微量的硬脂酸镁作为润滑剂以外）；为防止混合不匀造成含量均匀度不合格，采用主药溶于乙醇再加入（可喷入）空白颗粒中的方法；在制备中还应注意防止振动、受热，以免造成爆炸，以及避免吸入体内造成操作者的剧烈头痛。另外，本品属于急救药，片剂不宜过硬，以免影响其舌下速溶性。

❖ 例3-10 氯化钾缓释片

【处方】

氯化钾	500g
微粉硅胶	4g
聚乙烯	10g
石蜡	40g
硬脂酸镁	2g

【处方分析】氯化钾为主药；微粉硅胶为助流剂；聚乙烯和石蜡为不溶性骨架材料；硬脂酸镁为润滑剂。

【制备工艺】取氯化钾、微粉硅胶、聚乙烯、石蜡与硬脂酸镁，混合均匀后直接压片，在115℃干燥2h，最后包糖衣。

【规格】500mg。

【注解】①本品为蜡质骨架片，压成的片剂在115℃干燥，使石蜡融熔，结成多孔的骨架，使药物缓慢释放。②因为氯化钾有引湿性，易结块，且处方中原辅料混匀后流动性及可压性良好，所以选择了粉末直接压片法制备。该工艺具有工序少、工艺简便、省时节能的优点。

第五节　固体制剂包衣工艺

包衣（coating）系指在特定的设备中按特定的工艺将糖料或其他能成膜的材料涂覆在固体制剂表面，使其干燥后成为紧贴附在表面的一层或数层不同厚薄、不同弹性的多功能保护层。包衣后的制剂崩解时限、溶出度或释放度等应符合《中国药典》（2025年版）的要求。

一、固体制剂包衣生产工艺

（一）固体制剂包衣的主要生产工序与洁净度要求

固体制剂包衣包括包衣液的配制、包衣、分装、包装等工序。按照GMP规定，包衣液的配制、包衣、分装的整个过程均需在D级洁净区完成。如果包糖衣，应设有熬制糖浆岗位，如果使用水性薄膜衣可直接配制，但使用有机薄膜衣时必须要注意防爆设计。包衣间宜设前室，操作间与室外保持相对负压，设有除尘装置。包衣机的辅机布置在包衣室的辅机间内，辅机间在非洁净区内开门。包衣结束后应将包衣片置于晾片间进行冷却。

（二）固体制剂包衣的生产工艺流程图

根据包衣材料不同，常见包衣有糖包衣和薄膜包衣。片剂糖包衣和薄膜包衣的生产工艺及工序洁净度要求分别详见图3-5和图3-6。

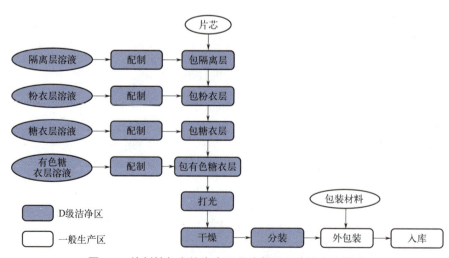

图 3-5　片剂糖包衣的生产工艺流程及工序洁净度要求

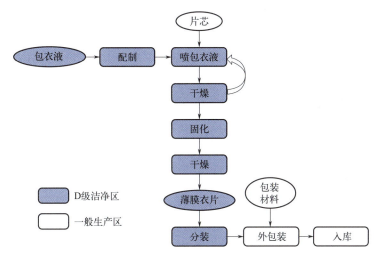

图 3-6 薄膜包衣的生产工艺流程及工序洁净度要求

图例：
- ■ D级洁净区
- □ 一般生产区

二、包衣过程中的生产控制要点、常见问题及对策

（一）生产控制要点

固体制剂包衣方法通常包括锅包衣法、流化床包衣法、滚转包衣法和压制包衣法。其中片剂包衣常用锅包衣法进行包衣，如糖包衣、薄膜包衣以及肠溶包衣等；粒径较小的物料如微丸和粉末的包衣通常采用流化床包衣法。

1. 糖包衣工艺

糖包衣一般采用锅包衣法进行包衣。包衣锅是一种经典而又常用的包衣设备，包括普通包衣锅、改进的埋管包衣锅及高效包衣机。

普通包衣锅主要由莲蓬形或荸荠形的包衣锅、动力部分、加热鼓风及吸粉装置等组成。包衣锅的中轴与水平面一般呈 30°～45°，根据需要，角度也可以更小，以便于药片在锅内能与包衣材料充分混合。物料在包衣锅内能随锅的转动方向滚动，包衣锅的转速应适宜，使得片剂能在锅内上升到一定高度后沿着锅的斜面滚落下来，做反复、均匀而有效的翻转，使包衣液均匀涂布于物料表面进行包衣。在实际生产中也常采用加挡板的方法来改进片剂的运动状态，以达到最佳的包衣效果。

但是普通包衣锅存在空气交换效率低、干燥速度慢、气路不能密闭导致有机溶剂和粉尘污染环境等问题。因此，常采用改良方式如埋管包衣法和高效包衣法进行包衣，改良方法可以加速包衣、干燥过程，减小劳动强度，提高生产效率。

埋管包衣锅是在底部装有通入包衣溶液、压缩空气和热空气的埋管的包衣锅。包衣时，该管插入包衣锅中翻动着的片床内，包衣材料的浆液由泵打出，经气流式喷头连续地雾化，直接喷洒在片剂上，干热压缩空气也伴随雾化过程同时从埋管吹出，穿透整个片床进行干燥，湿空气从排出口引出，经集尘滤过器滤过后排出。此法既可包薄膜衣也可包糖衣，并且既可用有机溶剂溶解的衣料也可用水性混悬浆液的衣料。由于雾化过程是连续进行的，故埋管包衣锅可缩短包衣时间，且可避免包衣时粉尘飞扬，适用于大生产。

高效包衣机具有包衣锅水平放置、气路封闭、干燥快、包衣效果好等特点，现在已经成为片剂包衣装置的主流。高效包衣机广泛用于片剂、丸剂、微丸等包制糖衣、有机溶剂薄膜衣、水溶性薄膜衣、缓控释衣，是一种高效、节能、安全、洁净、符合GMP要求的机电一体化包衣设备。当高效包衣机工作时，电机带动包衣滚筒旋转，微丸、小丸或片芯等固体制剂在洁净、密闭的旋转滚筒内，在流线型导流板的作用下，不停地做往复循环翻滚运动。雾化喷枪连续向物料层喷洒包衣材料，同时在可控的负压状态下，热风不断经过物料层并由底部排出，使物料表面包衣材料得到快速、均匀干燥，从而形成一层坚固、致密、平整、光滑的表面薄膜。

糖包衣工艺一般包括包隔离层、包粉衣层、包糖衣层、包有色糖衣层、打光等关键工序。

(1) 包隔离层 包隔离层是为了形成一层不透水的屏障，以防止在后续的包衣过程中水分浸入片芯。可用于制隔离层的材料有：10%玉米朊乙醇溶液、15%～20%虫胶乙醇溶液、10%醋酸纤维素酞酸酯（CAP）乙醇溶液以及10%～15%明胶浆，其中最常用的是玉米朊。大多数片剂不必包隔离层，但有些片剂含有酸性、水溶性或引湿性成分，为防止后续包衣时使用的糖浆中水分被片芯吸收不易吹干，引起片剂膨胀而使包衣裂开或使糖衣变色，就需用一层胶状物将药物与糖衣层隔开。因为包隔离层使用有机溶剂，所以应注意防爆、防火，采用低温（40～50℃）干燥，每层干燥时间约30min。

片芯硬度较小时，个别片芯可能存在松片现象，若直接包隔离层，易使片芯在糖衣锅中滚动时发生烂片现象而影响片剂质量，故可先包上2～3层糖衣层，以增加片芯硬度和耐磨性。滑石粉加入的时间应在第1、第2层糖浆搅拌均匀后立即加入，用量以片芯不感觉潮湿为准，加得过迟会使水分渗入片芯，使片芯难以干燥，极易造成糖衣片贮存期间发生裂片或变色潮解。

操作时要注意每层充分干燥后再包下一层。干燥的温度应适当，不能过高或过低。干燥温度过低时，干燥速度慢，不易除尽水分；干燥温度过高时，除可能使某些药物的药效降低或稳定性下降外，还会使水分过快蒸发，引起衣面粗糙不平，影响衣层打光。干燥与否主要凭经验，可通过听锅内片子运动的响声及用指甲在表面刻划痕，以有坚硬感和无印痕为准。

(2) 包粉衣层 包粉衣层的目的是消除片剂的棱角，使片面平整。粉衣层材料包括糖浆、白陶土和滑石粉等。常用糖浆浓度为65%～75%（质量分数），白陶土、滑石粉应过100目筛。包好隔离层后，不要立即包粉衣层，应先用单糖浆在片子上磨1～2次，否则会出现粉衣层片面不整齐现象。也可以在隔离层包完后，加入明胶糖浆溶液、桃胶糖浆溶液或阿拉伯胶糖浆溶液，同时撒粉在片芯上，再挂一层底衣，以使隔离层和粉衣层能够牢固黏合。

包粉衣层应薄层多加，层层干燥，干燥后再包下一层。热风温度不超过60℃，温度一般采用两头低、中间高的控制方法，开始时温度逐渐升高，到基本包平后开始降温，这样保持片芯表面温度在22～32℃之间。

辅料的用量应适当。撒粉的目的是弥补蔗糖的脆性，增加衣层的塑性，并可使包圆的过程加快；但撒粉过多，可降低糖的黏结力，造成粉衣层脱片剥落。开始时撒粉量可稍多些，待片芯棱角基本饱满圆整、粉层厚度达到一定标准后，在减少糖浆用量的同时，将撒粉时间逐步延长，以利于片面平整；待药片流动时，再行吹风，以免造成糖衣锅壁粗糙及生成小颗粒脱落的问题。

（3）**包糖衣层** 粉衣层的片衣表面比较粗糙、疏松，此时再包糖衣层可使其表面光滑平整、细腻坚实。操作要点是加入稍稀的糖浆，逐次减少用量（润湿片面即可），在低温（40℃）下缓缓吹风干燥，一般包制 10 ～ 15 层。操作方法是每次加入单糖浆后，搅拌，使片芯表面均匀润湿，吹入热风，待片剂表面略干后，停止加热或冷风干燥，一般包 10 ～ 15 层即可使片面细腻光滑。

包糖衣温度不宜过高。温度过高会使水分蒸发快，片面糖结晶析出，使片面粗糙，出现花斑；也不宜使用热糖浆，否则使成品不亮，打光不易进行。

糖浆加入量应随温度降低而相应减少，使糖衣片面孔隙逐渐缩小，此时锅不必加热，糖浆用量以刚好润湿片面为宜，吹风干燥时间为 7 ～ 10min。

（4）**有色糖衣层** 包有色糖衣层的主要目的是便于识别与美观。每次加入的有色糖浆其色素浓度应由浅到深，加入量应保证全部药片湿润，并层层干透，以免片面产生深浅花斑。最后几道有色糖浆用量要少，色要浅，然后缓缓晾干。

（5）**打光** 打光是使糖衣片表面光亮美观，兼有防潮作用，一般用四川产的川蜡。使用前需精制，一般将其加热至 80 ～ 100℃熔化后，过 100 目筛，去除杂质，并掺入 2% 的硅油（保光剂）混匀，冷却，粉碎，取过 80 目筛的细粉待用。

打光的关键在于掌握糖衣片的干湿度。湿度大、温度高，片面不易发亮，小型片要较大片更干燥些。

为防止片剂打滑，蜡粉应分次撒入，蜡粉用量要适当，若加蜡过多会使片面出现皱皮。

2. 薄膜包衣工艺

糖包衣因具有包衣时间长、所需辅料多、防潮性差、片面上不能刻字等缺点，现已逐步被薄膜包衣所代替。薄膜包衣是指使用一些高分子聚合物在固体制剂外形成连续薄膜的技术。薄膜衣的特点有：可防止空气、潮气的侵入；操作简便，节约材料；片重增加少；对崩解及溶出影响小；包衣后片面上的标志仍清晰可见。

薄膜衣的材料通常是由聚合物成膜材料、增塑剂、释放速率调节剂、遮光剂、着色剂和溶剂等组成。成膜材料一般为高分子材料，高分子材料的结构、分子量大小等不同，对其成膜性能、溶解性和稳定性都有一定影响。如单一材料不能满足需求时，可使用两种或两种以上薄膜衣料以弥补其不足。薄膜包衣主要材料按衣层的作用可分为胃溶型、缓释型和肠溶型三大类。

薄膜包衣的方法有锅包衣和流化床包衣。

（1）**锅包薄膜衣** 锅包薄膜衣是将片芯放入包衣锅中，旋转，喷入一定量的薄膜衣溶液，使片芯表面均匀润湿，再吹入温和的热风使溶剂蒸发，多次重复以上操作至薄膜衣达到一定厚度为止。其生产控制要点如下。

① 因包衣过程中需要较长时间滚转，待包衣片芯须满足脆碎度要求，才能顺利包衣。扁平片不宜包衣，因其易于叠堆成团；鼓面片如果边缘太薄、太锐也不宜应用，因易损坏。

② 在包衣进行前，应根据工艺参数要求设置包衣锅生产参数。注意在配浆过程中控制搅拌速度，以使包衣粉混匀。

③ 包衣过程中，主机不得停止运转，并应始终保持包衣锅内为负压状态。

④ 在生产过程中，包衣锅转速太低会造成黏片、色差问题，而转速太快易造成包衣片磨

损问题，因此在保证待包衣片芯流动状态较好的前提下尽量选择较低的包衣锅转速。而随着片芯表面形成一层保护膜后，可以分阶段适当提高锅转速。

⑤ 包衣前片芯应预热，片床温度应稳定在 37 ~ 40℃。包衣过程中如果片床温度上升，则可能是包衣液加入量不足或加热温度太高造成，过高的片床温度使得喷入的包衣液挥发过快，易造成片剂表面不平；如片床温度下降，则可能是包衣液喷入太快、进风太凉或风量不足导致，如遇这种情况应及时调整，否则水分易透入片芯。

⑥ 喷枪高度一般保持在片床形成斜面的三分之一正上方 25 ~ 30cm，喷枪数量设计合理，且各个喷枪之间平均分布，保证包衣液可以均匀地完全喷洒在片芯表面。喷枪间距离太近，会出现雾化扇面重叠处的片芯过湿问题；喷枪间距离太远，在雾化扇面间隙处的片芯易磨损；喷枪到片床的距离太大，会使包衣液分布不够均匀，从而影响包衣的色泽。

⑦ 包衣过程中，喷浆速度太快容易出现黏片现象；喷浆速度太慢会影响包衣效率，且片芯在片床中滚动时间越久，受磨损的程度也会越大。喷浆速度通常遵循先慢后快的原则。包衣初期需特别仔细地检查片芯状态，因为此时片芯处于易损状态。对于易损片芯，包衣初期还应减慢包衣锅转速，当片芯表面全部包上一层衣后，随着包衣锅转速的提高，可以相应适当增加喷浆量。

⑧ 喷浆结束后，适当降低转速，干燥 5 ~ 10min，停热风，降低转速，待片芯温度降至接近室温即可出片。包衣片不宜置锅内旋转太久，以免衣层鼓壳。若采用有机溶剂为溶剂的包衣液进行包衣，为使残余的有机溶剂完全除尽，一般还要在 50℃下放置 12h。

(2) 流化床包薄膜衣 流化床主要由圆锥形的物料仓和圆柱形的扩展室组成。将物料置于流化床中，经气流分布器进入流化室的空气流使物料悬浮于流化室内并上下翻动处于流化（沸腾）状态时，将包衣材料的溶液或混悬液雾化喷到流化室内悬浮于空气中的物料表面；经预热的空气以一定的速度进入流化室，使包衣液中的溶剂挥发，在物料表面形成一层薄膜，控制预热空气及排气的温度和湿度可对操作过程进行控制。流化床设备由于干燥效率高，可以实现对片剂、微丸、颗粒、粉末等的包衣，并达到理想的重现性。

按喷枪在流化床中的安装位置不同，流化床工艺目前主要有三种类型：顶喷、底喷和切线喷。由于设备构造不同，物料流化状态也不相同。采用不同工艺，包衣质量和制剂释放特性可能也有所区别。原则上是为了使衣膜均匀连续，每种工艺都应尽量减少包衣液滴的行程，即液滴从喷枪出口到物料表面的距离，以减少热空气对液滴产生的喷雾干燥作用，使包衣液到达物料表面时，基本保持其原有的特性，以保证在物料表面理想地铺展成膜，形成均匀、连续的衣膜。

① 顶喷工艺。顶喷工艺系指将喷枪安装在流化床顶部。其特点有：a.喷嘴位于流化床顶端；b.喷枪液流与物料逆向流动；c.气流分布板作为喷射盘。包衣时，物料受进风气流推动，从物料槽中加速运动经过包衣区域，喷枪喷液方向与颗粒运动方向相反，经过包衣区域后物料进入扩展室，扩展室直径比物料仓直径大，因此气流线速度减慢，颗粒受重力作用又回落到物料仓内。

但与底喷和切线喷相比，顶喷的包衣效果相对较差，原因：a.物料流化运动状态相对不规律，因此少量的物料黏连常常不可避免，特别是粒径小的颗粒；b.包衣喷液与颗粒运动方向相反，因此相对于侧喷和底喷，包衣液从喷枪出口到颗粒表面的距离相对增加，进风热空气对液滴介质产生挥发作用，可能影响液滴黏度和铺展成膜特性，工艺控制不好甚至会造成包衣液的大量喷雾干燥现象，因此应尽量不采用顶喷工艺进行有机溶剂包衣。但顶喷工艺非常适用于热熔融包衣。该工艺采用蜡类或酯类材料在熔融状态下进行包衣，不使用溶剂，特点是生产周期非常短，很适合包衣量比较大的品种。热熔融包衣要形成高质量的衣膜，包衣过程必须保持物料温度接近于包衣液的凝固点。包衣液管道和雾化压缩空气必须采取加热保温措施，以防止包衣液遇冷凝结。

② 底喷工艺。底喷工艺系指将喷枪安装在流化床底部，又称 Wurster 系统，是流化床包衣的主要应用形式。这种技术已广泛应用于微丸、颗粒，甚至粒径小于 50μm 粉末的包衣。物料仓中央有一个隔圈，底部有一块开有很多圆形小孔的空气分配盘，由于隔圈内外对应部分的底盘开孔率不同，因此形成隔圈内外的不同进风气流强度，颗粒在隔圈内外有规律地做循环运动。喷枪安装在隔圈内部，喷液方向与物料的运动方向相同，因此隔圈内是主要包衣区域，隔圈外则是主要干燥区域。物料每隔几秒通过一次包衣区域，完成一次包衣、干燥循环。所有物料经过包衣区域的概率相近，因此形成的衣膜均匀致密。优点有：a. 喷雾区域粒子浓度低，速度大，不易粘连，适合小粒子的包衣；b.可制成均匀、圆滑的包衣膜。缺点是容积效率低，大型机的放大有困难。

③ 切线喷工艺。切线喷系将喷枪安装在流化床侧面，即沿切线方向喷液。物料仓为圆柱形，底部带有一个可调速的转盘。转盘和仓壁之间有一间隙，可通过进风气流。通过调节转盘高度改变间隙大小，以改变进风气流线速度。物料由于受到转盘转动产生的离心力、进风气流推动力和物料自身重力三个力的作用，而呈螺旋状离心运动状态。

切线喷工艺与底喷工艺具有可比性，有三个相同的物理特点：①同向喷液，喷枪包埋在物料内，包衣液滴的行程短；②颗粒经过包衣区域的概率均等；③包衣区域内物料高度密集，喷液损失小。因此，切线喷形成的衣膜质量较好，与底喷形成的衣膜质量相当，可适用于水溶性或有机溶剂包衣工艺。

流化床包衣生产控制要点如下。

① 流化床喷液效率。流化床喷液效率通常受限于包衣液的黏性和喷枪雾化能力，而喷枪雾化能力的可调性是很大的。包衣液通过压缩空气雾化成细小的液滴，除包衣液本身性质外，雾化压力和雾化气量是液滴大小的决定性因素。包衣过程中，在提高喷雾速度时也需相应提高雾化压力以保持相同的液滴大小。通常认为液滴大小应为物料粒径的 1/50，但这更应该根据实际生产情况进行判断。

② 进风湿度。进风湿度的控制容易被忽略。进风湿度过高会降低干燥效率，进风湿度过低可能产生静电问题。因此需配置除湿和加湿装置，以保持不同季节时进风湿度一致，通常控制进风露点在 8 ~ 10℃。

③ 物料温度。水分散体包衣过程中，物料温度通常需高于最低成膜温度 10 ~ 15℃，在最低成膜温度以下聚合物粒子不能变形融合而成膜，进而衣膜可能出现裂缝。故从实验工艺到中试直至生产放大的过程中都须严格控制物料温度。

3. 滚转包衣工艺

滚转包衣工艺系采用滚转包衣装置进行包衣，该装置是在旋转制粒机的基础上发展起来的，主要用于微丸的包衣。将物料加于旋转的圆盘上，圆盘旋转时物料受离心力与旋转力的作用而在圆盘上做圆周旋转运动，同时受圆盘外缘缝隙中上升气流的作用沿壁面垂直上升，颗粒层上部粒子靠重力作用往下滑动落入圆盘中心，落下的颗粒在圆盘中重新受到离心力和旋转力的作用向外侧转动。这样粒子层在旋转过程中形成麻绳样旋涡状环流。喷雾装置安装于颗粒层斜面上部，将包衣液向粒子层表面定量喷雾，并由自动粉末撒布器撒布主药粉末或辅料粉末。通过颗粒群的激烈运动，实现液体在颗粒表面均匀润湿，粉末均匀黏附在颗粒表面，从而防止颗粒间的粘连，保证多层包衣。需要干燥时，从圆盘外周缝隙送入热空气。

滚转包衣装置的优点有：①粒子的运动主要靠圆盘的机械运动，不需用强气流，防止粉尘飞扬；②由于粒子运动激烈，小粒子包衣时可减少颗粒间粘连；③在操作过程中可开启装置的上盖，因此可以直接观察颗粒的运动与包衣情况。其缺点有：①由于粒子运动激烈，易磨损颗粒，不适合脆性粒子的包衣；②干燥能力相对较低，包衣时间较长。

4. 干法包衣工艺

干法包衣（dry coating）技术又称压制包衣（compression coating）技术，系指包衣材料包裹丸芯或片芯，直接压片而得包衣片或包衣丸的方法，如图3-7所示。干法包衣技术由日本Shin-Etsu化学有限公司在20世纪90年代率先提出，该技术不添加任何溶剂，直接使聚合物衣料粉末和增塑剂在片芯或微丸上成膜而制得包衣片，这对于对水和温度敏感的药物来说无疑是更佳的选择。随着各种新型辅料和制药设备的出现，近年来干法包衣技术发展迅速，并广泛用于药物制剂领域。

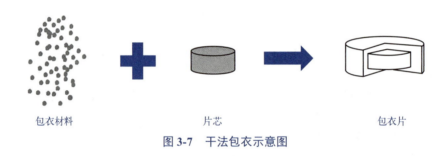

包衣材料　　　　　　　　　　片芯　　　　　　　　　　包衣片

图 3-7　干法包衣示意图

干法包衣一般采用两台压片机联合实施压制包衣。两台压片机以特制的传动器连接配套使用。一台压片机专门用于压制片芯，然后由传动器将压成的片芯输送至包衣转台的模孔中（此模孔内已填入包衣材料作为底层）。随着转台的转动，片芯的上面又被加入约等量的包衣材料，然后加压，使片芯压入包衣材料中间而形成压制的包衣片剂。其优点在于：生产流程短、能量损耗少、自动化程度高、劳动强度低，但对压片机械的精度要求较高。后续又出现了一步干法包衣技术（One-Step Dry-Coating，OSDrC®），其特点是片芯和包衣在同一台压片机上完成，并且可以压制不同形状的片剂。

干法包衣的操作和片剂的压片过程相似，生产过程中的控制要点可参见本章第四节"片剂工艺"相关部分。

（二）常见问题及对策

1. 起皱

薄膜包衣在片剂表面破裂导致形成褶皱。

原因：包衣时片剂表面薄膜的黏合性差或干燥不当，衣膜尚未铺展均匀已被干燥。

解决方法：出现上述现象时应立即控制干燥速度，并且在前一层包衣的衣层完全干燥前继续添加适量的包衣溶液；若是由成膜材料的性质引起则更换材料。

2. 开裂

片剂表面未被完全包裹。

原因：过湿的片剂相互黏附，包衣时片剂的运动导致薄膜裂开。

解决方法：降低喷雾速度、升高干燥温度。

3. 起霜

起霜是指有些增塑剂或组成中有色物质在干燥过程中迁移到包衣表面，使包衣表面呈灰暗色且颜色分布不均匀的现象。

原因：这主要是由低分子量物质（如增塑剂、色素）与成膜材料之间的亲和性及在溶剂中的互溶性不佳而出现迁移所致。

解决方法：降低干燥温度、延长干燥过程、增加增塑剂分子量。

4. 色斑

色斑是指可溶性着色剂在干燥过程中迁移到表面不能均匀分布，或有色物料在包衣浆内分布不均引起的斑纹。

原因：着色剂分布不均或可溶性着色剂迁移。

解决方法：降低着色剂用量和粒度或选择水不溶性着色剂等。

5. 裂缝、分裂与剥皮

膜边缘出现裂缝、开裂或剥离。

原因：内应力超出了衣膜的拉伸强度或者片型设计不合理，棱角尖锐。

解决方法：增加增塑剂浓度，选择黏度更高的衣膜材料，优化片型。

6. 肠溶包衣胃溶

肠溶包衣片在胃部环境仍有药物释放。

原因：衣膜材料选择不当，衣层与药物结合强度低，衣膜厚度不均匀，包衣增重不足等。

解决方法：选择对适宜 pH 敏感的衣膜材料，优化包衣工艺参数，增加包衣增重等。

7. 肠溶包衣排片

肠溶包衣排片系指由于无法在小肠环境下崩解或溶解，导致随粪便排出完整药片的现象。

原因：衣膜材料选择不当、包衣层过厚等。

解决方法：优选衣膜材料，使用致孔剂或增加其用量，调整衣膜厚度等。

三、固体制剂包衣实例

❖ 例 3-11　盐酸环丙沙星片

【处方】

片芯处方

盐酸环丙沙星（以环丙沙星计）	250g
淀粉	20g

可压性淀粉	50g
纯化水	适量
硬脂酸镁	3g
包衣液处方	
HPMC	13g
二氧化钛	2.5g
滑石粉	5g
蓖麻油	2.5g
聚山梨酯80	2.5g
70%乙醇	600g

【处方分析】在片芯处方中，盐酸环丙沙星为主药；淀粉为填充剂和崩解剂；可压性淀粉为干黏合剂；纯化水为润湿剂；硬脂酸镁为润滑剂。在包衣液处方中，HPMC为薄膜包衣材料；二氧化钛为遮光剂；滑石粉为抗黏剂；蓖麻油为增塑剂；聚山梨酯80为润湿剂；70%乙醇为溶剂。

【制备工艺】①将盐酸环丙沙星与淀粉混合后，加纯化水制软材，用18目尼龙筛制粒，于70℃干燥，干颗粒过16目尼龙筛整粒，加入可压性淀粉与硬脂酸镁混匀压片后进行薄膜包衣。

②将HPMC以600g 70%乙醇浸泡24h后，混匀，其中500g加入其他组分，混匀后供包衣用；其余供打光用。启动包衣锅，转速为35～45r/min，将片芯加入锅后，加热包衣锅，使片芯预热20min，开始喷薄膜衣溶液，控制喷出速度及吹热风速度，待喷完后，继续吹热风10min，然后降温至接近室温出片即可。

【规格】250mg。

【注解】薄膜包衣的厚度控制在5～50μm之间，应尽可能地将包衣材料加在药片的表面上。在包衣过程中片芯不能太湿，因为太潮湿会导致干燥速度减慢，表面发黏，片与片之间接触时易破坏包衣层。

❖ 例3-12 双氯芬酸钠肠溶片

【处方】

片芯处方

双氯芬酸钠	25g
淀粉	60g
羧甲基纤维素钠	3g
HPMC	5g
15%淀粉浆	100g
硬脂酸镁	10g
包衣液处方	
丙烯酸树脂Ⅱ	适量
丙烯酸树脂Ⅲ	适量

蓖麻油	0.65L
苯二甲酸二乙酯	0.3L
滑石粉	适量
纯化水	适量
95%乙醇	28g

【处方分析】在片芯处方中，双氯芬酸钠为主药；淀粉为填充剂；羧甲基纤维素钠、HPMC、15%淀粉浆为黏合剂；硬脂酸镁为润滑剂。在包衣液处方中，丙烯酸树脂Ⅱ、Ⅲ为肠溶包衣材料；蓖麻油、苯二甲酸二乙酯为增塑剂；滑石粉为抗黏剂；纯化水和95%乙醇为溶剂。

【制备工艺】①制片芯。取处方量的原辅料混合均匀后，加入15%淀粉浆搅拌制成软材，16目尼龙筛制粒，70℃干燥后14目尼龙筛整粒，混入处方量硬脂酸镁，测定中间体含量，计算片重后压片。②包衣。将处方量丙烯酸树脂Ⅱ和Ⅲ、蓖麻油、苯二甲酸二乙酯、滑石粉加入85%乙醇溶液中制成包衣液。采用高效包衣机包衣，将包衣液均匀喷在片芯上，使之成均匀肠衣膜，即得。

【规格】25mg。

【注解】①包衣材料用量应适当。用量过多会延长在人工肠液中的崩解时间，太少会产生胃溶和渗漏现象。②薄膜包衣片片芯硬度要求较高，在包衣开始时由于片芯与锅壁摩擦较大，可能出现松片、麻面等，因此一般硬度要求不低于4.5kg。

❖ 例3-13 吲哚美辛控释微丸

【处方】

微丸处方

吲哚美辛（微粉化）	750g
PVP	150g
空白丸芯	3000g
50%乙醇	3000mL

包衣液处方

EC	112.5g
HPC	37.5g
丙醇	15mL
乙醇	3000mL

【处方分析】在微丸处方中，吲哚美辛为主药；PVP为黏合剂；50%乙醇为溶剂。在包衣液处方中，EC为包衣材料；HPC为致孔剂；丙酮和乙醇为溶剂。

【制备工艺】将空白丸芯置于流化床中，通过热空气使空白丸芯悬浮，然后喷雾吲哚美辛混悬液（含PVP，溶剂为50%乙醇）至空白丸芯上，干燥，即得含药丸芯；再喷包衣液进行微丸包衣，干燥，即得吲哚美辛控释微丸。

【规格】25mg。

【注解】①本品采用流化床包衣，主要通过层积过程完成。微丸处方中的黏合剂用量应为微丸重的 3.5% ～ 4.0%，黏合剂常用 HPMC、PVP 等溶液。空白丸芯选用 20 ～ 25 目最佳，但 14 ～ 16 目的丸芯亦可用。干燥温度在 60℃ 以下为宜。包衣液处方中 EC 的用量取决于所要求的控释速率。②流化床制丸具有以下特点：a. 混合、制丸、干燥、包衣等可在同一容器中完成；b. 生产周期短，劳动强度小，原辅料几乎无损失，成品率高；c. 微丸大小均匀，形状较好；d. 可变因素少，产品质量易控制，易于自动化生产。

第六节　硬胶囊剂工艺

硬胶囊剂（hard capsules）是指采用适宜的制剂技术，将药物（填充物料）制成粉末、颗粒、小片、小丸、半固体或液体等，充填于空胶囊中制成的胶囊剂。

《中国药典》（2025 年版）四部制剂通则中对胶囊剂的质量有明确规定，一般要求有以下几点：

① 胶囊剂的内容物不论是原料药物还是辅料，均不应造成囊壳的变质。

② 小剂量原料药物应用适宜的稀释剂稀释，并混合均匀。

③ 硬胶囊可根据下列制剂技术制备不同形式内容物充填于空心胶囊中。

a. 将原料药物加适宜的辅料如稀释剂、助流剂、崩解剂等制成均匀的粉末、颗粒或小片。

b. 将普通小丸、速释小丸、缓释小丸或肠溶小丸单独填充或混合填充，必要时加入适量空白小丸作填充剂。

c. 将原料药物粉末直接填充。

d. 将原料药物制成包合物、固体分散体、微囊或微球。

e. 溶液、混悬液、乳状液等也可采用特制灌囊机填充于空心胶囊中，必要时密封。

④ 胶囊剂应整洁，不得有黏结、变形、渗漏或囊壳破裂等现象，并应无异臭。

⑤ 胶囊剂的微生物限度应符合要求。

⑥ 根据原料药物和制剂的特性，除来源于动、植物多组分且难以建立测定方法的胶囊剂外，溶出度、释放度、含量均匀度等应符合要求。必要时，内容物包衣的胶囊剂应检查残留溶剂。

⑦ 除另有规定外，胶囊剂应密封贮存，其存放环境温度不高于 30℃，湿度应适宜，防止受潮、发霉、变质。生物制品原液、半成品和成品的生产及质量控制应符合相关品种要求。

除另有规定外，硬胶囊剂的一般检查项目包括水分、装量差异、崩解时限、微生物限度等。

一、硬胶囊剂生产工艺

硬胶囊剂制备工艺一般分为空心胶囊的制备和填充物料的制备、填充、封口（囊帽套合）、包装等工序；其中以动物组织为原料的空心胶囊应符合国家药品监管机构相关管理要求及

《中国药典》（2025年版）空心胶囊的相关质量标准要求。

（一）硬胶囊剂的主要生产工序与洁净度要求

与片剂生产相同，硬胶囊剂一般生产流程也包括粉碎、配料、制粒、干燥、整粒。与片剂生产不同的是，整粒处理后不进行压片和包衣，而是直接进行硬胶囊充填。流动性较好的药粉也可以直接充填或与辅料（填充剂或润滑剂）混合均匀后进行充填。有些胶囊还可以进行肠溶包衣。与片剂生产相同，从粉碎工艺过程开始到内包装结束，整个过程均在D级洁净区完成。

（二）硬胶囊剂的生产工艺流程图

硬胶囊剂的生产工艺流程及工序洁净度要求见图3-8。

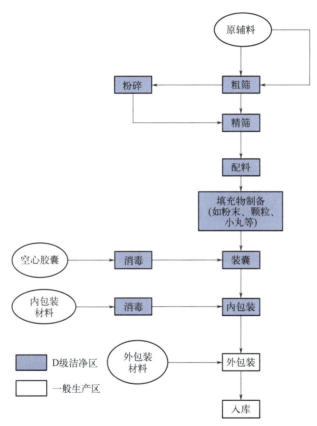

图3-8　硬胶囊剂的生产工艺流程及工序洁净度要求

二、硬胶囊剂生产控制要点、常见问题及对策

（一）硬胶囊剂生产控制要点

1. 空心胶囊的制备

空心胶囊的生产经溶胶、蘸胶、干燥、脱模、切割及整理六个工序，由自动化生产线来

完成。生产环境的温度为 10～25℃，相对湿度为 35%～45%，空气洁净度应达到 C 级。

根据《中国药典》（2025 年版）的规定，空心胶囊的囊体应光洁、色泽均匀、切口平整、无变形、无异臭，此外还应检查松紧度、脆碎度、崩解时限、氯乙醇、环氧乙烷、黏度、干燥失重等项目。

2. 内容物的制备

硬胶囊剂的内容物可以是粒度大小均匀的粉末，也可以是药物与辅料制成的颗粒、普通小丸、速释小丸、缓释小丸、控释小丸等。溶液、混悬液、乳状液等也可采用特制灌囊机填充于空心胶囊中，必要时密封。

一般来说，如果将纯药物粉碎至适宜的粒度就能满足硬胶囊剂的填充要求，则可以直接填充；但多数药物由于流动性差等方面的原因，需要添加一定的稀释剂、润滑剂等辅料，一般可以加入蔗糖、乳糖、微晶纤维素、改性淀粉、二氧化硅、硬脂酸镁、滑石粉等，改善流动性或避免分层；也可加入辅料制成颗粒后进行填充。相关制备方法的详细内容可见本章散剂、颗粒剂与片剂相关内容。

3. 内容物的填充

对于流动性好的药物，胶囊填充机可以直接充填，流动性差的药物需通过制粒改善其流动性后方可填充。在填充操作时，由于药物粒子间存在着范德瓦耳斯力、静电力及粒子表面的摩擦力，药粉会吸附与凝聚。有些药物具有松散感，表观体积小，不易飞扬，吸附性小，黏性也小，可直接以粉末形式充填，其装量差异均在允许范围内；而有些药物有潮湿感，表观体积大，易飞扬，吸附性大，黏性也大，直接充填很困难，往往需要制成颗粒才能使装量差异符合《中国药典》要求。填充前可测定休止角，根据经验，休止角小于 40°时可直接充填，试装样品经装量差异检查合格后方可进行正式填充。

一般情况下，内容物的填充应在温度 18～26℃、相对湿度 45%～65% 的环境中进行（特殊情况另行规定），以保持胶囊壳含水量不发生较大的变化。生产作业场所要保持相对负压，粉尘由吸尘装置排除。除少量制备时用手工填充外，大量生产时常用自动填充机。将内容物放入加料器用填充机械进行填充，该内容物应具有适宜的流动性，并在输送和填充过程中不分层。目前填充机的类型虽很多，但操作步骤都包括排列、校准方向、分离、填充和套合等，只是各种填充机填充方法差异较大，可归纳为五类，五类方法如图 3-9 所示。

4. 胶囊规格的选择与套合封口

空胶囊的规格要求：空胶囊的尺寸规格已经国际标准化，共有 8 种规格。常用的为 0～5 号，号数由小到大，空胶囊的容积则由大到小，如表 3-4 所示。

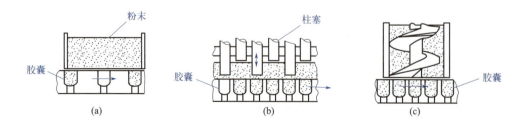

(a)　　　　　　　(b)　　　　　　　(c)

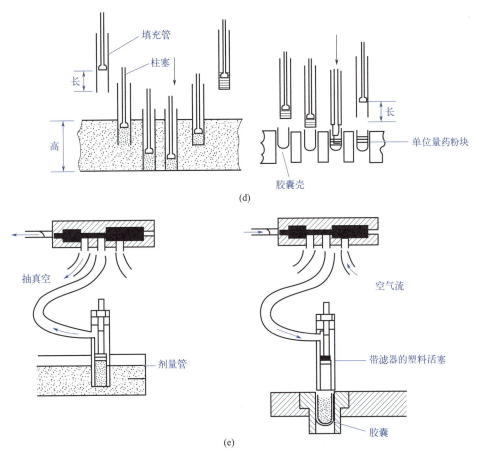

图 3-9　不同硬胶囊剂药物填充机的填充方法

（a）a 型是自由流入物料；（b）b 型是用柱塞上下往复压进物料；（c）c 型是由螺旋钻压进物料；（d）
d 型是在填充管内，先将药物压成单位量药粉块，再填充于胶囊中；（e）e 型是利用真空吸力将药物
颗粒吸附于定量管内，再填充于胶囊中

表 3-4　空胶囊常用的号数与容积

空胶囊号数	0	1	2	3	4	5
容积 /mL	0.75	0.55	0.40	0.30	0.25	0.15

　　硬胶囊剂中药物填充多用容积控制，而由于药物的密度、形态、大小等不同，所占容积差异很大。选择空胶囊规格时，先测定待填充物料的堆密度，根据规定剂量计算该物料所占容积，以确定空胶囊的大小，同时结合规定剂量所占容积进行试装，选择最小空胶囊，注意物料填充的松紧度应适中。

　　药物填充完毕，即套上胶囊帽，目前多采用锁口式胶囊，其密闭性良好，不必封口。对于装填液体物料的硬胶囊须封口，封口材料常用不同浓度的明胶液，在囊体和囊帽套合处封上一条胶液，烘干，即得。

5. 整理与包装

填充后的硬胶囊剂表面往往沾有少量药物，应予以清洁。少量制备时，可用喷有少许液状石蜡的纱布轻搓，使胶囊光亮；大量生产时，使用抛光机抛光胶囊，然后用铝塑包装机包装或装入适宜的容器中。

（二）常见问题及对策

1. 稳定性

（1）影响胶囊内装药物稳定性的外界因素

① 空气（氧）的影响。空气中的氧是引起胶囊内装药物氧化的重要因素。一方面，在胶囊灌装及套合过程中，尽管对温湿度都有严格的控制，但大气中的氧会少量随同空气残留在胶囊内使药物氧化；另一方面，胶囊贮藏过程中，由于套合处未完全密闭，空气会随着温度的变化而出入胶囊，胶囊内部的氧就会不断增加，影响内装药物的稳定性。对于易氧化的药物，在灌装药物过程中应尽量除去空气中的氧，并在药物灌装后尽量使胶囊密闭贮藏。注意贮藏室的温湿度控制，以确保药物的稳定性。

② 湿度和水分的影响。水是化学反应的媒介，固体药物吸收水分后，在表面形成一层薄膜，分解反应就在膜中进行。微量的水能加速某些药物的水解和氧化反应；有些药物吸收水后虽不一定水解，但过多水分的存在可引起胶囊变形。因此，湿度对胶囊剂的稳定性有重要的影响。对易吸湿或吸湿不稳定的药物在灌装药物和贮藏过程中，均应严格控制湿度，避免湿气或水分与药物直接接触。

③ 包装材料的影响。药物灌装于胶囊后，如何密闭、包装对成品的稳定性将会有直接的影响。胶囊剂贮藏中，主要受热、光、水分及空气中氧的影响。如未采用其他手段，包装的设计则是排除这些因素干扰的重要手段。但单纯在包装上解决药物稳定性问题会大大增加产品的成本。

（2）提高胶囊剂稳定性的方法

① 胶囊剂的封口。硬胶囊灌装药物后，在胶囊的套合处涂膜封口，可避免内装的药物与外界空气中湿气（水分）和氧的接触。对特别不稳定的药物，除了在制粒过程中须避免药物与水分直接接触或制成微囊外，在灌装药物过程中也要采用特殊方法（如尽量降低灌装环境的湿度）尽量避免药物与空气中的水分和氧接触，最后在药物灌装后，于胶囊套合处再进行封口，从而进一步提高药物的稳定性。

② 胶囊剂的包装。对湿和氧不稳定的药物，在包装设计时应考虑如何防止药物吸湿或被氧化，如双铝包装可提高药物稳定性。

2. 崩解问题

（1）胶囊剂崩解度不合格产生的原因

① 原料药物发生变化。胶囊剂内装药物在贮藏期间受环境空气、温度、湿度的影响发生理化性质的改变。比如诺氟沙星胶囊长期贮藏会导致含量显著下降、崩解度不合格。

② 明胶胶囊壳变性。明胶是一种含有多种氨基酸的蛋白质类物质，存在游离的氨基和羟基，可以和碱性物质发生化学反应，形成蛋白质复合物。某些蛋白质复合物的生成，改变了明胶的性质，使其在水中的溶解度降低，进而造成胶囊不能正常崩解。

（2）解决办法

① 易吸湿并发生变化的药物在贮藏期应注意防潮、避光、隔绝空气，尽量避免原料药物变质。

② 药物和胶囊壳的直接接触可能产生新的杂质，可在两者之间加入化学稳定剂阻止这种作用的发生。例如，可以采用滑石粉涂膜法来解决这个问题。具体操作方法是将滑石粉装到胶囊中，保证胶囊内壁被涂布均匀，倾出滑石粉，使其留一层薄膜在胶囊内壁上，此后再灌装内容物。

3. 装量差异问题

生产工艺中颗粒特性是影响装量的主要因素之一。通过测定颗粒的堆密度和振实密度可计算得到压缩度（compressibility index，又称卡尔指数，Carr index）。压缩度是粉体流动性的重要指标，其大小反映粉体的团聚性、松软状态。压缩度越低，颗粒流动性越好，分装装量也就较容易控制。大生产过程中，应着重考虑降低颗粒压缩度，以改善颗粒流动性。

工艺处方中添加适当比例的辅料也可减少装量差异，合适的辅料可改善粉末流动性，从而减小装量差异。如滑石粉助流性较好，而硬脂酸镁、微粉硅胶润滑性较好。一般情况下，滑石粉和硬脂酸镁合用兼其助流和润滑作用，并且可以改善硬脂酸镁疏水性影响，使用效果较好。另外，添加辅料顺序（内加或外加）对装量也有一定影响，可根据实际情况酌情考虑。

环境湿度直接影响颗粒含水量，进而影响分装装量。颗粒在相对湿度较低的环境中，流动性较好；在相对湿度较高的环境中，颗粒吸收一定水分，粒子表面吸附了一层水膜，因表面张力及毛细管力等作用，粒子间引力加强，使颗粒流动性变差，导致难以分装，所以大生产中应严格控制环境湿度。

4. 含水量超限问题

（1）水分超限的原因 胶囊剂的水分在出厂检查时通常都在限度之内，水分超限主要是由于在贮存和销售过程中吸附了空气中的水分造成的。

中成药胶囊剂大多数是由中药材经提取分离、浓缩成膏、干燥粉碎后装入胶囊制成的。中药提取常用的溶剂是水和乙醇，提取的浸膏经干燥粉碎后，颗粒很细。药粉被装入胶囊后，由于细小颗粒比表面积大而与空气中水分接触面大，同时以水和乙醇为溶剂获得的提取物对水有较好的亲和力，胶囊中的内容物会吸附空气中较多的水分而使其含水量超出规定标准。

胶囊中如添加的辅料极易吸收水分而膨胀溶解并形成黏块，如藻酸双酯钠，会导致胶囊水分超限，同时导致胶囊难以崩解而影响吸收。

一些药品在销售过程中因贮存不当也易吸湿，使含水量超限。特别是北方药品生产企业生产的胶囊剂销至南方时，由于南方气候潮湿，特别是梅雨季节空气湿度大，空气中含水量高，胶囊极易吸湿而使含水量超限。同时，一些胶囊剂贮存时间过长也是造成水分超限的原因之一。

（2）防范措施 胶囊剂含水量超限主要是吸湿造成的，因此为防止胶囊剂吸湿采取积极妥善的针对性措施是非常必要的。①对产品进行密封处理。胶囊剂大多采用铝塑包装压板技术，可将包装后的胶囊剂再进行铝袋封装，将药品与空气中的水分隔离，以达到防潮目的。②加入干燥剂。在药品盒中放入少量的透气袋装的吸附剂（干燥剂），如硅胶、无水碳酸钙等，使其吸附一部分水，达到干燥目的，以减少胶囊对水分的吸收。在装有包装后胶囊剂的密封袋内加吸附剂效果更佳。③将胶囊剂内容物制成颗粒。在易吸湿的胶囊剂的生产工艺中增加制粒操作工序，如中成药胶囊在生产时将浸膏干燥粉碎后加入淀粉后制粒，可减少其比表面积，进而减少与空气中水分的接触面积，有较好的防潮作用。④改善贮存条件。胶囊剂要存放于通风干燥的库房中，特别是在梅雨季节，防止存放时间过长。

三、硬胶囊剂实例

❖ **例 3-14　速效感冒胶囊**

【处方】

对乙酰氨基酚	300g
维生素 C	100g
胆汁粉	100g
咖啡因	3g
马来酸氯苯那敏	3g
10% 淀粉浆	适量
食用色素	适量

【处方分析】对乙酰氨基酚、维生素 C、胆汁粉、咖啡因、马来酸氯苯那敏为主药；10% 淀粉浆为黏合剂；食用色素为着色剂。

【制备工艺】取上述各药物，分别粉碎，过 80 目筛，备用；将 10% 淀粉浆分为 A、B、C 三份，A 加入适量食用胭脂红制成红糊，B 加入少量食用橘黄制成黄糊，C 不加色素为白糊；将对乙酰氨基酚分为三份，一份与马来酸氯苯那敏混匀后加入红糊，一份与胆汁粉、维生素 C 混匀后加入黄糊，一份与咖啡因混匀后加入白糊，分别制成软材后，过 14 目尼龙筛制粒，于 70℃ 干燥至含水量 3% 以下；将上述三种颜色的颗粒混合均匀后，填入空胶囊中，即得。

【规格】每粒含对乙酰氨基酚 0.3g、维生素 C 0.1g、胆汁粉 0.1g、咖啡因 3mg、马来酸氯苯那敏 3mg。

【注解】①本品为一种复方制剂，所含成分的性质、数量各不相同，为防止混合不均匀或填充不均匀，采用适宜的制粒方法使制得颗粒的流动性良好，混合均匀后再进行填充。②加入食用色素可使颗粒呈现不同的颜色，一方面可直接观察混合的均匀程度，另一方面若选用透明胶囊壳，可使制剂美观。

❖ **例 3-15　多索茶碱缓释胶囊**

【处方】

多索茶碱	300g
微晶纤维素	40g
5% HPMC 溶液	适量
丙烯酸树脂 Eudragit RS100	适量
滑石粉	108.8g
十二烷基硫酸钠	0.8g

【处方分析】多索茶碱为主药；微晶纤维素为制备空白丸芯材料；5% HPMC 溶液为黏合剂；丙烯酸树脂 Eudragit RS100 为渗透型包衣材料；滑石粉为抗黏剂；十二烷基硫酸钠为润湿剂。

【制备工艺】①多索茶碱经粉碎过 120 目筛，备用；称取处方量微晶纤维素空白丸芯（40 ~ 60 目）置于包衣锅内，开启包衣锅，调整进出风量、温度、转速等参数，使空白丸芯处于适当的运动状态，然后喷洒黏合剂（5% HPMC 溶液），待空白丸芯湿润后，将药物粉末置于供粉装置中，均匀地撒布至空白丸芯上，重复上述操作，待含药微丸长至所需粒径时，抛光 6min，出锅，60℃烘干，筛取 18 ~ 24 目药芯。②取丙烯酸树脂 Eudragit RS100 水分散体 372g、滑石粉 108.8g、十二烷基硫酸钠 0.8g、水 320mL 搅拌均匀，得包衣液，备用；称取 1000g 18 ~ 24 目药芯置于包衣锅内，启动包衣锅，待包衣液喷完后出锅，40℃烘干 24h；经测定中间体含量，计算装量，装入 1 号胶囊，包装即得。

【规格】0.3g。

【注释】本品制备是在微晶纤维素空白丸芯上喷洒黏合剂上药，直至加完药物，然后在微丸上包水不溶性材料丙烯酸树脂 Eudragit RS100 水分散体包衣液。包衣膜中的十二烷基硫酸钠在胃肠液中溶解，药物可通过形成的孔隙扩散而实现缓释长效作用。

第七节　软胶囊剂工艺

软胶囊剂（soft capsules）俗称胶丸，系指将一定量的液体原料药物直接包封或将固体原料药物溶解或分散在适宜的辅料中制备成溶液、混悬液、乳状液或半固体，密封于软质囊材中而制成的胶囊剂。软质囊材一般是由胶囊用明胶、甘油或其他适宜的药用辅料单独或混合制成。软胶囊的容积一般要求尽量小，充填的药物通常为一个剂量。除另有规定外，软胶囊剂的质量应符合《中国药典》（2025 年版）胶囊剂通则项下的要求（可参考"硬胶囊剂工艺"相关部分）。

一、软胶囊剂生产工艺

（一）软胶囊剂的主要生产工序与洁净度要求

软胶囊剂的生产通常采用联动生产线，生产工艺过程包括溶胶、制丸、干燥、选丸、内包装、外包装等步骤。在生产流程中各种囊材、药液及药粉的制备，明胶液的配制、制丸、干燥和选丸等暴露工序在 D 级洁净区操作；不能热压灭菌的原料的精制、干燥、分装等暴露工序在 D 级洁净区操作；其他工序在一般生产区内完成，无洁净度要求。

（二）软胶囊剂的生产工艺流程图

在生产软胶囊时，填充药物与胶囊成型是同时进行的。软胶囊剂的生产工艺流程及工序洁净度要求详见图 3-10。

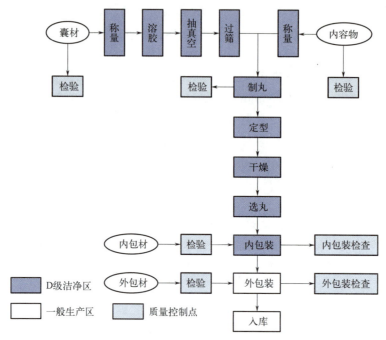

图 3-10　软胶囊剂的生产工艺流程及洁净度要求

二、软胶囊剂生产控制要点、常见问题及对策

（一）生产控制要点

1. 软胶囊囊材及内容物的采购与质量控制

根据计划生产量从供应商处购买合格的软胶囊囊材及内容物或自制内容物。采购生产所需物料时，因处方中各物料的属性（如冻力、黏度、水分、杂质）会在一定范围内波动，若出现较大的波动则会直接影响到后续的生产，故需对购进的物料进行相关项目检查，检验合格后生产车间方可领取生产所需的合格的原辅料，并根据工艺要求按处方进行备料称量，填写物料标识卡以防止物料混淆。

2. 溶胶

溶胶是指将明胶、水、甘油及防腐剂、色素等辅料，使用规定的溶胶设备制备成明胶液的操作，其目的是制备胶囊壳。溶胶工艺是保证软胶囊剂质量的关键步骤，胶液质量能够影响所形成的胶皮的完整性和强度、软胶囊接缝的切割和强度、软胶囊干燥时间、软胶囊硬度和脆度、氧气和挥发性溶质的渗透性、软胶囊物理和化学稳定性。操作人员必须根据处方量与溶胶设备的负载量，将软胶囊囊材按工艺顺序要求投入溶胶设备，按工艺要求及设备操作规程设置溶胶设备的参数，进行溶胶。

3. 抽真空

新熔融的胶液中会存在较多气泡，因此要进行真空脱气操作。真空脱气开始阶段会有大量气泡从胶液中翻滚释放，因此须注意及时卸压，以免将胶液抽至真空泵中损坏设备。抽真空过程中要注意观察胶液状态，直至表面无明显气泡释放。胶液表面呈蜂窝状流动，表示脱气完成，可停止抽真空操作。抽真空时间不宜过久，否则胶液大量失水，会对后续制丸操作造成影响。

4. 过筛

抽真空结束后，将胶液过筛，放入保温胶液桶中备用，按工艺要求及设备操作规程设置保温桶的参数，进行保温。

5. 制丸

制丸即软胶囊的填充过程。常用的方法有压制法和滴制法。

（1）压制法 压制法是将胶液制成厚薄均匀的胶片，再将药液置于两个胶片之间，用钢板模或旋转模压制软胶囊的一种方法。用压制法制成的软胶囊四周有明显压痕，又称为有缝软胶囊，其外形取决于模具，常见有橄榄形、椭圆形、球形等。目前生产中常用自动旋转滚模法。

（2）滴制法 滴制法是指用滴制机制备软胶囊的方法。制备时将明胶液与油状药液（如鱼肝油）分别置于两储液槽内，经定量控制器将定量的胶液和油液通过双层喷头（外层通入胶液，内层通入油液）按不同的速度滴出，使胶液包裹油液，滴入液状石蜡的冷却液中，胶液遇冷由于表面张力的作用收缩成球状并逐渐凝固成胶囊。滴制法制成的软胶囊呈球形且无缝，所以也称为无缝软胶囊。

影响滴制成败的主要因素：①明胶液的处方组成与比例。②胶液的黏度。明胶液的黏度以 $30 \sim 50 MPa \cdot s$ 为宜。③胶液、药液、冷却液三者的密度。三者密度要适宜，保证胶囊在冷却液中有一定沉降速度，又有足够时间使之冷却成球形。④胶液、药液、冷却液的温度。胶液与药液应保持在 $60℃$，喷头处温度应为 $75 \sim 80℃$，冷却液温度应为 $13 \sim 17℃$。⑤软胶囊的干燥温度。常用干燥温度 $20 \sim 30℃$，并配合鼓风。

滴制法生产设备简单，生产所需的胶液用量较压制法少。

6. 定型

刚制备的软胶囊的胶囊壳含水量较高，导致半成品较柔软，易受外力和高温影响而变形。所以制好的软胶囊经检验合格后应送入软胶囊定型设备中，按工艺要求及设备操作规程设置软胶囊定型设备参数，进行定型。

7. 干燥

软胶囊的干燥是内容物、囊壳中的水分向环境迁移的过程，关键在于环境温湿度、干燥时间的控制。其中高温干燥对胶囊的崩解影响较大，原因是高温条件会促进明胶发生交联反应，引起明胶结构中的胶原胶束发生变性，使软胶囊难以溶解，崩解时间明显延长。囊壳弹性除受明胶、增塑剂的种类、比例影响外，囊壳的含水量也会影响软胶囊的弹性大小。

软胶囊压制成型后一般先进入预干转笼进行快速失水，软胶囊迅速定型，然后再进入最终干燥。最终干燥根据产品特性，一般分为转笼干燥和托盘干燥。

（1）**转笼干燥**　定型后的软胶囊在干燥转笼中经送入的低湿度环境空气继续失水干燥，直至内容物或囊壳水分、胶囊硬度等相关指标达到所需的要求。转笼干燥应注意转笼的转速和时间，因软胶囊在转笼中翻动摩擦，会影响胶囊的外观光泽。

（2）**托盘干燥**　定型后的软胶囊均匀铺置于干燥托盘中，利用低湿度的流动或非流动的环境空气自然晾干至所需水分要求。在干燥过程中应注意分布于托盘的四周、中间、上下层位置的软胶囊，有可能因失水速度不同，造成不同位置的软胶囊含水量不同。

8. 选丸

选丸分为尺寸筛选和外观检查。尺寸筛选一般通过多组高速转动的转辊对软胶囊短径进行筛选，每组转辊中两个转辊呈上窄下宽方式布置，通过对转辊间距的调整，将符合短径标准的软胶囊筛选出来，作为合格中间产品。将制丸过程中产生的短径过长或过短的软胶囊、异形软胶囊作为不合格中间产品进行处理。外观检查一般为人工目视检查或自动视觉拍照检查，将尺寸不符、畸形、空壳、异物等有缺陷的产品剔除。

9. 内包装

内包装应根据产品的性质选择合适的包材。未添加防腐剂的产品应用铝塑泡罩进行包装，阻隔微生物的污染；添加了防腐剂或药品性质稳定的产品可用瓶装，如为敏感的药品可能还需要使用铝塑泡罩进一步降低光照和空气的影响。

10. 外包装

根据产品特性来选择针对性的外包装，以期药品在贮存期间保持良好的质量。应对药品进行合适的影响因素考察与稳定性试验，筛选或确认药品的保存条件。对首个包装品进行检查，确认其批号、生产日期、有效期和包装质量是否符合要求，达标后方可正式生产，监控生产过程，保证产品质量。按包装规格进行装箱，打包。

（二）常见问题及对策

1. 胶囊装量不准

原因：料液中有空气、料液过稠导致其在活塞杆端黏结或沉淀、供料泵柱塞的密封泄漏、进料管或喷体内有机械杂物。

解决方法：排出料液中的空气、重新配料、更换密封件等。

2. 胶皮粘在橡胶轮上

原因：冷风量太小，风温或明胶温度太高。

解决方法：可增大冷风量，降低明胶温度。

3. 胶皮被切割或开槽

原因：明胶盒出胶口挡板上可能有硬胶或机械碎屑。

解决方法：去除硬胶或机械碎屑。

4. 胶液有气泡

原因：抽真空不彻底。

解决方法：不同设备抽真空时间不同，严格控制抽真空时间。

5.胶液冻力、黏度差

原因：溶胶时间过长造成明胶水解，从而影响胶液冻力、黏度。

解决方法：控制溶胶时间。

6.压制法制备的胶囊接缝开裂

原因：胶皮太厚，明胶韧性不合格，滚模错线，喷体温度太低，料液不适配。

解决方法：可减小胶皮厚度，更换明胶，重新对线，提高喷体温度，检查料液。

三、软胶囊剂实例

❖ **例 3-16　环孢素软胶囊**

【处方】

环孢素	50g
无水乙醇	25g
中链三酰甘油（MCT）	100g
1,2-丙二醇	85g
脱水山梨醇单油酸酯	100g
Cremophor RH40	100g

【处方分析】环孢素为主药；中链三酰甘油为油相；无水乙醇、1,2 丙二醇为潜溶剂；Cremophor RH40（聚氧乙烯 40 氢化蓖麻油）为乳化剂；脱水山梨醇单油酸酯为助乳化剂。

【制备工艺】称取处方量的环孢素、MCT、脱水山梨醇单油酸酯、Cremophor RH40、1,2-丙二醇与乙醇，在 50℃水浴中 50r/min 搅匀混合，直至形成黄色均一透明的液体，即得到环孢素自乳化微乳内容物；将上述内容物溶液用旋转模压机压制成软胶囊，乙醇洗去表面油层，于 24℃通风干燥，即得环孢素自微乳化软胶囊。

【规格】50mg。

【注解】①由明胶、甘油、水及其他添加剂加热熔融制成的明胶液靠自重流入明胶盒。明胶盒内应设有电加热元件使盒内明胶保持 36℃左右的温度，这样既可防止胶液冷却凝固，又能保持胶液的流动性，以利于胶皮的生产。②软胶囊压制后需充分定型，防止出现变形不良品。③"表面油层"指代机器表面的润滑油，成型后的胶囊需要立即用乙醇洗涤，以去除胶囊外部的所有润滑油痕迹。

❖ **例 3-17　维生素 AD 软胶囊**

【处方】

维生素 A	3000 万单位
维生素 D	300 万单位
明胶	适量

甘油	适量
水	适量
鱼肝油或精炼食用植物油	适量

【处方分析】维生素 A、维生素 D 为主药；明胶、甘油、水为胶皮原料；鱼肝油或精炼食用植物油为油相。

【制备工艺】取维生素 A 与维生素 D，加鱼肝油或精炼食用植物油（在 0℃ 左右脱去固体脂肪），溶解，作为药液待用；另取甘油及水加热至 70～80℃，加入明胶，搅拌熔融，保温 1～2h，除去上浮的泡沫，过滤（维持温度），作为胶液；药液与胶液加入滴丸机滴制，以液状石蜡为冷却液，收集冷凝的胶囊，用纱布拭去黏附的冷却液，在室温下吹冷风 4h，放于 25～35℃下烘 4h；再经石油醚洗涤两次（每次 3～5min），除去胶囊外层液状石蜡，再用 95% 乙醇洗涤一次，最后在 30～35℃烘约 2h，筛选，质检，包装，即得。

【规格】每粒含维生素 A 3000 单位，维生素 D 300 单位。

【注解】①软胶囊的囊壁具有可塑性与弹性，这是软胶囊剂的基础。囊壁由明胶、甘油、水三者组成，其质量比为 1：（0.55～0.66）：1.2。②制备胶液保温 1～2h 过程中，可采取适当抽真空的方法，以便尽快除去胶液中的气泡、泡沫。③滴丸机每次滴出的胶液和药液的质量各自应当恒定，并且两者之间比例应适当。④液状石蜡的温度过高会导致胶囊因不能及时冷却固化而变形，因此制备过程中需使用冷却的液状石蜡，并保证液状石蜡冷却液的高度。

第八节　膜剂工艺

膜剂（films）系指原料药物与适宜的成膜材料经加工制成的膜状制剂。膜剂的给药途径广，可供口服、口含、舌下、黏膜和腔道给药，也可用于皮肤和黏膜创伤、烧伤或炎症表面的敷贴，发挥局部或全身作用。

膜剂的质量应符合《中国药典》（2025 年版）通则膜剂项下的要求：

① 原辅料的选择应考虑到可能引起的毒性和局部刺激性。常用的成膜材料有聚乙烯醇、丙烯酸树脂类、纤维素类及其他天然高分子材料。

② 膜剂常用涂布法、流延法、挤出法等方法制备。不溶性原料药物应粉碎成极细粉，并与成膜材料等混合均匀。

③ 膜剂外观应完整光洁、厚度一致、色泽均匀、无明显气泡。多剂量的膜剂，分格压痕应均匀清晰，并能按压痕撕开。

④ 膜剂所用包装材料应无毒性、能够防止污染、方便使用，并不能与原料药物或成膜材料发生相互作用。

⑤ 口用膜应口感良好，对口腔黏膜无刺激性。根据依从性需要，可加入矫味剂、芳香剂和着色剂等。

⑥ 膜剂中可含有适量的水分。应具有适宜的机械性能，以免包装、运输过程中发生磨损或破碎。

⑦ 眼用膜应符合眼用制剂［《中国药典》（2025 年版）四部制剂通则 0105］的规定。

⑧ 根据原料药物和制剂的特性，除来源于动、植物多组分且难以建立测定方法的膜剂外，膜剂的溶出度、含量均匀度等应符合要求。必要时，应检查残留溶剂。

⑨ 除另有规定外，膜剂应密封贮存，防止受潮、发霉和变质。

除另有规定外，膜剂应进行重量差异、微生物限度检查。

一、膜剂生产工艺

膜剂的制备方法主要包括涂膜法、热塑制膜法、复合制膜法、溶剂制膜法、压延制膜法、挤出制膜法等，国内制备膜剂多采用涂膜法。除此以外，3D 打印、静电纺丝等新技术在过去几年中得到了较好的发展。

（1）**涂膜法** 又称匀浆制膜法。将成膜材料溶于适当的溶剂中，过滤，取滤液，加入药物溶液或细粉及附加剂，充分混合成含药浆液（水溶性药物可先溶于水中后加入；醇溶性药物可先溶于少量乙醇中，然后再混合；不溶于水的药物可粉碎成细粉加入，也可加适量聚山梨酯80 或甘油研匀加入），脱去气泡，少量制备时可倾于平面玻璃板上涂成宽厚一致的涂层，大量生产时可用适宜的机械设备进行涂膜，干燥。根据药物含量计算单剂量膜的面积，剪切后用适宜的材料包装即得。本法常用于以 PVA 等为载体的膜剂的制备。

（2）**热塑制膜法** 将药物细粉和成膜材料混合，用橡皮滚筒混炼，热压成膜；或将药物细粉加入熔融的成膜材料中，使其溶解或混合均匀，在冷却过程中成膜。本法溶剂用量少，机械生产效率高，常用于以乙烯 - 醋酸乙烯酯共聚物（EVA）等为载体的膜剂制备。

（3）**复合制膜法** 以不溶性的热塑性成膜材料（如 EVA）为外膜，制成具有凹穴的外膜带，另将水溶性的成膜材料（如 PVA）用匀浆制膜法制成含药的内膜带，剪切成单位剂量大小的小块，置于两层外膜带中，热封，即得。此法常用来制备缓释膜剂。

（4）**溶剂制膜法** 根据成膜材料的性能，选择适宜的溶剂，使之溶解，然后加入药物溶解或混合均匀，用倾倒、喷雾或涂抹等方式使混合液吸附在具一定容量的平面容器中，待溶剂挥发或回收后，即成薄膜状，并在减压下将此薄膜放置一定时间，使溶剂充分逸出，即得。此法简单，不需特殊设备，适合少量制备。

（5）**压延制膜法** 膜料与填料混合后，在一定温度和压力下，用压延机热压熔融成一定厚度的薄膜，冷却，脱模。

（6）**挤出制膜法** 将多聚物经加热（干法）或加入溶剂（湿法）使之成流动状态，借助挤出机旋转推进压力的作用，使之通过一定模型的机头，制成一定厚度的薄膜。

（一）膜剂的主要生产工序与洁净度要求

膜剂制备方法虽有多种，但制备工艺流程基本相同，具体的生产工序一般包括配液、脱泡、制膜、干燥、分剂量与包装等工序。

不同工序的洁净度要求不同。按照 GMP 规定，膜剂生产环境包括一般生产区与 D 级洁净区两个区域。一般生产区包括原辅料贮存、外包装等；D 级洁净区包括物料前处理、配液、脱泡、制膜、干燥、分剂量与内包装等工序。

（二）膜剂的生产工艺流程图

涂膜法制备膜剂工艺流程及工序洁净度要求见图 3-11。

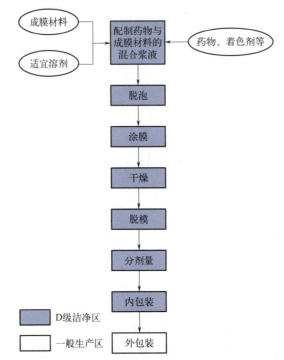

图 3-11 膜剂的制备工艺流程及环境洁净度要求（涂膜法）

二、膜剂生产控制要点、常见问题及对策

（一）膜剂生产控制要点

1. 成膜材料的预处理

PVA 是目前常用的较为理想的成膜材料，是水溶性高分子聚合物，由聚醋酸乙烯酯经醇解而得。因在 PVA 生产过程中，常同时伴有一些副产品生成，如乙酸乙酯、酸性硫酸酯以及一些残留的催化剂等，这些杂质可使 PVA 变色、解聚或稳定性下降。因此，在使用时应使用醇反复洗涤、精制以提高其质量与稳定性。选用醇的浓度以不引起 PVA 黏结而又能使其有一定膨胀度为宜，一般用 80% ～ 99% 的醇，从而使颗粒内部杂质充分洗出。

2. 配制成膜材料浆液

制备膜剂所用成膜材料都是高分子化合物，配制成浆液前需先用水或其他适宜的溶剂充分浸泡使其溶胀溶解，必要时于水浴上加热，溶解滤过后即得均匀的浆液。

PVA 在水中的溶解过程与亲水胶体相似，即经与水亲和、润湿、渗透、膨胀和溶解等阶段。浸泡溶胀时间应充分，否则溶解不完全，必要时可水浴加热帮助溶解。PVA 在水中的溶解性与分子量和醇解度有关。分子量越大，结晶性越强，水溶性越差，水溶液的黏度相应增加。醇解度为 87% ～ 89% 的 PVA 水溶性最好，在冷水和热水中均很快溶解；醇解度更高的 PVA 一般需要加热到 60 ～ 70℃才能溶解；醇解度为 75% ～ 80% 的 PVA 只溶于冷水，不溶于热水；醇解度在 50% 以下的 PVA 则不溶于水。

3. 配制含药浆液

① 水溶性药物可先用少量水溶解，然后加入着色剂、增塑剂及表面活性剂等，再与胶浆混匀。

② 若药物为水不溶性的，须研成极细粉或制成微晶，与甘油、吐温 80 同时加入胶浆中，充分搅匀，或者将药粉和甘油、吐温 80 等一起先用水研匀或搅匀，再边搅边缓缓加入胶浆中，混匀。后者比前者能更快地使药物在胶浆中分散均匀。

③ 若药物有挥发性，在加入时，胶浆的温度须降至 50 ～ 60℃，避免药物受热挥发散失而降低疗效。

④ 含药乳浊液一般应在其他药物、附加剂均与胶浆混匀后，最后缓缓加入胶浆中混匀，以防止受其他成分影响，使油相中的难溶性成分过早析出而不容易分散均匀。

4. 脱泡

为了避免制得的膜剂上出现气泡而影响成品质量，在涂膜工序前必须进行脱泡处理。通常脱泡的方法有以下三种。

① 减压法。此法适合于胶浆中含有对热不稳定的药物。该法是将盛有药物胶浆的容器置于真空干燥器中减压，待气泡迅速上升至液面时，立即停止减压，再慢慢恢复到常压，则能将胶浆中含有的气泡除去。

② 保温法。将配制好的药物胶浆置于约 60℃的水浴中，保温 15 ～ 30min，使得气泡受热膨胀升到液面而被消除。

③ 热匀法。在胶浆加热后，温度还没有下降时与药物搅拌，气泡受热自行上升至液面而被消除。

5. 制膜与干燥

将脱泡后的含药浆液涂布于玻璃板上或用涂膜机涂成所需厚度的涂层。使用涂膜机制膜时，应注意料斗的保温和搅拌，使匀浆温度一致，从而避免不溶性的药粉在匀浆中沉降。在涂膜前含药成膜材料浆液中的空气需逸尽，否则成膜后，膜中易形成气泡。在采用玻璃板制膜时，如果药浆中含有固体药物微粒，同样需要边倒浆边搅拌，避免固体药物沉降造成主药成分含量不均匀；在铺展与干燥时，必须使玻璃板处于水平状态，否则制得的膜不均匀。

制膜和干燥的温度不宜过高。制膜时温度过高会造成膜中发泡，成膜和脱模困难，膜发脆，且因膜料失水过度，膜料收缩，载药量降低。成膜后要注意控制干燥温度和时间，干燥不足或干燥过度，均可发生脱模困难。干燥的时间也不宜太长，否则药膜易卷曲、皱缩或黏附，脱模时药膜会发脆而碎裂。

6. 分剂量与包装

干燥后的药膜，经含量测定，计算单剂量的药膜面积，按单剂量面积分割、包装，即得。

在脱模、内包装、划痕过程中，药膜带的拉伸，会造成剂量差异，可考虑采用不易被拉伸的纸带为载体，例如在羧甲基纤维素铵滤纸等可溶性滤纸上涂膜。

（二）常见问题及对策

膜剂的制备方法有多种，工业大生产可使用涂膜机，采用流延法来制备。小量制备膜剂可采用刮板法，选用大小适宜、表面平整的玻璃板，洗净，擦干，涂上少许脱模剂后将浆液倒上，用有一定宽度的刮刀（或玻璃棒）将其刮平后置一定温度的烘箱中干燥即可。膜剂生产中常出现诸如药膜不易剥离、药膜表面有气泡等问题，其原因及常见解决方法如下。

1. 药膜不易剥离

原因：干燥温度太高；玻璃板等未洗净、未涂脱模剂。

解决方法：降低干燥温度；在玻璃上涂脱模剂或在药膜处方中加少量脱模剂。

2. 药膜表面有不均匀气泡

原因：初始干燥温度太高。

解决方法：初始干燥温度控制在溶剂沸点以下，并保持通风。

3. 药膜"走油"

原因：膜中油的含量太高；成膜材料选择不当。

解决方法：降低处方中含油量；用填充料吸收油后再制膜；更换成膜材料。

4. 药粉从药膜上"脱落"

原因：膜中固体成分含量太高。

解决方法：减少粉末含量；增加增塑剂用量。

5. 药膜太脆或太软

原因：增塑剂太少或太多；药物与成膜材料发生了化学反应。

解决方法：增减增塑剂用量；更换成膜材料。

6. 药膜中有粗大颗粒

原因：浆液未经过滤；溶解的药物从浆液中析出结晶。

解决方法：制膜前浆液应经过滤处理；采用研磨法处理浆液。

7. 药膜中药物含量不均匀

原因：浆液放置时间过长导致药物沉淀；不溶性成分粒子太大。

解决方法：浆液混匀后不宜久置，脱泡后及时制膜；将不溶性成分充分研细。

三、膜剂实例

❖ **例 3-18　复方替硝唑口溶膜**

【处方】

替硝唑	0.25g	氧氟沙星	0.5g

PVA（1788）	3.0g	糖精钠	0.05g
羧甲基纤维素钠	1.5g	纯化水	20mL
甘油	2.5g		

【处方分析】替硝唑、氧氟沙星为主药；PVA、羧甲基纤维素钠为成膜材料；甘油为增塑剂和保湿剂；糖精钠为甜味剂；纯化水为溶剂。

【制备工艺】分别称取处方量PVA、羧甲基纤维素钠置于烧杯中，加水搅拌，放置过夜；取处方量替硝唑于纯化水中，加热溶解；氧氟沙星加适量稀醋酸溶解后加入上述溶液中；取完全溶胀的PVA和羧甲基纤维素钠置于水浴中，搅拌使溶解，加入替硝唑和氧氟沙星溶液、甘油、糖精钠，并补充纯化水至全量，搅拌均匀，保温静置或超声脱气泡。将膜料倒入同温度的玻璃板下沿，用推杆（调至需要厚度）向前推动膜料，移至烘箱经70～80℃鼓风干燥5～10min后立即脱模，冷却，分格，包装，即得。

【规格】每格含替硝唑0.5mg，氧氟沙星1mg。

【注解】①涂膜和干燥的温度不宜过高，时间不宜过长。涂膜时温度过高会造成膜中发泡，成膜和脱模困难，膜发脆，且因膜料失水过度，膜料收缩，载药量降低。②玻璃板要光洁，加热前可先涂抹少量液状石蜡，以免脱模困难。因成膜材料不同，对膜板的亲和力也不同。亲和力太小，浆液铺展困难，容易聚结成块；亲和力太大，则不易脱模。一般可以通过改变膜板、改换垫层或改换脱模剂来改善。

❖ 例3-19　毛果芸香碱眼用膜剂

【处方】

盐酸毛果芸香碱	15g
PVA（0588）	28g
甘油	2g
纯化水	30mL

【处方分析】盐酸毛果芸香碱为主药；PVA为成膜材料；甘油为增塑剂和保湿剂；纯化水为溶剂。

【制备工艺】将PVA（0588）、甘油和纯化水搅拌膨胀后于90℃水浴上加热使溶解，趁热经80目筛网滤过，滤液放冷后加入盐酸毛果芸香碱，搅拌使之溶解，然后在涂膜机上制成宽10mm、厚0.15mm的药膜带，干燥后封闭于聚乙烯薄膜中。经含量测定后划痕分格（每格面积约10mm×5mm），每格内含主药2.5mg，最后用紫外光灯灭菌30min（正反面各15min），即得。

【规格】每格含盐酸毛果芸香碱2.5mg。

【注解】涂膜法制备膜剂最常用的生产设备是涂膜机。工作时将已配好的含药成膜材料浆液置于涂膜机的料斗中，将膜液以一定的宽度和恒定的流量涂布在预先抹有液状石蜡或聚山梨酯80（脱模剂）的不锈钢循环带上，获得宽度和厚度一定的涂层，经热风（80～100℃）干燥成药膜带，然后将药膜从传送带剥落。药膜外用聚乙烯膜或涂塑纸、涂塑铝箔、金属箔等包装材料烫封，按剂量热压或冷压划痕成单剂量的分格，再进行外包装。

❖ **例 3-20　盐酸克仑特罗膜剂**

【处方】

速效膜

盐酸克仑特罗	0.02g
PVA（1788）	3.48g
淀粉	0.8g
钛白粉	0.16g
1% 色素溶液	0.32mL
纯化水	24mL

长效膜

盐酸克仑特罗	0.04g
醋酸纤维素	1.4g
丙酮	11.3mL

【处方分析】速效膜：盐酸克仑特罗为主药；PVA 为成膜材料；淀粉为填充剂；钛白粉为遮光剂；色素为着色剂；纯化水为溶剂。

长效膜：盐酸克仑特罗为主药；醋酸纤维素为成膜材料；丙酮为溶剂。

【制备工艺】①速效膜：取 PVA（1788）加适量水浸泡溶胀后，置于水浴上加热，搅拌使溶解，放冷；将盐酸克仑特罗、淀粉、钛白粉、1% 色素溶液加至配好的 PVA（1788）胶浆中，搅匀，静置，脱泡，涂膜，干燥，脱模，分格，即得。②长效膜：取醋酸纤维素溶于丙酮中，加入盐酸克仑特罗，搅匀，静置脱泡，涂膜，分格，即得。③将速效膜与长效膜压在一起形成复合膜。

【规格】每格含盐酸克仑特罗 60μg（速效膜 20μg，长效膜 40μg）。

【注解】膜剂按结构类型分类可分为单层膜、多层膜和复合膜等。单层膜剂系指药物直接溶解或分散在成膜材料中制成的膜剂，普通膜剂多属于这一类；多层膜剂是将有配伍禁忌或相互有干扰的药物分别制成薄膜，然后再将各层叠合黏结在一起，有利于解决药物配伍禁忌，也可以制备成缓释、控释膜剂。本制剂系利用不同成膜材料对药物释放速率的影响，组合制备兼具速释和缓释行为的复合膜。

（编写者：周卫；审校者：司俊仁、潘友华）

 思考题

1. 简述散剂的制备工艺流程。
2. 列举散剂的生产控制要点，并说明如何控制。
3. 列举固体物料常见的粉碎方法并比较其优缺点。
4. 简述颗粒剂的分类及特点。
5. 颗粒剂制备中常用的湿法制粒方法有哪些？请加以简述。

6. 简述流化制粒过程中的常见问题，并提出相应解决方案。

7. 简述湿法制粒压片的工艺流程。

8. 简述粉末直接压片法的适用条件及生产中存在的问题。

9. 简述对固体制剂进行包衣的目的、包衣的种类和方法。

10. 简述糖衣片包衣的工序、各工序的作用及使用的材料。

11. 简述固体制剂流化床包衣所用流化床的类型及进行包衣的过程。

12. 举例说明不宜制成胶囊剂的药物，并分析原因。

13. 说明硬胶囊剂在填充时的注意事项。

14. 哪些药物不适宜作软胶囊内容物？

15. 比较硬胶囊与软胶囊的共同点与区别点。

16. 简述膜剂的一般处方组成、制备方法和制备工艺流程。

17. 速效膜的处方组成特点是什么？

18. 涂膜法制备膜剂过程中的注意事项有哪些？

参考文献

[1] 吴正红，周建平. 工业药剂学 [M]. 北京：化学工业出版社，2021.

[2] 崔福德. 药剂学 [M]. 7版. 北京：人民卫生出版社，2011.

[3] 方亮. 药剂学 [M]. 9版. 北京：人民卫生出版社，2023.

[4] 张伟，董江平. 口服固体制剂制造风险管控关键技术要点 [M]. 北京：中国医药科技出版社，2022.

[5] 韩永萍. 药物制剂生产设备及车间工艺设计 [M]. 北京：化学工业出版社，2015.

[6] 柯学. 药物制剂工程 [M]. 北京：人民卫生出版社，2014.

[7] 吴正红，周建平. 药物制剂工程学 [M]. 北京：化学工业出版社，2022.

[8] 胡英. 药物制剂工艺与制备 [M]. 北京：化学工业出版社，2015.

[9] 徐荣周. 药物制剂生产工艺与注解 [M]. 北京：化学工业出版社，2008.

[10] 李海华，周进东. 湿法制粒技术在颗粒剂的应用改进 [J]. 海南医学，2004，15（10）：112-113.

[11] 陈宇洲. 制药设备与工艺 [M]. 北京：化学工业出版社，2020.

[12] 江宝成. 固体制剂不同制粒方法的常见问题及特点分析 [J]. 机电信息，2018（29）：39-42.

[13] 陆彬. 药剂学 [M]. 北京：中国医药科技出版社，2007.

[14] 潘卫三. 工业药剂学 [M]. 北京：高等教育出版社，2006.

[15] 王俊. 片剂生产质量控制要点探讨 [J]. 流程工业，2022（5）：34-37.

[16] 张多婷. 制剂生产工艺与设备 [M]. 西安：西安交通大学出版社，2016.

[17] 张洪斌. 药物制剂工程技术与设备 [M]. 3版. 北京：化学工业出版社，2019.

[18] 任晓文. 药物制剂工艺及设备选型 [M]. 北京：化学工业出版社，2010.

第四章

无菌制剂工艺

第一节　概述

在临床治疗中，有的药物制剂直接注入、植入人体，如注射剂和植入剂；有的药物制剂直接用于特定的器官，如眼用制剂；有的药物制剂直接用于开放性的伤口或腔体，如冲洗剂；有的药物制剂直接用于烧伤或严重创伤的体表创面，如无菌软膏剂、无菌气雾剂、无菌散剂、无菌涂剂与涂膜剂及无菌凝胶剂等创面制剂；有的药物制剂用于手术或创伤的黏膜用制剂，如无菌耳用制剂和无菌鼻用制剂等。

一、无菌制剂的定义

无菌制剂（sterile preparation）系指法定药品标准中列有无菌检查项目的制剂。包括注射剂、眼用制剂、植入剂、冲洗剂及其他无菌制剂如无菌软膏剂与乳膏剂、吸入液体制剂和吸入喷雾剂、无菌气雾剂和粉雾剂、无菌散剂、无菌耳用制剂、无菌鼻用制剂、无菌涂剂与涂膜剂、无菌凝胶剂等。

二、无菌制剂的分类

1. 根据给药方式、给药部位及临床应用分类

无菌制剂可分为以下 7 大类。

（1）**注射剂** 系指原料药物或与适宜的辅料制成的供注入体内的无菌制剂。注射剂可分为注射液、注射用无菌粉末与注射用浓溶液等。

（2）**眼用制剂** 系指直接用于眼部发挥治疗作用的无菌制剂。包括滴眼剂、洗眼剂、眼内注射溶液、眼膏剂、眼用乳膏剂、眼用凝胶剂、眼膜剂、眼丸剂、眼内插入剂等。

（3）**植入剂** 系指由原料药物与辅料制成的供植入人体内的无菌固体制剂。植入剂一般采用特制的注射器植入，也可以手术切开植入。植入剂在体内持续释放药物，并应维持较长时间。

（4）**冲洗剂** 系指用于冲洗开放性伤口或腔体的无菌溶液。

（5）**吸入液体制剂和吸入喷雾剂** 吸入液体制剂系指供雾化器用的液体制剂，即通过雾化器产生连续供吸入用气溶胶的溶液、混悬液或乳液，吸入液体制剂包括吸入溶液、吸入混悬液、吸入用溶液（需稀释后使用的浓溶液）或吸入用粉末（需溶解后使用的粉末），如吸入用硫酸沙丁胺醇溶液。吸入喷雾剂系指通过预定量或定量雾化器产生供吸入用气溶胶的溶液、混悬液或乳液。使用时借助手动泵的压力、高压气体、超声振动或其他方法将内容物呈雾状物释出，可使一定量的雾化液体以气溶胶的形式在一次呼吸状态下被吸入，如吸入用倍氯米松福莫特罗气雾剂。

（6）**创面用制剂** 如用于烧伤、创伤或溃疡的气雾剂、喷雾剂；用于烧伤或严重创伤的涂剂、涂膜剂、凝胶剂、软膏剂、乳膏剂及局部散剂等。

（7）**手术用制剂** 如用于手术的耳用制剂、鼻用制剂；止血海绵剂和骨蜡等。

2. 根据生产工艺的分类

无菌制剂可分为最终灭菌产品和非最终灭菌产品。

（1）**最终灭菌产品** 系指采用最终灭菌工艺的无菌制剂。

（2）**非最终灭菌产品** 系指部分或全部工序采用无菌生产工艺的无菌制剂。

三、无菌制剂的特点

相比于非无菌制剂，无菌制剂对质量要求更为严格，除应符合制剂的一般要求外，通常还会对无菌、细菌内毒素（或热原）、渗透压、pH等设定质量要求。对于注射剂，必要时应进行相应的安全性检查，如异常毒性、过敏反应、溶血与凝聚、降压物质等。在整个生产过程中需要关注各个工艺步骤的染菌风险，对每一步操作进行验证和控制管理，防止发生微生物污染，保证制剂质量。

四、无菌制剂的质量要求

无菌制剂应无菌，所有无菌制剂都必须经过《中国药典》规定的无菌检查法检查，应符合规定。此外，不同类型的无菌制剂基于剂型的特点亦有不同的质量要求，例如：注射剂还要求进行细菌内毒素或热原、可见异物、不溶性微粒、渗透压摩尔浓度等检查以及溶血与凝聚等其他安全性评价；中药注射剂还需检查重金属及有害元素残留量以及中药注射剂有关物质等，均应符合《中国药典》（2025年版）规定。

五、灭菌与无菌技术

药剂学中应用灭菌与无菌技术的主要目的是杀灭或除去所有微生物繁殖体和芽孢，以确保药物制剂安全、稳定、有效。在无菌产品和工艺流程的设计上，灭菌法的设计与验证是关键步骤之一，也是该类制剂质量控制的关键点和难点之一。

在药剂学中灭菌法可分为三大类，即物理灭菌法、化学灭菌法和无菌操作法。其中《中国药典》（2025年版）收录了7种常用的灭菌方法，即干热灭菌法、湿热灭菌法、辐射灭菌法、气体灭菌法、过滤除菌法、汽化灭菌法和液相灭菌法。

（一）物理灭菌法

物理灭菌法系指利用蛋白质与核酸具有遇热、射线不稳定的特性，采用加热、射线和过滤的手段，杀灭或除去微生物的方法。

1. 干热灭菌法

干热灭菌法系指将物品置于干热灭菌柜、隧道式灭菌烘箱等设备中，利用干热空气达到杀灭微生物或消除热原物质的方法。灭菌温度高、效果差、成本高、适应性差。

（1）火焰灭菌法 系指用火焰直接灼烧微生物而达到灭菌的方法。灭菌迅速、可靠、简便。适用于耐火焰的物品与用具的灭菌，不适用于药品的灭菌。

（2）干热空气灭菌法 系指在高温干热空气中灭菌的方法。干热空气穿透力弱，各处温度均匀性较差，干燥状态下微生物耐热性强，故本法温度高、时间长。适用于耐高温但不宜用湿热灭菌法灭菌的物品、油脂、部分药品等。干热灭菌条件采用温度 - 时间参数或者结合 F_H 值（F_H 值为标准灭菌时间，系灭菌过程赋予被灭菌物品 160℃下的等效灭菌时间）综合考虑。干热灭菌温度范围一般为 160 ~ 190℃，当用于除热原时，温度范围一般为 170 ~ 400℃。

2. 湿热灭菌法

湿热灭菌法系指将物品置于灭菌设备内利用饱和蒸汽、蒸汽 - 空气混合物、蒸汽 - 空气 - 水混合物、过热水等手段使微生物菌体中的蛋白质、核酸发生变性而杀灭微生物的方法。湿热灭菌中饱和蒸汽穿透力要大于干热空气，灭菌效果更好；此外，由于凝固蛋白质所需要的温度与蛋白质的含水量有关，所以在湿热灭菌时，蛋白质含水量增加，蛋白质凝固的温度则降低；同时，灭菌时水蒸气与物品接触而凝结成水，放出潜热（汽化热），亦可加速细菌的死亡，故同一菌种湿热灭菌的灭菌温度往往低于干热灭菌所需温度。采用湿热灭菌方法进行最终灭菌的，通常标准灭菌时间 F_0 应当大于 8min。但湿热灭菌法无法去除热原。湿热灭菌法主要包括热压灭菌法、过热水喷淋灭菌法、蒸汽 - 空气混合气体灭菌法、流通蒸汽灭菌法、煮沸灭菌法、低温间歇灭菌法等。

（1）热压灭菌法 系指用高压饱和水蒸气加热杀死微生物的方法。该法灭菌效果强，能杀灭所有的细菌繁殖体和芽孢，效果可靠。适用于耐高压蒸汽的药物制剂、玻璃、金属、瓷器、橡胶制品、膜滤器等。灭菌条件常采用温度 - 时间参数或者结合 F_0 值（F_0 值为标准灭菌时间，系灭菌过程赋予被灭菌物品 121℃下的等效灭菌时间）综合考虑。

热压灭菌设备种类较多，如卧式、立式和手提式热压灭菌器等。卧式热压灭菌柜最常用，见图4-1。

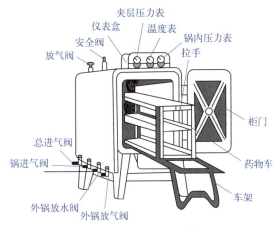

图 4-1 卧式热压灭菌柜

操作方法：①准备阶段。清洗灭菌柜，夹套用蒸汽加热，使夹套中的蒸汽压力上升至所需标准。②灭菌阶段。在柜内放置待灭菌物品，关闭柜门，旋紧；通入热蒸汽灭菌。③后处理阶段。到时间后，先将蒸汽关闭，排气，当腔室压力恢复至常压后，开启柜门，尽快使用洁净操作将已灭菌物品取出，防止再次污染。

注意事项：①必须使用饱和蒸汽；②必须将灭菌器内的空气排出；③灭菌时间必须从全部药液温度真正达到所要求的温度时算起；④灭菌完成后停止加热，必须使压力表指针逐渐降到 0，才能稍稍打开灭菌锅，待 10 ~ 15min，再全部打开，以避免人员安全事故，防止物品冲出等。

影响湿热灭菌的因素有：①微生物的种类和数量。微生物的耐热、耐压的次序为芽孢＞繁殖体＞衰老体。微生物数量越少，所需灭菌时间越短。②蒸汽的性质。饱和蒸汽焓较高，热穿透力较强，灭菌效率高；湿饱和蒸汽因含有水分，焓较低，热穿透力较差，灭菌效率较低；过热蒸汽温度高于饱和蒸汽，但穿透力差，灭菌效率低，且易使药品不稳定。因此，热压灭菌应采用饱和蒸汽。③药物性质与灭菌条件。一般而言，灭菌温度越高，灭菌时间越长，药品被破坏的可能性越大。因此，在设计灭菌温度和灭菌时间时必须考虑药品的稳定性，即在达到有效灭菌的前提下，尽可能降低灭菌温度和缩短灭菌时间。④其他（介质性质）。介质pH 对微生物的生长和活力具有较大影响。一般情况下，在中性环境微生物的耐热性最强，碱性环境次之，酸性环境则不利于微生物的生长和发育。介质中的营养成分（如糖类、蛋白质等）越丰富，微生物的耐热性越强，应适当提高灭菌温度和延长灭菌时间。

（2）过热水喷淋灭菌法（superheated water process） 是工业生产上常用的灭菌方法。灭菌时，通过换热器循环加热、蒸汽直接加热等方式对灭菌水加热使其变成过热水，喷淋灭菌。这类过热水循环的灭菌程序都使用空气加压，以维持产品安全所需的压力。

过热水喷淋灭菌法的优点是加热和冷却的速度容易控制，通常适用于软袋制品的灭菌。其代表设备有静态式或动态式水浴灭菌柜，软袋玻璃瓶大输液水浴式灭菌柜，安瓿检漏灭菌器等。

（3）**蒸汽-空气混合气体灭菌法（SAM灭菌法）** 将蒸汽与灭菌设备内的空气混合并循环，以蒸汽-空气混合气体为加热介质，通过加热介质将能量传递给包装中的溶液，实现产品和空气同时灭菌；并通过空气加压平衡腔室与容器内的压力，减少容器破损，提高效率；在蒸汽中加入空气，可产生一个高于一定温度下饱和蒸气压的压力。但与饱和蒸汽灭菌相比，它的热传递速率较低。

（4）**流通蒸汽灭菌法** 在常压下，采用100℃流通蒸汽加热杀灭微生物的方法。该法不能有效杀灭细菌孢子。一般可作为不耐热无菌产品的辅助处理手段。灭菌条件100℃、30～60min。

（5）**煮沸灭菌法** 把待灭菌物品放入沸水中加热灭菌的方法。该法不能确保杀灭所有的芽孢。常用于注射器等的消毒和不耐热无菌产品的辅助处理等。灭菌条件：煮沸30～60min，必要时加入抑菌剂，如酚类和三氯叔丁醇等，可杀灭芽孢。

（6）**低温间歇灭菌法** 将待灭菌的物品置于60～80℃的水或流通蒸汽中加热60min，杀灭微生物繁殖体后，在室温条件下放置24h，让待灭菌物中的芽孢发育成为繁殖体，再次加热灭菌，放置使芽孢发育、再次灭菌，反复多次，直至杀灭所有的芽孢。此法的灭菌效率低，工业上已经不推荐使用。

注意，流通蒸汽灭菌法、煮沸灭菌法和低温间歇灭菌法均不属于最终灭菌方法。

3. 过滤除菌法

过滤除菌法系指采用物理截留去除气体或液体中微生物的方法。繁殖体很少小于1μm，芽孢大小在0.5μm左右，故可通过过筛滤除。适用于气体、热不稳定溶液的除菌等，以及无法最终灭菌的无菌药品。除菌级过滤器的滤膜孔径选用0.22μm（或更小孔径或相同过滤效力）。

4. 射线灭菌法

射线灭菌法系采用辐射、微波和紫外线杀灭微生物的方法。

（1）**辐射灭菌法** 系指利用电离辐射杀灭微生物的方法。常用的辐射射线有 ^{60}Co 或 ^{137}Se 衰变产生的 γ 射线、电子加速器产生的电子束和 X 射线装置产生的 X 射线。该法通过电离、激发或化学键的断裂等作用，引起大分子结构发生变化，从而诱导微生物死亡。该法穿透力较强，亦可用于带包装药品的灭菌；但费用高，可能导致药物降解，涉及安全问题。适用于能够耐辐射的医疗器械、生产辅助用品、药品包装材料、原料药及成品等。该法被各国药典收录，可用于最终灭菌。

（2）**紫外线灭菌法** 系指用紫外线（能量）照射杀灭微生物的方法。该法能使核酸、蛋白质变性，同时空气受紫外线照射后产生微量臭氧，起共同杀菌作用。紫外线是直线传播，可被表面反射，穿透力弱，较易穿透空气及水。灭菌力最强的波长是254nm。应注意一般在人员进入前开启1～2h，人员进入时关闭。广泛用于空气灭菌和表面灭菌。

（3）**微波灭菌法** 系指采用微波（频率为300MHz～300kMHz）照射产生的热能杀灭微生物的方法。该法通过热效应和非热效应的双重灭菌作用协同进行灭菌，其中热效应可使蛋白质变性，而非热效应可干扰细菌正常的新陈代谢。该法灭菌时间短、速度快、灭菌效果好、热转换效率高、节约能源、设备简单、易实现自动化生产、不污染等。适用于水性液体的灭菌。

（二）化学灭菌法

化学灭菌法指用化学药品直接作用于微生物而将其杀灭的方法。灭菌剂系指对微生物具有杀灭作用的化学药品。

1. 气体灭菌法

气体灭菌法是利用化学灭菌剂形成的气体杀灭微生物的方法。该法适用于不耐高温、不耐辐射物品的灭菌，如医疗器械、塑料制品和药品包装材料等。干粉类产品不建议采用本法灭菌。本法最常用的化学灭菌剂是环氧乙烷。应注意灭菌气体的可燃可爆性、致畸性和残留毒性。

2. 汽化灭菌法

本法系指通过分布在空气中的灭菌剂杀灭微生物的方法。常用的灭菌剂包括过氧化氢（H_2O_2）、过氧乙酸（CH_3CO_3H）等，汽化灭菌适用于密闭空间的内表面灭菌。

3. 液相灭菌法

液相灭菌法系指将被灭菌物品完全浸泡于灭菌剂中达到杀灭物品表面微生物的方法。具备灭菌能力的灭菌剂包括甲醛、过氧乙酸、氢氧化钠、过氧化氢、次氯酸钠等。

（三）无菌操作法

无菌操作法系指必须在无菌控制条件下生产无菌制剂的方法。

1. 无菌操作室的灭菌

这往往需要几种灭菌法同时应用。用汽化灭菌法（过氧化氢、过氧乙酸等）对无菌室进行彻底灭菌。定期使用消毒剂（如季铵盐类、酚类）等在室内进行喷洒或擦拭设备、地面与墙壁等；对于关键表面、手套、产品接触区域或去除残留物则定期使用清洁剂（如70%乙醇）。每天工作前用紫外线灭菌法灭菌 1h，中午休息时再灭菌 0.5～1h。

2. 无菌操作

操作人员进入操作室之前要严格按照操作规程，进行净化处理；无菌室内所有用具尽量用热压灭菌法或干热灭菌法进行灭菌；物料在无菌状态下送入室内；人流、物流严格分离。小量制备，可采用层流洁净工作台或无菌操作柜。柜内或用紫外光灯灭菌，或使用喷雾灭菌。

（四）无菌检查法

无菌检查法系用于检查药典要求无菌的药品、生物制品、医疗器械、原料、辅料及其他品种是否无菌的一种方法。若供试品符合无菌检查法的规定，仅表明了供试品在该检验条件下未发现微生物污染。《中国药典》规定的无菌检查法有直接接种法和薄膜过滤法。

1. 直接接种法

将供试品溶液接种于培养基上，培养数日后观察培养基上是否出现浑浊或沉淀，与阳性和阴性对照品比较或直接用显微镜观察。直接接种法适用于无法用薄膜过滤法检查的供试品。

2. 薄膜过滤法

取规定量供试品经薄膜过滤器过滤后，取出滤膜在培养基上培养数日，观察结果，并进行阴性和阳性对照试验。该方法可过滤较大量的样品，检测灵敏度高，结果较直接接种法可靠，不易出现"假阴性"结果。应严格控制操作过程中的无菌条件，防止环境微生物污染，从而影响检测结果。

本章以常见的最终灭菌小容量注射剂、输液、注射用无菌粉末、滴眼剂和植入剂五种无菌制剂为例进行介绍。

第二节　最终灭菌小容量注射剂工艺

最终灭菌小容量注射剂（terminally sterilized small volume injections）是指装量小于50mL，采用湿热灭菌法制备的灭菌注射剂。除一般理化性质外，无菌、热原或细菌内毒素、可见异物、pH 等项目的检查均应符合《中国药典》（2025 年版）规定。

一、最终灭菌小容量注射剂生产工艺

按照生产工艺中安瓿的洗涤、烘干灭菌、灌装的机器设备的不同，将最终灭菌小容量注射剂生产工艺流程分为单机灌装工艺流程、洗—烘—灌—封联动机组工艺流程，以及塑料安瓿工艺流程。

（一）最终灭菌小容量注射剂的主要生产工序与洁净度要求

最终灭菌小容量注射剂生产过程包括原辅料的准备、配制、灌封、灭菌检漏、质检、包装等工序。

不同工序的洁净度要求不同。按照 GMP 规定，最终灭菌小容量注射剂生产环境分为一般生产区、D 级洁净区、C 级洁净区以及 C 级背景下的局部 A 级洁净区四个区域。一般生产区包括安瓿外清处理、半成品的灭菌检漏、可见异物检查、印包等；D 级洁净区包括物料称量、浓配、质检、安瓿的洗烘、工作服的洗涤等；C 级洁净区包括稀配、精滤；灌封则在 C 级背景下的局部 A 级洁净区。最终灭菌小容量注射剂一般采用洗—烘—灌—封联动生产组，其隧道式灭菌烘箱和拉丝灌封机均自带 A 级层流罩。每一步生产操作的环境都应当达到适当的动态洁净度标准，尽可能降低产品或所处理的物料被微粒或微生物污染的风险。

据《药品生产质量管理规范（2010 年修订）》附录 1，无菌药品的生产操作环境可参照表 4-1 中的示例进行选择。

表 4-1　无菌药品的生产操作环境

洁净度级别	最终灭菌产品生产操作示例
C 级背景下的局部 A 级	高污染风险①产品的灌装（或灌封）
C 级	（1）产品灌装（或灌封） （2）高污染风险②产品的配制和过滤 （3）眼用制剂、无菌软膏、无菌混悬剂等的配制、灌装（或灌封） （4）直接接触药品的包装材料和器具最终清洗后的处理

洁净度级别	最终灭菌产品生产操作示例
D 级	（1）轧盖 （2）灌装前物料的准备 （3）产品配制（指浓配或采用密闭系统的配制）和过滤 （4）直接接触药品的包装材料和器具最终清洗

① 此处的高污染风险是指产品容易长菌、灌装速度慢、灌装用容器为广口瓶、容器须暴露数秒后方可密封等状况。
② 此处的高污染风险是指产品容易长菌、配制后需等待较长时间方可灭菌或不在密闭系统中配制等状况。

（二）最终灭菌小容量注射剂的生产工艺流程图

最终灭菌小容量注射剂单机灌装以及洗—烘—灌—封联动机组工艺流程及工序洁净度要求分别见图 4-2 和图 4-3。

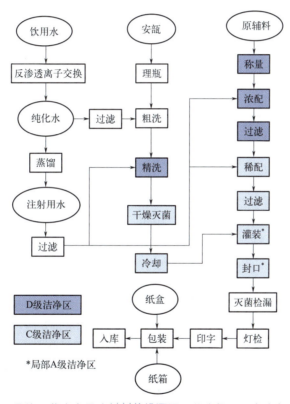

图 4-2　最终灭菌小容量注射剂单机灌装工艺流程及工序洁净度要求

二、最终灭菌小容量注射剂生产控制要点、常见问题及对策

（一）生产控制要点

1. 小容量注射剂的容器及处理

最终灭菌小容量注射剂的容器根据其制造材料可分为玻璃容器和塑料容器，而按分装剂

量可分为单剂量装、多剂量装及大剂量装容器。

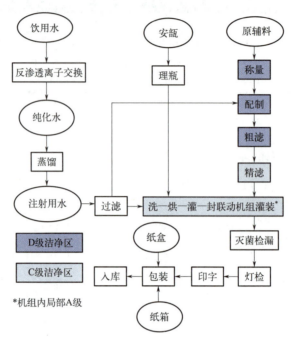

图 4-3 最终灭菌小容量注射剂洗—烘—灌—封联动机组工艺流程及工序洁净度要求

（1）玻璃容器

① 玻璃容器的种类和样式。最终灭菌小容量注射剂常用的玻璃容器是安瓿和西林瓶，有单剂量和多剂量两种；常用的玻璃有中性玻璃、含钡玻璃和含锆玻璃 3 种。单剂量玻璃容器大多为安瓿，有 1mL、2mL、3mL、5mL、10mL、20mL、25mL、30mL 八种。多剂量玻璃容器一般为具有橡胶塞的玻璃小瓶（也称西林瓶），有 3mL、5mL、10mL、20mL、30mL、50mL 等规格。玻璃容器除用于灌装小剂量注射液外，还可用于灌装注射用无菌粉末、疫苗和血清等生物制品。

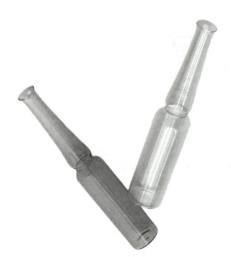

为避免折断安瓿瓶颈时玻璃屑、微粒进入安瓿污染药液，现已强制推行易折安瓿。其结构如图 4-4 所示。

② 玻璃容器的质量要求。a. 玻璃容器应透明，以便检查药液的杂质、颜色及可见异物；b. 应具有低的热膨胀系数及优良的耐热性和足够的机械强度，以耐受洗涤和灭菌过程中所产生的热冲击或较高的压力，避免在生产、装运及贮存过程中造成破损；c. 具有高度的化学稳定性，不改变药液的 pH，且不与注射液发生物质交换；d. 熔点较低，便于封口；e. 瓶壁不得有麻点、气泡及砂粒等。

③ 玻璃容器的检查。供生产用的玻璃容器应按照国家标准进行检查，合格后才能使用，一般必须进行物理或化学检查。物理检查主要包括玻璃容器外观、尺

图 4-4 易折安瓿

寸、应力、清洁度、热稳定性等。化学检查主要包括玻璃容器的耐酸性、耐碱性和中性检查，可按有关规定的方法进行。装药验证试验是指生产前对不同材质的玻璃容器进行装药试验，检查玻璃容器与药液的相容性，证明其对药液无影响后方能应用。

④ 玻璃容器的清洗。最终灭菌小容量注射剂所用的容器通常为安瓿。安瓿的洗涤可分为甩水洗涤法和加压喷射气水洗涤法。

甩水洗涤法是灌水机将滤过的去离子水或蒸馏水（必要时也可采用稀酸溶液）灌入安瓿，甩水机将水甩出，如此反复 3 次，达到清洗的目的。这种方法具有生产效率高、设备简单等优点，曾被广泛采用，但由于占地面积大、耗水量多及洗涤效果欠佳等缺点，一般只适用于 5mL 以下的安瓿。

目前生产上认为较为有效的洗瓶方法是加压喷射气水洗涤法，特别适用于大安瓿与曲颈安瓿的洗涤。该法在加压情况下将已过滤的蒸馏水与已过滤的压缩空气由针头交替喷入安瓿内进行洗涤，冲洗顺序为水—水—气—水—气，一般重复洗涤 4 ～ 8 次。

加压喷射气水洗涤法的关键是洗涤水和空气的质量，特别是空气的过滤。因为压缩空气中有润滑油雾及尘埃，不易除去，过滤不净反而污染安瓿，出现所谓"油瓶"。一般情况下，压缩空气先经冷却，然后经储气筒使压力平稳，再经过焦炭（或木炭）、泡沫塑料、瓷圈、砂棒等过滤，完成空气的净化。近年来，多采用无润滑空气压缩机，减少油雾，简化过滤系统。洗涤水和空气也可用微孔滤膜过滤。最后一次洗涤用水，应使用通过微孔滤膜精滤的注射用水。

⑤ 玻璃容器的干燥与灭菌。玻璃容器洗涤后应通过干燥灭菌，以达到杀灭细菌和热原的目的。少量制备可采用烘箱，大量生产中现广泛采用远红外隧道式烘箱。如对玻璃容器安瓿的灭菌，采用远红外干燥装置，温度可达 250 ～ 350℃，安瓿可迅速达到干燥灭菌的效果，具有加热快、热损少、产量大等优点；还有一种电热隧道式灭菌烘箱，其基本形式为隧道式，并附有局部层流装置，安瓿在连续层流洁净空气中，经高温干燥灭菌后极为洁净，但耗电量较大。灭菌后的安瓿，应放置在局部 A 级洁净区中冷却，待温度降至室温即可应用，空安瓿的存放时间不应超过 24h。

（2）塑料容器 塑料容器的主要成分为塑性多聚物，常用的有聚乙烯和聚丙烯。前者吸水性弱，可耐受大多数溶剂的侵蚀，但耐热性差，因而不能热压灭菌；后者可耐受大多数溶剂的侵蚀并可热压灭菌。

塑料安瓿的洗涤采用滤过空气吹洗法去除颗粒性异物。塑料安瓿的灭菌因材料不同而有所差别，其中聚丙烯或高密度聚乙烯可用热压灭菌，不耐热的低密度聚乙烯可采用环氧乙烷或高能电子束等灭菌。

2. 药液的配制和过滤

（1）原辅料的准备

① 备料。起始物料一般包括溶剂、活性药物成分和辅料，所有的原辅料必须是注射用规格。工作人员在接收物料时，需核对原辅料的品名、批号、规格、生产厂家、检验报告书、合格证、物料代码及数量等，按生产指令领取当天所需原辅料并存放在暂存间，做好物料交接记录。在计算物料平衡时应考虑可见损耗的影响，包括过滤器留存药液、在线清洗灌装机储液缸及灌装嘴使用药液、管道留存药液。

② 投料。由配制岗位人员根据批生产指令以及领料单领取所需物料，核对其品名、规格、

批号、生产厂家、重量、有效期至、放行状态等关键信息，核对无误后进行称量操作。原辅料的用量应按处方量计算，对含有结晶水的药物应注意折干折纯换算，原料药一般需要折干折纯。称量时至少需有两名操作人员，一人称量，一人独立进行复核。记录所用原辅料的来源、批号、用量、投料时间等所有称量投料关键操作。

称量操作一般遵循特定顺序：

先称调节剂，再称原辅料（先调后料）；

先称量辅料，再称量原料（先辅后原）；

先称量旧批，再称量新批（先旧后新）；

先称量零头，再称量整袋（先零后整）；

最后称取活性炭（活性炭最后）。

③ 清场。生产结束后，将前一批次产品的文件、物料、标识等当批未使用的所有物品清出称量间。清场结束后，清场者及时填写清场记录，岗位人员自行进行检查，再由车间管理人员、通过考试合格的岗位操作人员或 QA 人员进行清场检查。清场记录及检查记录归入批记录中。凡清场合格后，由清场检查人签发清场合格证，如检查不合格，不得签发清场合格证，要重新清场直至合格。该房间清场合格并在效期内，可进行下一批次的生产操作。

（2）药液的配制　配液前首先确认本条生产线是否已清场并处于清场效期内，配液罐等生产设备是否处于清洁效期内，检查系统有无泄漏等。根据每个产品的工艺要求及操作注意事项，进行产品配制，配制过程要有专人复核。电子台秤每次使用前均需检查其状态并进行校准，做好记录，在校准合格有效期内使用。注射剂的批号以每一配制罐为一个批号；配制药液所用的注射用水根据工艺要求控制温度，配成药液混匀后取样，测定含量、pH 等关键操作步骤均需要有双人复核，同一套配液系统或配液间每次只允许配制一个批次的产品，防止混淆。

① 配制用具的选择与处理。配制器具使用前，要用洗涤剂或纯化水 / 注射用水洗净干燥备用，或进行灭菌后备用。每次配液后，一定要立即清洗干净，晾干备用。

② 配制方法。配液方式有两种：一种方法是将原料加入所需的溶剂中一次配成所需的浓度，即稀配法，适用于质量好的原料；另一种方法是将全部原料药物加入部分溶剂中配成浓溶液，经过升温、降温、pH 调节、均质过滤等工艺后，然后稀释至所需浓度，此法叫浓配法，溶解度小的杂质在经过滤芯时可以滤过除去。配制所用注射用水，其贮存时间不得超过 12h。药液配制过程中，可通过配制罐和管道之间的小循环，来加速原辅料溶解，并使其混合均匀。药液配好后，要进行半成品的测定，一般主要包括 pH、含量等项目，合格后才能滤过灌封。

（3）药液的滤过　滤器按其过滤能力可分为粗滤（预滤）器和精滤（末端滤过）器。粗滤器包括砂滤棒、板框式压滤器、钛滤器；精滤器包括垂熔玻璃漏斗、微孔滤膜、超滤膜、核孔膜等。

在注射剂车间生产中通常用的有砂滤棒、钛滤器和微孔滤膜等过滤器。

① 砂滤棒。国产砂滤棒有两种，一种是硅藻土砂滤棒，质地较松散，一般适用于黏度较高、浓度较大的滤液；另一种是多孔素瓷砂滤棒，由白陶土烧结而成，此种滤器质地致密，适用于低黏度药液。砂滤棒价廉易得，滤速较快，但易于脱砂，对药液吸附性强，难以清洗，且有可能改变药液的 pH。砂滤棒用后应立即取出用常水冲洗，毛刷刷洗，用热蒸馏水抽洗或煮沸，再用注射用水抽洗至澄清。为防止交叉污染，砂滤棒最好按品种专用。

② 钛滤器。钛滤器是用粉末冶金工艺将钛粉末加工制成滤过元件，有钛滤棒与钛滤片两种。钛滤器抗热震性能好、强度大、重（质）量轻、不易破碎，过滤阻力小，滤速大。注射剂配制中孔径不大于30μm的钛滤棒可用作脱炭过滤。钛滤器在注射剂生产中是一种较好的粗滤材料，目前许多制剂生产单位已开始应用。

③ 微孔滤膜。微孔滤膜是用高分子材料制成的薄膜滤过介质。在薄膜上分布着大量的穿透性微孔，孔径0.025～14μm，分成多种规格。微孔滤膜常用醋酸纤维膜、硝酸纤维素膜、醋酸纤维与硝酸纤维混合酯膜、聚醚砜膜等。

微孔滤膜具有孔径小、截留能力强，不受流体流速、压力的影响等优点，因此药液通过薄膜时阻力小、滤速快，与同样截留指标的其他滤过介质相比，滤速快40倍。滤膜是一个连续的整体，滤过时无介质脱落；不影响药液的pH；用后弃去，药液之间不会产生交叉污染。由于以上优点，微孔滤膜广泛应用于注射剂生产中。其主要缺点是易于堵塞，有些纤维素类滤膜稳定性不理想。

为了保证微孔滤膜的质量，应对制好的膜进行必要的质量检查，包括孔径大小、孔径分布、流速以及其完整性等。孔径大小的测定一般采用气泡法。每种滤膜都有特定的气泡点，该气泡点是滤膜孔径额定值的函数，是推动空气通过被液体饱和的膜滤器所需的压力，故测定滤膜的气泡点即可知道该膜的孔径大小。

具体测定方法是：将微孔滤膜湿润后装在过滤器中，并在滤膜上覆盖一层水，从过滤器下端通入氮气或压缩空气，以每分钟压力升高34.3kPa的速度加压，水从微孔中逐渐被排出。当压力升高至一定值，滤膜上面水层中开始有连续气泡逸出时，此压力值即为该滤膜的气泡点（图4-5）。

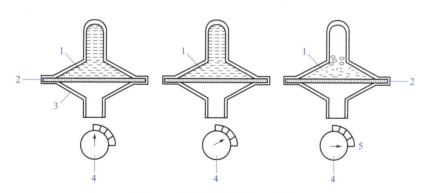

图4-5　气泡点压力测定示意图

1—水；2—微孔滤膜；3—滤器；4—压力表；5—气泡点压力

不同种类滤膜适合不同的溶液，因此在使用前，应进行膜与药物溶液的配伍试验，证明确无相互作用才能使用。如纤维素酯滤膜适用于药物的水溶液、稀酸和稀碱、脂肪族和芳香族碳氢化合物或非极性液体，不适用于强酸和强碱。

微孔滤膜过滤器的安装方式有两种，即圆盘形膜滤器和圆筒形膜滤器。如图4-6所示是圆盘形膜滤器，由多孔筛板、微孔滤膜、底板垫圈、滤器底板、垫圈等构成。

注射剂的滤过装置通常有高位静压滤过、减压滤过及加压滤过等，其中高位静压滤过装置适用于生产量不大、缺乏加压或减压设备的情况，此法压力稳定、滤过效果好，但滤速稍慢。而减压滤过装置适用于各种滤器，设备要求简单，但压力不够稳定，操作不当易使滤层松动,影响滤过效果。一般可采用如图 4-7 所示的减压滤过装置,此装置可以进行连续滤过,整个系统都处在密闭状态,药液不易污染,但进入系统中的空气必须经滤过处理。

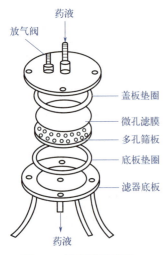

图 4-6　圆盘形膜滤器

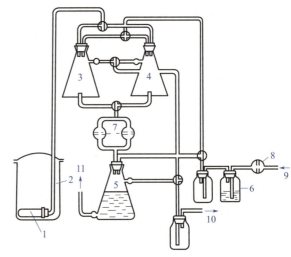

图 4-7　注射剂减压滤过装置

1—滤棒；2—贮液桶；3～5—滤液瓶；6—洗气瓶；7—垂熔玻璃漏斗；
8—滤气球；9—进气口；10—抽气；11—接灌注器

加压滤过多用于药厂大量生产,压力稳定、滤速快、滤过效果好、产量高。由于全部装置保持正压,因此即使滤过时中途停顿,也不会对滤层产生较大影响,同时外界空气不易漏入滤过系统。但此法需要离心泵或压滤器等耐压设备,适于配液、滤过及液封工序在同一平面的情况。加压滤过装置如图 4-8 所示。

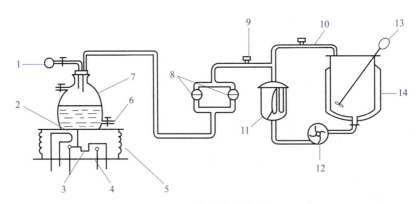

图 4-8　加压滤过装置

1—空气进口滤器；2—限位开关（常断）；3—连板接点；4—限位开关（常通）；5—弹簧；6—接灌注器；
7—贮液瓶；8—滤器（滤球或微孔滤膜）；9—阀；10—回流管；11—砂滤棒；12—泵；13—电动搅拌器；14—配液

3. 灌封

注射剂的灌封包括药液的灌装与容器的封口,这两部分操作应在同一室内进行,操作室的环境要严格控制,达到尽可能高的洁净度。最终灭菌产品的灌装（或灌封）需要在 C

级洁净区进行，高污染风险的最终灭菌产品灌装（或灌封）需在 C 级背景下的局部 A 级洁净区进行。非最终灭菌产品的灌装（或灌封）依据设备无菌保障能力的不同，大部分情况需要在 B 级背景下的 A 级洁净区进行。注射液过滤后，经检查合格应立即灌装和封口，以避免污染。

安瓿灌封的工艺过程一般应包括安瓿的排整、灌注、充氮、封口等工序。

① 安瓿的排整。将烘干、灭菌、冷却后的安瓿依照灌封机的要求，在一定时间间隔（灌封机运行周期）内，将定量的（固定支数）安瓿按一定的距离间隔排放在灌封机的传送装置上。

② 灌注。静置后的药液经计量，按一定体积注入安瓿中。为适应不同规格、尺寸的安瓿要求，计量机构应便于调节。由于安瓿颈部尺寸较小，计量后的药液需使用类似注射针头状的灌注针灌入安瓿。又因灌封是数支安瓿同时灌注，故灌封机相应地有数套计量机构和灌注针头。

③ 充氮。为了防止药品氧化，有时需要向安瓿内药液上部的空间充填氮气以取代空气。此外，有时在灌注药液前还需预充氮，提前以氮置换空气。充氮功能是通过氮气管线端部的针头来完成的。

④ 封口。封口方法分为顶封和拉封。将已灌注药液且充氮后的安瓿颈部用火焰加热，使其熔融后密封。加热时安瓿需自转，使颈部均匀受热熔化。目前灌封机均采用拉丝封口工艺，即在瓶颈玻璃融合的同时，用拉丝钳靠机械动作将瓶颈上部多余的玻璃强力拉走，加上安瓿自身的旋转动作，可以保证封口严密不漏，不留毛细孔隐患，并且封口处玻璃薄厚均匀，不易出现冷爆现象。

4. 灭菌与检漏

（1）灭菌　除采用无菌操作生产的注射剂之外，其余注射液在灌封后必须尽快进行灭菌，其目的是杀灭或除去所有微生物繁殖体和芽孢，使注射剂无菌、无热原并符合《中国药典》检查要求。

目前国内注射剂厂家较常使用的是流通蒸汽灭菌法，一般情况下 1 ~ 2mL 注射剂多采用 100℃流通蒸汽 30min 灭菌，10 ~ 20mL 注射剂则采用 100℃流通蒸汽 45min 灭菌。另外，热压灭菌法也比较常见，采用 121℃灭菌 15 ~ 30min，也可以适当调整温度和时间，但要确保产品的微生物存活概率（即无菌保证水平，SAL）不得高于 10^{-6}。设备为单扉式卧式热压灭菌柜或双扉式卧式热压灭菌柜。对某些特殊的注射剂产品，可根据药物性质适当选择灭菌温度和时间，也可采用其他灭菌方法，如微波灭菌法或干热空气灭菌。

（2）检漏　安瓿熔封后若存在毛细孔或细小的裂缝，在贮存时会发生药液泄漏且微生物和空气侵入等现象，污染包装并影响药液的稳定性，因此安瓿灭菌之后有一道检漏工序，检查安瓿封口的严密性，以保证灌封后的密闭性。

检漏一般是在灭菌结束后先将安瓿放进冷水淋洗，使其温度降低，然后关闭箱门，将箱内空气抽出，当箱内真空度达到 0.853 ~ 0.906MPa 时，打开有色水管，将颜色溶液（常用 0.05% 曙红或亚甲蓝溶液）吸入箱内，将安瓿全部浸没，安瓿遇冷内部气体收缩形成负压，有色水即从漏气的毛细孔进入而被检出。

5. 质量检查

（1）可见异物检查　可见异物是指存在于注射剂中目视可以观测到的不溶性物质，其粒径或长度通常大于50μm。含有颗粒物质的注射剂在给药时可能发生血管阻塞、注射部位肿胀、大量组织发炎并被感染等危害，如果血凝块进入肺部，会引起肺组织结疤，甚至可能导致有生命危险的过敏反应。

可见异物的检查法有灯检法和光散射法。一般常用灯检法，也可采用光散射法。灯检法不适用的品种，如深色透明容器包装或液体色泽较深的品种应选用光散射法。参见《中国药典》（2025年版）四部通则0904可见异物检查法。

（2）不溶性微粒检查　对溶液型静脉注射剂，在可见异物检查符合规定后，尚需检查不溶性微粒的大小及数量。测定方法包括光阻法和显微计数法，当光阻法测定结果不符合规定或供试品不适于用光阻法测定时，应采用显微计数法进行测定，并以显微计数法的测定结果作为判定依据。参见《中国药典》（2025年版）四部通则0903不溶性微粒检查法。

（3）热原或细菌内毒素检查　热原的检查方法为家兔法，系将一定剂量的供试品静脉注入家兔体内，在规定时间内观察家兔的体温升高情况，以判定供试品中热原的限度是否符合规定。细菌内毒素检查系利用鲎试剂来检测或量化由革兰氏阴性菌产生的细菌内毒素，以判断供试品中细菌内毒素的限度是否符合规定。参见《中国药典》（2025年版）四部通则1142热原检查法和1143细菌内毒素检查法。

（4）无菌检查　注射剂在灭菌后应抽取一定数量的样品进行无菌检查，以确保产品的灭菌效果。通过无菌操作制备的成品更应注意无菌检查的结果。参见《中国药典》（2025年版）四部通则1101无菌检查法。

（5）降压物质　《中国药典》（2025年版）规定对由发酵制得的原料，制成注射剂后一定要进行降压物质检查。由发酵提取而得的抗生素，如两性霉素 B 等，若质量不好往往会混有少量组胺，其毒性很大，可作为降压物质的代表。参见《中国药典》（2025年版）四部通则1145降压物质检查法。

（6）稳定性检查　溶液型注射液需要注意其在贮存中的化学稳定性，应制订主成分含量测定方法和有关物质检查方法，通过加速试验等方法来评价其化学稳定性。

（7）其他　注射剂的装量检查按《中国药典》（2025年版）规定方法进行。此外，鉴别、含量测定、pH 测定、毒性试验、刺激性试验等按具体品种要求进行检查。

6. 印字与包装

注射剂经质量检查合格后方可进行印字包装。每支注射剂上应标明品名、规格、批号、有效期至等项内容。印字多用印字机，用印字机可提高印刷质量，也可加快印字速度。目前，药厂大批量生产时，广泛采用印字、装盒、贴签及包装等联成一体的印包联动机，大大提高了印包工序效率。包装对保证注射剂在贮存期的质量稳定具有重要作用，既要避光又要防止损坏，一般用纸盒，内衬 PVC 托；对光敏感的药物，PVC 托外加套一层黑色塑料袋或铝袋。

注射剂包装盒外应贴标签，注明药品通用名称、成分、性状、适应证或者功能主治、规格、用法用量、不良反应、禁忌、注意事项、贮藏、生产日期、产品批号、有效期、批准文号、生产企业等内容。适应证或者功能主治、用法用量、不良反应、禁忌、注意事项不能全部注明的，应当标出主要内容并注明"详见说明书"字样。包装盒内应放注射剂详细使用说明书，说明药物的含量或处方、应用范围、用法用量、禁忌、贮藏、有效期及药厂名称等，此外还应列出所用的全部辅料名称。另外，加有抑菌剂的注射剂，应标明所加抑菌剂的浓度。

（二）常见问题及对策

1.装量差异

灌装时可按《中国药典》要求适当增加药液量，以保证注射用量不少于标示量。根据药液的黏稠程度不同，在灌装前必须校正注射器的吸液量，可参考表 4-2 适当增加装量，试装若干支安瓿，经检查合格后再行灌装。除另有规定外，多剂量包装的注射剂，每一容器的装量不得超过 10 次注射量，增加装量应能保证每次注射用量。

表 4-2　注射液灌装时应增加的灌装量

标示量 /mL	增加量 /mL	
	易流动液	黏稠液
0.5	0.10	0.12
1	0.10	0.15
2	0.15	0.25
5	0.30	0.50
10	0.50	0.70
20	0.60	0.90
50	1.0	1.5

2.药液不得沾瓶

如果灌注速度过快，药液易溅至瓶壁而沾瓶。注射器活塞中心常有毛细孔，可使针头上挂的水滴缩回，以防止沾瓶。

3.其他问题

如封口不严（毛细孔），出现大头、焦头、瘪头、爆头等，应分析缘由、及时解决。出现焦头主要是因：a.安瓿颈部沾有药液，封口时炭化不当；b.灌药时给药太急，药液溅到安瓿瓶壁上；c.针头往安瓿里灌药时针头不能立即回缩或针头安装不正；d.灌封机行程不匹配等。另外，充二氧化碳时容易发生瘪头、爆头等问题。

① 冲液。冲液是指在灌注药液过程中，药液从安瓿内冲溅到瓶颈上方或冲出瓶外，造成药液浪费、容量不准、封口焦头和封口不密等问题。

解决冲液的主要方法：注液针头出口多采用三角形开口、中间拼拢的"梅花形针端"；调节注液针头进入安瓿的位置，使其恰到好处；改进提供针头托架运动的凸轮的轮廓设计，使针头吸液和注液的行程加长，非注液时的空行程缩短，使针头出液先急后缓。

② 束液：束液是指在灌注药液结束时，因灌注系统束液机制不完善，导致针尖上留有剩余的液滴的现象。束液易致安瓿颈沾有药液。束液既影响注射剂装量，又会出现焦头或封口

时瓶颈破裂等问题。

解决束液的主要方法有：改进灌液凸轮的轮廓设计，使其在注液结束时返回行程缩短、速度快；设计使用有毛细孔的单向玻璃阀，使针筒在注液结束后对针筒内的药液有微小的倒吸作用；在贮液瓶和针筒连接的导管上加夹一只螺丝夹，靠乳胶导管的弹性作用提高束液效果。

③ 封口火焰调节。因封口而影响产品质量的问题较复杂，如火焰温度、火焰头部与安瓿瓶颈的距离、安瓿转动的均匀程度及操作的熟练程度，均对封口质量有影响。常见的封口问题有焦头、泡头、平头和尖头。

a. 焦头。产生原因：灌注太猛使药液溅到安瓿内壁；针头回药慢，针尖挂有液滴且针头不正，针头碰到安瓿内壁；瓶口粗细不匀，碰到针头；灌注与针头行程未配合好；针头升降不灵；火焰进入安瓿瓶内等。主要解决方法：调换针筒或针头；选用合格的安瓿；调整修理针头升降机构；强化操作规范。

b. 泡头。产生原因：火焰太大导致药液挥发；预热火头太高；主火头摆动角度不当；安瓿压脚未压妥，使瓶子上爬；拉丝钳子位置太低，钳去玻璃太多。主要解决方法：调小火焰；钳子调高；适当调低火头位置并调整火头摆动角度在 1°～2°。

c. 平头（瘪头）。产生原因：瓶口有水迹或药液，拉丝后因瓶口液体挥发，压力减小，外界压力大而使瓶口倒吸形成平头。主要解决方法：调节针头位置和大小，防止药液外冲；调节退火火焰，防止已圆好口的瓶口重熔。

d. 尖头。产生原因：预热火焰、加热火焰太大，使拉丝时丝头过长；火焰喷嘴离瓶口过远，加热温度太低；压缩空气压力太大，造成火力过急，以致温度低于玻璃软化点。主要解决方法：调小煤气量；调节中层火头，对准瓶口，离瓶 3～4mm；调小空气量。

三、最终灭菌小容量注射剂实例

❖ **例 4-1　1.2% 盐酸普鲁卡因注射液**

本品为盐酸普鲁卡因的灭菌水溶液，含盐酸普鲁卡因应为标示量的 95.0%～105.0%。

【处方】

盐酸普鲁卡因	20.0g
氯化钠	4.0g
0.1mol/L 盐酸	适量
注射用水	加至 1000mL

【处方分析】盐酸普鲁卡因为主药；氯化钠为等渗调节剂；0.1mol/L 盐酸为 pH 调节剂；注射用水为溶剂。

【制备工艺】取注射用水约配制量的 80%，加入氯化钠，搅拌溶解，再加盐酸普鲁卡因，使之溶解，加入 0.1mol/L 盐酸调节 pH 至 4.0～4.5，再加水至足量，搅匀，滤过，分装于中性玻璃容器中，封口，灭菌，即得。

【规格】2mL：40mg。

【注解】①本品为酯类药物，易水解。保证本品稳定性的关键是调节 pH，本品 pH 应控制在 4.0 ～ 4.5 范围内。灭菌温度不宜过高，时间也不宜过长。②氯化钠用于调节渗透压，实验表明还有稳定本品的作用。未加氯化钠的处方，一个月分解 1.23%，加 0.85% 氯化钠的仅分解 0.4%。③光、空气及铜、铁等金属离子均能加速本品分解。④极少数患者对本品有过敏反应，故用药前询问患者过敏史或做皮内试验（0.25% 普鲁卡因溶液 0.1mL）。

❖ 例 4-2 维生素 C 注射液（抗坏血酸注射液）

本品为维生素 C 的灭菌水溶液，含维生素 C 应为标示量的 93.0% ～ 107.0%。

【处方】

维生素 C	104g
碳酸氢钠	49g
亚硫酸氢钠	2g
依地酸二钠	0.05g
注射用水	加至 1000mL

【处方分析】维生素 C 为主药；碳酸氢钠为 pH 调节剂；亚硫酸氢钠为抗氧剂；依地酸二钠为螯合剂；注射用水为溶剂。

【制备工艺】在配制容器中，加配制量 80% 的注射用水，通入二氧化碳饱和，加维生素 C 溶解后，分次缓缓加入碳酸氢钠，搅拌使完全溶解，加入预先配制好的依地酸二钠溶液和亚硫酸氢钠溶液，搅拌均匀，调节溶液 pH 至 6.0 ～ 6.2，添加二氧化碳饱和注射用水足量，用垂熔玻璃漏斗与微孔滤膜滤过，溶液中通二氧化碳，并在二氧化碳或氮气流下灌装，封口，灭菌即得。

【规格】1mL：100mg。

【注解】维生素 C 分子中有烯二醇结构，显强酸性，注射时刺激性大，产生疼痛，故加入碳酸氢钠，使部分维生素 C 中和成钠盐，以减少疼痛。同时碳酸氢钠也有调节 pH 的作用，能提高本品的稳定性。

维生素 C 在水溶液中极易氧化、水解生成 2, 3-二酮-L-古洛糖酸而失去治疗作用。若氧化水解成 5-羟甲基糠醛（或从原料中带入），继而在空气中会形成黄色聚合物，故本品质量优劣与原辅料的质量密切相关。同时本品的稳定性还与空气中的氧、溶液的 pH 等因素有关，在生产中采取调节药液 pH、充惰性气体、加抗氧剂及金属络合剂等综合措施，以防止维生素 C 氧化。同时，选择其灭菌方法和条件时，也应充分考虑其稳定性。

❖ 例 4-3 醋酸可的松注射液

本品为醋酸可的松的灭菌水溶液，含醋酸可的松应为标示量的 90.0% ～ 110.0%。

【处方】

醋酸可的松微晶	25g
硫柳汞	0.01g
氯化钠	3g

聚山梨酯 80	1.5g
羧甲基纤维素钠（0.3～0.6Pa·s）	5g
注射用水	加至 1000mL

【处方分析】醋酸可的松为主药；硫柳汞为防腐剂；氯化钠为等渗调节剂；聚山梨酯 80 为润湿剂；羧甲基纤维素钠为助悬剂；注射用水为分散介质。

【制备工艺】①硫柳汞加于 50% 配制量的注射用水中，加羧甲基纤维素钠，搅匀，过夜溶解后，用 200 目尼龙网布过滤，密闭备用。②氯化钠溶于适量注射用水中，经 G4 垂熔玻璃漏斗滤过。③将①项溶液置于水浴中加热，加②项溶液及聚山梨酯 80 搅匀，使水浴沸腾，加醋酸可的松，搅匀，继续加热 30min。取出冷至室温，加注射用水调至总体积，用 200 目尼龙网布过筛两次，于搅拌下分装于瓶内，扎口密封，灭菌，即得。

【规格】5mL：125mg。

【注解】①对某些感染性疾病应慎用，必须使用时应同时用抗感染药，如感染不易控制应停药；②甲状腺功能减退、肝硬化、脂肪肝、糖尿病、重症肌无力患者慎用；③停药时应逐渐减量或同时使用促肾上腺皮质激素类药物。

❖ 例 4-4　维生素 B$_2$ 注射液

本品为维生素的灭菌水溶液，含维生素 B$_2$ 应为标示量的 90.0%～115.0%。

【处方】

维生素 B$_2$	2.575g
烟酰胺	77.25g
乌拉坦	38.625g
苯甲醇	7.5g
0.1mol/L 盐酸	适量
注射用水	加至 1000mL

【处方分析】维生素 B$_2$ 为主药；烟酰胺为助溶剂；乌拉坦为局麻剂；苯甲醇为防腐剂；注射用水为溶剂；0.1mol/L 盐酸为 pH 调节剂。

【制备工艺】将维生素 B$_2$ 先用少量注射用水调匀，再将烟酰胺、乌拉坦溶于适量注射用水中，加注射用水至约 900mL，水浴加热至室温；加入苯甲醇，用 0.1mol/L HCl 调节 pH 至 5.5～6.0，调整体积至 1000mL，然后在 10℃ 下放置 8h，过滤至澄清，灌封，灭菌，即得。

【规格】2mL：5mg。

【注解】①维生素 B$_2$ 在水中溶解度小，0.5% 的浓度已为过饱和溶液，所以必须加入大量的烟酰胺作为助溶剂。此外还可用水杨酸钠、苯甲酸钠、硼酸等作为助溶剂，10% 的 PEG 600 以及 10% 的甘露醇也能增大维生素 B$_2$ 的溶解度。②维生素 B$_2$ 水溶液对光极不稳定，在酸性或碱性溶液中都易变成酸性或碱性感光黄素。所以在制备本品时，应严格避光操作，产品也需避光保存。③本品还可制成长效混悬注射剂，如加 2% 的单硬脂酸铝制成的维生素 B$_2$ 混悬注射剂，一次注射 150mL，能维持疗效 45 天，而注射同剂量的水性注射剂只能维持药效 4～5 天。

第三节　输液工艺

最终灭菌大容量注射剂常称为输液（infusions），供静脉滴注用。除另有规定外，输液体积一般不小于 100mL，生物制品一般不小于 50mL，通常包装于玻璃或塑料的输液瓶或袋中。主要分为电解质溶液、营养输液、胶体输液、含药输液这四类，具有调整人体内水、电解质、糖或蛋白质代谢及扩充血容量等作用。

输液的质量要求与最终灭菌小容量注射剂基本一致，但由于其用量大且是直接进入血液，故对无菌、热原及微粒检查要求更严格，这也是目前输液生产中存在的主要质量问题。同时含量、颜色、pH 值等项目均应符合要求。pH 值应在保证药物稳定和疗效的基础上，尽可能接近人体血液的 pH 值。渗透压可为等渗或偏高渗，输入人体后不应引起血常规的任何变化。此外，输液要求不能有产生过敏反应的异性蛋白质及降压物质，输液中不得添加任何抑菌剂，且在贮存过程中质量应稳定。

一、输液生产工艺

（一）输液的主要生产工序与洁净度要求

输液的生产过程一般包括原辅料的准备、浓配、稀配、包材处理（瓶外洗、粗洗、精洗等）、灌封、灭菌、灯检、包装等工序。

不同工序的洁净度要求不同。按照 GMP 规定，输液的生产区域可分为一般生产区、D 级洁净区、C 级及局部 A 级洁净区。一般生产区包括瓶外洗、微粒去除、灭菌、灯检、包装等；D 级洁净区包括瓶粗洗、轧盖等；C 级洁净区包括瓶精洗、配制、过滤、灌装、上塞等，其中瓶精洗后到灌封工序的暴露部分需局部 A 级。

输液与最终灭菌小容量注射剂生产操作工序大同小异，但由于其用量大且是直接进入血液，对无菌、热原及微粒检查要求更严格，而致其生产工艺技术有特殊要求：

① 由于产品直接进入人体血液，因此应在生产全过程中采取各种措施防止微粒、微生物、细菌内毒素污染产品，确保安全。

② 所用的主要设备，包括灭菌设备、过滤系统、空调净化系统、水系统均应验证，按标准操作规程要求维修保养，实时监控。

③ 直接接触药液的设备、内包装材料、工器具（如配料罐、输送药液的管道等）的清洁规程须进行验证。

④ 任何新的加工程序，其有效性都应经过验证并需定期进行再验证。当工艺或设备有重大变更时，也应进行验证。

（二）输液的生产工艺流程图

输液的容器有瓶形与袋形两种，其材质有玻璃、聚乙烯、聚丙烯、复合膜等，但因容器材质不同，其生产工艺也有差异。玻璃瓶、复合膜、塑料容器的输液工艺流程及工序洁净度要求分别见图 4-9、图 4-10 和图 4-11。

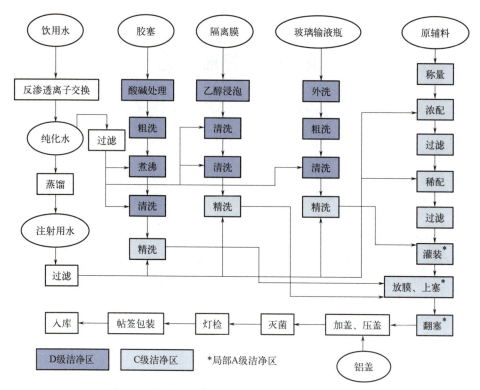

图 4-9　输液（玻璃瓶）工艺流程及工序洁净度要求

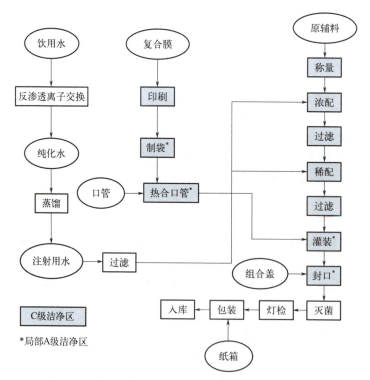

图 4-10　输液（复合膜）工艺流程及工序洁净度要求

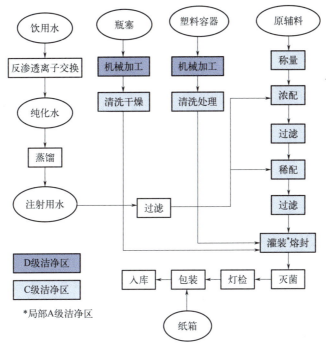

图 4-11　输液（塑料容器）工艺流程及工序洁净度要求

二、输液生产控制要点、常见问题及对策

（一）生产控制要点

1. 输液容器

（1）容器　输液通常包装在玻璃或塑料容器内，材质有玻璃、聚乙烯（PE）、聚丙烯（PP）、聚氯乙烯（PVC）以及 PE 与 PP 等非 PVC 多层膜复合共挤膜等。

① 玻璃瓶。一般为硬质中性玻璃制成，具有耐酸、耐碱、耐药液腐蚀、可热压灭菌的优点，缺点是玻璃瓶一般较重，且易碎。玻璃瓶质量应符合国家标准，标准瓶口内径必须符合要求，光滑圆整，大小一致，否则将影响密封程度，导致贮存期间污染。

清洗方法是先用常水冲去表面灰尘，再用 70℃ 左右的 2% 氢氧化钠或 3% 碳酸钠溶液冲洗内壁约 10s，然后用蒸馏水冲洗碱液，最后用注射用水冲洗干净。也可用酸液洗或重铬酸钾清洁液洗，后者既可强力地消灭微生物和热原，还能中和瓶壁的游离碱。

② 塑料瓶。塑料瓶一般系采用 PE 或 PP 等无毒塑料制成。具有耐水耐腐蚀、机械强度高、可以热压灭菌、无毒、化学稳定性强、重量轻、运输方便、不易破损等优点；缺点是湿气和空气可以透过塑料瓶，影响产品在贮存期的质量，其透明性、耐热性也较差，强烈振荡时，会产生轻度乳光。

清洗方法是先用清水将瓶表面洗净，也可用 2% 温氢氧化钠溶液（50 ～ 60℃）清洗，将瓶浸入温碱液中 2 ～ 3min，取出，用水冲洗瓶外碱液，然后在瓶内灌入蒸馏水荡洗 2 ～ 3 次，再灌入适量蒸馏水，塞住瓶口，热压灭菌（49kPa）30min。临用前将瓶内的蒸馏水倒掉，用滤净的注射用水荡洗 3 次，甩干后即可灌装药液。

③ 非 PVC 复合膜软袋：非 PVC 复合膜软袋是近年来国际新兴的包装材料，由三层不同熔点的塑料材料如 PP、PE、聚酰胺（PA）及弹性材料苯乙烯 - 乙烯 - 丁二烯 - 苯乙烯共聚物（SEBS）在 A 级洁净条件下热合制成。内层为完全无毒的惰性聚合物，通常采用 PP、PE 等，化学性质稳定，不脱落或降解出异物；中层为致密材料，如 PP、PA 等，具有优良的水、气阻隔性能；外层主要是提高软袋的机械强度。

非 PVC 复合膜的成分中不含增塑剂，对热稳定，透明性能佳；对水分和气体透过性极低，有利于保持输液的稳定性；惰性好，不与药物发生化学反应；韧性强，可自收缩，药液在大气压下，可通过封闭的输液管路输液，消除空气污染及气泡造成的栓塞危险，同时有利于急救情况及急救车内加压使用；使用过的输液袋处理非常容易，焚烧后只产生水、二氧化碳，对环境无害。总之，非 PVC 复合膜是一种理想的输液包装材料，是当今世界输液包装材料的发展趋势。

（2）**胶塞**　玻璃瓶所用胶塞对输液微粒检查影响很大，其质量要求为：①富有弹性及柔软性；②针头刺入和拔出后应立即闭合，并能耐受多次穿刺并无碎屑脱落；③具耐溶剂性，不致增加药液中的杂质；④可耐受高温灭菌；⑤有高度的化学稳定性，不与药物成分发生作用；⑥对药液中药物或附加剂的吸附作用达最低限度；⑦无毒性及溶血作用。

目前我国正在逐步推广合成橡胶塞如丁基胶塞的使用，其特点是气密性好、化学成分稳定、杂质少，不用翻边加膜。有时为了保证药物的稳定性，还可在胶塞的内缘加上稳定涂层。丁基胶塞洗涤时可直接使用滤净的注射用水冲洗，而不必像橡胶塞那样需经酸碱处理。

2. 配制

输液的配制，必须使用新鲜合格的注射用水，要注意控制注射用水的质量，特别是热原、pH 与铝盐。原料应选用优质注射用原料。称量配制时必须严格核对原辅料的名称、规格、重量。配制好后，要检查半成品质量。配液容器一般采用带有夹层的不锈钢罐，可以加热。用具的处理要特别注意，避免污染热原，特别是管道阀门的安装，不得遗留死角。

配液方法常采用浓配法，即先配成较高浓度的溶液，经滤过处理后再进行稀释，这种方法有利于除去杂质。当原料质量好时，也可采用稀配法。

3. 滤过

输液滤过方法、滤过装置与小容量注射剂基本相同，滤过多采用加压滤过法，效果较好，滤过材料一般用陶瓷滤棒、砂滤棒或微孔钛滤棒。

在预滤时，滤棒上应先吸附一层活性炭，然后开始滤过，反复进行循环回滤，至滤液澄清合格为止（滤棒的过滤效果更取决于过滤过程中活性炭被截留后堆积形成的炭饼）。滤过过程中，不要随便中断，以免冲动滤层，影响过滤质量。

精滤多采用微孔滤膜，根据不同品种，选用孔径为 $0.22 \sim 0.45 \mu m$ 微孔滤膜或微孔滤芯，以降低药液的微生物污染水平。药液终端过滤使用 $0.22 \mu m$ 微孔滤膜时，先用注射用水漂洗至无异物脱落，再在使用前后做气泡点测定试验。

4. 灌封

输液采用玻璃瓶灌装时，由药液灌注、加胶塞和轧盖三步组成，三步连续完成。采用塑料袋灌装时，将袋内最后一次洗涤水倒空，以常压灌至所需量，排尽袋内空气，电热封口，灌封时药液维持在 50℃。

5. 灭菌

为了减少微生物繁殖污染的机会，输液灌封后应立即进行灭菌。输液一般采用热压灭菌，从配制到灭菌应不超过 4h。

根据输液的质量要求及输液容器大且厚的特点，灭菌开始应逐渐升温，一般预热 20～30min，如果骤然升温，会引起输液瓶爆炸。待达到灭菌温度 115℃时，维持 30min，然后停止升温，待锅内压力下降到压力表显示为零时，放出锅内蒸汽，使锅内压力与大气相等后，再缓慢（约 15min）打开灭菌锅门，不可带压操作。

6. 质量控制及稳定性评价

输液对微粒、热原和无菌的检查比小容量注射剂更为严格。

（1）微粒检查　《中国药典》（2025 年版）规定了可见异物检查法（灯检法、光散射法）和不溶性微粒检查法（光阻法和显微计数法）。

（2）热原检查　每一批输液都必须按《中国药典》（2025 年版）规定的热原检查法或细菌内毒素检查法进行检查。

（3）无菌检查　无菌要求与小容量注射剂相同。此外，国外对输液的无菌检查，更注重灭菌的工艺过程，各项工艺参数（如温度、时间、饱和蒸气压、F_0 值及其他关键参数）均应达到要求，以保证最后的无菌检查合格。

（4）稳定性评价　与小容量注射剂相似，但要求更高。如乳浊液或混悬液，应按要求检查粒度，80% 的微粒应小于 1μm，微粒大小均匀，不得有大于 5μm 的微粒，颜色和降解产物也应合格等。

（5）酸碱度和含量测定　按不同品种进行严格测定。

（二）常见问题及对策

输液的质量要求高，目前质量方面存在的主要问题是染菌、热原、可见异物与不溶性微粒问题。

1. 染菌问题

输液多为营养物质且以水为溶剂，其本身就容易滋生细菌，再由于输液生产过程中受到严重污染以及灭菌不彻底（有些芽孢需要 120℃灭菌 30～40min，有些放射菌需 140℃灭菌 15～20min 才能杀灭）、瓶塞松动、漏气等原因，致使输液染菌后出现浑浊、霉团、云雾状、产气等现象，除此之外也有一些染菌输液的外观并无太大变化。如果使用这些染菌的输液，会引起脓毒症、败血症、热原反应，甚至死亡。因此要在生产过程中进行严格的把关，减少污染，并且灭菌要做彻底，灭菌后密封完全。

2. 热原问题

在临床上使用输液时，热原反应时有发生，关于热原的污染途径和解决办法此前已有详述。在使用过程中输液器等的污染是引起热原污染的主要因素。因此，一方面要加强生产过程中的质量控制，另一方面也要重视使用过程中的污染。国内现已规定使用一次性全套输液器，包括插管、导管、调速、加药装置、末端滤过、排出气泡及针头等部件和功能，并在输液器出厂前进行灭菌，同时避免在使用过程中被热原污染。

3. 可见异物与不溶性微粒的问题

输液中可见异物与不溶性微粒的来源有许多，但是其中最主要的来源是原辅料。微粒包括炭黑、碳酸钙、氧化锌、纤维素、纸屑、黏土、玻璃屑、细菌、真菌、真菌芽孢和结晶体等。输液中存在的这些微粒、异物，其对人体的危害是潜在的、长期的，可引起过敏反应、热原反应等。较大的微粒可造成局部循环障碍，引起血管栓塞；微粒过多，会造成血管局部堵塞和供血不足，组织缺氧，引起水肿和静脉炎；异物侵入组织，会由于巨噬细胞的包围和增殖而引起肉芽肿。

微粒产生的原因有：①原料与附加剂。原料与附加剂对质量的影响较显著，原辅料中存在的杂质，可使输液产生乳光、小白点、浑浊。活性炭杂质含量多，不仅影响输液的可见异物检查指标，而且还影响药液的稳定性。因此，原辅料的质量必须严格控制。②胶塞与输液容器。胶塞与输液容器质量不好，在储存中有杂质（如增塑剂）脱落而污染药液；丁基胶塞的硅油污染问题；或橡胶塞相互摩擦产生的橡胶微粒。针对该问题应选择符合质量标准的胶塞与容器，并在储存过程中避免引入微粒。③工艺操作。如生产车间空气洁净度达不到要求，输液瓶、丁基胶塞等容器和附件洗涤不净，滤材质量不合格，滤器选择不当，过滤方法不好，灌封操作不合要求，工序安排不合理等。应该对工艺条件和操作进行改进，使其符合GMP要求。④临床使用过程。无菌操作不符合规定，静脉滴注装置引入杂质，或不恰当的输液配伍都可导致微粒的产生。在临床使用中应该对输液的使用进行严格的规定，并且对输液的使用装置的质量及储存进行严格把关。

三、输液实例

❖ 例 4-5 5% 葡萄糖注射液

【处方】

注射用葡萄糖	50g
1% 盐酸	适量
注射用水	加至 1000mL

【处方分析】葡萄糖为主药；1% 盐酸为 pH 调节剂；注射用水为溶剂。

【制备工艺】取处方量葡萄糖，加入煮沸的注射用水中，使成 50% ～ 70% 浓溶液，加盐酸适量调节 pH 至 3.8 ～ 4.0，过滤，滤液中加注射用水至 1000mL，测定 pH、含量，合格后，经预滤及精滤处理，灌装，封口，115℃、68.7kPa 热压灭菌 30min，即得。

【规格】250mL：12.5g。

【注解】①葡萄糖注射液有时会产生絮凝状沉淀或小白点，一般是由于原料不纯或滤过时漏炭等原因所致。通常采用浓配法，并加入适量盐酸，中和蛋白质、脂肪等胶粒上的电荷，使之凝聚后滤除。同时在酸性条件下加热煮沸，可使糊精水解、蛋白质凝集，通过加适量活性炭吸附除去。上述措施可提高成品的澄清度。②葡萄糖注射液不稳定的主要表现为溶液颜色变黄和 pH 降低。成品的灭菌温度越高、加热时间越长，变色的可能性越大，尤其在 pH 不适合的条件下，加热灭菌可引起显著变色。葡萄糖溶液的变色原因，一般认为是葡萄糖在弱碱性溶液中能脱水形成 5- 羟甲基呋喃甲醛（5-HMF），5-HMF 再分解为乙酰丙酸和甲酸，同时形成一种有色物质，颜色的深浅与 5-HMF 产生的量成正比。pH 为 3.0 时葡萄糖分解最少，故配液时用盐酸调节 pH 至 3.8 ～ 4.0（葡萄糖注射液经配制、灭菌处理后，pH 会有所下降。因而配液时控制 pH 值相对高于 3.0，同时也兼顾身体耐受性）。同时严格控制灭菌温度和加热时间，使成品稳定。

❖ 例 4-6　0.9% 氯化钠注射液

【处方】注射用氯化钠 9g，注射用水加至 1000mL。

【处方分析】氯化钠为主药；注射用水为溶剂。

【制备工艺】取处方量氯化钠，加注射用水至 1000mL，搅匀，滤过，灌装，封口，115℃、68.7kPa 热压灭菌 30min，即得。

【规格】100mL：0.9g。

【注解】①本品 pH 应为 4.5 ～ 7.5。②本品久贮后对玻璃有侵蚀作用，产生具有闪光的硅酸盐脱片或其他不溶性的偏硅酸盐沉淀，一旦出现则不能使用。③水肿与心力衰竭患者慎用。

❖ 例 4-7　复方氨基酸输液

【处方】

L- 赖氨酸盐酸盐	19.2g	L- 异亮氨酸	6.6g
L- 缬氨酸	6.4g	L- 蛋氨酸	6.8g
L- 精氨酸盐酸盐	10.9g	L- 亮氨酸	10.0g
L- 苯丙氨酸	8.6g	甘氨酸	6.0g
L- 组氨酸盐酸盐	4.7g	亚硫酸氢钠	0.5g
L- 苏氨酸	7.0g	10% 氢氧化钠溶液	适量
L- 半胱氨酸盐酸盐	1.0g	注射用水	加至 1000mL
L- 色氨酸	3.0g		

【处方分析】氨基酸为主药；亚硫酸氢钠为抗氧剂；10% 氢氧化钠溶液为 pH 调节剂；注射用水为溶剂。

【制备工艺】取约 800mL 热注射用水，按处方量投入各种氨基酸，搅拌使全溶，加抗氧剂，并用 10% 氢氧化钠溶液调 pH 至 6.0 左右，加注射用水至 1000mL，过滤，灌封于 200mL 输液用玻璃瓶内，充氮气，加塞，轧盖，灭菌，即得。

【规格】每瓶 250mL；每瓶 500mL。

【注解】①应严格控制滴注速度。②本品系盐酸盐，大量输入可能导致酸碱失衡。大量使用或并用电解质输液时，应注意电解质与酸碱平衡。③用前必须仔细检查药液，如发现瓶身有破裂、漏气，或药液出现变色、发霉、沉淀、变质等异常现象时，绝对不应使用。④遇冷可能出现结晶，可将药液加热到 60℃，缓慢摇动使结晶完全溶解后再用。⑤开瓶药液一次用完，剩余药液不宜贮存再用。

❖ 例 4-8　静脉注射用脂肪乳

【处方】

精制大豆油	150g
精制大豆磷脂	15g
注射用甘油	25g
注射用水	加至 1000mL

【处方分析】大豆油为主药，兼油相；大豆磷脂为乳化剂；注射用甘油为等渗调节剂；注射用水为水相。

【制备工艺】称取精制大豆磷脂 15g，在高速组织捣碎机内捣碎后，加注射用甘油 25g 及注射用水 400mL，在氮气流下搅拌至形成半透明状的磷脂分散体系；放入二步高压均质机，加入精制大豆油与注射用水，在氮气流下均质多次后经出口流入乳剂收集器内；乳剂冷却后，于氮气流下经垂熔玻璃漏斗过滤，分装于玻璃瓶内，充氮气，瓶口加盖涤纶薄膜、橡胶塞密封后，加轧铝盖；水浴预热 90℃ 左右，于 121℃ 灭菌 15min，浸入热水中，缓慢冲入冷水，逐渐冷却，置于 4 ～ 10℃ 下贮存。

【规格】100mL：15g。

【注解】①长期使用，应注意脂肪排泄量及肝功能，每周应作血常规、凝血、血沉等检查。若血浆有乳光或乳色出现，应推迟或停止应用。②严重急性肝损伤，严重代谢紊乱（特别是脂肪代谢紊乱的脂性肾病），以及严重高脂血症患者禁用。③使用本品时，不可将电解质溶液直接加入脂肪乳剂，以防乳剂破坏，而使凝聚脂肪进入血液。④使用前，应先检查是否有变色或沉淀；启封后应 1 次用完。

❖ 例 4-9　右旋糖酐输液

【处方】

右旋糖酐	60g
氯化钠	9g
注射用水	加至 1000mL

【处方分析】右旋糖酐为主药；氯化钠为等渗调节剂；注射用水为溶剂。

【制备工艺】取右旋糖酐配成 15% 的浓溶液，过滤，加注射用水至 800mL，加入氯化钠溶解，调节 pH 4.4 ～ 4.9，加注射用水至全量，过滤，按不同规格分装，112℃ 热压灭菌 30min，即得。

【规格】① 100mL：6g 右旋糖酐与 0.9g 氯化钠；② 250mL：15g 右旋糖酐与 2.25g 氯化钠；③ 500mL：30g 右旋糖酐与 4.5g 氯化钠。

【注解】①右旋糖酐是蔗糖发酵后生成的葡萄糖聚合物，其通式为（$C_6H_{10}O_5$）$_n$，按分子量不同分为高分子量（10 万 ～ 20 万）、中分子量（4.5 万 ～ 7 万）、低分子量（2.5 万 ～ 4.5 万）和小分子量（1 万 ～ 2.5 万）4 种。分子量越大，体内排泄越慢。目前，临床上主要用中分子量和低分子量的右旋糖酐。②右旋糖酐经生物合成法制得，易夹带热原，故制备时活性炭的用量较大。③本品溶液黏度高，需在较高温度时加压滤过。④本品灭菌一次，其分子量下降 3000 ～ 5000，灭菌后应尽早移出灭菌锅，以免颜色变黄，应严格控制灭菌温度和灭菌时间。⑤本品在贮存过程中，易析出片状结晶，主要与贮存温度和分子量有关，在同一温度条件下，分子量越低越容易析出结晶。

第四节　注射用无菌粉末工艺

注射用无菌粉末（sterile powder for injection）又称粉针剂，系指原料药物或与适宜辅料制成的供临用前用无菌溶液配制成注射液的无菌粉末或无菌块状物，一般采用无菌分装或冷冻干燥法制得。可用适宜的注射用溶剂配制后注射，也可用静脉输液配制后静脉滴注。注射用无菌粉末配制成注射液后应符合注射液的要求。

依据不同的生产工艺，注射用无菌粉末可分为注射用无菌粉末（无菌原料）直接分装产品和注射用冻干无菌粉末产品。

（1）注射用无菌粉末（无菌原料）直接分装产品　采用无菌粉末直接分装法制备。常见于抗生素类，如注射用青霉素钠、注射用头孢西丁钠、注射用对乙酰水杨酸钠等。

（2）注射用冻干无菌粉末产品　采用冷冻干燥法制备。常见于生物制品或者水中不稳定的其他药物，如注射用辅酶 A、注射用异环磷酰胺、注射用盐酸万古霉素、注射用缩宫素、注射用抑肽酶等。

注射用无菌粉末的质量要求与溶液型注射剂基本一致，其质量检查应符合《中国药典》（2025 年版）的规定。除应符合《中国药典》（2025 年版）对注射用原料药物的各项规定外，还应符合下列要求：①粉末无异物，配成溶液后可见异物检查合格；②粉末无不溶性微粒，配成溶液后不溶性微粒检查合格；③粉末细度或结晶度应适宜，便于分装；④无菌、无热原或细菌内毒素；⑤应标明配制溶液所用的溶剂种类，必要时还应标注溶剂量；⑥装量差异或含量均匀度合格，凡规定检查含量均匀度的注射用无菌粉末，一般不再进行装量差异检查。

一、注射用无菌粉末直接分装产品生产工艺

注射用无菌粉末直接分装产品系指以无菌操作法将经过无菌精制的药物粉末分（灌）装于灭菌容器内的注射剂。需要无菌分装的注射剂是不耐热、不能采用最终灭菌工艺的产品，其生产过程必须无菌操作，并要防止异物混入。无菌分装的注射剂引湿性强，在生产过程中应特别注意无菌室的相对湿度、胶塞和瓶子的水分、工具的干燥和成品包装的严密性。

（一）注射用无菌粉末直接分装产品生产工艺流程

为保障注射用无菌粉末直接分装产品的质量，其生产工序和生产区域洁净度需遵循 GMP 规定。

1. 注射用无菌粉末直接分装产品的主要生产工序与洁净度要求

注射用无菌粉末直接分装产品的生产工序包括原辅料的消毒、西林瓶粗洗及精洗、灭菌干燥、胶塞处理及灭菌、铝盖洗涤及灭菌、分装、轧盖、目检、包装等工序。

不同工序的洁净度要求不同。按 GMP 规定，其生产区域空气洁净度级别分为 B 级背景下的局部 A 级洁净区、B 级洁净区、D 级洁净区和一般生产区。其中无菌分装、压塞、轧盖、西林瓶出隧道式烘箱、胶塞出灭菌柜及其存放等工序需要局部 B 级背景下的局部 A 级洁净区，

原辅料的消毒、瓶塞清洗及灭菌为 D 级洁净区。

2. 注射用无菌粉末直接分装产品的生产工艺流程图

注射用无菌粉末直接分装产品的生产工艺流程图及工序洁净度要求见图 4-12。

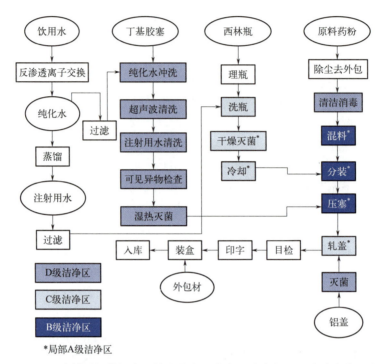

图 4-12　注射用无菌粉末直接分装产品生产工艺流程及工序洁净度要求

（二）注射用无菌粉末直接分装产品生产控制要点、常见问题及对策

1. 生产控制要点

（1）原材料准备

① 原料药的准备。为制定合理的生产工艺，首先应对药物的理化性质进行研究和测定。通过测定药物的热稳定性，可确定产品最后能否进行灭菌处理；通过测定药物的临界相对湿度，确保分装室的相对湿度控制在临界相对湿度以下，避免药物吸湿变质。此外，粉末晶型和粉末松密度与制备工艺有密切关系，通过测定这些参数，使分装易于控制。

无菌原料药可用灭菌结晶法、喷雾干燥法等方法制备，必要时可进行粉碎、过筛等操作，在无菌条件下分装而制得符合注射用的灭菌粉末。

② 玻璃瓶的清洗、灭菌和干燥。根据 GMP 要求，玻璃瓶经过粗洗后用纯水冲洗，最后一次用 0.22μm 微孔滤膜滤过的注射用水冲洗，同时要求洗净的玻璃瓶应在 4h 内灭菌和干燥，使玻璃瓶达到洁净、干燥、无菌、无热原。常见的干热灭菌条件是 180℃ 加热 1.5h 或者于隧道式灭菌烘箱内 320℃ 加热 5min 以上。灭菌后的玻璃瓶应存放在 A 级层流下或存放在专用容器中。

③ 胶塞的清洗、灭菌和干燥。胶塞用稀盐酸煮洗、饮用水及纯化水冲洗，最后用注射用

水漂洗。洗净的胶塞进行硅化，硅油应经180℃加热1.5h去除热原。处理后的胶塞在8h内灭菌，可采用热压灭菌法，在121℃热压灭菌40min，并于120℃烘干备用。灭菌后的胶塞应存放在A级层流下或存放在专用容器中。

④ 制备无菌原料。无菌原料可用灭菌结晶或喷雾干燥等方法制备，必要时需进行粉碎、过筛等操作，在无菌条件下制得符合注射用的无菌粉末。

（2）**无菌粉剂的充填、盖胶塞和轧封铝盖**　分装必须在高度洁净的无菌室中按照无菌操作法进行。采用容积定量或螺杆计量方式，通过装粉机构定量地将粉剂分装在玻璃瓶内，并在同一洁净度环境下将经过清洗、灭菌、干燥的洁净胶塞盖在瓶口上。此过程在专用分装机上完成，分装机应有局部层流装置。玻璃瓶装粉盖胶塞后，将铝盖严密地包封在瓶口上，保证瓶内的密封，防止药品受潮、变质。

（3）**半成品检查**　药物分装轧盖后，粉针剂的基本生产过程即已完成。为保证产品质量，在此阶段应进行半成品检查，主要检查玻璃瓶有无破损、裂纹，胶塞、铝盖是否密封，装量是否准确以及瓶内有无异物等。异物检查一般在传送带上目检。

（4）**印字包装**　目前生产上印字包装均已实现机械化操作。将带有药品名称、药量、用法、生产批号、有效期、批准文号、生产厂及特定标识字样的标签牢固、规整地粘贴在玻璃瓶瓶身上。经过此过程生产出来的产品，经过检验即可作为成品。粉针剂制成成品后，为方便储运，以10瓶、20瓶或50瓶为一组装在纸盒里并加封，再装入纸箱。

2. 常见问题及对策

在实际生产过程中，对生产过程和工艺参数的控制均不能超过无菌生产工艺的验证过的控制范围。注射用无菌粉末直接分装产品除了应进行含量测定、可见异物等注射剂的一般检查项目外，还应特别注意其吸湿、无菌、检漏、装量差异和澄清度等问题。

（1）**吸湿变质**　一般认为吸湿变质是胶塞透气性和铝盖松动导致水分渗入所致。在分装过程中应注意防止吸湿。一方面对所有橡胶塞进行密封防潮性能测定，选择密封性能好的胶塞，并确保铝盖封口严密。目前，大部分厂家多采用气密性好、耐高温等的丁基胶塞。另一方面可在铝盖压紧后于瓶口烫蜡，防止水汽渗入。

（2）**无菌问题**　无菌分装产品系在无菌操作条件下制备，稍有不慎就有可能使局部受到污染，而微生物在固体粉末中繁殖较慢，不易为肉眼所见，危险性更大。为了保证用药安全，解决无菌分装过程中的污染问题，要求采用层流净化装置，为高度无菌提供可靠的保证。对耐热产品尚需进行补充灭菌。

（3）**检漏**　粉针剂的检漏较为困难。一般耐热的产品可在补充灭菌时进行检漏，漏气的产品在火菌时易吸湿结块。不耐热的产品可用亚甲蓝溶液检漏，但可靠性无法保证。

（4）**装量差异**　物料流动性差是产生装量差异的主要原因。就物料本身而言，其理化性质对于流动性的影响显著，例如颗粒的粒径及其分布、晶型、摩擦系数、静电电压、空隙率、压缩性、引湿性以及含水量等。在生产条件方面，环境温度、空气湿度以及机械设备性能等均会影响流动性。流动性差会影响分装时的均一性控制，以致产生装量差异，应根据具体情况分别采取应对措施。例如，以乙醇为有机溶剂制备的青霉烷砜酸结晶，其晶态类似不规则的圆锥或扇形类的黏合体，可有效改善其注射剂无菌分装工艺中粉体的流动性及混粉的均一性，装量差异的问题得到较好解决。

（5）**澄清度问题**　由于无菌分装产品要经过一系列处理，以致污染机会增多，这往往使粉末溶解后出现絮状物、可见微粒等异物，导致澄清度不合要求，因此应从原料处理开始，严格控制环境洁净度和原料质量，以防止污染。

（三）注射用无菌粉末直接分装产品实例

❖ **例 4-10　注射用青霉素钠**

【处方】

青霉素钠（$C_{16}H_{17}N_2NaO_4S$）　　0.24g（40 万个单位）

无菌氯化钠　　　　　　　　　　0.01g

【处方分析】青霉素钠为主药；无菌氯化钠为等渗调节剂。

【制备工艺】青霉素钠原料→灭菌结晶→消毒→混粉（青霉素钠＋无菌氯化钠）→粉末分装→内包→外包→成品。

【规格】以青霉素钠计 0.24g（40 万单位）。

【注解】①本品是一种青霉素类抗生素，为白色结晶性粉末，无臭或微有特异性臭，有引湿性，遇酸、碱或氧化剂等即迅速失效，水溶液在室温放置易失效。②青霉素钠可以经静脉滴注、肌内注射或皮内注射给药。皮试时经皮内注射，20min 后观察结果。成人常规剂量：肌内注射，一日 80 万～200 万单位，分 3～4 次给药；静脉滴注，一日 200 万～2000 万单位，分 2～4 次给药。③青霉素钠适用于敏感菌或敏感病原体感染，如脓肿、菌血症、肺炎、心内膜炎；也适用于溶血性链球菌、肺炎链球菌、不产青霉素酶葡萄球菌、梭状芽孢杆菌、炭疽、白喉等感染；治疗草绿色链球菌感染性心内膜炎时联用氨基糖苷类药品；进行口腔、牙科、胃肠道或泌尿生殖道手术操作前使用，可预防感染性心内膜炎。

二、注射用冻干无菌粉末产品生产工艺

注射用冻干无菌粉末产品系指将含水物料采用冷冻干燥技术制备的无菌制剂。适用于在常温下不稳定的药物，如干扰素、白介素、生物疫苗等药品以及一些医用酶制剂和血浆等生物制剂等。

注射用冻干无菌粉末产品是在低温、真空条件下制得，可避免药品氧化分解、变质，而且冷冻干燥所得产品质地疏松，剂量准确，外观优良，药品复溶性好，加水后迅速溶解并恢复药液原有的特性。药液配制和灌装容易实现无菌化生产，实行药液的无菌过滤处理，有效去除细菌及杂物。但也有不足之处，比如溶剂不能随意选择、技术比较复杂、需特殊生产设备、成本较高、产量低等。

（一）注射用冻干无菌粉末产品生产工艺流程

为保障注射用冻干无菌粉末产品的质量，其生产工序和生产区域洁净度级别需遵循 GMP 规定。

1. 注射用冻干无菌粉末产品的主要生产工序与洁净度要求

注射用冻干无菌粉末产品的生产过程包括西林瓶清洗及干燥灭菌、胶塞处理及灭菌、铝盖洗涤及灭菌、灌装、冻干、轧盖、灯检、贴签、包装等工序。

不同工序的洁净度要求不同。按 GMP 规定，其生产区域空气洁净度级别分为 B 级背景下的局部 A 级洁净区、B 级洁净区、C 级洁净区、D 级洁净区和一般生产区。其中，料液的灌装、冻干、轧盖、瓶存放为 B 级环境下的 A 级洁净区，配制、过滤为 C 级洁净区，瓶塞精洗、瓶塞干燥灭菌应至少为 D 级洁净区。

2. 注射用冻干无菌粉末产品的生产工艺流程图

注射用冻干无菌粉末产品的生产区域按空气洁净度级别分为 A 级洁净区、B 级洁净区、C 级洁净区和 D 级洁净区，其生产工艺流程及工序洁净度要求见图 4-13。

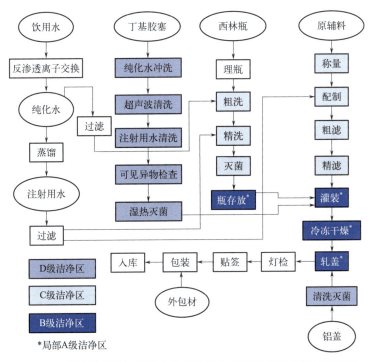

图 4-13 注射用冻干无菌粉末产品生产工艺流程及工序洁净度要求

（二）注射用冻干无菌粉末产品生产控制要点、常见问题及对策

1. 生产控制要点

（1）冷冻干燥　它是指将含水物料在较低的温度（-50 ～ -10℃）下冻结为固态后，在适当的真空度（1.3 ～ 13Pa）下逐渐升温，使其中的水分不经液态直接升华为气态，再利用真空系统中的冷凝器将水蒸气冷凝，使物料低温脱水而达到干燥目的的一种技术。

冷冻干燥的原理可用水的三相平衡加以说明，如图 4-14 所示。图中 *OA* 线是冰和水的平衡曲线，在此线上冰、水共存；*OB* 线是水和蒸汽平衡曲线，在此线上水、汽共存；*OC* 线是冰和蒸汽的平衡曲线，在此线上冰、汽共存；O 点是冰、水、汽的平衡点，在这个温度和压力时，冰、水、汽共存，此点温度为0.01℃、压力为613.3Pa。此时对于冰来说，降压或升温都可打破气固平衡。从图可以看出，当压力低于613.3Pa时，不管温度如何变化，只有水的固态和气态存在，液态不存在，即固相（冰）受热时不经过液相直接变为气相，而气相遇冷时放热直接变为冰。

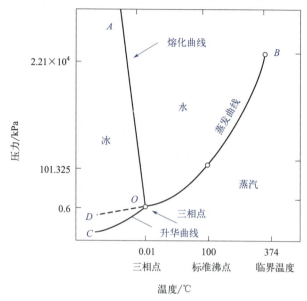

图4-14 水的三相平衡

（2）**冻干过程** 该过程主要包括预冻、一次干燥（升华）和二次干燥（解吸附）三个彼此独立而又相互依赖的步骤，如图4-15所示。

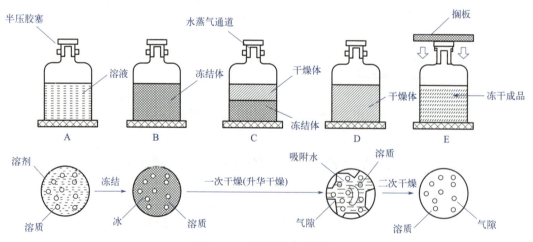

图4-15 冻干过程示意图

A—溶液；B—冷结体；C—干燥体＋冻结体；D—一次干燥体；E—二次干燥体

① 配液与灌装。将药品和赋形剂溶解于适当溶剂（通常为注射用水）中，将药液通过0.22μm的微孔滤膜过滤，灌装于已灭菌的容器中，并在无菌条件下进行半压塞。

② 预冻。预冻是在常压下使制品冻结，使之适于升华干燥的状态。预冻时，冷却速度及制品的成分、含水量、液体黏度和不可结晶成分的存在等是影响晶体大小、形状和升华阶段的主要因素。预冻温度应低于产品低共熔点 10 ～ 20℃。如果预冻温度不在低共熔点以下，抽真空时则有少量液体"沸腾"而使制品表面凹凸不平。

预冻方法有速冻法和慢冻法。速冻法就是在产品进箱之前，先把冻干箱温度降到 -45℃ 以下，再将制品装入箱内。这样急速冷冻，形成细微冰晶，晶体中空隙较小，制品粒子均匀细腻，具有较大的比表面积和多孔结构，产品疏松易溶。但升华过程速度较慢，成品引湿性也较大，对于酶类或活菌活病毒的保存有利。慢冻法所得晶体较大，有利于提高冻干效率，但升华后制品中空隙相对较大。

③ 一次干燥。一次干燥阶段主要是除去自由水，可采用一次升华法或反复预冻升华法。一次升华法系在溶液完全冻结后，将冷凝器温度下降至 -45℃ 以下，启动真空泵，至真空度达到 13.33Pa（0.1mmHg）以下时关闭冷冻机，通过隔板下的加热系统缓缓升温，开始升华干燥。当产品温度升至 3 ～ 5℃ 后，保持此温度至除去自由水。该法适用于低共熔点在 -20 ～ -10℃，且溶液浓度和黏度不大，装量高度在 10 ～ 15mm 的产品。而对于低共熔点较低或结构复杂、黏稠的产品（如多糖或中药提取物等难以冻干的产品），在升华过程中，往往冻块软化，产生气泡，并在表面形成黏稠状的网状结构，从而影响升华干燥和产品的外观。可采用反复预冻升华法，即反复预冻升温，以改变产品结构，使其表面外壳由致密变为疏松，有利于冰的升华，可缩短冻干周期。

④ 二次干燥。 二次干燥阶段的目的是除去制品内以吸附形式结合的水分。待制品内自由水基本除去后进行第二步升温，这时可迅速使制品上升至规定的最高温度，进行解吸干燥（即二次干燥）。此时，冻干箱内必须保持较高的真空度，在产品内外形成较大的压差，促进产品内水分的逸出。还需要配备精确的温度和压力监控装置，确定二次干燥的终点。

⑤ 压塞。根据要求进行真空压塞或充氮压塞。如果是真空压塞，则在干燥结束后立即进行，通常由冻干机内的液压式或螺杆式压塞装置完成全压塞密封。如果是充氮压塞，则需进行预放气，使氮气充到设定的压力（一般在 66.6 ～ 80.0kPa），然后压塞。压塞完毕后放气，直至与大气压相等后出箱，出箱后轧铝盖、灯检、贴签、包装。

2. 常见问题及对策

（1）**含水量偏高** 冻干粉针剂质量标准中要求含水量在 1% ～ 4% 之间，含水量过高不仅影响产品的外观，还影响产品的安全性。

含水量过高的原因主要有：装入的液层过厚，干燥时加热系统供热强度不足或供热时间过短，真空系统提供的真空度不够，制冷系统中冷凝器的温度偏高，制品吸湿等。

解决办法：样品装液量减少，装液厚度控制在 10mm 以下，尽量不要超过 15mm；适当调高升华温度，提供足够热量，延长冻干时间；控制好真空度，避免真空异常。

（2）**喷瓶** 喷瓶现象在实际的生产中常有发生，主要表现为部分产品熔化成液体，在高真空条件下从体系中其他已干燥的固体界面下喷出。

原因可能有：预冻时间短，预冻温度过高，设备热分布不均匀等使产品冻结不实，有少量液体；或升华时供热过快，局部过热，使部分制品熔化为液体，在高真空条件下，少量液体从已干燥的固体界面下喷出而形成喷瓶。

解决办法：为了防止喷瓶，必须控制温度在低共熔点以下 10 ～ 20℃，同时加热升华，温度不要超过该溶液的低共熔点，升温速率均匀，且不宜过快。

（3）产品外形不饱满或萎缩 冻干过程中物料的表面首先与外界环境接触产生响应，率先形成的干燥外壳结构致密，使水蒸气难以穿过而升华出去，并使部分药品逐渐潮解，导致体积收缩和外观不饱满。一般黏度较大的样品更易出现这类情况。

解决办法：包括处方和冻干工艺两个方面。在处方中适量加入甘露醇或氯化钠等填充剂，可改善结晶状态和制品的透气性，使制品比较疏松，有利于水蒸气的升华；在冻干工艺制备上采用反复预冻升华法，可防止形成干燥致密的外壳，也有利于水蒸气的顺利逸出，使产品外观得到改善。

（4）其他冷冻干燥过程中易出现的问题 若冻干机无在线灭菌功能，箱体消毒不彻底，则可通过技术改造（如加装过氧化氢蒸汽模块）、替代灭菌方案（采用移动式过氧化氢灭菌设备）及清洁流程优化实现有效消毒。

若物料采用人工转移，对产品产生污染，可通过"设备隔离 - 自动化替代 - 工艺革新"三重防线实现。优先推荐轨道输送系统（适用于大规模生产）或限制进出屏障系统集成方案（小批量灵活生产），结合无托盘工艺改造可显著降低微粒污染风险。

若产品全压塞后，部分产品的胶塞会跳起，需从包材匹配性、工艺参数、胶塞设计三方面系统优化。优先验证胶塞与瓶口尺寸匹配性，调整硅化工艺（硅油量、温度、时间），并选择防跳设计的胶塞。若辅料可能产气，需额外评估配方合理性。

（三）注射用冻干无菌粉末产品实例

❖ **例 4-11　注射用辅酶 A（coenzyme A）的无菌冻干制剂**

【处方】

辅酶 A	56.1 单位
水解明胶	5mg
甘露醇	10mg
葡萄糖酸钙	1mg
半胱氨酸	0.5mg

【处方分析】辅酶 A 为主药；水解明胶、甘露醇、葡萄糖酸钙为填充剂；半胱氨酸为稳定剂。

【制备工艺】将上述各成分用适量注射用水溶解后，无菌过滤，分装于安瓿中，每支 0.5mL，冷冻干燥后封口，检漏，即得。

【规格】50 单位 / 支。

【注解】①本品为静脉滴注，一次 50 单位，一日 50～100 单位，临用前用 500mL 5% 葡萄糖注射液溶解后滴注；若肌内注射，一次 50 单位，一日 50～100 单位，临用前用 2mL 生理盐水溶解后注射。②辅酶 A 为白色或微黄色粉末，有引湿性，易溶于水，不溶于丙酮、乙醚、乙醇，易被空气、过氧化氢、碘、高锰酸盐等氧化成无活性二硫化物，故在制剂中加入半胱氨酸等，用甘露醇、水解明胶等作为赋形剂。③辅酶 A 在冻干工艺中易丢失效价，故投料量应酌情增加。

第五节 滴眼剂工艺

滴眼剂（eye drops）系指由原料药物与适宜辅料制成的供滴入眼内的无菌液体制剂，可供抗菌、消炎、收敛、散瞳、缩瞳、局麻、降低眼内压、保护及诊断等使用。

一、滴眼剂生产工艺

（一）滴眼剂的主要生产工序与洁净度要求

滴眼剂的无菌生产工艺如无特殊要求，一般要求工艺流程由原辅料称量、药液配制、除菌过滤、灌装、质检、包装、检验、入库等工序组成。

不同工序洁净度的要求不同。按 GMP 规定，其生产区域空气洁净度级别分为 C 级背景下的局部 A 级洁净区、C 级洁净区和一般生产区。其中，灌装为 C 级环境下的局部 A 级洁净区，称量、配液、除菌过滤为 C 级洁净区。

（二）滴眼剂的生产工艺流程图

滴眼剂的生产工艺流程及工序洁净度要求见图 4-16。

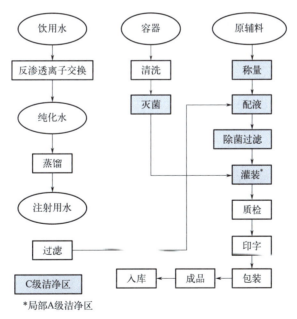

*局部A级洁净区

图 4-16　滴眼剂的生产工艺流程及工序洁净度要求

工业生产中，滴眼剂可采用无菌滴眼剂瓶进行无菌灌装，其中滴眼剂瓶可以直接购买无菌制品或者生产前进行清洗—烘干—灭菌处理，还可采用进口的吹灌封一体机进行生产。

用于手术、伤口、角膜穿通伤的滴眼剂及眼用注射溶液应按注射剂生产工艺制备，分装于单剂量容器中后密封或熔封，最后灭菌，不加抑菌剂，一次用后弃去，保证无污染。

洗眼剂的制备工艺与滴眼剂基本相同，其用输液瓶包装，清洁方法按输液包装容器处理。若主药不稳定，全部以严格的无菌操作法制备；若药物稳定，可在分装前大瓶装后灭菌，然后再在无菌操作条件下分装。

二、滴眼剂生产控制要点、常见问题及对策

（一）生产控制要点

1. 滴眼剂容器的处理

滴眼剂的容器有玻璃瓶与塑料瓶两种。中性玻璃对药液的影响小，配有滴管并封以铝盖的小瓶，可使滴眼剂保存较长时间，遇光不稳定药物可选用棕色瓶。玻璃滴眼剂瓶清洗处理与注射剂容器相同，经干热灭菌或热压灭菌备用。橡胶帽、塞的洗涤方法与输液瓶的橡胶塞处理方法相同，但由于无隔离膜，应注意药物吸附问题。塑料滴眼剂瓶由聚烯烃吹塑制成，即时封口，不易污染且价廉、质轻、不易碎裂、方便运输，较常用。但塑料瓶可能影响药液，如吸附药物或附加剂（如抑菌剂）而引起组分损失、塑料中的增塑剂等成分溶入药液而造成产品污染等。此外，塑料瓶不适用于对氧敏感的药液。塑料滴眼剂瓶的清洗处理与注射剂容器相同，采用气体灭菌法如环氧乙烷灭菌。

2. 药液的配制与过滤

滴眼剂所用器具于洗净后使用湿热／干热灭菌，或用灭菌剂（用 75% 乙醇配制的 0.5% 度米芬溶液）浸泡灭菌，用前再用纯化水及新鲜的注射用水洗净。

滴眼剂种类多，药液基质的物理性质不同，得到无菌药液的工艺也不一样，水溶性基质可以用过滤除菌法，胶体状基质采用热压灭菌法。眼用混悬剂配制，可将药物微粉化后灭菌，然后按一般混悬剂制备工艺配制即可。中药眼用溶液剂，先将中药按注射剂的提取和纯化方法处理，制得浓缩液后再进行配液。

3. 药液的灌装

眼用液体制剂配成药液后，应抽样进行定性鉴别和含量测定，符合要求方可分装于无菌容器中。普通滴眼剂每支分装 5 ～ 10mL 即可，供手术用的眼用液体制剂可装于 1 ～ 2mL 的小瓶中，再用适当的灭菌方法灭菌。工业化生产常用减压真空灌装法分装。单剂量滴眼剂每支分装 0.2 ～ 0.6mL 即可，分装于 0.4 ～ 0.8mL 滴眼剂瓶中，采用非最终灭菌工艺进行灌装，工业化生产常采用时间压力法进行灌装装量控制。

4. 质量检查

（1）**可见异物检查**　照《中国药典》（2025 年版）四部制剂通则 0105 眼用制剂项下【可见异物】检查方法检查，应符合规定。

（2）**混悬液粒度**　照《中国药典》（2025 年版）四部制剂通则 0105 眼用制剂项下【粒度】检查方法测定，应符合规定。

（3）**无菌**　供角膜创伤或手术用的滴眼剂或眼内注射溶液，按《中国药典》（2025 年版）四部制剂通则 1101 无菌检查法检查，应符合规定。

（4）装量：除另有规定外，照《中国药典》（2025年版）四部制剂通则0105眼用制剂项下【装量】检查方法测定，应符合规定。

（二）常见问题及对策

1. 无菌问题

若无菌不符合规定，可采用以下对策：①生产工艺控制。将配制用具与容器用适当方法清洗后灭菌备用，在无菌环境中配制药液、通过除菌过滤方式进入灌装区域分装，操作过程避免污染，可适当添加抑菌剂。②内包材质量控制。一般情况下，滴眼剂生产企业内包材来源有几种情况，一是外购无菌内包材，二是外购未灭菌内包材，三是自行生产无菌内包材（吹灌封一体生产工艺）。目前多剂量眼用制剂内包材主要采用环氧乙烷灭菌或直接采购无菌级内包材，单剂量眼用制剂一般采用吹灌封技术，无须灭菌。③抑菌剂的使用。绝大多数的多剂量眼用制剂中都添加了抑菌剂。

2. 可见异物问题

对于滴眼剂而言，可见异物的控制是难点。可见异物的来源主要有外源性物质以及内源性物质。

外源性可见异物的主要来源是内包材。针对外源性可见异物，企业一般采用注射用水清洗、环氧乙烷灭菌、负离子风气洗的方式控制内包材中的异物。此外，生产环境的控制、人员无菌操作的规范性以及管路、配制罐等设备的钝化膜是否完整对于可见异物的控制也至关重要。特别要考虑过滤器的使用寿命，以免过度使用导致材质脱落。

内源性可见异物的主要来源是注射用水中的机械微粒、生物微粒以及络合离子。针对内源性可见异物，企业应重点关注注射用水的质量、制水设备及管路的材质和清洁维护。另外，滴眼剂药液本身的一些特性，如pH值、热不稳定性、溶解度、温度等的变化可能会导致溶液中可溶物质的析出和沉淀。因此，除了对处方和生产工艺进行充分的研究外，企业还应对药液温度、pH值等关键工艺参数进行严格控制。

由于滴眼剂配制系统比较复杂，滴眼剂基质组分物理性质差异大、种类多，配制系统可能需要配备多个不同功能的罐体和管路，还可能涉及高速剪切机或均质机等设备，建议滴眼剂配制罐应具有升温、降温、实消等功能，配制系统能实现在线清洁和在线灭菌。

三、滴眼剂实例

❖ 例4-12　醋酸可的松滴眼液（混悬液）

【处方】

醋酸可的松（微晶）	5.0g
吐温80	0.8g
硝酸苯汞	0.02g
硼酸	20.0g

| 羧甲基纤维素钠 | 2.0g |
| 蒸馏水 | 加至 1000mL |

【处方分析】醋酸可的松（微晶）为主药；吐温 80 为润湿剂；硝酸苯汞为防腐剂；硼酸为 pH 调节剂，兼等渗调节剂；羧甲基纤维素钠为助悬剂；蒸馏水为分散介质。

【制备工艺】取硝酸苯汞溶于处方量 50% 的蒸馏水中，加热至 40～50℃，加入硼酸、吐温 80 使溶解，3 号垂熔玻璃漏斗过滤，待用；另将羧甲基纤维素钠溶于处方量 30% 的蒸馏水中，用垫有 200 目尼龙网布的布氏漏斗过滤，加热至 80～90℃，加醋酸可的松（微晶）搅匀，保温 30min，冷至 40～50℃，再与硝酸苯汞等溶液合并，加蒸馏水至足量，200 目尼龙网筛过滤两次，分装，封口，灭菌，即得。

【规格】10mL：50mg。

【注解】①醋酸可的松（微晶）的粒径应在 5～20μm 之间，过粗易产生刺激性，降低疗效，甚至会损伤角膜。②羧甲基纤维素钠为助悬剂，配液前需精制。本滴眼液中不能加入阳离子表面活性剂，因与羧甲基纤维素钠有配伍禁忌。③为防止结块，灭菌过程中应振摇，或采用旋转无菌设备，灭菌前后均应检查有无结块。④硼酸为 pH 与等渗调节剂，因氯化钠能使羧甲基纤维素钠黏度显著下降，促使结块沉降，改用 2% 的硼酸后，不仅改善降低黏度的缺点，且能减轻药液对结膜的刺激性。本品 pH 为 4.5～7.0。

第六节　植入剂工艺

植入剂（implant）系指由原料药物与辅料制成的供植入人体内的无菌固体制剂。植入剂一般采用特制的注射器植入，也可以用手术切开植入，在体内持续释放药物，维持较长的时间，供腔道或皮下植入用。

植入剂具有恒速释药、长效等突出优势，可达数月甚至数年的持续释药，可提高患者用药的顺应性，一般适合于小剂量药物。

根据《中国药典》（2025 年版）四部通则 0124，植入剂在生产与贮藏期间应符合下列有关规定。

① 植入剂所用的辅料必须是生物相容的，可以用生物不降解材料如硅橡胶，也可用生物降解材料。前者在达到预定时间后，应将材料取出。

② 植入剂应通过终端灭菌或无菌生产。

③ 植入剂应进行释放度测定。

④ 植入剂应单剂量包装，包装容器应灭菌。

⑤ 植入剂应避光密封贮存。

除另有规定外，植入剂应进行以下相应检查。

【装量差异】除另有规定外，植入剂照下述方法检查，应符合规定。

检查法　取供试品 5 瓶（支），除去标签、铝盖，容器外壁用乙醇擦净，干燥，开启时注意避免玻璃屑等异物落入容器中，分别迅速精密称定，倾出内容物，容器用水或乙醇洗净，在适宜条件下干燥后，再分别精密称定每一容器的重量，求出每瓶（支）的装量与平均装量。每瓶（支）装量与平均装量相比较，应符合表 4-3 中规定，如有 1 瓶（支）不符合规定，应另取 10 瓶（支）复试，应符合规定。

表 4-3　植入剂装量差异限度

平均装量	装量差异限度
0.05g 及 0.05g 以下	±15%
0.05g 以上至 0.15g	±10%
0.15g 以上至 0.50g	±7%
0.50g 以上	±5%

凡进行含量均匀度检查的植入剂，一般不再进行装量差异检查。

【无菌】照《中国药典》（2025 年版）四部通则无菌检查法（通则 1101）检查，应符合规定。

一、植入剂的分类

根据药物在植入剂中存在的方式和植入剂使用方式的差异，可分为固体载药植入剂、注射给药植入剂、植入泵制剂。

（一）固体载药植入剂

固体载药植入剂系指药物分散于载体材料中，以柱、棒、丸、片等形式经手术植入给药。常用的制备方法有溶解分散法、溶剂蒸发法、微球压片法等。根据载体材料不同，又可分为非生物降解型和可生物降解型。

1. 非生物降解型植入剂

这是早期研究及应用的植入体系之一，由在体内不可生物降解的载体材料通过一定制备方法制成，常用材料为硅橡胶、聚氨酯、聚丙烯酸酯、乙烯 - 醋酸乙烯酯共聚物等。如用于长效避孕的埋植皮下胶囊 Norplant®，该产品包含 6 个硅橡胶小胶囊，各包裹 36mg 左炔诺孕酮，将其埋植于女性上臂内侧皮下，避孕周期长达 5 年，自 1990 年被 FDA 批准上市后现为多个国家所广泛使用。然而，非生物降解型植入给药系统在释药周期结束后，需通过手术进行收集并将其取出，这一过程亦常常造成患者身体的不适和二次伤害。

2. 可生物降解型

植入剂所用载体材料在体内可自发降解为单体小分子，降解机制包括水解、酶解、氧化、物理降解等过程，释药结束后不需要再通过手术将其取出，大大提高了患者的顺应性。这类材料已部分替代非生物降解材料用于避孕药、抗肿瘤药植入剂的生产，如植入片 Gliadel® Wafer 于 2000 年开始用于术后恶性脑胶质瘤的化疗，亦可将其他不能透过血脑屏障的抗肿瘤药（如卡铂、环磷酰胺）直接植入颅内进行治疗。

例如，采用多孔玻璃（SPG）膜乳化法制备微球注射用曲安奈德微球植入剂，取曲安奈德、乳酸 - 羟基乙酸共聚物（PLGA）与二氯甲烷混合均匀，以一定压力通过 SPG 膜乳化膜管，分散到含有 PEG 4000 的 PVA 溶液（连续相）中，磁力搅拌挥发溶剂，使微球固化，清洗掉 PLGA 在固化时没有完全包裹析出的曲安奈德，干燥，即得微球成品，待后续生产。

（二）注射给药植入剂

注射给药植入剂是将高分子材料注射于人体，使聚合物在生理条件下产生分散状态或构象的可逆变化，使注射剂由液态向凝胶转化，形成半固态的药物贮库，并通过其降解过程长期稳定控制药物释放。与传统的预成型植入剂相比，该剂型具有生产相对简便、对机体损伤小、患者顺应性好等优点，可用于全身性及局部药物递送、组织工程、整形外科等。

根据体内成形的机制，可大致分为在体交联体系、在体固化有机凝胶、溶剂移除沉淀体系等类型。

1. 在体交联体系

通过加热、光照、离子介导等方法，使植入剂在体内相互交联而形成聚合物网络固体或凝胶。该体系对体内反应条件要求严格，且化学交联反应发生时通常会释放出一定的热量，对机体组织造成损伤，物理交联体系则对聚合物自身的构象具有较高的要求。

2. 在体固化有机凝胶

由不溶于水的两性脂质分子组成，大部分此类脂质为油酸甘油酯，溶液状态注射入体内水环境中，脂质溶胀形成含有一个三维脂质双分子层的立方液晶相，双分子层由水通道隔开。液晶相黏度很高，具有类似凝胶的结构，可应用于药物控释。目前，此类系统主要运用于控释亲脂类药物。有机凝胶制备工艺相对复杂且影响因素较多，限制了该体系的深入研究。

3. 溶剂移除沉淀体系

利用相分离原理，将水不溶性聚合物溶于与水互溶的有机溶剂后注入体内，有机溶剂向周围的体液环境扩散，同时周围的水分子扩散进入聚合物，使其固化从而在注射部位沉淀形成药物贮库。因此该体系的主要不足是植入初期的突释较大，另外有机溶剂具有一定的毒性。目前该体系已有产品经 FDA 批准上市，具代表性的是 2002 年 Atrix Laboratories 推出的 Eligard® 系列产品，该系列为醋酸亮丙瑞林皮下注射用混悬剂，可缓释 1、3、4、6 个月不等，用于姑息性治疗晚期前列腺癌。

（三）植入泵制剂

植入泵制剂是具有微型泵的植入剂，通过将泵或者导管植入到作用部位，依靠自身或外部环境的推动力缓慢注入药物。与非生物降解型 / 生物降解型植入系统相比，释药速率更稳定（一般可达零级释放），并可以根据临床需求更准确地调节给药速率；动力源可长期使用并可通过皮下注射等方式向泵中补充药液，避免多次注射；但普遍成本较高，部分装置外挂，影响患者顺应性。

根据释放的动力不同，可分为输注泵、蠕动泵、渗透泵等。输注泵以氟碳化合物作为推动力，广泛用于胰岛素给药的治疗糖尿病，最早应用此原理的产品为美国 Metal Bellows 公司的 Infusaid® 植入泵。蠕动泵是由螺旋形电导制成，通过外部电场的力量来运行蠕动泵，其优点是可通过改变外部电场的强度来调节药物释放。由 Medtronic 公司开发的 Synchromed® 是一个完全植入式蠕动泵。渗透泵是由高分子材料形成一外壳，内部被一可自由移动的隔膜分为两室，分别装药物制剂和渗透剂。组织中的水分子进入渗透剂室，溶解渗透剂，使渗透压升高，推动中间的隔膜将另一室的药液从导药孔中压出。Viadur® 为应用此原理的典型产品，用于释放醋酸亮丙瑞林治疗前列腺癌。

二、植入剂生产工艺

植入剂的制备工艺往往因原辅料、使用方法及部位的不同而不同，一般由药物与赋形剂或不加赋形剂经熔融、压制或模制而成。主要工艺类型有熔融挤出、压制成型、注塑成型、冻干处理等。

三、植入剂生产控制要点、常见问题及对策

植入剂的生产控制要点有：①物料与处方控制，如原料选择、处方设计等；②工艺参数监控，如温度与压力、环境控制等；③灭菌与微生物控制，如灭菌方法、验证灭菌过程、初始污染菌检测及无菌保证水平等。

常见问题及对策：①工艺波动与优化。采用优化工艺设计，引入自动化控制。②微生物污染风险。强化洁净室消毒，灭菌工艺验证。③材料降解与稳定性。采用低温干燥减少热敏药物分解，选择合适包材包装，优化包装工艺等。

四、植入剂的临床应用

（一）生殖健康

Norplant® 为美国人口理事会研制的皮下避孕埋植剂，效果可维持 5 年。使用方便为其最突出的优点，放置后不必经常就医，局部无须特殊护理且避孕高度有效，具有较高的可接受性。截至目前，经 FDA 批准上市的植入产品包括 Vantas®、Retisert®、Nexplanon®、SupprelinLA®、Iluvien®、Probuphine®、NuvaRing® 等。

（二）肿瘤治疗

通过将药物递送装置直接植入到作用部位可大大减少药物剂量，从而降低对其他健康组织造成的损害。Guilford 公司开发的卡莫司汀抗肿瘤植入剂 Gliadel® Wafer 已于 2000 年开始用于术后恶性脑胶质瘤的化疗。Alza 公司开发出缓释凝胶 Lupron® DUROS，由一种小型钛植体起保护和固定作用，药效可持续 12 个月，用于治疗晚期前列腺癌。目前，国内已经研制了抗癌化疗药物顺铂、氟尿嘧啶、甲氨蝶呤的植入缓释剂型。

（三）眼部疾病

对于眼后段疾病的治疗，常规制剂难以有效地穿透角膜进入病变部位而达到治疗效果，眼部植入剂靶向眼后段，可提高局部药物浓度，并能缓慢释放药物，提高患者顺应性。

1996 年率先获得 FDA 批准上市的眼部植入剂为含更昔洛韦的非生物降解型植入剂（商品名 Vitrasert®），用于治疗艾滋病患者的巨细胞病毒视网膜炎，药物持续释放时间长达 8 个月。目前唯一获 FDA 批准上市的可生物降解型眼部植入剂是美国艾尔建公司开发的地塞米松玻璃体内植入剂（商品名 Ozurdex®），外观呈棒状，大小为 6.5mm×0.45mm，用 22-G 针头经睫状体平坦部注入玻璃体腔，持续释放地塞米松，时间约为 6 个月，用于治疗视网膜静脉阻塞和糖尿病视网膜病变继发的黄斑水肿。2005 年 SFDA 批准北京紫竹药业有限公司研发的地塞米松植入剂（思诺迪清®）上市，为白色或类白色的柱形颗粒，用于治疗白内障摘除并植入人工晶状体后引发的眼内炎，可持续释药 7 天。

（四）糖尿病治疗

胰岛素植入泵是一种具有微型泵的植入剂，能按设计好的速率自动缓慢输注药物，得到可控的药物释放速率。根据胰岛素植入泵的自动控制程度将其分为开环式泵和闭环式泵。开环式泵不能自动监测血糖浓度，患者需根据血糖水平将一定量胰岛素连续输入体内，并在餐前调节输入剂量以模仿餐后分泌增多、血浆胰岛素升高情况。目前市售的胰岛素植入泵都是开环式泵。植入体内的闭环式胰岛素植入泵主要由能连续监测血糖的血糖传感器、微电脑和胰岛素注射泵 3 部分组成，能根据血糖浓度变化自动调整胰岛素的注射量。钛制泵经手术放置于患者腹部皮下脂肪较多处，电池寿命 7 ～ 10 年，每 6 ～ 8 周需透皮穿刺补充胰岛素。

五、植入剂的优点与不足

1. 植入剂的优点

① 长效作用。释药期限可长达数年，减少了连续用药的麻烦。常用于避孕、治疗癌症或慢性关节炎等。

② 恒释作用。由于聚合物骨架的阻滞作用，系统中药物释放速率常呈零级释放，在整个用药期间可保持均匀的血药水平。

③ 无首过效应。释放的药物经吸收直接进入血液循环起全身作用，避开首过效应。

④ 生物活性增强。如醋酸甲地孕酮为强效抗排卵孕激素，它无任何雌激素或雄激素活性，皮下植入给药时药效比皮下注射高 11 倍以上。

⑤ 皮下神经分布较少，对外来异物反应小，植入后的刺激和疼痛较低。

⑥ 易于达到用药者满意，并改善使用效果。

2. 植入剂的不足

① 植入时需在局部做一个小切口，或用特殊的注射器将植入剂推入，若材料降解性不好，易引起炎症反应，还需手术取出，故患者顺应性受影响。

② 易因植入剂产生位移而无法取出。

③ 可能产生多聚物毒性反应。

因此植入剂需不断改进植入设备使其变得更加小巧温和，降低对人体的伤害，提高患者的顺应性。同时，由于植入剂需要在较长的一段时间内，实现在特定位置以特定速度缓慢释放药物，因此通常需要十分复杂精密的系统设计，这增加了研究难度及开发成本，亦是植入剂发展中需解决的难题。

（编写者：吴正红、曾佳；审校者：丁文军、李二永）

 思考题

1. 画出最终灭菌小容量注射剂生产工艺流程框图（可用箭头图表示）。
2. 画出输液生产工艺流程框图（可用箭头图表示）。
3. 简述输液的常见问题及对策。
4. 简述滴眼剂的可见异物控制方法。
5. 简述植入剂的分类。

参 考 文 献

[1] 国家药典委员会 . 中华人民共和国药典（2025 年版）[M]. 北京：中国医药科技出版社，2025.

[2] 吴正红，周建平 . 药物制剂工程学 [M]. 北京：化学工业出版社，2022.

[3] 吴正红，周建平 . 工业药剂学 [M]. 北京：化学工业出版社，2021.

[4] 徐荣周，缪立德，薛大权，等 . 药物制剂生产工艺与注解 [M]. 北京：化学工业出版社，2008.

[5] 国家食品药品监督管理局 . 药品生产质量管理规范 . 无菌药品 [S].2011.

[6] 张培胜，刘江云，郝丽莉 . 滴眼剂无菌生产工艺过程控制中的几点思考 [J]. 中国药房，2014，25（25）：2311-2313.

[7] 于鲲梦，平其能，孙敏捷 . 植入型给药系统的应用与发展趋势 [J]. 药学进展，2020，44（5）：361-370.

[8] 程江雪，唐志书，严筱楠，等 . 固体植入剂的制备方法研究进展 [J]. 中国现代应用药学，2013，30（4）：440-444.

第五章
半固体制剂工艺

➡️ 本章要点

本章要点

1. **掌握**：软膏剂、乳膏剂的生产工艺、控制要点、常见问题及对策。
2. **熟悉**：眼膏剂、凝胶剂的生产工艺、控制要点、常见问题及对策。
3. **了解**：半固体制剂的特点和质量要求。

第一节　概述

半固体制剂（semi-solid preparations）是药物制剂的重要组成部分，半固体制剂以软为特征，使用时便于挤出，并均匀涂布，常用于皮肤、眼部及各种腔道给药，是局部用药中的常用剂型。

一、半固体制剂的定义

半固体制剂是采用适宜的基质与药物制成，在轻度的外力作用或体温下易于流动和变形，便于挤出并均匀涂布的一类专供外用的制剂，常用于皮肤、创面、眼部及腔道黏膜，可以作为外用药基质、皮肤润滑剂、创面保护剂或闭塞性敷料。

外用半固体制剂是局部用药（topically applied drug products）中常见的剂型。局部用药按作用效果分类一般分为局部起效的药物（如外用半固体制剂）和经皮肤吸收进入血液循环后实现全身作用的药物。半固体制剂一般以局部外用为主，作用于全身的较少。发挥全身作用的制剂目前多采用透皮贴剂的形式。

半固体制剂多由复杂的物质组成，一般包括原料药、水相、乳化剂、油相、透皮促进剂等，每个组分的变动都可能会影响药物的释放。该剂型的复杂结构使得制剂的物理性质受粒径、各相间的界面张力、药物在各相之间的分配系数和产品流变性等多种因素的影响。

二、半固体制剂的分类

根据药物分散状态的不同，半固体制剂可分为溶液型、混悬型和乳剂型三类；根据基质种类的不同则可分为油膏剂（亦称软膏剂）、乳膏剂和凝胶剂；根据使用部位的不同还可分为皮肤、黏膜或腔道（眼、鼻腔、直肠和阴道）用半固体制剂。

1. 软膏剂（ointments）

软膏剂是指将原料药物溶解或分散于油脂性或水溶性基质中制成的均匀半固体外用制剂。因原料药物在基质中溶解或分散状态不同，分为溶液型软膏剂和混悬型软膏剂，还可根据基质分为油脂性基质软膏和水溶性基质软膏。软膏剂具有热敏性和触变性。其中，热敏性是指遇热熔融而流动，触变性是指软膏静止时黏度升高，不容易流动而有利于储存，施加外力时黏度降低而有利于涂布与使用。且软膏剂处方中一般可以加入抗氧剂、防腐剂、香精等成分，以防止药物及基质的变质以及增加使用时的舒适感。

软膏剂基质的制备方法通常有研和法、熔合法和乳化法。为保证药物在基质中分散均匀需选用合适的药物加入方法，药物加入的一般方法有以下几种：①药物不溶于基质或基质的任何组分中时，必须将药物粉碎至细粉（眼膏剂中药粉细度为 75μm 以下）。若用研和法，配制时取药粉先与适量液体组分（如液状石蜡、植物油、甘油等）研匀成糊状，再与其余基质混匀。②药物可溶于基质某组分中时，一般油溶性药物溶于油相或少量有机溶剂，水溶性药物溶于水或水相，再吸收混合或乳化混合。③药物可直接溶于基质中时，则油溶性药物溶于少量液体油中，再与油脂性基质混匀成油脂性溶液型软膏。水溶性药物溶于少量水后，与水溶性基质混匀成水溶性溶液型软膏。④具有特殊性质的药物，如半固体黏稠性药物（如鱼石脂或煤焦油），可直接与基质混合，必要时先与少量羊毛脂或聚山梨酯类混合，再与凡士林等油脂性基质混合。若药物有共熔性组分（如樟脑、薄荷脑）时，可先共熔，再与基质混合。⑤中药浸出物为液体（如煎剂、流浸膏）时，可先浓缩至稠膏状再加入基质中。固体浸膏可加少量水或稀醇等研成糊状，再与基质混合。

2. 眼膏剂（eye ointments）

眼膏剂系指药物与适宜基质均匀混合制成溶液型或混悬型膏状的无菌眼用半固体制剂。油脂性眼膏剂基质常采用黄凡士林、液状石蜡、羊毛脂（8：1：1）混合制成。根据气温可适当增减液状石蜡的用量。基质中羊毛脂有表面活性作用，具有较强的吸水性和黏附性，使眼膏易与泪液混合，并易附着于结膜上，进而使基质中药物容易穿透结膜。制备用于眼部手术或创伤的眼膏剂时应灭菌或无菌操作，且不添加抑菌剂或抗氧剂，一般采用单剂量给药。

眼膏剂的制备与一般软膏剂制法基本相同，但其为无菌制剂，应在无菌条件下制备，一般可在净化操作室或净化操作台中配制。所用基质、药物、器械与包装容器等均应严格灭菌，以避免微生物污染而导致眼部感染。

3. 乳膏剂（creams）

乳膏剂是指药物溶解或分散于乳剂型基质中形成的均匀的半固体外用制剂。由于基质不同，乳膏剂可分为水包油型（O/W）乳膏剂和油包水（W/O）型乳膏剂。O/W 型基质能与大量水混合，含水量较高，色白如雪，习称"雪花膏"，无油腻性，易洗除。同时 O/W 型乳膏剂中的药物释放穿透较快，能吸收创面渗出液，较油脂性基质易涂布、清洗，对皮肤有保护作用，但其不适用于在水中不稳定的药物。此外，其在贮存过程中可能霉变，易干燥变硬，常需加入防腐剂及保湿剂。W/O 型基质内相的水能吸收部分水分，水分从皮肤表面蒸发时有缓和冷却的作用，习称"冷霜"，因外相为油，不易洗除，不能与水混合，在乳膏中用得较少。乳膏剂由于乳化剂的表面活性作用，对油、水均有一定亲和力，不影响皮肤表面分泌物的分泌和水分蒸发，对皮肤的正常功能影响较小。

4. 凝胶剂（gels）

凝胶剂是指原料药物与能形成凝胶的辅料制成的具凝胶特性的稠厚液体或半固体制剂。乳状液型凝胶剂又称为乳胶剂，而由高分子基质如西黄蓍胶等制成的凝胶剂也可称为胶浆剂。凝胶剂主要用于局部皮肤及鼻腔、眼、肛门与阴道黏膜给药，水凝胶在皮下埋植制剂中也有应用。凝胶剂根据分散系统可分为单相凝胶与双相凝胶，其中单相凝胶又可分为水性凝胶与油性凝胶。水性凝胶的基质一般由天然的明胶、西黄蓍胶、淀粉、阿拉伯胶、海藻酸盐等，半合成的羧甲基纤维素、甲基纤维素等，或合成的卡波姆等，加水、甘油或丙二醇等制成；油性凝胶的基质常由液状石蜡与聚氧乙烯或脂肪油与胶体二氧化硅或铝皂、锌皂制成。双相凝胶是指小分子无机药物胶体小粒以网状结构存在于液体中，具有触变性，如氢氧化铝凝胶。在临床上应用较多的是以水性凝胶为基质的凝胶剂。

三、半固体制剂的制备方法

不同类型的半固体制剂，根据其基质以及所采用材料的性质不同，可以采用不同的制备方法，主要包括研和法、熔合法和乳化法等。油脂性软膏剂的制备方法主要有研和法和熔合法，乳膏剂的制备一般采用乳化法。凝胶剂的制备一般分两种情况：①药物溶于水者，先将药物用一定量的水或甘油进行溶解，有需要时可加热，然后将处方中其余成分按基质配制要求制成水凝胶基质，再将两者混合加水调至所需量即可；②药物不溶于水者，可先将药物用少量的水或甘油研匀，再混入水凝胶基质中搅匀即可。

四、半固体制剂的特点

半固体制剂常用于皮肤和黏膜给药，能在较长时间内紧贴、黏附或铺展在用药部位，可避免药物在口服给药后受胃中酸性环境和胃肠道黏液的影响；减少血药浓度峰谷变化，从而降低药物的不良反应；直接作用于靶部位发挥药理作用；减少给药次数，且患者可自主用药，用药顺应性较高；在使用过程中，如发生不良反应，可随时中断给药。

五、半固体制剂的质量要求

半固体制剂应具备以下质量要求：①外观良好，均匀细腻，使用时无刺激感；②应具有适宜的黏稠度，且黏稠度受季节变化影响较小；③无酸败、变色、油水分离等变质现象；④应无刺激性、过敏性；⑤眼用软膏的生产需在无菌条件下进行；⑥凝胶剂应检查其 pH 值。

本章以常见的软膏剂、眼膏剂、乳膏剂和凝胶剂四种半固体制剂为例对其生产工艺、生产控制要点、常见问题及对策等进行介绍。

第二节 软膏剂工艺

一、软膏剂生产工艺

软膏剂生产主要由称量、基质预处理、配制、灌封、质量检验、包装等工序组成。软膏剂的制备方法主要有研和法、熔合法和乳化法等，最为常用的为熔合法。根据药物与基质的性质、用量及设备条件主要有两种生产工艺：研和法生产工艺和熔合法生产工艺。

（一）软膏剂的主要生产工序与洁净度要求

软膏剂生产过程包括称量、配料、灌装、容器灭菌、包装等工序，其中外用软膏及直肠软膏暴露工序区域及其直接接触药品的包装材料最终处理的暴露工序区域，应当参照 GMP 附录 1 "无菌药品"中 D 级洁净区的要求设置；除直肠外的其他腔道用软膏应当参照 GMP 附录 1 "无菌药品"中 C 级洁净区的要求设置。软膏剂生产环境分为两个区域：一般生产区和 D 级洁净区。一般生产区包括软膏剂的包装；D 级洁净区包括基质的称量、软膏管的消毒、配料、灌装、半成品检验等。

（二）软膏剂的生产工艺流程图

软膏剂的具体生产过程包括各种基质及软膏管的消毒、称量、配料、灌装、半成品检验、外包装等工序，如图 5-1 所示。

二、软膏剂生产控制要点、常见问题及对策

（一）生产控制要点

1. 称量

物料标识符合 GMP 要求；物料性状符合药品标准规定，且应有检验合格报告单，数量核对准确。

2. 配制操作

所配制产品外观为白色或黄色软膏；粒度均匀细腻，涂于皮肤或黏膜上应无刺激感；黏稠度应满足易于涂布于皮肤或黏膜上的要求，不融化。

3. 半成品检验

所制得半成品应对其性状、均匀度、鉴别、含量进行检验。

4. 灌封操作

随机取灌封后的产品，用手轻轻按压，应无漏气现象，在灯检台下检视，应均匀、光滑。

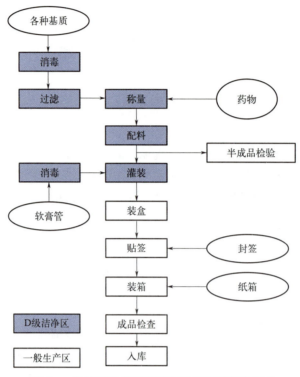

图 5-1　软膏剂生产工艺流程及工序洁净度要求

5. 包装

外包装盒的标签、说明书完整清晰；外包装盒的批号及内装管数准确，包装无外漏；并填写入库单及清验单。

6. 质量检查

根据《中国药典》（2025 年版），应进行以下检查，均应符合要求。

(1) 粒度　除另有规定外，混悬型软膏剂、含饮片细粉的软膏剂照下述方法检查，应符合规定。检查法：取供试品适量，置于载玻片上涂成薄层，薄层面积相当于盖玻片面积，共涂 3 片，照粒度和粒度分布测定法（通则 0982 第一法）测定，均不得检出大于 180μm 的粒子。

(2) 装量　照最低装量检查法（通则 0942）检查应符合规定。

(3) 无菌　用于烧伤［除程度较轻的烧伤（Ⅰ° 或浅Ⅱ°）外］或严重创伤的软膏剂，照无菌检查法（通则 1101）检查，应符合规定。

(4) 微生物限度　除另有规定外，照非无菌产品微生物限度检查：微生物计数法（通则 1105）、控制菌检查法（通则 1106）及非无菌药品微生物限度标准（通则 1107）检查，应符合规定。

（二）常见问题及对策

1. 主药含量低

某些药物在高温下会分解，软膏剂在配制过程中应根据主药的理化性质控制油、水相加热温度，以防止温度过高引起药物分解。

2. 主药含量均匀度不好

在投料时需要考虑主药的性质，根据主药在基质中的溶解性能将主药与油相或水相混合，或先将主药溶于少量基质，再加至大量的基质中。

3. 粒度过大

不溶性的固体物料，应先研磨成细粉，过 100 ～ 120 目筛网，再与基质混合，以避免成品中药物颗粒度过大。

4. 产品装量差异大

应将物料搅拌均匀后再加入料斗；如物料中有气泡，应采用抽真空等方法排出气泡；保持料斗中物料高度一致，物料量不少于料斗容积的 1/4。

5. 软膏包装管封合不牢

适当延长加热时间；适当提高加热温度；调节气压为标准值；调整加热带与封合带高度一致。

三、软膏剂实例

❖ **例 5-1　清凉油膏（油脂性基质软膏剂）**

【处方】

樟脑	160g	桂皮油	12g
薄荷脑	160g	氨溶液（10%）	6.0mL
薄荷油	100g	蜂蜡（或地蜡）	10g
樟脑油	30g	凡士林	235g
桉油	100g	石蜡	175g
丁香油	12g		

【处方分析】樟脑、薄荷脑、薄荷油、樟脑油、桉油、丁香油、桂皮油为主药，用于止痛止痒；氨溶液也是主药，可以用于止痒；石蜡、蜂蜡（或地蜡）、凡士林为油脂性基质。

【制备工艺】先将樟脑、薄荷脑混合研磨，使其共熔，然后与薄荷油、桉油、樟脑油、丁香油、桂皮油混合均匀，另将石蜡、蜂蜡和凡士林加热至 110 ～ 120℃（除去水分），必要时滤过，放冷至 70℃，加入芳香油等混合物，搅拌混合 1h 后加入氨溶液，混合 30min，降温保持至 45 ～ 60℃，检测合格后灌装即得。

【规格】10g/ 支。

【注解】①本品可清凉散热、醒脑提神、止痒止痛。用于感冒头痛、中暑、晕车、蚊虫叮咬。②本品较一般油性软膏稠度大些，近于固态，熔程在46～49℃，处方中石蜡、蜂蜡、凡士林三者用量配比应随原料的熔点不同加以调整。石蜡、蜂蜡和凡士林加热时温度不能过高，控制在110～120℃，温度过高则颜色加深。灌装时温度在55℃左右较易灌装。

❖ 例5-2　复方十一烯酸锌软膏（水溶性基质软膏剂）

【处方】

十一烯酸	10.8g
氧化锌	1.8g
甘油	15.0g
羧甲基纤维素钠	1.2g
蒸馏水	21.0g

【处方分析】反应生成的十一烯酸锌和过量的十一烯酸为主药，甘油为保湿剂，羧甲基纤维素钠为水溶性基质，蒸馏水为水相。

【制备工艺】将氧化锌加入到12g温水（40～50℃）中混悬，称取一处方量的羧甲基纤维素钠、甘油及8.4g十一烯酸置于容器内，加热至40～50℃，不断搅拌下加入氧化锌混悬液，继续加热待氧化锌完全反应生成十一烯酸锌（107～110℃），将温度降至100℃左右，在搅拌下缓慢加入剩余的十一烯酸和热水（80～90℃），搅拌冷却，检查合格后灌装即得。

【规格】10g/支。

【注解】①本品用于手癣、足癣、体癣及股癣。②本品主要成分为反应生成的十一烯酸锌和过量的十一烯酸（约5%）。反应温度控制在107～110℃，温度过高，十一烯酸易挥发，过低则十一烯酸锌易成块。反应完毕加热水时，速度宜慢，并应不断搅拌，否则易析出块状十一烯酸锌。

第三节　眼膏剂工艺

一、眼膏剂生产工艺

眼膏剂制备工艺与软膏剂类似，生产流程的洁净度要求与软膏剂有所区别。

（一）眼膏剂的主要生产工序与洁净度要求

眼膏剂生产过程包括称量、配料、灌装、容器灭菌、包装等工序，暴露工序区域及其直接接触药品的包装材料最终处理的暴露工序区域，应当参照GMP附录1"无菌药品"中C级洁净区的要求设置。眼膏剂生产环境分为两个区域：一般生产区和C级洁净区。一般生产区包括眼膏剂的包装、贴签等；C级洁净区包括基质的称量、眼膏管的消毒、配料、灌装、半成品检验等。所用基质均应加热熔融后用适宜方法进行灭菌。

（二）眼膏剂的生产工艺流程图

眼膏剂生产工艺流程及工序洁净度要求如图5-2所示。

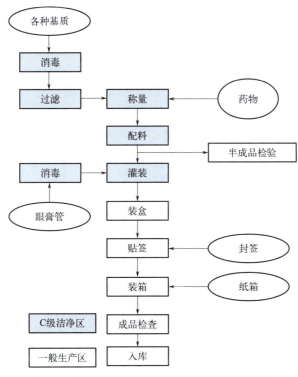

图 5-2　眼膏剂生产工艺流程及工序洁净度要求

二、眼膏剂生产控制要点、常见问题及对策

（一）生产控制要点

1. 称量

称量操作需在净化操作台或净化操作室中进行；所使用物料的标识、形状应符合标准，准确称量。

2. 配制操作

眼膏剂中所用药物可先配制成溶液或研细过200目筛，使粒度符合要求，再与基质研和均匀；基质应提前过滤且灭菌，必要时可酌情加入抑菌剂等附加剂。

3. 半成品检验

所制得半成品应对其性状、均匀度、鉴别、含量进行检验。

4. 灌封操作

生产过程中要注意灌封机的灭菌，以防止产品被微生物污染。随机取灌封后的产品，用手轻轻按压，应无漏气现象，在灯检台下检视，应均匀、光滑。

5. 包装

外包装盒的标签、说明书完整清晰；外包装盒的批号及内装袋数准确，包装无外漏；并填写入库单及清验单。

6. 质量检查

根据《中国药典》（2025年版），应进行以下检查，均应符合规定。

（1）粒度 取液体型供试品强烈振摇，立即量取适量（或相当于主药 10μg）置于载玻片上，共涂 3 片；或取 3 个容器的半固体型供试品，将内容物全部挤于适宜的容器中，搅拌均匀，取适量（或相当于主药 10μg）置于载玻片上，涂成薄层，薄层面积相当于盖玻片面积，共涂 3 片；照粒度和粒度分布测定法（通则 0982 第一法）测定，每个涂片中大于 50μm 的粒子不得过 2 个（含饮片原粉的除外），且不得检出大于 90μm 的粒子。

（2）装量 照最低装量检查法（通则 0942）检查，应符合规定。

（3）金属性异物 取供试品 10 个，分别将全部内容物置于底部平整光滑、无可见异物和气泡、直径为 6 cm 的平底培养皿中，加盖，除另有规定外，在 85℃保温 2 小时，使供试品摊布均匀，室温放冷至凝固后，倒置于适宜的显微镜台上，用聚光灯从上方以 45°角的入射光照射皿底，放大 30 倍，检视不小于 50μm 且具有光泽的金属性异物数。10 个容器中含金属性异物超过 8 粒者，不得过 1 个，且其总数不得过 50 粒；如不符合上述规定，应另取 20 个复试；初、复试结果合并计算，30 个中每个容器中含金属性异物超过 8 粒者，不得过 3 个，且其总数不得过 150 粒。

（4）无菌 照无菌检查法（通则 1101）检查，应符合规定。

（5）微生物限度 除另有规定外，照无菌产品微生物限度检查：微生物计数法（通则 1105）、控制菌检查法（通则 1106）及无菌药品微生物限度标准（通则 1107）检查，应符合规定。

（二）常见问题及对策

1. 微生物污染

制备眼膏剂应在无菌的环境中进行。所用器具、容器等须用适宜的方法灭菌。眼膏基质加热熔合后可采用不锈钢滤网滤过，于 150℃干热灭菌 1 ～ 2h。配制用具经 70% 乙醇擦洗，或用水洗净后再用干热灭菌法灭菌。包装用眼膏管，洗净后用 70% 乙醇或 12% 苯酚溶液浸泡，应用时用蒸馏水冲洗干净，烘干即可，也可用紫外光灯照射灭菌。

2. 粒度过大

所用药物可先配成溶液或研细过 200 目筛，再与基质进行混合。

3. 主药含量不均匀

若主药易溶于水且性质稳定，可先用少量注射用水溶解，加入适量基质研和，吸尽水液，再逐步递加其余基质混匀。对不溶于基质组成的药物，应将其粉碎成可通过 200 目筛的极细粉，加少量灭菌的液状石蜡或基质研成糊状，再递加其余基质直至混合均匀。

4. 产品装量差异大

将物料搅拌均匀后再加入料斗；如物料中有气泡，应用抽真空等方法将气泡排出；保持加料斗中物料高度一致。

三、眼膏剂实例

❖ **例 5-3　红霉素眼膏**

【处方】

乳糖酸红霉素	7g
黄凡士林	800g
液状石蜡	100g
无水羊毛脂	100g

【处方分析】乳糖酸红霉素为主药。黄凡士林、液状石蜡、羊毛脂（8∶1∶1）为油脂性基质。

【制备工艺】将乳糖酸红霉素 7g 加入适量液状石蜡中，置于胶体磨中研磨至粒度合格待用；羊毛脂、凡士林和剩余液状石蜡加热至 150℃（也可分别加热、过滤、灭菌后再混合），保温 90min，趁热过滤，搅拌降温至 55℃，加入乳糖酸红霉素液状石蜡混悬液，搅拌降温至 38℃，检测合格后灌装即得。

【规格】10g/ 支。

【注解】①本品用于沙眼、结膜炎、睑缘炎及眼外部感染。②乳糖酸红霉素效价为 672U/mg，软膏中红霉素含量 0.5%。混悬型眼膏剂中的药物粉末应为极细粉（极细粉指能全部通过 150 目筛，并含能通过 200 目筛不少于 95% 的粉末）。

第四节　乳膏剂工艺

一、乳膏剂生产工艺

乳膏剂由水相、油相及乳化剂 3 种组分组成，分 W/O 型和 O/W 型两类。乳膏剂的生产工艺主要是乳化法，但其具体生产流程要根据所生产的乳膏剂类型所定。

（一）乳膏剂的主要生产工序与洁净度要求

乳膏剂生产过程包括称量、配料（乳化）、灌装、容器灭菌、包装等工序，其中外用乳膏及直肠乳膏暴露工序区域及其直接接触药品的包装材料最终处理的暴露工序区域，应当参照

GMP 附录 1 "无菌药品"中 D 级洁净区的要求设置；除直肠外腔道用乳膏应当参照 GMP 附录 1 "无菌药品"中 C 级洁净区的要求设置。乳膏剂生产环境分为两个区域：一般生产区和 D 级洁净区。一般生产区包括乳膏剂的装盒、贴签、成品检查等；D 级洁净区包括基质的称量、乳膏容器的消毒、配料、灌装等。

（二）乳膏剂的生产工艺流程图

乳膏剂生产工艺流程及工序洁净度要求如图 5-3 所示。

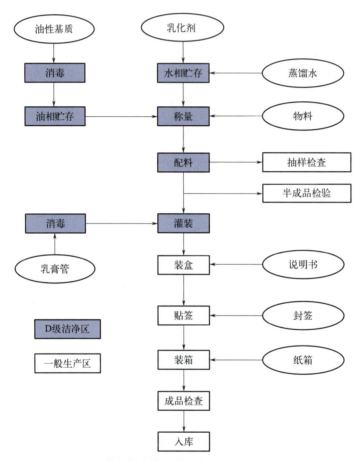

图 5-3　乳膏剂生产工艺流程及工序洁净度要求

二、乳膏剂生产控制要点、常见问题及对策

（一）生产控制要点

1. 称量

称量过程要保证所使用物料标识、形状符合标准；称量准确。

2. 基质预处理

油脂性基质在使用之前需要经过加热熔融，并进行灭菌；并且要对基质的特性进行了解，关注基质对皮肤透过作用的影响。

3. 配制（乳化）

配制油相时将油或脂肪混合物的组分放入带搅拌的反应罐中进行熔融混合，加热至80℃左右，加热温度不宜过高，要通过200目筛过滤，水相配制加热后也需经筛过滤。并且生产中物料加入的顺序需要进行研究，否则可能对产品质量产生较大影响。如处方中添加了透皮促进剂的产品，应着重考察透皮促进剂的选择依据、用量筛选，并提供相应的安全性依据，必要时结合临床评价其添加的合理性和必要性。

4. 乳膏管灭菌

乳膏管应灭菌完全，可采用紫外线、环氧乙烷等进行灭菌。

5. 灌封（内包装）

随机取灌封后的产品，用手轻轻按压，应无漏气现象，在灯检台下检视，应均匀、光滑。

6. 包装（外包装）

外包装盒的标签、说明书完整清晰；外包装盒的批号及内装袋数准确，包装无外漏；并填写入库单及清验单。

7. 质量检查

根据《中国药典》（2025年版），应进行以下检查，均应符合要求。

（1）**粒度** 除另有规定外，混悬型乳膏剂、含饮片细粉的乳膏剂照下述方法检查，应符合规定。检查法：取供试品适量，置于载玻片上涂成薄层，薄层面积相当于盖玻片面积，共涂3片，照粒度和粒度分布测定法（通则0982第一法）测定，均不得检出大于180μm的粒子。

（2）**装量** 照最低装量检查法（通则0942）检查，应符合规定。

（3）**无菌** 用于烧伤［除程度较轻的烧伤（Ⅰ°或浅Ⅱ°）外］或严重创伤的乳膏剂，照无菌检查法（通则1101）检查，应符合规定。

（4）**微生物限度** 除另有规定外，照非无菌产品微生物限度检查：微生物计数法（通则1105）、控制菌检查法（通则1106）及非无菌药品微生物限度标准（通则1107）检查，应符合规定。

（5）**乳膏剂基质的pH** W/O型乳膏剂pH不大于8.5；O/W型乳膏剂pH不大于8.3。

（6）**乳膏剂稳定性评价** 乳膏剂易受温度影响而油水分离，需做耐热、耐寒试验。试验方法：将装好的乳膏分别置于55℃、6h与-15℃、24h，观察有无油水分离现象。也可采用离心法测定，将10g乳膏置于离心管中，以2500r/min离心30min，不应有分层现象。必要时基于药物性质、特点及临床用途等，进行冻融试验。

（二）常见问题及对策

1. 产品混合物混入空气

在加料时应避免物料飞溅和流动；加入液体时应将加液口置于液面以下；在调整混合参数和液体流动模式时应注意避免产生涡流和飞溅。

2. 油相中组分过早析出

将水相加热至与油相温度相同或者略高于油相温度，可以防止油相中组分过早析出。

3. 基质不够细腻

大量生产时主要使用真空乳化机，由于油相温度不易控制均匀冷却，或两相混合时搅拌不匀而使形成的基质不够细腻，因此在温度降至30℃时再通过胶体磨等仪器可使其更加细腻均匀。

4. 两相制备相关问题及解决方法

① 油相的制备。在夹套罐中熔融、混合，靠重力或泵在乳膏制备罐中搅拌，并以足够的高温加热以防止产生凝固。②水相的制备。水溶性物料在纯水中溶解并过滤，可以加入可溶性主药。③两相的混合。混合有3种方式，即两相的同时混合、分散相加到连续相和连续相加到分散相的混合。④冷却。一般冷却速度缓慢，便于充分混合，可以采用夹套罐的温度逐渐降低的方法。

三、乳膏剂实例

❖ **例5-4 水杨酸乳膏（O/W型乳膏剂）**

【处方】

水杨酸	50g	甘油	120g
硬脂酸甘油酯	70g	十二烷基硫酸钠	10g
硬脂酸	100g	羟苯乙酯	1g
白凡士林	120g	蒸馏水	480mL
液状石蜡	100g		

【处方分析】水杨酸为主药；硬脂酸、白凡士林、液状石蜡为油相；硬脂酸甘油酯也是油相，具有辅助乳化作用；十二烷基硫酸钠为乳化剂；羟苯乙酯为防腐剂；甘油为保湿剂；蒸馏水为水相。

【制备工艺】将水杨酸研细后通过60目筛，备用。取硬脂酸甘油酯、硬脂酸、白凡士林及液状石蜡加热熔化为油相，90℃保温。另将甘油及蒸馏水加热至90℃，并加入十二烷基硫酸钠及羟苯乙酯溶解为水相。将水相缓缓倒入油相中，边加边搅，直至冷凝；将过筛的水杨酸加入上述基质中，搅拌均匀，检测合格后灌装即得。

【规格】10g/支。

【注解】①本品用于治手足癣及体股癣，忌用于糜烂或继发性感染部位。②本品为O/W型乳膏，采用十二烷基硫酸钠及单硬脂酸甘油酯（1:7）为混合乳化剂，其 *HLB* 值为11，接近本处方中油相所需的 *HLB* 值12.7，制得的乳膏剂稳定性较好。在O/W型乳膏剂中加入凡士林可以克服应用上述基质时造成皮肤干燥的缺点，有利于角质层的水合，起润滑作用。加入水杨酸时，基质温度宜低，以免水杨酸挥发损失。③还应避免与铁或其他重金属器具接触，以防水杨酸变色。

❖ **例 5-5 鞣酸软膏（W/O 型乳膏剂）**

【处方】

鞣酸	200g
乙醇	50g
甘油	150g
司盘 60	10g
白凡士林	550g

【处方分析】鞣酸为主药；白凡士林为油相；甘油为水相；乙醇为溶剂，溶解主药；司盘 60 为乳化剂。

【制备工艺】将鞣酸在搅拌状态下分次加入甘油和乙醇的混合液中，加热搅拌溶解，保持温度在 90℃；另取司盘 60 溶入加热熔化的凡士林中（90℃保温），在搅拌状态下加入鞣酸甘油混合物中，搅拌冷凝至膏状。

【规格】10g/ 支。

【注解】①本品用于褥疮、湿疹、痔疮及新生儿尿布疹（臀红）等。②鞣酸能沉淀蛋白质，具有收敛作用，能使皮肤变硬，从而保护黏膜、制止过分分泌及止血；且能减少局部疼痛，减少受伤处的血浆渗出，并防止细菌感染。鞣酸易溶于水，虽然能溶于甘油，但在甘油中的润湿性较差，加入乙醇可以加快其溶解，防止结块。③鞣酸软膏大面积应用时，可由创面吸收而发生中毒，对肝脏有剧烈的毒性，严重时造成肝坏死，并加深创面，延缓愈合，故不宜大面积或长期使用。④鞣酸与重金属及蛋白质有配伍禁忌，故忌与铁器接触。

第五节　凝胶剂工艺

一、凝胶剂生产工艺

凝胶剂主要制备工艺根据药物性质与基质性质的不同而不同。目前临床应用较多的是以水性凝胶为基质的凝胶剂，制备时，其基质一般为可以溶于水的高分子材料，可以直接采用各组分混合溶解的方法。

（一）凝胶剂的主要生产工序与洁净度要求

凝胶剂生产过程包括容器的处理、配制、灌装、包装等工序，其中外用凝胶及直肠凝胶暴露工序区域及其直接接触药品的包装材料最终处理的暴露工序区域，应当参照 GMP 附录 1 "无菌药品"中 D 级洁净区的要求设置；除直肠外腔道用凝胶应当参照 GMP 附录 1 "无菌药品"中 C 级洁净区的要求设置。凝胶剂生产环境分为两个区域：一般生产区和 D 级洁净区。一般生产区包括凝胶剂的包装，D 级洁净区包括药物的配制、基质的制备、容器的处理、灌装等。

（二）凝胶剂的生产工艺流程图

凝胶剂生产工艺流程及工序洁净度要求如图 5-4 所示。

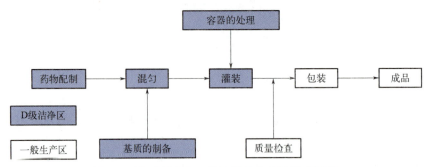

图 5-4　凝胶剂生产工艺流程及工序洁净度要求

二、凝胶剂生产控制要点、常见问题及对策

（一）生产控制要点

1. 凝胶剂的处方筛选和制备

① 凝胶剂基质不应与药物发生理化作用。如醋酸氯己定荷正电，采用荷负电的卡波姆作凝胶基质时，两者发生相互作用，产生沉淀。

② 混悬型凝胶剂中药物应分散均匀，不应下沉结块，同时还需检查粒度，均应小于 180μm。

③ 凝胶剂应均匀、细腻，在常温时保持胶状，不干涸或液化。

④ 可根据需要加入保湿剂、防腐剂、抗氧剂、乳化剂、增稠剂和透皮促进剂。

2. 容器处理

经灭菌处理过的容器应符合生产所需标准，以防止凝胶在灌封后被微生物污染。

3. 基质的制备

要进行充分的处方筛选，筛选出最优处方从而使凝胶基质外观光滑，透明细腻，稠度、黏度适宜。基质一般为可以溶于水的高分子材料，可以直接采用各组分混合溶解的方法进行制备。但要注意的是，高分子材料在溶解之前一般需要较长的溶胀过程，可以根据高分子材料的不同性质，采用不同的方法，以加快制剂的生产过程。如处方中含有甘油、丙二醇之类的组分时，可以先将高分子材料与之搅拌混合，再加入水相分散，可以加快其溶解速度。

4. 灌封

随机取灌封后的产品，用手轻轻按压，应无漏气现象。在灯检台下检视应均匀、光滑，并且按"最低装量检查法"检查其装量，应符合标准。

5. 包装

外包装盒的标签、说明书完整清晰；外包装盒的批号及内装袋数准确，包装无外漏；并填写入库单及清验单。

6. 质量检查

根据《中国药典》（2025 年版），除另有规定外，凝胶剂需要进行粒度、装量、无菌和微生物限度的检查，与软膏剂相似。此外，常以外观评定、离心稳定性、耐热耐寒、热循环、光加速和留样观察等试验对凝胶剂进行综合考察。

（二）常见问题及对策

1. 基质与溶剂分离（分层／析出）

生产过程中可能会出现基质与溶剂分离的问题。

解决方法：①缓慢加料，如卡波姆需边搅拌边缓慢撒入水中，避免结块。②优化处方，减少电解质含量，或改用对离子不敏感的材料（如聚乙烯醇）。③温度控制，添加温敏响应因子（如聚丙烯酰胺），实现温度依赖性凝胶稳定性。

2. 气泡残留

高黏度凝胶中气泡难以通过常规抽真空或超声去除。

解决方法：①真空搅拌，在密闭真空搅拌桶中混合，避免气泡引入。②工艺优化，如医用透明质酸钠凝胶生产中采用自动化生产线减少人为操作误差。

3. 机械性能不足（硬度／弹性差）

凝胶的机械性能不足，可能原因为：凝胶材料交联度不足（如低浓度乙基纤维素 EC 凝胶硬度低）；高分子量材料溶解不充分（如 100mPa·s EC 在低浓度下反降低凝胶强度）。

解决方法：①浓度调整，提高凝胶剂浓度（如 15% EC 可显著提升储能模量 G'）。②混合策略，结合不同分子量材料（如 22mPa·s 与 100mPa·s EC 以 50∶50 混合），平衡成本与性能。③动态交联，如纤维素共晶凝胶通过氢键锚定链缠结，实现高回弹性（回弹系数 98.1%）。

4. 氧化稳定性差（油脂基凝胶）

如橄榄油等不饱和油脂在高温加工中易氧化。

解决方法：①应用高黏度 EC，100mPa·s EC 凝胶可降低过氧化值（PV）97%。②添加抗氧剂，如 β-谷甾醇在核桃肽乳液凝胶中延缓油脂氧化。

三、凝胶剂实例

例 5-6　林可霉素利多卡因凝胶

【处方】

林可霉素	5g	卡波姆	5g
利多卡因	4g	三乙醇胺	6.75g
依沙吖啶	0.2g	苹果绿	适量
甘油	100g	蒸馏水	加至1000g
羟苯乙酯	1g		

【处方分析】林可霉素、利多卡因、依沙吖啶为主药；卡波姆为凝胶基质；三乙

醇胺为 pH 调节剂，与卡波姆配伍形成凝胶；甘油为保湿剂；羟苯乙酯为防腐剂；苹果绿为色素，调节颜色。

【制备工艺】将卡波姆与 500mL 蒸馏水混合，使其溶胀，形成半透明溶液，边搅拌边滴加处方量的三乙醇胺，再将羟苯乙酯溶于甘油后逐渐加入搅拌；用适量的水溶解林可霉素、利多卡因、依沙吖啶、苹果绿后，加入上述凝胶基质中，加蒸馏水至全量，搅拌均匀，检测合格后灌装即得。

【规格】10g/ 支。

【注解】①本品用于烧伤及蚊虫叮咬后引起的各种皮肤感染。②本品作用于敏感菌核糖体的 50S 亚基，阻止肽链的延长，从而抑制细菌细胞的蛋白质合成，一般系抑菌剂。对需氧革兰氏阳性菌具有高效抗菌活性，对革兰氏阴性厌氧菌也有良好的抗菌活性。在高浓度时，也有杀菌作用。利多卡因具有局部麻醉作用。

（编写者：祁小乐、吴紫珩；审校者：范军、阮劲松）

 思考题

1. 简述软膏剂、乳膏剂、眼膏剂与凝胶剂的定义。
2. 简述软膏剂与乳膏剂的生产工艺流程。
3. 简述凝胶剂生产中存在的问题与解决办法。
4. 简述半固体制剂基质的类型及其特点。

参考文献

[1] 国家药典委员会. 中华人民共和国药典（2025 年版）[M]. 北京：中国医药科技出版社，2025.

[2] 吴正红，周建平. 工业药剂学 [M]. 北京：化学工业出版社，2021.

[3] 吴正红，周建平. 药物制剂工程学 [M]. 北京：化学工业出版社，2022.

[4] 方亮. 药剂学 [M]. 9 版. 北京：人民卫生出版社，2023.

[5] 平其能，屠锡德，张均寿，等. 药剂学 [M]. 4 版. 北京：人民卫生出版社，2013.

[6] 黄波，钱修新. 硝酸咪康唑乳膏处方筛选及工艺 [J]. 药学与临床研究，2012，20（4）：374-376.

[7] 时军，黄嗣航，王小燕，等. Z- 综合评分法优化丹皮酚阳离子脂质体凝胶剂制备工艺 [J]. 中国实验方剂学杂志，2012，18（3）：32-35.

[8] 钟大根，刘宗华，左琴华，等. 智能水凝胶在药物控释系统的应用及研究进展 [J]. 材料导报，2012，26（6）：83-88.

第六章
吸入制剂工艺

第一节　概述

吸入制剂是针对肺部吸入给药开发的新型制剂。肺部吸入给药是一种无创、快速、有效的药物递送技术，也是治疗肺部疾病最直接有效的给药途径。作为一种局部给药方式，肺部吸入给药能够直接、快速地提高肺部药物浓度。专门设计用于肺部吸入给药的剂型称为吸入制剂。吸入制剂是治疗哮喘、慢性阻塞性肺疾病、肺纤维化等肺部疾病的理想给药剂型。吸入制剂用于全身治疗也具有较大优势，药物可通过肺泡上皮细胞层迅速吸收进入全身循环，可以避免首过效应。大分子生物药物肺部吸入给药可以降低酶降解，保留生物活性。

一、吸入制剂的定义和分类

吸入制剂系指原料药物溶解、分散于适宜介质中，或制成一定粒度的微粉，以气溶胶、蒸气或颗粒形式递送至肺部发挥局部或全身作用的液体或固体制剂。吸入制剂包括吸入气雾剂、吸入粉雾剂、吸入喷雾剂、吸入液体制剂和可转变成蒸气的制剂。

1. 吸入气雾剂

吸入气雾剂系指原料药物或原料药物和附加剂与适宜抛射剂共同封装于具有定量阀门系统的一定压力的耐压容器中，形成溶液、混悬液或乳液，使用时借助抛射剂的压力，将内容物呈雾状喷出而用于肺部吸入的制剂。吸入气雾剂可添加共溶剂、增溶剂和稳定剂。

吸入气雾剂由抛射剂、药物与附加剂、耐压容器、定量阀门系统和驱动器等组件所组成。

（1）抛射剂　抛射剂是气雾剂的动力系统，是喷射压力的来源，同时可兼作药物的溶剂或稀释剂。由于抛射剂是在高压下液化的液体，当阀门开启时，外部压力突然降低（≤101.325kPa），抛射剂带着药物以雾状喷射，并急剧气化，同时将药物分散成微粒。理想的抛射剂应满足以下条件：①在常温下，饱和蒸气压高于大气压；②无毒、无致敏反应和刺激性；③惰性，不与药物等发生反应；④不易燃、不易爆炸；⑤无色、无臭、无味；⑥价廉易得。但一个抛射剂不可能同时满足以上各个要求，应根据用药目的适当选择。

用于吸入气雾剂的抛射剂主要有氟氯烷烃类和氟氯烷烃代用品。

① 氟氯烷烃类。它又称氟利昂，沸点低，常温下饱和蒸气压略高于大气压，易控制，性质稳定，不易燃烧，液化后密度大，无味，基本无臭，毒性较小，不溶于水，可作脂溶性药物的溶剂。但由于氯氟烷烃对大气臭氧层的破坏，目前实际生产中已经停用。

② 氟氯烷烃代用品。目前国际上采用的替代抛射剂主要为氢氟烷（hydrofluoroalkane，HFA），如四氟乙烷（HFA-134a）和七氟丙烷（HFA-227）。HFA 分子中不含氯原子，仅含碳、氢、氟 3 种原子，因而降低了对大气臭氧层的破坏。抛射剂 HFA-134a 和 HFA-227 的饱和蒸气压较高，不适合混合使用，至今所有 HFA 产品均采用单一抛射剂（以 HFA-134a 为主），对灌装容器的耐压性要求相较于传统的氟氯烷烃类更高。由于氢氟烷具有温室效应，目前正在向低温室效应抛射剂转换，包括 HFA-152a、HFO-1234ea 等。

（2）药物与附加剂 液体和固体药物均可制备成吸入气雾剂。药物通常在 HFA 抛射剂中不能达到治疗剂量所需的溶解度，为制备质量稳定的溶液型、混悬型或乳剂型吸入气雾剂，根据需要可加入共溶剂、增溶剂和稳定剂。常用的附加剂包括无水乙醇、油酸、枸橼酸、PEG、PVP 等。

（3）耐压容器 吸入气雾剂的容器应能耐受吸入气雾剂所需的压力，并且不得与药物或附加剂发生作用，其尺寸精度与溶胀性必须符合要求。其最基本的质量要求为安全性，而安全性的最基本指标为耐压性能。国家标准规定其变形压力不得小于 1.2MPa，爆破压力不得小于 1.4MPa。

（4）定量阀门系统 定量阀门系统对气雾剂产品发挥其功能起着十分关键的作用。阀门系统是控制药物和抛射剂从容器喷出的主要部件。气雾阀必须既能有效地使内容物定量喷出，又能在关闭状态时有良好的密封性能，使气雾剂内容物不渗漏出来；需能承受各种配方液的侵蚀和适应生产线上高速高压的灌装；必须具有一定的牢固度和强度，以承受罐内高压。阀门系统一般由推动钮、阀门杆、橡胶封圈、弹簧、定量室和浸入管组成。

（5）驱动器 驱动器是用于触发驱动定量阀门的喷射装置。吸入气雾剂的给药装置主要为驱动器，对于吸气协调困难者（例如儿童和老人），还可使用储物罐。驱动器的喷孔孔径参数与吸入气雾剂的递送性能密切相关，上市产品中大多数驱动器的孔径在 0.3～0.6mm。联用储物罐通常会影响药物在肺部的沉积，储物罐的体积和材料、内表面的静电性质等都是影响药物肺部沉积的因素。在产品开发过程中，应对驱动器和储物罐进行筛选和研究；生产及检测过程中应避免锐器破坏喷孔和驱动器，以维持驱动器的关键尺寸和形状。

（6）其他附件 如储物罐、剂量计数装置等。

① 储物罐。它也被称为储雾罐，可以给药物提供一定的储存和缓冲空间。吸入气雾剂喷出的雾状药物通过储物罐时，药物颗粒和罐内的空气充分混合，使喷出药物和吸入药物两个动作可以分开进行。储物罐的使用可以提高吸入气雾剂使用过程中药物喷出和患者吸入的协同性，不严格要求喷出药物和吸入药物同步；减少高速喷射药物对咽部的刺激；起到储存作用，为多次呼吸将药物吸入提供可能。储物罐分为面罩式储物罐和口含式储物罐。年幼儿童

患者可选面罩式储物罐，年长儿童、成人和老年患者可使用口含式储物罐。

② 剂量计数装置。它可以使患者准确判断药物剩余量，保证患者有效用药，排除缺乏有效药物剂量喷出的虚假用药。按照装置品类可分为机械型计数装置、电子型计数装置和智能联接型计数装置。机械型计数装置根据其原理与内部结构又可分为计数器和剂量指示器，每按压一次吸入气雾剂产品，便有一个数字的相应变化的计数装置被称为计数器；装置上有若干数字跨度显示的计数装置被称为剂量指示器。机械型计数装置成本较低，方案简单，占用空间少。电子型计数装置利用电子计数线路和显示屏幕，显示使用次数或者剩余剂量。智能联接型计数装置可通过智能终端（如手机）将信息上传到云端，并与患者、医生及药物生产方进行数据交互。

2. 吸入粉雾剂

吸入粉雾剂系指固体微粉化原料药物单独或与合适载体混合后，以胶囊、泡囊或多剂量贮库形式，采用特制的干粉吸入装置，由患者吸入雾化药物至肺部的制剂。

吸入粉雾剂不含抛射剂，药物以固体粉末形式存在，不仅对环境友好，而且药物稳定性较好，剂量较大，患者用药时不需吸气与揿压阀门同步，患者顺应性更好。由于呼吸道结构较为特殊，吸入粉雾剂的粒径一般要求相对严格。递送至肺部的吸入粉雾剂要求颗粒空气动力学直径在 $1 \sim 5\mu m$。吸入粉雾剂颗粒粒径较细，对制备工艺及环境控制要求严格，制备和存放需注意防潮。吸入粉雾剂中除药物外，可以添加可用于吸入的辅料，如乳糖、葡聚糖、甘露醇、木糖醇、氨基酸、硬脂酸镁。

3. 吸入液体制剂

吸入液体制剂系指供雾化器用的液体制剂，即通过雾化器产生连续供吸入用气溶胶的混悬液或溶液。吸入液体制剂包括吸入溶液、吸入混悬液、吸入用溶液（需稀释后使用的浓溶液）或吸入用粉末（需溶解后使用的无菌药物粉末）。吸入液体制剂应为无菌制剂。

吸入液体制剂使用时，通过雾化装置将药物的混悬液或溶液雾化成小液滴，不受患者呼吸行为的影响，适用范围广。吸入液体制剂直接递送药物到肺组织，相比于口服制剂往往具有见效快、用量小、不良反应少等特点，且处方简单，所用溶剂或分散介质通常为注射用水，常添加有等渗调节剂、缓冲盐、金属螯合剂、pH调节剂等，必要时可加入少量的乙醇或丙二醇增加药物溶解度。制备水溶性差药物的吸入混悬液时，处方中通常加入适量表面活性剂（如聚山梨酯）作为稳定剂和分散剂。吸入液体制剂的单次吸入剂量一般小于吸入气雾剂和吸入粉雾剂。

二、吸入制剂的特点

吸入制剂具有以下优点：

① 肺由气管、支气管、细支气管、肺泡管和肺泡囊组成，含有大量肺泡药物的吸收在肺泡进行。由于肺部肺泡数量众多，肺泡面积大（总面积可达 $70 \sim 100m^2$，为体表面积的 25 倍），药物在肺部吸收面积大。

② 肺泡壁由紧靠丰富毛细血管网的单层上皮细胞构成，分布在相邻肺泡的两层上皮细胞膜间的毛细血管数量巨大，血流量丰富，通透性高，这使药物易通过肺泡表面快速吸收进入体循环，迅速发挥药效，另一方面也可以起到全身治疗作用。

③ 药物吸收不经过胃肠道，无首过效应。

④ 肺部化学降解和酶降解少，药物被代谢程度小。

⑤ 药物直接作用于肺部病灶部位，相较于传统的口服制剂，吸入制剂的给药剂量减少，全身不良反应降低，对于部分需要长期治疗的肺部疾病非常有利。

三、影响吸入制剂肺部沉积和吸收的因素

1. 影响吸入制剂肺部沉积的因素

药物吸入后必须在肺部有一定沉积才能发挥作用，影响药物肺部沉积的因素主要包括微粒大小和患者自身因素。

（1）微粒大小 微粒大小是影响药物在呼吸系统沉积形式及部位的主要因素。颗粒在肺部的沉降机制主要包括惯性碰撞、重力沉降和布朗运动。肺部给药一般用空气动力学直径表征粒子大小。空气动力学直径指在静息状态下与该粒子具有相同沉降速度的单位密度 ρ_0（$1g/cm^3$）球体的直径。直径大于 $5\mu m$ 的粒子主要受惯性碰撞的影响沉积在咽喉及上呼吸道黏膜，多吞咽至胃部，无法到达肺部；直径在 $1 \sim 5\mu m$ 之间的粒子主要以重力沉积形式沉积在呼吸性支气管和肺泡表面；直径小于 $0.5\mu m$ 的粒子，主要以布朗运动的形式随气流被呼出体外，基本无法在呼吸道沉积。因此一般认为粒径在 $0.5 \sim 5\mu m$ 之间的粒子适合肺部给药。

（2）患者自身因素 患者自身因素如呼吸气流、吸入方式及肺部生理变化都会对药物肺部的沉积产生影响。①呼吸气流：正常人每次吸气量约 $500 \sim 600cm^3$，其中约有 $200cm^3$ 存在于咽、气管及支气管之间，这部分气流常呈湍流状态，呼气时会被呼出；当气流进入支气管以下部位后，气流速度减慢，呈层流状态，气流中的粒子容易沉积。呼吸量越大，粒子在呼吸系统的沉积率越高；而呼吸频率越快，粒子在呼吸系统的沉积率则越低。②吸入方式：吸入后屏住呼吸可通过沉降和扩散机制增加粒子的沉积。缓慢深吸入，并在呼气前屏气可有效增加粒子在肺部的沉积率，但也与给药装置有关。③肺部生理变化：疾病状态如气管部位的阻塞性疾病会影响药物的肺部沉积。

2. 影响药物肺部吸收的因素

药物在呼吸道上皮液体中的溶解是药物在肺组织中被吸收的基础，影响该过程的主要因素有药物的配方、理化性质和生理因素。

（1）药物性质 游离的、可溶的药物可以迅速扩散到肺上皮内层液体中。扩散缓慢的药物在肺部的滞留时间和作用时间更久，但长时间的滞留增加了药物颗粒被黏液纤毛清除的可能性。药物颗粒成功逃避肺部的清除机制，溶解于气道内的液体中，是吸入药物被肺组织吸收的基础。药物通过肺屏障的吸收取决于患者特定的气道特征和药物特性。一般情况下，亲脂性药物溶解后可通过上皮细胞被动跨细胞扩散后吸收，亲脂性强、膜透性高的药物能被快速吸收。亲水性药物主要通过细胞旁途径吸收，小的亲水性化合物可能通过上皮上的细胞间隙连接中的水孔进行细胞旁扩散；颗粒可能通过上皮中因细胞凋亡而短暂形成的孔被吸收；大分子药物可通过内吞作用或紧密连接被吸收，但由于其亲水性高、分子量大，吸收效率较差。除了体积小、带中性 / 负电荷的颗粒外，其他的颗粒很少能直接穿过上皮。

（2）生理因素 肺的生理特征也会影响药物在肺组织的吸收。在肺泡腔中，药物吸收的

表面积很大，但在传导性气道中药物吸收的表面积较小。与传导性气道相比，肺泡腔高的血流量，以及薄的单层的肺泡上皮细胞（仅 0.2μm），使药物在肺泡腔有高的吸收率。总的来说，因为表面积、血流量和上皮厚度的差异，溶解的药物在肺泡中的吸收比在传导性气道中更快。疾病状态会导致上皮细胞屏障改变，如紧密连接改变和上皮细胞损失，影响药物或颗粒的吸收。对于局部肺部疾病的治疗，全身性吸收被认为是发生不良反应和缩短治疗效果持续时间的主要原因，此时应该尽可能减少药物的全身吸收。

此外，气流速度、屏气时间等生理因素均影响药物的肺部吸收。覆盖在呼吸道黏膜上的黏液层会影响药物的溶解及扩散过程，从而影响药物的吸收。此外，呼吸道黏膜中的代谢酶可使药物失活。处于上呼吸道中的不溶性粒子会被纤毛清除，位于肺泡的不溶性粒子会被巨噬细胞清除。

（3）其他因素　制剂的处方组成、给药装置影响药物粒子大小、形态和喷出速度，进而影响药物在肺内的沉积部位，从而影响药物的吸收。

四、吸入制剂的质量要求

为了药物在肺部更好地沉积和吸收，吸入制剂需满足以下质量要求：

① 空气动力学直径分布。空气动力学直径分布研究可通过药物的直径分布情况，确定药物进入口腔并进入肺部的粒子比例，预测药物在肺部的沉积情况，对吸入制剂体外评价具有非常重要的意义。空气动力学直径分布的主要参数有微细粒子剂量、微细粒子比例、质量中值空气动力学直径和几何标准偏差。一般认为，空气动力学直径大于 5μm 的颗粒，受粒子间的惯性碰撞容易沉积在咽、喉及上呼吸道，肺部沉积剂量少。空气动力学直径在 0.5 ～ 5μm 范围内的药物颗粒最有可能沉积在肺组织中。较小的颗粒受重力作用影响通常沉积在肺外周，如肺泡；较大颗粒的沉积更集中，如沉积在大的传导性气道中。重力作用是周围小气道中最有效的沉积机制，吸入药物后可通过屏气增加这部分的沉积剂量。亚微米颗粒在小气道和肺泡中的沉积机制主要与弥漫性沉积或布朗运动相关。小于 0.5μm 的颗粒主要受布朗运动影响，大部分随气流被呼出体外。

② 递送剂量均一性。从装置释放出来的剂量即为递送剂量，多次测定的递送剂量与平均值的差异程度即为递送剂量均一性。

③ 吸入制剂的处方中若含有抑菌剂，除另有规定外，在制剂确定处方时，该处方的抑菌效力应符合《中国药典》抑菌效力检查法的规定。吸入喷雾剂和吸入液体制剂应为无菌制剂。

④ 根据制剂类型，处方中可能含有抛射剂、共溶剂、稀释剂、抑菌剂、助溶剂和稳定剂等，处方中所用辅料应不影响呼吸道黏膜或纤毛的功能。

⑤ 接触药物的给药装置的组成部件应无毒、无刺激、性质稳定；直接接触药品的包装材料与原料药物应具有良好的相容性。

⑥ 可被吸入的气溶胶粒子应达到一定比例，保证肺部沉积剂量足够。

⑦ 吸入制剂中原料药物粒度大小通常应控制在 10μm 以下，其中大多数应在 5μm 以下。

吸入制剂种类较多，不同种类的吸入制剂的生产工艺、设备和车间布置通常差异较大。本章将以吸入气雾剂、吸入粉雾剂以及吸入液体制剂为例对其生产工艺，生产控制要点、常见问题及对策等进行介绍。因吸入液体制剂为无菌制剂，其生产工艺参见第四章无菌制剂工艺。

第二节　吸入气雾剂工艺

吸入气雾剂通常也被称为压力定量吸入剂（pressurized metered dose inhalants，pMDI），撳压阀门可以定量释放药物，使之分散成微粒或雾滴，经呼吸道吸入发挥局部或全身作用。

一、吸入气雾剂生产工艺

（一）吸入气雾剂的主要生产工序与洁净度要求

吸入气雾剂生产过程包括容器和阀门系统的处理与装配、原辅料的准备、配制、灌封、抛射剂填充、质检、包装等工序，其中暴露工序区域及其直接接触药品的包装材料最终处理的暴露工序区域，应当参照 GMP 附录 1 "无菌药品"中 C 级洁净区的要求设置。

吸入气雾剂不同工序的洁净度要求不同。吸入气雾剂生产环境分为两个区域：一般生产区和 C 级洁净区。一般生产区包括气雾剂瓶的初洗、包装等；C 级洁净区包括气雾剂瓶的精洗、烘干灭菌，原料药的称量、配料，药物的配制、灌装、封口，抛射剂的灌装、质检等。

（二）吸入气雾剂的生产工艺流程图

吸入气雾剂的制备过程主要包括药物的配制与分装、抛射剂的填充、质量检查。具体生产工艺流程和洁净度要求见图 6-1。

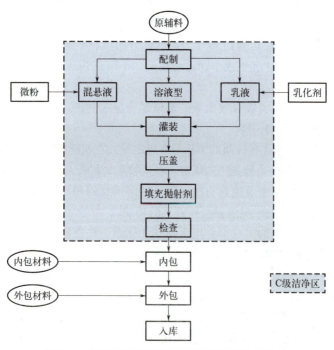

图 6-1　吸入气雾剂生产工艺流程及洁净度要求

二、吸入气雾剂生产控制要点、常见问题及对策

（一）吸入气雾剂的生产控制要点

1. 生产前准备工作

生产前进行开工检查，清场合格证在有效期内，确认现场无与本批次产品无关的文件、物料；设备已清洁，处于待开工状态；计量器具完好，有校验合格证，并在有效期范围内。核对原辅料的品名、批号、规格、含量、检验报告书、合格证、产地及数量，按生产指令或定额包装的数量领取相应物料，并做好物料交接记录。

2. 生产过程

（1）药物的配制与分装 首先根据药物性质和所需的气雾剂类型将药物分散于液状抛射剂中，溶于抛射剂的药物可形成澄清药液，不溶于抛射剂的药物可制备成混悬型或乳剂型液体。配制好合格的药物分散系统后，在特定的分装机中定量分装于气雾剂容器内。

① 溶液型气雾剂。它是将药物溶于抛射剂中形成的均相分散体系。溶液型气雾剂应制成澄清药液。为配制澄清的溶液，经常将乙醇或丙二醇加入抛射剂中作为潜溶剂，增加药物在抛射剂中的溶解度，药物溶液喷射后形成极细的雾滴，抛射剂迅速气化，使药物雾化用于吸入治疗。

② 混悬型气雾剂。药物在混悬型气雾剂中通常具有较好的化学稳定性，可传递更大的剂量。但混悬微粒在抛射剂中常存在相分离、絮凝和凝聚等物理稳定性问题，常需加入表面活性剂作为润湿剂、分散剂和助悬剂。混悬型气雾剂应将药物微粉化并使其保持干燥状态，主要需控制以下几个环节：a.水分含量极低，应在0.03%以下，通常控制在0.005%以下，以免药物微粒遇湿聚结；b.药物的粒度极小，应在5μm以下，不得超过10μm；c.在不影响生理活性的前提下，选用在抛射剂中溶解度最小的药物衍生物，以免在储存过程中药物微晶粒变大；d.调节抛射剂和（或）混悬固体的密度，尽量使两者密度相等；e.添加适当的助悬剂。

③ 乳剂型气雾剂。它是由药物、水相、油相（抛射剂）与乳化剂等组成的非均相分散体系。药物主要溶解在水相中，形成水包油（O/W）或油包水（W/O）型乳剂。如外相为药物水溶液、内相为抛射剂，则形成O/W型乳剂；如内相为药物水溶液、外相为抛射剂，则形成W/O型乳剂。乳化剂是乳剂型气雾剂的必需组成部分，选择原则是在振摇时应完全乳化成很细的乳滴，外观白色，较稠厚，至少在1～2min内不分离，并能保证抛射剂与药液同时喷出。

（2）抛射剂的填充 抛射剂的填充主要有压灌法和冷灌法两种。抛射剂灌装后应进行泄漏检查，保证泄漏量不超过规定限度。任何泄漏检查，都应避免微生物污染或者水分残留。

① 压灌法。将配好的药液在室温下灌入容器内，随后安装上阀门并扎紧，抽去容器内的空气，然后压入定量的抛射剂。此过程需借助压力灌装机完成，液化抛射剂经过滤后进入压力灌装机，当容器上顶时，灌装针头伸入阀杆内，压力灌装机与容器的阀门同时打开，液化的抛射剂即以自身膨胀压入容器内。操作压力以68.65～105.975kPa为宜。压力低于41.19kPa时，充填无法进行。压力偏低时，抛射剂钢瓶可用热水或红外线等加热，使达到工

作压力。压灌法的优势：a.在室温下操作，设备简单；b.在安装阀门系统后高压灌装，故抛射剂的损耗较少；c.如用旋转式多头灌装设备，可达160罐/min的速度。

② 冷灌法。将抛射剂和药物的药液借助冷灌装置中热交换器冷却至约 -50 ～ -30℃，使罐中的药物、抛射剂保持液体状态，一次定量加入敞开的药瓶中，立即将药瓶装阀并密封。本法的主要优点有：a.简单，能适用于任何接在药瓶上的阀，使生产流程的变化最小化；b.抛射剂直接灌入容器，速度快，对阀门无影响；c.抛射剂在敞开情况下进入容器，空气易于排出，成品压力较稳定。缺点：a.高能耗（冷却），需制冷设备及低温操作；b.抛射剂蒸发可能造成装量差异大；c.湿气冷凝导致污染，含水产品不宜采用此法充填抛射剂。

（3）其他

① 吸入气雾剂瓶和定量阀采用经过检验的程序并采用适当的产品清洁方法，保证产品不含任何污染物，如生产辅助材料残留或不应有的微生物污染。

② 外包装过程中批号、生产日期、有效期必须与生产指令一致，清晰、准确。

③ 吸入气雾剂应置凉暗处贮存，并避免暴晒、受热、敲打、撞击。

④ 吸入气雾剂说明书应标明：a.每罐总揿次；b.每揿主药含量及递送剂量；c.临床最小推荐剂量的揿次。标签上的规格为每揿主药含量和/或递送剂量。

3. 质量评价

吸入气雾剂应进行以下相应检查：递送剂量均一性、喷雾模式和喷雾形态、每罐总揿次、每揿主药含量、微细粒子剂量以及微生物限度检查。

（1）**递送剂量均一性** 分别测定罐内递送剂量均一性和罐间递送剂量均一性。除另有规定外，罐内递送剂量的平均值应在标示量的80%～120%；除另有规定外，罐间递送剂量的平均值应在标示量的80%～120%。除另有规定外，递送剂量为罐内和罐间平均递送剂量的均值。

（2）**喷雾模式和喷雾形态** 它们是评价吸入气雾剂的定量阀门和驱动器性能的重要指标，能反映出驱动器孔径的大小和形状、阀门定量室大小、阀杆小孔的大小、容器中蒸气压以及处方性能等的差异。通过测量喷雾的形态角度和宽度，分别计算上述参数的几何平均值，并根据产品情况设定可接受限度。通过测量喷雾模式的长径、短径和面积，计算椭圆率（长径/短径），定性比较喷雾模式的形状，并对椭圆率和面积进行群体生物等效性统计分析，以筛选出符合要求的产品。目前喷雾模式和喷雾形态主要用于评估吸入气雾剂和吸入喷雾剂的吸入装置及雾化物特性。

（3）**每罐总揿次** 应不少于标示总揿次（此检查可以和递送剂量均一性测定结合）。

（4）**每揿主药含量** 每揿主药含量应为每揿主药含量标示量的80%～120%。凡规定测定递送剂量均一性的气雾剂，一般不再进行每揿主药含量的测定。

（5）**微细粒子剂量** 除另有规定外，微细药物粒子百分比应不少于标示剂量的15%。

（6）**微生物限度检查** 除另有规定外，照非无菌产品微生物限度检查：微生物计数法和控制菌检查法及非无菌药品微生物限度标准检查，应符合规定。

（二）吸入气雾剂生产常见问题及对策

1. 装量差异

主要问题：灌装设备的精度不够，导致每次灌装的量不一致；物料的黏度、密度等性质发生变化，影响灌装的准确性；灌装操作过程中，环境温度、湿度等因素的变化，也可能对装量产生影响。

解决办法：建立严格的在线质量控制体系，对装量、含量、水分、杂质等进行实时监测。通过关键工艺和参数的研究，建立合理的工艺控制指标。定期对灌装设备进行校准和维护，确保设备的精度和稳定性；严格控制物料的质量，保证物料的性质稳定；控制灌装环境的温度、湿度等条件，避免环境因素对装量的影响。

2. 抛射剂相关问题

主要问题：包装密封不良，导致抛射剂在储存或运输时泄漏，压力下降，无法正常喷出药物，或喷出剂量不准确，影响产品质量与使用效果。可能是阀门与容器间密封不严，或容器有细微裂缝所致。

解决办法：严格检测阀门系统和容器质量，确保二者匹配良好、密封可靠；在生产各环节对产品进行严格的质量检测及时发现并剔除泄漏的产品；对吸入气雾剂进行适当的包装和防护，避免在储存和运输过程中受到外力破坏。

主要问题：抛射剂用量偏差影响气雾剂压力稳定性，压力过高易致喷出速度过快，药物在肺部沉积不均；压力过低则喷出量不足，达不到治疗剂量，且会造成不同批次产品质量差异。

解决办法：选用高精度定量灌装设备，依据产品需求精确控制抛射剂灌装量，并定期校准和维护设备，保证计量精准；在生产过程中，实时监测抛射剂用量和产品压力，建立完善质量控制体系，及时调整灌装参数。

3. 粒度不符合要求

主要问题：药物的微粉化工艺控制不当，导致药物粒度分布不均匀；抛射剂的选择和用量不合适，影响药物的雾化效果；生产环境的湿度和温度对药物粒度有影响。

解决办法：优化药物的微粉化工艺，严格控制工艺参数；根据药物的性质和产品要求，选择合适的抛射剂及其用量；控制生产环境的湿度和温度，避免药物吸湿或潮解。

4. 微生物污染

主要问题：生产环境的洁净度不符合要求，空气中的微生物可能污染药物；原辅料本身携带微生物，或在储存过程中被微生物污染；生产操作人员的卫生习惯不好，也可能导致微生物污染。

解决办法：加强生产环境的清洁和消毒，定期进行空气净化和微生物监测；对原辅料进行严格的微生物检验，确保原辅料的质量；加强对生产操作人员的卫生培训，规范操作流程。

5. 稳定性问题

主要问题：药物与抛射剂、辅料等之间发生相互作用，导致药物降解或变质；包装材料的阻隔性能不好，外界的氧气、水分等可能进入容器，影响药物的稳定性；储存条件不当，如温度过高、湿度过大等，也会加速药物的降解。

解决办法：通过处方筛选和优化，避免药物与其他成分发生不良反应；选择阻隔性能良好的包装材料，如玻璃或塑料容器，并采取适当的密封措施；根据药物的稳定性特点，制定合理的储存条件和有效期。

三、吸入气雾剂实例

❖ **例 6-1　沙丁胺醇气雾剂（混悬型吸入气雾剂）**

【处方】

沙丁胺醇	1.313g
磷脂	0.368g
Myrj-52	0.263g
HFA-134a	998.060g
共制约	1000g

【处方分析】沙丁胺醇为主药，磷脂和 Myrj-52 为表面活性剂，HFA-134a 为抛射剂。

【制备工艺】将药物、磷脂、Myrj-52 与溶剂混合在一起后进行超声，直到平均粒子大小达 0.1～5μm。然后通过冷冻干燥或喷雾干燥得到干燥粉末，再将该粉末悬浮在 HFA-134a 中按规定量分装，灌入密闭容器内。

【规格】每瓶 200 揿，每揿含沙丁胺醇 0.10mg。

【注解】沙丁胺醇主要作用于支气管平滑肌的 β 受体，用于治疗哮喘。沙丁胺醇吸入的副作用小于口服。

第三节　吸入粉雾剂工艺

吸入粉雾剂又称干粉吸入剂（dry powder inhalant，DPI），与其他吸入气雾剂和吸入喷雾剂相比具有以下优点：患者主动吸入药粉，易于使用；无抛射剂，可避免对大气环境的污染；药物可以胶囊或者泡囊形式给药，剂量准确；不含防腐剂及乙醇等溶剂，药物呈干粉状，稳定性好，干扰因素少，尤其适合用于多肽和蛋白质类药物的给药。

一、吸入粉雾剂生产工艺

吸入粉雾剂的制备流程主要包含药物的微粉化、药物和载体的混合、灌装和质量检查。原料药微粉化后，根据药物的性质可选择与载体混合或单独灌装。

（一）吸入装置

吸入粉雾剂由干粉吸入装置和供吸入用的干粉组成。干粉吸入装置种类众多：按剂量可分为单剂量、多重单元剂量、贮库型多剂量；按药物的贮存方式可分为胶囊型、泡囊型、贮库型；按装置的动力来源可分为被动型和主动型。

药物粒子经吸入装置可以从密集状态变为松散状态或从载体表面重新分散，产生可供吸入的粒子，此过程与粉末性质和装置产生的分散力有关，因此，处方与装置设计直接影响药物的重新分散。粒子重新分散的力量来源于患者的吸入力量，湍流气流有利于药物的分散，其分散水平依赖于装置的几何结构，通道越窄越易产生湍流。但肺功能差的患者的吸入力量较小，压差较低，产生的气流速度较低。因此，理想的装置结构应是在较低的压差条件下，即可产生较高的湍流流速。

（二）处方

根据药物与辅料的组成，吸入粉雾剂的处方可分为纯药物粉末、有附加剂的药物粉末、有吸入载体的药物粉末。

（1）**纯药物粉末** 仅含微粉化药物的吸入粉雾剂，药物颗粒的空气动力学直径满足吸入要求。

（2）**有附加剂的药物粉末** 药物加适量的附加剂，以改善粉末的流动性。吸入粉雾剂的附加剂主要包括表面活性剂、分散剂、润滑剂和抗静电剂等，其主要作用是提高粉末的流动性。通过适当工艺制备可得到药物与适当的润滑剂、助流剂或抗静电剂的均匀混合体。由于吸入制剂直接将药物吸入呼吸道和肺部，所以上述处方加入的附加剂应对呼吸道黏膜和纤毛无刺激性、无毒性。

（3）**有吸入载体的药物粉末** 即一定比例的药物和载体的均匀混合体。载体在吸入粉雾剂中起到稀释和改善微粉药物流动性的作用。粉末因具有较大的表面自由能和聚集倾向，流动性差，贮存后易聚结，故一般常用载体将其分散。常用粒径为 50～100μm 的载体与粒径为 0.5～5μm 的药物微粉混合，使药物微粉吸附于载体表面，载体的最佳粒径为 70～100μm。理想的载体应是在加工和填充时与药物粒子具有一定的内聚力，混合物不分离，而在经吸入器吸入时，药物可最大限度地从载体表面分离，混悬于吸入气流中。乳糖是较常用的载体，也是目前 FDA 批准的唯一的吸入粉雾剂载体。

（三）吸入粉雾剂的主要生产工序与洁净度要求

吸入粉雾剂生产过程包括药物的微粉化、药物和载体的混合、灌装和质检等工序，其中暴露工序区域及其直接接触药品的包装材料最终处理的暴露工序区域，应当参照 GMP 附录 1 "无菌药品"中 D 级洁净区的要求设置。不同工序的洁净度要求不同。吸入粉雾剂生产环境分为两个区域，一般生产区和 D 级洁净区。一般生产区包括外包装、质检等；D 级洁净区包括原料药的微粉化、药物的配制、灌装等。

（四）吸入粉雾剂的生产工艺流程图

吸入粉雾剂的生产工艺流程及工序洁净度要求见图 6-2。

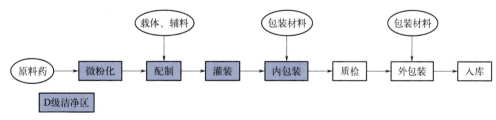

图 6-2 吸入粉雾剂的生产工艺流程及工序洁净度要求

二、吸入粉雾剂生产控制要点、常见问题及对策

（一）生产控制要点

1. 原料药的微粉化

微粉化操作的目的是获得可吸入的药物粒子（一般情况下，空气动力学直径小于 5μm）。原料药微粉化的方法包括下面几种。

（1）粉碎法　目前应用最广泛的微粉化工艺是粉碎法。其中以气流粉碎法最常用，它通过高速率使粒子间发生碰撞，能够产生低至 1μm 粒径的粒子。粉碎法具有简单、可预测、易放大并且经济的优点。但是粉碎可能引起结构的改变（比如产生无定型粒子），进而改变粒子的表面性质，这可能使得药物的流动性和分散性不佳。对于多晶型药物，当晶型对药物的疗效有明确影响时，在使用粉碎法进行微粉化处理后，应对药物晶型的变化进行详细的考察和研究。

对微粉化后的原料药的粒径进行控制。原料药的粒度大小通常应控制在 10μm 以下，其中大多数应在 5μm 以下。

（2）喷雾干燥法等其他技术　其他用于微粉化的技术包括喷雾干燥法、超临界流体法、冷冻干燥法等，其中以喷雾干燥法最为常用。喷雾干燥法是粒子形成（即粒径增加）的过程，而粉碎法恰恰相反。喷雾干燥法具有粒径分布可控，并在一定程度上粒子形状和粒子表面形态也可控的优点，且通常情况下在自然状态下即形成无定型粒子。由喷雾干燥法得到的粒子空气动力学直径小、相互作用力低，在气流作用下易分散。但是，喷雾干燥法可能产生无定型粒子或其他非目的晶型，并且对于此过程可能产生的水分或其他有机溶剂也需要在处方筛选及生产过程中严加控制。

2. 药物和载体的混合

药物和载体粉末混合是吸入粉雾剂生产的关键步骤。理想情况下，得到的混合物应是：①均一单相（最好有相同的粒径分布、形状和表面性质等）；②在之后的机械操作中应保持完整，即稳定；③吸入时，药物粒子和载体能够轻易分离。

混合时的生产条件以及粉末的理化性质（如水分、粒径、密度、表面性质等）均对混合均匀性有影响，需要在工艺开发中予以研究。生产条件主要有混合器的选择（型号、生产能力、填充水平等）、转速、混合时间、加入顺序以及环境湿度等。

3. 灌装和贮存

处方混合后，灌装至胶囊、多剂量泡囊或贮存罐中，并贮存在适当的条件下。灌装过程中的压实度和贮存环境的温湿度均可能影响吸入粉雾剂产品的性能。

4. 其他

原料药及载体中的水分。吸入粉雾剂中的水分含量对药物的稳定性、粒径分布、递送剂量影响较大，因此需将吸入粉雾剂中的水分控制在一定范围内。

贮库型吸入粉雾剂说明书应标明：①总吸次；②递送剂量；③临床最小推荐剂量的吸次。胶囊型和泡囊型吸入粉雾剂说明书应标明：①每粒胶囊或泡囊中药物含量及递送剂量；②临

床最小推荐剂量的吸次；③胶囊应置于吸入装置中，而非吞服。

吸入粉雾剂的装置或包装带来的浸出物以及贮存条件下水分的变化均可影响其质量。为了用药安全，应对浸出物进行研究。如果研究结果提示有浸出物，应进行进一步的毒理学研究，确认浸出物水平符合安全性要求。对于某些吸入粉雾剂（取决于装置设计），建议在进行稳定性试验时，应考察不同放置方向（正置、倒置及水平放置）的影响。

5. 吸入粉雾剂的质量评价

吸入粉雾剂应进行以下相应检查：递送剂量均一性、微细粒子剂量、多剂量吸入粉雾剂总吸次以及微生物限度检查。

（1）递送剂量均一性　对于含有多个活性成分的吸入剂，各活性成分均应进行递送剂量均一性测定。除另有规定外，递送剂量平均值应在递送剂量标示量的80% ～ 120%。

（2）微细粒子剂量　除另有规定外，微细药物粒子应不少于标示剂量的10%。

（3）多剂量吸入粉雾剂总吸次　不得低于标示的总吸次（该检查可与递送剂量均一性测定结合）。

（4）微生物限度检查　除另有规定外，照非无菌产品微生物限度检查：微生物计数法和控制菌检查法及非无菌药品微生物限度标准检查，应符合规定。

（二）常见问题及对策

1. 水分

水分对吸入粉雾剂的影响较大，水分增加，会影响药物的粒径分布、药物的稳定性、药物在装置中的停留以及由此引起的递送剂量变化。在药物制备过程中应控制水分，对微粉化的药物及辅料的水分进行检查；在混合和灌装过程中，应将环境湿度控制在低于药物和辅料的临界相对湿度值以下。贮存过程中，当处方具有引湿性时，应该将其保护在密封性良好的包装内，以防止水分进入。

2. 粉体的稳定性和雾化性

粒度大小、颗粒形状、流动性、比表面积、多晶型及结晶度等均影响粉雾剂中粉体的稳定性和雾化性能。粉末的分散与粉末的流化与解聚密切相关，流动性差、内聚力大的粉末在吸入时会导致雾化性能较差。吸入药物微粒的粒径很小，使气溶胶颗粒的比表面积非常大。小粒径药物更容易吸收水分、具有更高电荷，导致吸入粉雾剂产品的稳定性降低。比表面积是吸入粉雾剂处方开发中的关键要素，在研发和生产中发现药物微粒比表面积的任何改变都要仔细考虑，否则会影响最终结果。不同晶型的化合物具有不同能量状态，导致不同的物化性质，包括稳定性、溶解性甚至不同的生物利用度。在粉雾剂生产过程中，结晶态的药物颗粒经过高能粉碎后结晶度会下降，也就是说会产生无定型物。无定型物的吉布斯自由能高于结晶态，热力学不稳定，在长期放置过程中趋于向低能态转化（例如重结晶），重结晶后由于颗粒的表面性质发生了变化，吸入粉雾剂的雾化性能会发生巨大变化。

吸入粉雾剂是药械组合药品，制剂和装置共同决定了产品的质量和雾化性能。关注粉体的粒度分布、颗粒形态、流动性、比表面积、多晶型及结晶度，有助于提高对雾化性质的认识。在产品的检测中，不仅要关注质量标准的检测项目，还要从患者的角度出发考察产品的雾化性能，以满足不同患者的需要。

三、吸入粉雾剂实例

❖ 例 6-2　布地奈德粉雾剂

【处方】

布地奈德	200mg
吸入用乳糖	25g

制成 1000 粒

【处方分析】布地奈德为主药,吸入用乳糖为药物载体。

【制备工艺】将布地奈德用适宜方法微粉化,采用等量递增法与处方量吸入用乳糖充分混合均匀,分装到硬明胶胶囊中,使每粒含布地奈德 0.2mg 即得。

【规格】0.2mg。

【注解】①本品为胶囊型粉雾剂,用时需装入相应的装置中,供患者吸入使用。②吸入该药后,10%～15% 在肺部吸收,约 10min 后血药浓度达峰。

第四节　吸入液体制剂工艺

一、吸入液体制剂生产工艺

吸入液体制剂为无菌制剂,其生产工艺属于无菌制剂生产工艺,目前多采用吹瓶(Blow)—灌装(Fill)—封口(Seal)生产工艺,即吹灌封(BFS)生产工艺。

(一)雾化装置

目前,吸入液体制剂雾化给药已广泛应用在临床上。用于此剂型的药物除了传统的平喘药、抗生素、麻醉药、镇咳祛痰药外,也有部分中药制剂。与吸入气雾剂和吸入粉雾剂不同,处方因素对雾化吸入剂的影响较小,雾化器的雾化效率对其影响较大。

按照工作原理,雾化器大致可分为喷射雾化器、超声雾化器和振动筛雾化器等。

1. 喷射雾化器

喷射雾化器也称空气压缩式雾化器,在相同的治疗时间内吸入的雾化量适宜,不易造成缺氧、呛咳。雾化的颗粒也更细,可以深入下呼吸道治疗,现国内临床大多采用喷射雾化器,但其存在残留液体体积大、噪声大的不足。

2. 超声雾化器

与喷射雾化器不同,超声雾化器的雾化过程不受患者呼吸行为的影响,还可根据患者的病情来调整雾滴大小和雾化速率等。但因超声雾化可能会破坏蛋白质等生物大分子以及热敏性药物的结构,对黏度较大的药液以及微米混悬液雾化效果不佳,不良反应发生率较高等多方面的原因，现已基本被淘汰。

3. 振动筛雾化器

相比于超声雾化器和喷射雾化器，振动筛雾化器能雾化小体积的剂量（最低达 0.5mL），药液残留少，药物利用率高，雾化过程中药液温度无显著变化，更适于雾化生物大分子等稳定性差的药物。但振动筛雾化器制备技术复杂，需激光打孔，因而成本相对较高。

4. 智能雾化系统

随着吸入治疗在临床上的应用日趋广泛，针对各种不同需求的雾化器产品应运而生，目前已研究出智能雾化系统，该系统与振动筛或喷射雾化器相连，可实现靶向与准确定量给药。

（二）雾化溶液

雾化溶液的生产过程包括原辅料的准备、配液、除菌过滤、灌封、冲切、质量检查、包装等步骤。将药物原料、渗透压调节剂、稳定剂、溶于注射用水 / 灭菌注射用水中，然后 pH 调节剂调节 pH 为 4.0 ～ 8.0，除菌过滤，无菌灌封后，检漏、灯检、包装制得成品。

（三）吸入液体制剂的主要生产工序与洁净度要求

BFS 设备至少应当安装在 C 级洁净区环境中，灌装间要实施悬浮粒子和微生物的动态监测。BFS 机器在计算机程序的控制下完成所有物料管线的在线清洗 / 在线灭菌，使吹瓶、灌装、封口 3 段工艺过程均在 A 级风淋保护下的无菌环境中完成。工艺过程中可能出现的风险（环境、温度、压差变化等因素）都由计算机控制系统按设定的参数进行全过程监控，整个生产过程的各项参数完整地储存在计算机中，可随时查阅，但不可更改，这是目前无菌保障能力最强的灌装工艺。

（四）吸入液体制剂的生产工艺流程图

因吸入液体制剂为无菌制剂，其生产工艺参考无菌制剂工艺，生产工艺流程及工序洁净度要求见图 6-3。

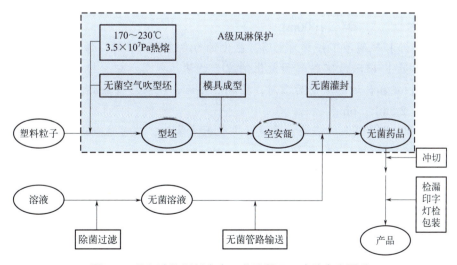

图 6-3　吸入液体制剂生产工艺流程及工序洁净度要求

（五）吸入液体制剂的质量评价

吸入液体制剂需考察递送速率和递送总量。递送速率是指在单位时间内由雾化装置递送的气溶胶量，即雾化速率，用以评价气溶胶递送的速率。递送总量是指在指定流速下，通过雾化装置递送的气溶胶总量，用以预估患者在一定时间内能够接收到的总药物量。递送总量和递送速率能够有效反映给药的速度以及患者吸入药物的总量，同时也是用来控制、评估产品质量的重要参数。

吸入用溶液（需稀释后使用的浓溶液）使用前采用说明书规定溶剂稀释至一定体积。吸入用粉末使用前采用说明书规定量的无菌稀释液溶解稀释成供吸入用溶液。吸入液体制剂使用前其 pH 应在 3 ～ 10 范围内；混悬液和乳液振摇后应具备良好的分散性，可保证递送剂量的准确性。除另有规定外，在制剂确定处方时，该处方的抑菌效力应符合抑菌效力检查法的规定。吸入液体制剂需检查外来颗粒和不溶性微粒。吸入液体制剂应测定递送速率、递送总量、微细粒子剂量。除另有规定外，吸入液体制剂照无菌检查法检查。

二、吸入液体制剂生产控制要点、常见问题及对策

参见第四章　无菌制剂工艺项下最终灭菌注射剂的生产控制要点、常见问题及对策。

三、吸入液体制剂实例

> ❖ 例 6-3　吸入用硫酸沙丁胺醇溶液（吸入溶液）
>
> 【处方】
>
> | | |
> |---|---|
> | 硫酸沙丁胺醇 | 2.4g |
> | 氯化钠 | 9g |
> | 稀硫酸 | 适量 |
> | 注射用水 | 加至 1000mL |
>
> 【处方分析】硫酸沙丁胺醇为主药，氯化钠为渗透压调节剂，稀硫酸为 pH 调节剂。
>
> 【制备工艺】硫酸沙丁胺醇和氯化钠溶于适量注射用水中，搅拌溶解，加稀硫酸调 pH 至 4.0，定容，过滤除菌后灌封，检漏、灯检、包装后得成品。
>
> 【规格】2.5mL：6mg。
>
> 【注解】本品为吸入用溶液，需置于雾化器中雾化，不可注射或口服。

（编写者：王婉梅、金义光；审校者：侯曙光、陈永奇、程开生）

 思考题

1. 吸入气雾剂的生产工艺主要包括哪些步骤？请画出吸入气雾剂的工艺流程图。

2. 简述吸入气雾剂的生产控制要点、生产中的常见问题及对策。

3. 吸入粉雾剂的生产工艺主要包括哪些步骤？请画出吸入粉雾剂的工艺流程图。

4. 简述吸入粉雾剂的生产控制要点、生产中的常见问题及对策。

参考文献

[1] 国家药典委员会. 中华人民共和国药典（2025 年版）[M]. 北京：中国医药科技出版社，2025.

[2] 吴正红，周建平. 工业药剂学 [M]. 北京：化学工业出版社，2021.

[3] 方亮. 药剂学 [M]. 北京：人民卫生出版社，2016.

[4] 崔福德. 药剂学 [M]. 北京：人民卫生出版社，2011.

[5] 何仲贵. 药物制剂注解 [M]. 北京：人民卫生出版社，2009.

[6] 金义光，李淼. 肺部给药系统及其治疗肺部疾病的进展 [J]. 国际药学研究杂志，2015，42（3）：289-295，322.

[7] 高蕾，马玉楠，王亚敏，等. 吸入粉雾剂的处方与工艺研究解析 [J]. 中国新药杂志，2018，27（9）：984-987.

[8] 张成飞，李岩峰，杜晓英，等. 吸入粉雾剂产品的开发要点 [J]. 药物评价研究，2019，42（12）：2314-2317.

[9] 陈哲，李雯燕，倪晓凤，等. 呼吸系统吸入制剂研发现状的系统评价 [J]. 中国药房，2021，32（14）1671-1677.

第七章

新型制剂工艺

本章要点

1. **掌握**：速释制剂、缓控释制剂和经皮给药制剂的基本概念、特点和类型；不同类型经皮给药制剂的生产工艺。

2. **熟悉**：速释制剂、缓控释制剂和经皮给药制剂常见剂型的定义、特点和处方组成；经皮给药制剂常用的高分子材料。

3. **了解**：速释制剂、缓控释制剂和经皮给药制剂的常用辅料和制备工艺，缓控释制剂的释药原理；经皮给药制剂生产常见问题。

第一节　概述

随着医药制剂技术的发展，开发研究新产品、新剂型成为医药界极为关注的问题，开发新型制剂与开发新化合物实体相比具有成本低、周期短而见效快的优势。新剂型发展对于传统药物能起到革命性的推动作用，大量药物新型制剂的问世则是其突破性进展的重要标志。本章主要围绕速释剂型、缓控释剂型、经皮给药剂型等重点剂型进行阐述。

近年来，速释药物递送系统正逐渐成为国内外医药研究的主要方向及热点之一。顾名思义，其特点是迅速起效。缓控释制剂是缓释和控释制剂的总称，是根据临床治疗需要而设计的一类新型药物释放系统。缓控释制剂的特性是在制备过程中加入了特殊辅料，控制药物释放速率，达到提高患者顺应性、降低药物毒副作用、提高药物有效性的目的。经皮给药作为一种优良的替代口服和注射的给药方式，已广泛应用于体表及全身性疾病的治疗。但皮肤角质层作为人体天然生理屏障，阻碍了大部分药物经皮吸收进入体内。借助微米或纳米载体，如微乳、脂质体等，可改善药物经皮渗透吸收的能力。

一、新型制剂的分类

1. 速释制剂

速释制剂（immediate-release formulation）系指一大类给药后能够快速崩解或者快速溶

解，药物快速释放并通过口腔或胃肠黏膜迅速吸收的制剂。如口崩片（orally disintegrating tablets）具有以下优点：①无须水及吞咽动作，可解决儿童、老人及取水不便人群吞咽困难的问题；②提高患者顺应性；③快速释放药物、起效快等。舌下片中药物通过口腔黏膜吸收，可避免肝脏首过效应，提高药物的口服生物利用度。弊端有：①生产工序较复杂；②对崩解剂要求高，成本较高；③对包装材料的防潮效果和储存条件要求高。

2. 缓释、控释、迟释制剂

缓释制剂（sustained-release preparation）系指在规定的释放介质中，按要求缓慢地非恒速释放药物的制剂。与普通制剂相比，通常给药频率减少，且能显著增加患者顺应性。控释制剂（controlled-release preparation）系指在规定的释放介质中，按要求缓慢、恒速或接近恒速释放药物的制剂。与普通制剂相比，给药频率减少，理论上血药浓度比缓释制剂更加平稳，且能显著增加患者顺应性。迟释制剂（delayed-release preparation）系指在给药后不立即释放药物的制剂，包括肠溶制剂、结肠定位制剂和脉冲制剂等。

缓控释制剂的本质是在体内保持缓慢释放，达到缓效、长效的目的，缓控释制剂主要有以下几点优势：①使用方便。采用普通制剂治疗的患者每日需要服药数次，而采用缓控释制剂治疗的患者每日仅需服药 1～2 次。部分缓控释制剂的服药间隔可长达数周。②释药平缓。与普通制剂相比，缓控释制剂中有效成分的释放较为缓慢、平稳，从而有效避免血药浓度的波动，减少血药浓度"峰谷"现象的出现。③毒副作用小。缓控释制剂可以减少血药浓度"峰谷"现象的出现，因此可减少患者因血药浓度过高而发生的不良反应。④定时、定位、定速效应。缓控释制剂通过其独特的释药机制可实现药物释放的定时、定位、定速，从而可使药物发挥出更好的疗效。弊端有：①临床应用中，剂量调节的灵活性降低，如遇到特殊情况，往往不能立即停止治疗；②制备缓控释制剂的设备、工艺、辅料等成本较常规制剂昂贵。

3. 经皮给药制剂

经皮给药制剂，即经皮给药系统（transdermal drug delivery system，TDDS）或称经皮治疗系统（transdermal therapeutic system，TTS），系指通过皮肤表面给药，以达到全身治疗作用的一种给药途径。与普通制剂相比，TDDS 可随时中断给药，是一种方便、无创的给药剂型，它为不宜口服或注射的药物提供了一个全身用药的新选择。TDDS 具有以下优点：①药物吸收不会受到消化道内 pH 值、食物和药物在肠道内的停留时间等复杂因素的影响；②可避免首过效应；③用药部位在体表，可随时中断给药。弊端有：①不适用于刺激性药物、大分子药物和极性太大的药物；②工艺复杂，同一生产线很难实现多种复杂经皮制剂的研发或生产；③载体材料对皮肤有刺激性，可能诱发过敏或皮肤损伤；④不同个体、不同部位皮肤厚度差异大，会导致吸收程度的差别。

二、新型制剂的质量要求

1. 速释制剂

速释制剂大部分为固体制剂，应符合固体制剂的基本质量指标，主要包括性状、重量差异、硬度与脆碎度、崩解时限、溶出度或释放度、含量均匀度等，应符合《中国药典》（2025年版）固体制剂项下的基本要求。

2. 缓释、控释、迟释制剂

缓释、控释和迟释制剂的处方工艺设计可能影响其质量和疗效等，因此必须对其进行全面深入的研究。缓释、控释和迟释制剂体外应符合质量需求，体内的释放行为应符合临床需求，应建立能评估体内基本情况的体外试验方法（如溶出试验等）和指标，以有效控制制剂质量，保证制剂的安全性与有效性。

3. 经皮给药制剂

经皮给药制剂的常用剂型为贴剂，其质量研究重点包括体外释放、体外经皮吸收速率、体外黏附性能、溶剂残留、热力学稳定性、杂质等。一般要求外观应完整光洁，有均一的应用面积，冲切口应光滑、无锋利的边缘。经皮给药制剂所用的材料及辅料应符合国家标准有关规定，无毒、无刺激性、性质稳定、与原料药物不发生相互作用。当用于干燥、洁净、完整的皮肤表面时，用手或手指轻压，贴剂应能牢牢地贴于皮肤表面，从皮肤表面除去时应不对皮肤造成损伤，或引起制剂从背衬层剥离。贴剂在重复使用后对皮肤应无刺激或不引起过敏。原料药如溶解在溶剂中，填充入贮库，贮库应无气泡和泄漏。原料药如混悬在制剂中则必须保证混悬和涂布均匀。用有机溶剂涂布的贴剂，应对残留溶剂进行检查。采用乙醇等溶剂时应在标签中注明过敏者慎用。贴剂的黏附力等应符合要求。除另有规定外，贴剂应密封贮存。贴剂应在标签中注明每贴所含药物剂量、总的作用时间及药物释放的有效面积。除另有规定外，贴剂应进行含量均匀度、释放度和微生物限度等检查，且须符合规定。

第二节　速释制剂工艺

速释制剂释药原理与其结构和所用聚合物密切相关，主要原理涉及速崩、速溶、载体材料对药物溶出的促进作用。速释制剂根据其释药机制和使用特点大致可分为：水中分散型，如分散片、泡腾片、自乳化或自微乳化释药制剂、干凝胶和干酏剂等；口腔分散型，如口腔速释片、速液化咀嚼片、口含片及舌下片；其他，如滴丸剂、膜剂以及由包合技术与固体分散技术制成的速释制剂等。其中口服速释固体制剂应用较为普遍，其主要特点是药物释放快、服用方便。

以速释技术和掩味技术对药物进行预处理之后，可进一步经湿法制粒、粉末直接压片、灌装胶囊、流化床制粒、喷雾干燥制粒、混悬滴制或熔融滴制等常规工艺，制备成口崩片、舌下片、分散片、咀嚼片、泡腾片、滴丸剂、膜剂、栓剂、胶囊、干凝胶等各种剂型。

口腔崩解片（orally disintegrating tablets）简称口崩片，是指口腔内不需要用水即能迅速崩解或溶解的片剂，适用于小剂量药物，崩解后经吸收发挥全身作用。制备时常用山梨醇、甘露醇、乳糖等作为主要辅料。

泡腾片（effervescent tablets）是一种含有泡腾崩解剂的特殊片剂，该剂型中含有碳酸氢钠和有机酸，遇水可产生气体而呈泡腾状。泡腾片的制备工艺与大多数口服固体制剂相同，多采用直接压片法。

咀嚼片（chewable tablets）系指在口腔中咀嚼后吞服的片剂。咀嚼片制备工艺与普通片剂类似，根据工艺路线不同，通常分为湿法制粒压片法、粉末直接压片法、干法制粒压片法。

分散片（dispersible tablets）是在水中能迅速崩解并均匀分散的片剂，分散片中原料药应为难溶性药物。分散片制备工艺与普通片剂相同，可采用湿/干法制粒压片法、直接压片法、冷冻干燥法等来制备。

一、速释制剂生产工艺

速释制剂的常用生产工艺包括以下四种：

（1）**直接压片法** 指有效成分和适宜辅料的混合物不需经过制粒工序直接加压而成。用此方法制备口腔崩解片，控制质量的关键是选择合适的崩解剂。利用崩解剂的毛细管作用或吸水溶胀性质，使片剂迅速崩解或溶解。

（2）**湿法制粒压片法** 湿法制粒压片主要包括制软材、制粒、干燥、整粒、混合、压片等几个步骤。处方中一般包括填充剂、崩解剂、黏合剂等。对具体药物需经过筛选才能确定最适合的崩解剂、填充剂、黏合剂的种类和用量。

（3）**冷冻干燥法** 该工艺是将药物同水溶性基质及某些辅料制成混悬剂并定量分装于模具中，迅速冷冻成固体，通过升华作用除去水分，从而得到高孔隙率的固体制剂。为得到多孔产品，药物溶液或混悬液中必须有一定量气泡，因此可在制备过程中加入一定量表面活性剂，如卵磷脂、聚山梨酯等，并注意升华前应速冻。对辅料而言，为得到分布均匀的混悬剂，可加入一些高分子材料，如多糖类、胶类、纤维素类等。还可根据不同的需要加入润湿剂、着色剂、防腐剂等。

（4）**喷雾干燥法** 该工艺主要是利用颗粒间存在的静电作用而使片剂迅速崩解。首先制备多孔性颗粒作为片剂支持骨架，支持骨架的成分包括带有静电荷的聚合物及在溶液中带有同主要聚合物相同电荷的增溶剂和膨胀剂。将支持骨架成分与挥发性物质如乙醇及缓冲剂采用喷雾干燥技术制成多孔性颗粒，然后加入药物及其他辅料如黏合剂、填充剂、矫味剂等，压片，最后再包一层聚乙烯吡咯烷酮或聚乙烯醇的薄膜衣层以提高其完整性。

（一）速释制剂的主要生产工序与洁净度要求

速释制剂车间按其工艺流程包括粉碎、过筛、配料、混合、制粒、干燥、整粒、混合、压片、包衣、包装等。按照 GMP 相关条例规定，应符合以下要求。

① 原辅料应贮存在有温湿度控制设备的仓库，而生产行为应在车间生产区进行。

② 以常见的固体制剂车间布局为例，生产区分为一般生产区和洁净区。在一般生产区可进行外包装（装箱打包等）操作，洁净区进行物料前处理、称量配料、制粒、干燥、整粒、混合、压片、包衣和内包装等工序，物料不得直接裸露在非控制区环境，相关操作必须在洁净区内进行。

此处洁净区是指洁净度级别为 D 级、温度为 18～26℃、相对湿度为 45%～60%。洁净区设紫外灯，内设置火灾报警系统及应急照明设施。级别不同的区域之间保持 10Pa 的压差并设置测压装置。在各个工艺单元中都必须控制温度和湿度，以满足 GMP 要求，并保证药品质量。

（二）速释制剂的生产工艺流程

速释制剂的生产工艺流程及工序洁净度要求见图 7-1。

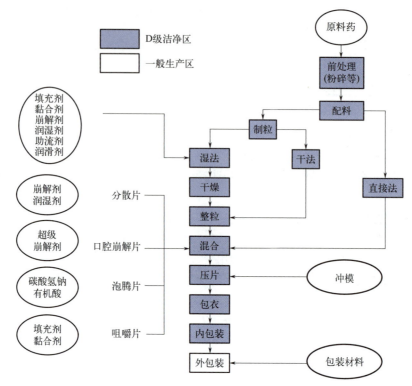

图 7-1　速释制剂的生产工艺流程及工序洁净度要求

二、速释制剂生产控制要点、常见问题及对策

（一）生产控制要点

1. 保证环境卫生

生产前、生产过程中、生产结束清场完毕后，均应仔细检查工艺卫生与环境卫生是否符合要求。应确保操作间温湿度、压差符合生产工艺要求；所用设备、容器具必须清洁，避免使用易碎、易脱屑、易长霉器具；所用内包装材料也必须符合卫生标准。

2. 生产前准备工作

各工序应接收批生产记录，仔细阅读产品名称、规格、批号、批量等内容；检查房间是否悬挂"已清洁"标识，本班生产日期是否在清洁有效期内；同时，依次检查各设备、容器具的清洁状态，确保在清洁有效期内。

3. 配料过程

检查所使用的度量衡器具是否在校验合格的有效期内；确保所使用容器具在清洁有效期范围内；操作人员应按照生产指令单核对物料的标签信息，包括物料名称、物料编码、物料批号及有效期。

4. 粉碎过筛

粉碎过筛前，应根据工艺要求选择合适的筛网；在粉碎开始与结束后，都需要检查筛网完整性，避免破碎的筛网掉落在产品中。粉碎过筛应在粉筛室除尘罩内进行，以免粉尘扩散，造成交叉污染。对于过筛后的物料，应贴标签做好标识，转移至指定位置或下一道工序存放。对于重点操作，应进行复核与复查，确保配料的物料名称、代码、批号、性状等均符合规定，数量也准确无误。每完成一种物料的称量后，应及时核对物料称量前后的差值是否与配料量一致。称量完毕后，应根据配方核对物料袋上的物料标签信息，确保无误。

5. 混合制粒

在制粒过程中会产生粉尘，所以应保持负压，防止粉尘扩散。投料前应认真检查物料名称、编码、批号、重量等信息，由双人复核并签字确认。投料完成后，应按制粒工艺要求设定混合的搅拌时间、搅拌转速等参数，进行混合、制粒，中途需观察颗粒状态，并记录参数。颗粒干燥可采用真空干燥、热风干燥、微波干燥等，需根据片剂具体情况合理选择。真空干燥适用于含水量较高的颗粒，热风干燥适用于含水量较低的颗粒。干燥需要控制的参数包括干燥温度、时间和相对湿度等。

6. 压片

压片开始前，应根据批生产记录及工艺参数要求，设置压片机生产参数，包括预压和主压刻度、填充深度、强迫下料器的转速、压片速度等。正式生产前还应进行调试，即随机取素片，目视外观合格后，再用分析天平检查片重差异；素片检测片重合格后，再转至硬度检测仪检测其硬度。连续检测素片，直到达到批记录中要求的数量。如果其外观、片重、硬度测试结果均在批记录要求范围内，就可以开始正式压片，压片过程中定时抽样检测并记录检测数据。

（二）常见问题及对策

1. 分散片

分散片处方设计的出发点是使片剂遇水后在尽可能短的时间（3min）内崩解成很小的颗粒并形成均匀混悬液，在制备过程中辅料的选择和搭配、控制药物与辅料的粒度是控制其质量的关键因素。

当前制备分散片可采用普通片剂制备工艺，如湿法制粒压片、干法制粒压片、粉末直接压片、结晶直接压片或使用微粉化、固体分散体、包合等新技术。如感冒灵分散片采用包衣材料对4味中药浸膏所制的圆形颗粒进行包衣，较好地解决了颗粒遇水发黏影响崩解的问题。处方中加入大量塑性较强的微晶纤维素（MCC），可有效分隔中药颗粒，使其不会在受压时发生融合、破坏衣膜。MCC与交联聚维酮（PVPP）联用时崩解效果更佳。此外，PVPP、MCC、气相微粉硅胶等都有一定助悬效果。

崩解剂加入方法对崩解剂的崩解性能、分散性影响不同，有外加、内加、内外加三种方式。崩解作用分别发生在颗粒内部、颗粒与颗粒之间、颗粒之间和颗粒内部。一般来说，外加崩解剂使药片崩解成粗颗粒，促进片剂崩解；内加崩解剂则使粗颗粒再次崩解成细颗粒，使颗粒均匀分散在介质中，促进药物溶出；内外加法崩解剂一般则具有两种加入方式的优点。

分散片制备工艺中要注意控制原辅料粒度。药物微粉化的方法有机械粉碎法、微粉结晶法、速释型固体分散体技术等。单独药物微粉化可减小粉末粒度，增大比表面积，一定程度上能加快溶出；但应注意随着比表面积增大，小粒子会重新聚集，反而阻碍药物溶出。将某些难溶性药物与亲水性辅料一起研磨可防止粒子聚集，从而提高药物溶出。表面活性剂作为辅助崩解剂的加入方法主要有三种：溶于黏合剂内；与崩解剂混合加入干颗粒中；制成醇溶液喷于颗粒中。以第三种方法崩解时间最短。

2. 口腔崩解片

口腔崩解片除应符合片剂要求外，还应在口腔中迅速崩解，无砂砾感，口感良好，易吞咽，对口腔黏膜无刺激，有适宜的崩解时限或溶出度。因此口腔崩解片主要是通过选择合适的快速崩解剂而使片剂既有一定硬度又有一定疏松度。制备工艺主要有湿法制粒压片法、冷冻干燥法和直接压片法。冷冻干燥法是将主药与辅料的水溶液定量分装在模具中，通过冷冻干燥除去水分制造出高孔隙率的片剂。直接压片法是选用明胶、微晶纤维素等辅料包裹主药形成小颗粒，再加入较多甘露醇、少量泡腾剂、崩解剂、矫味剂、润滑剂等压制而成。口崩片辅料中最重要的是崩解剂，常用的有低取代羟丙基纤维素（L-HPC）、MCC、交联羧甲基纤维素钠（CCMC-Na）、交联羧甲基淀粉钠（CCMS-Na）等。由于口崩片选用崩解剂为不溶性物质，崩解后口感似沙砾。为克服这一缺点，可采用甘露醇为填充剂，与樟脑混合压片；加热后樟脑升华，得到孔隙率为 20% ～ 30% 的片剂，甘露醇于口中完全溶解，口感较好。

3. 泡腾片

泡腾片处方中泡腾剂选择是关键。泡腾片常用酸源有枸橼酸、酒石酸、富马酸、己二酸、苹果酸等；常用碱源有碳酸钠、碳酸氢钠、碳酸钾、碳酸氢钾、碳酸钙等。使用碳酸氢钠、碳酸氢钾时应注意干燥颗粒的温度不能高于 60℃，否则易分解产生碳酸盐、水和二氧化碳。润滑剂对泡腾片制备也十分重要，如选择不当可影响产品性状。润滑剂分水溶性和水不溶性两类。常用水溶性润滑剂包括聚乙二醇 4000 或 6000、十二烷基硫酸钠、十二烷基硫酸镁、L-亮氨酸、苯甲酸钠、油酸钠、氯化钠、醋酸钠、硼酸等；常用水不溶性润滑剂包括硬脂酸镁、滑石粉、微粉硅胶、蔗糖脂肪酸酯、硬脂酰富马酸钠等。口服泡腾片中加入适量矫味剂、甜味剂和香精，可改善口感，提高顺应性。矫味剂主要有薄荷油、薄荷醇、人造香草、肉桂及各种果味香精，以喷雾干燥的矫味剂效果最为理想。香精有甜橙味、柠檬味、橘味、苹果味、菠萝味等多种口味，可根据需要选择使用。口服泡腾片中还可酌情加入少量符合国家食品添加剂标准的色素，加入量应符合规定。湿法制粒压片时，色素通常先与部分辅料混匀，再加入到干燥颗粒中。

4. 咀嚼片

咀嚼片对于口感要求较高，一般使用甜味剂（蔗糖）和香兰素作为调味剂；赋形剂多采用甘露醇、蔗糖、淀粉、滑石粉、硬脂酸镁等。为确保其易于咀嚼，在后续质量检测中对其硬度、脆碎度的检查尤为重要。

三、速释制剂实例

❖ **例 7-1　克拉霉素分散片**

【处方】

克拉霉素	500g
预胶化淀粉	240g

乳糖	40g
L-HPC	40g
硬脂酸镁	6g
75%乙醇	400mL

制成 2000 片

【处方分析】克拉霉素为主药,低取代羟丙基纤维素为崩解剂,乙醇为润湿剂,预胶化淀粉、乳糖为稀释剂,硬脂酸镁为润滑剂。

【制备工艺】①崩解剂内加法。按处方量除硬脂酸镁外,将其余原辅料置搅拌机内混合 10～15min,加入 75%乙醇溶液制软材,用 16 目不锈钢筛制粒,50℃烘干,烘干后过 14 目筛整粒,加硬脂酸镁总混使均匀,采用 16mm×715mm 异形冲模压片,每片含克拉霉素 0.25g。分散时间为 290s。②崩解剂内外加法。按处方量将一半量低取代羟丙基纤维素(L-HPC)和其余原辅料一起置搅拌机内混匀、制软材、制粒、烘干、整粒,另一半量 L-HPC 和硬脂酸镁加入干颗粒中总混后压片。崩解时间为 170s。③崩解剂外加法。将 L-HPC 和硬脂酸镁加入到其余原辅料制得的干颗粒中,总混后压片。分散时间为 80s。

【规格】250mg/片。

【注解】①克拉霉素和其余辅料粉碎均过 100 目筛备用,配制 75%乙醇溶液作润湿剂备用。②从分散时间来看,外加法<内外加法<内加法,且内加法片剂分散时间超过 4min,属于不合格品。内外加法虽在合格范围内,但分散时间与规定限度接近,很容易造成不合格。外加法片剂的分散时间明显优于前两者。

❖ 例7-2　来曲唑口腔崩解片

【处方】

来曲唑	100g	L-HPC	22g
乳糖	56g	糖精钠	1.4g
山梨醇	140g	硬脂酸镁	4.8g
微晶纤维素	116g	制成 4000 片	

【处方分析】来曲唑为主药,乳糖为稀释剂,山梨醇为稳定剂,微晶纤维素为黏合剂,L-HPC 为崩解剂,糖精钠为甜味剂,硬脂酸镁为润滑剂。

【制备工艺】分别取来曲唑、微晶纤维素、L-HPC、山梨醇、硬脂酸镁粉碎过 100 目筛备用,分别取乳糖和糖精钠粉碎过 100 目筛备用;按比例分别称取来曲唑、山梨醇、乳糖、糖精钠、1/3 量 L-HPC、1/3 量微晶纤维素混合,得混合物料;在所得混合物料中加入 50%乙醇溶液,制成适宜软材,以 1 号筛制粒,湿粒于(40±5)℃干燥,以 32 目筛整粒;将上述步骤所得颗粒与剩余微晶纤维素及 L-HPC、硬脂酸镁混合均匀;经半成品检验,压片即得。

【规格】25mg/片。

【注解】来曲唑难溶于水,因此在固体制剂中难以溶出,影响生物利用度。该方法采用固体分散体技术制备来曲唑口腔崩解片,其溶出度为 98.58%,崩解时限符合规定。

❖ 例 7-3 阿司匹林维生素 C 泡腾片

【处方】

阿司匹林	3300g
维生素 C	2000g
胶糖	1000g
无水枸橼酸	10790g
碳酸氢钠	17430g
安息香酸钠	480g

制成 10000 片

【处方分析】阿司匹林和维生素 C 为主药，无水枸橼酸为酸源，碳酸氢钠为碱源，胶糖和安息香酸钠为黏合剂。

【制备工艺】分别将碳酸氢钠、枸橼酸和胶糖通过 2mm 筛网。将碳酸氢钠置于流化床内，流化 1min，然后喷入纯化水，加入枸橼酸和胶糖，继续流化 3min。待上述粉末状混合物变成颗粒后干燥。将阿司匹林、维生素 C 分别通过 2mm 筛网，称重混合，再加入安息香酸钠，混合 12min。将上述成分混合 20min 后压片，即得。

【规格】每片含阿司匹林 0.33g，维生素 C 0.2g。

【注解】①阿司匹林可用于抗炎、抗风湿和解热镇痛，处方中加入维生素 C 可增强人体免疫力并缓解症状。②制成泡腾片可提高阿司匹林的溶解度，处方中含有碱性泡腾成分，泡腾后可近于中性，避免了因阿司匹林酸性而造成的胃肠道刺激。③处方中枸橼酸和碳酸氢钠所占比例较大，崩解时间大大缩短。制备阿司匹林维生素 C 泡腾片应注意保持主药稳定性，应控制环境的湿度不超过 5g/m³，温度不超过 60℃。另外，整个工艺过程中尽量避免原辅料与金属器具接触，以有效提高该片剂的稳定性。

❖ 例 7-4 氢溴酸右美沙芬咀嚼片

【处方】

氢溴酸右美沙芬	150g	氯化钠	8g
三硅酸镁	2910g	滑石粉	200g
异丙醇	1500g	硬脂酸镁	100g
蔗糖	7000g	薄荷脑	10g
明胶	100g	薄荷油	10g
玉米糖浆	77g		制成 10000g
姜黄	2.2g		

【处方分析】氢溴酸右美沙芬为主药，异丙醇为溶剂，蔗糖为填充剂，明胶为黏合剂，玉米糖浆、氯化钠、薄荷脑和薄荷油为矫味剂，姜黄为着色剂，硬脂酸镁、滑石粉为润滑剂，三硅酸镁为药物载体。

【制备工艺】用异丙醇溶解氢溴酸右美沙芬后，喷入三硅酸镁细粉中，并充分混合，除去异丙醇。将所得粉末与蔗糖混合均匀，以含有明胶、玉米糖浆、氯化钠的水溶液（将处方量各物质溶于 630mL 水中）为黏合剂湿法制粒，干燥后整粒，与处方中其他辅料混合均匀后压片。

【规格】15mg/片。

【注解】氢溴酸右美沙芬味极苦，很难被矫味剂掩盖，将药物均匀分散在载体三硅酸镁中，不仅减弱了不良味道，还能实现药物的长效释放。

❖ 例 7-5　伐地那非冻干闪释片

【处方】

伐地那非	10g
甘露醇	17.5g
普鲁兰多糖	16.5g
三氯蔗糖	0.9g
纯化水	定容至 500mL

【处方分析】伐地那非为主药，甘露醇、普鲁兰多糖用作冷冻保护剂，三氯蔗糖为甜味剂，纯化水为溶剂。

【制备工艺】①溶解普鲁兰多糖：在搅拌釜中加入适量的纯化水，加热至55℃，称取处方量普鲁兰多糖加到搅拌釜中，搅拌使之完全溶解，冷却至室温。②分别称取处方量的三氯蔗糖、甘露醇和伐地那非，加到步骤①制得的料液中，搅拌至完全溶解后，加水定容，使伐地那非、甘露醇、普鲁兰多糖和三氯蔗糖的浓度分别为 17～25g/L、25～40g/L、30～40g/L 和 1～2g/L。③将步骤②得到的料液倒入乳化机中乳化，乳化机转速为 5000～12000r/min；将乳化的料液在真空下脱气，脱气时间为 15min。④灌装：将步骤③中所得料液以 0.5mL/片分装于铝塑泡罩板的泡眼中。⑤速冻：将灌装料液后的泡罩板放入 -100℃液氮隧道中预冻 15min；⑥冻干：将预冻后泡罩板转入冻干机板层上按预定程序冻干。⑦包装：从冻干机中取出泡罩板，在密封机上覆膜包装、分切。

【规格】10mg/片。

【注解】伐地那非是勃起功能障碍治疗药物，通过抑制 5 型磷酸二酯酶起效。该冻干闪释片起效快，15～30min 之内见效，30～60min 达到峰值，持续时间可达 6h 以上，且副作用小。普鲁兰多糖占比（g/ml，%）为 3.3%～3.7%，甘露醇占比（g/ml，%）为 2.8%～3.5% 时，所得冻干闪释片成型良好，无裂片、坍塌现象，崩解迅速，3s 内即完全崩解。

第三节　缓控释制剂工艺

缓控释制剂给药途径多种多样，如植入剂、透皮贴剂、注射剂等，但主要为口服制剂，其中以缓控释片剂和缓控释胶囊最普遍，近年来口服液体缓控释制剂也发展较快。口服缓控释制剂主要包括骨架型、膜控型及渗透泵型。缓控释制剂的释药原理与其结构和所用聚合物类型关系密切，主要原理有溶出、扩散、溶蚀、渗透压以及离子交换等。这些释药原理不仅适合口服给药系统，也适合于如埋植、微球等给药系统。下面主要以骨架型缓控释制剂（如亲水凝胶骨架片、不溶性骨架片、骨架小丸等）、膜控型缓控释制剂（如微孔膜包衣片、肠溶膜控释片、膜控释小片等）和渗透泵型缓控释制剂（渗透泵片等）为例介绍其相关生产工艺。

一、骨架片工艺

骨架片是指药物和一种或多种惰性骨架材料通过压制、融合等技术制成的片状、粒状、团块状或其他形式的制剂，在水或体液中能维持或转变成整体式骨架结构。药物以分子或微细结晶状态均匀分散在骨架中，骨架起贮库作用，主要用于控制制剂的释药速率。

（一）骨架片生产工艺

1. 骨架片生产工序及洁净度要求

骨架片生产过程包括预处理、制粒、干燥、整粒、总混、压片、包衣和包装等工序。按照 GMP 相关条例规定，不同工序的洁净区域应符合以下要求。

① 原辅料应贮存在有温湿度控制设备的仓库，生产行为应在车间生产区进行。

② 以常见的固体制剂车间布局为例，生产区分为一般生产区和洁净区（D 级洁净区举例）。在一般生产区可进行外包装（装箱打包等）操作，洁净区进行物料前处理、称量配料、制粒、干燥、整粒、混合、压片、包衣和内包装等工序，物料不得直接裸露在非控制区，相关操作必须在洁净区内进行。

2. 骨架片生产工艺流程

骨架片生产工艺流程及工序洁净度要求见图 7-2。

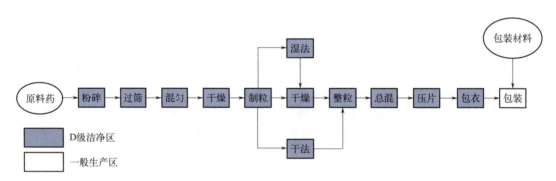

图 7-2　骨架片的生产工艺流程及工序洁净度要求

（二）骨架片生产控制要点、常见问题及对策

1. 生产控制要点

骨架片设计要点是需依据药物溶解性、pH、稳定性、药物吸收部位、吸收速率、首过效应、消除半衰期、最小有效浓度、最佳治疗浓度、最低毒性浓度及个体差异等因素，根据临床需要以及预期制剂的体内性能进行可行性评估及处方设计。药物在胃肠道不同部位的吸收特性及制剂在肠道内的滞留时间是影响口服吸收的重要因素。胃肠道不同部位 pH、表面积、

膜通透性、分泌物、酶、水量等不同，在药物吸收过程中所起的作用可能有显著差异。因此在研发前需充分了解药物在胃肠道的吸收部位或吸收窗，并在处方设计时考虑如何减小可能存在的个体差异。此外，骨架片部分生产工序与速释制剂有很多共同点，此处不再赘述。

（1）制粒　制粒是指为改善粉末流动性而使较细颗粒团聚成粗颗粒的工艺。具体操作是把粉末、熔融液、水溶液等状态的物料经加工制成具有一定形状与大小的颗粒。在骨架片生产中，颗粒是中间体，其不仅要改善流动性以减少骨架片的重量差异，而且要保证颗粒的压缩成型性。制粒方法不同，即使是同样的处方所得颗粒的形状、大小、强度、崩解度、溶解性也不同，从而产生不同药效。因此，应根据颗粒特性选择适宜的制粒方法。

（2）压片　骨架片压片与普通片剂基本类似。需注意的是，骨架材料的加入可能影响颗粒性质，应选择适合骨架片生产的压片机。根据药物和骨架材料性质，调节压片机压力，确保压片过程中压力均匀、片重一致、不损坏骨架结构。

（3）包衣　薄膜包衣通常为包裹在制剂或中间体表面的一薄层连续固体物，其作用包括：提高药片美观度、延长有效期、掩味、调节释药速率等。从功能上看，薄膜包衣主要分两类，即速释包衣及调节释放包衣。速释包衣功能一般是改善外观、提高稳定性、掩味、使产品易识别。调节释放包衣主要包括肠溶包衣、缓释包衣，主要作用是控制药物的释放部位、释放时间及释放速率。

（4）包装　骨架片包装的主要目标是全过程保护药品，包括装卸、运输、贮存和最终使用。此外，包装材料及包装设计不仅影响外观美观，还在一定程度上影响药品的安全性和疗效。为了更有效地确保片剂的质量，需要根据药品的物理化学特性、贮存条件及市场销售需求设计包装。

2.常见问题及对策

（1）制粒

① 溶剂选择。水、乙醇是制粒常用溶剂，也可作为黏合剂。如果选择不当，不仅影响颗粒质量，甚至根本不能制成颗粒。因此，应根据药物粉末润湿性、溶解性选择溶剂。一般来说，亲水性、溶解性适宜的粉末制粒效果较好；但溶解性过高时，在制粒过程中容易出现"软糖"状态。为了防止这一现象，可在粉末中加入不溶性辅料的粉末或加入对原料药溶解性差的溶剂以缓和其溶解性能。此外，溶剂加入量对颗粒粉体性质及收率影响也较大，因为其用量直接影响颗粒（第一粒子）之间黏着力。

② 搅拌速度。物料中加入黏合剂后，开始以中、高速搅拌，制粒后期可用低速搅拌。根据具体情况也可用同一速度进行到底。搅拌速度大，粒度分布均匀，但平均粒径有增大的趋势。但速度过大容易使物料黏壁。

（2）压片　骨架片压片常见问题和对策可借鉴普通片剂。

① 松片。片剂压成后，硬度不够，表面有麻孔，用手指轻轻加压即碎裂。此时可通过过筛继续减小药粉细度；选用黏性较强的黏合剂配合压片机压力的增加，控制颗粒含水量，避免过分干燥；混匀后压片。

② 裂片。片剂受到振动或久经放置时，会裂片。从腰间裂开为腰裂，顶部裂开为顶裂。此时需加强黏合作用，避免颗粒过干，含结晶水药物在干燥过程中应控制结晶水的损失，且需粉碎至足够细度后再制粒。严格控制压片室的温度和湿度，避免裂片。

③ 黏冲。若压片时片剂表面被冲头或冲模黏附，会造成表面不洁或有凹痕。此时需控制润滑剂用量，减少颗粒含水量；检查冲头与冲模的配合情况，避免过紧。

④ 崩解迟缓。骨架片在规定时限内不能完全崩解，会影响药物溶出、吸收。此时需选用合适的崩解剂并控制其用量；控制润滑剂用量和种类，避免使用过多疏水性润滑剂。改善颗粒的孔隙状态，增加水分渗透量和距离。

⑤ 片重差异超限。应确保颗粒粗细分布均匀，避免出现过大或过小的颗粒。及时清理料斗和冲模，防止堵塞和漏粉。检查和调整压片机的各项参数，确保加料量和填充量稳定。

（3）包衣

① 雾化气流量。雾化气流量可控制喷雾的粒径分布。增大雾化气流量能减小平均粒径，增大喷雾速度或溶液黏度则会增加雾滴平均粒径。

② 药片大小和形状。不同药片大小和形状可能具有不同的流动特性。总的来说，小片剂流动性要好于大片剂，胶囊形或椭圆形药片的流动性不如圆形药片。

③ 控制物料温度（片床温度）。根据包衣成分的成膜温度、风量、进风温度、负压、流量、雾化等控制包衣系统参数，进而控制物料温度，目的是使喷覆的包衣液在片面有效地形成致密包衣膜。

（三）骨架片实例

❖ **例 7-6　卡托普利亲水凝胶骨架片**

【处方】

卡托普利	25g
HPMC K4M	60g
乳糖	15g
硬脂酸镁	适量

【处方分析】卡托普利为主药，HPMC K4M 为凝胶骨架材料，乳糖为填充剂，硬脂酸镁为润滑剂。

【制备工艺】将卡托普利、HPMC K4M、乳糖和适量硬脂酸镁均过80目筛，初混，再过80目筛3次并充分混匀后，用9mm浅凹冲头粉末直接压片而成，共制成1000片。

【规格】25mg/片。

【注解】释放度研究发现，用 Ritger-Peppas 方程拟合后，$n=0.5$，表明该缓释片属于溶蚀和扩散结合的释放机制，且以扩散为主。随 HPMC 用量增加，药物释放速度逐步减慢，当 HPMC 用量大于30%后，已形成连续的凝胶层，因此再增加其用量，对缓释作用增加的程度不如较小用量时明显。

❖ **例 7-7　硝酸甘油缓释片**

【处方】

硝酸甘油	0.26g（10% 乙醇溶液 2.95mL）	硬脂酸	6.0g
十六醇	6.6g	聚维酮	3.1g
微晶纤维素	5.88g	微粉硅胶	0.54g
乳糖	4.98g	滑石粉	2.49g
硬脂酸镁	0.15g		

【处方分析】硝酸甘油为主药，微晶纤维素、乳糖为稀释剂，十六醇为阻滞剂，硬脂酸镁、微粉硅胶、滑石粉为润滑剂，硬脂酸作为骨架材料，聚维酮为黏合剂。

【制备工艺】采用熔融法制备。将聚维酮溶于硝酸甘油乙醇溶液中，加微粉硅胶混匀，加硬脂酸和十六醇，水浴加热到60℃，使熔融。将微晶纤维素、乳糖、滑石粉的均匀混合物加入上述熔融系统中，搅拌1h；将上述黏稠的混合物摊于盘中，室温放置20min，待成团块时，用16目筛制粒。30℃干燥，整粒，加入硬脂酸镁，压片。

【规格】2.6mg/片。

【注解】本品1h释放23%，1h后以接近表观零级释放速率释药，12h释放76%。

二、膜包衣缓释片工艺

膜包衣缓释片是指将一种或多种包衣材料对片剂颗粒、片剂表面等进行包衣处理，以控制药物溶出和扩散而制成的缓控释制剂。控释膜通常为一种半透膜或微孔膜，原理是控释扩散，释放动力主要是基于膜内外渗透压差，或药物分子在聚合物中的溶出和扩散行为。

（一）膜包衣缓释片生产工艺

1. 膜包衣缓释片包衣的主要生产工序洁净度要求

膜包衣缓释片的片芯生产过程与前述类似，包衣过程包括包衣用原辅料选择、筛除、旋转、蒸发、固化、干燥、包装等工序。除包装外，其余过程均需在洁净区完成。

2. 膜包衣缓释片包衣生产工艺流程

膜包衣缓释片是指通过包衣膜来控制和调节片剂中药物释放速率和释放行为的制剂。包衣的对象通常是片剂、小片。控释膜通常为半透膜或微孔膜。包衣主要步骤如下。

① 将筛除细粉的片芯放入包衣锅内，旋转，喷入一定量薄膜衣溶液，使片芯表面均匀润湿。

② 吹入温和热风使溶剂蒸发，温度最好不要超过40℃以免干燥过快，出现"皱皮"或"起泡"现象；当然也不能干燥过慢，否则会出现"粘连"或"剥落"现象。

大多数包衣需要一个固化期，其时间长短因材料、方法、厚度而异，一般是在室温（或略高于室温）下自然放置6～8h使之固化完全，使残余有机溶剂完全除尽，一般还要在50℃下干燥12～24h。

膜包衣缓释片的包衣工艺流程及工序洁净度要求见图7-3。

（二）膜包衣缓释片生产控制要点、常见问题及对策

1. 生产控制要点

（1）**包衣材料溶液**　可用不同浓度的同种包衣液或不同包衣材料的溶液分别包两层或多层厚度适宜的膜，以控制制剂的释药性能，有时还需要在衣膜外包一层含药的速释层。

（2）**包衣膜的选择和优化**　为了延长制剂的释药时间或控制平稳的释药曲线，可将片剂

颗粒分成多批，分别包不同厚度的衣膜，或留出一批不包衣作为速释部分，然后把不同释药速率的颗粒按需要比例压片。此方法工艺简单，设备不复杂，药物释放具有组合效果。

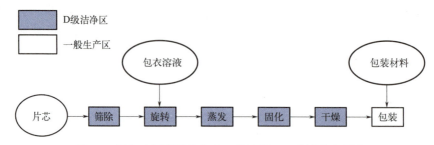

图 7-3　膜包衣缓释片的包衣工艺流程及工序洁净度要求

（3）**热处理**　用水分散体包衣法制备缓控释制剂时，需要比有机溶液包衣法多一步热处理。因为包衣后聚合物颗粒软化不彻底、衣膜融合不完全，热处理可以使包衣膜完全融合，提高包衣膜致密性和完整性。常规热处理方法是将包衣产品储存在烘箱中，或包衣后立即在高于包衣操作温度的流化床中进一步流化，也可在包衣锅中直接操作。热处理温度一般比最低成膜温度高 5℃，但不能超过衣层软化温度，防止出现结块现象。对于在制备过程中已加入增塑剂的水分散体产品，使用时可不进行热处理，但需作必要的研究。

2. 常见问题及对策

（1）**成品含水量不合格**　这是由包衣操作时包衣液喷枪流量过大，包衣液来不及干燥所造成的。调整流量、温度与风量，使喷枪喷出的包衣液于合适的温度、风量下及时干燥，成品含水量就不至于过高。包衣液中如使用乙醇作溶剂，需注意浓度的影响，过低乙醇浓度不容易干燥。当包衣液中水分超过一定温度、风量的干燥能力时，多余水分就停留在片芯中，随着包衣时间延长水分同时增加，导致成品含水量不合格。因此，可适当提高包衣液中乙醇浓度，在乙醇挥发干燥的同时又可带走水分。此外，控制温度、湿度也可改善成品含水量。

（2）**露边、露底**　包衣过程中，如果对片芯的吸湿率没有充分的了解，且在喷薄膜液时流量过大，而干燥速度跟不上就会造成露边，若露边情况很明显甚至严重时就会出现露底。如能及时发现，降低流量或提高干燥速度即可解决。但流量过小、干燥速度过快也会产生露边，而这种露边不明显，隐约出现，同时伴随出现隐约露底，包衣锅内可见粉尘飞扬严重、片表面有残余粉末等现象。增加流量或降低干燥速度即可避免。也可通过增加成膜剂用量或更换复合膜材料品种来解决，必要时也可降低润滑剂用量。

（3）**片面磨损、膜边缘开裂和剥离**　如果片芯质量不好，硬度和脆碎度都较低，则在包衣锅滚动过程中，片芯受到强烈摩擦而难以承受。片型不适，特别是片子冠部有标识时，就更易发生片面磨损。在包衣操作中，喷雾速度太慢、进风量过大或进风温度过高均会导致干燥速度过快，使片芯成膜慢，延长片芯在包衣锅中的空转时间与磨损时间。调整片剂处方或生产工艺，提高片芯硬度，使片芯坚固、耐磨，片面与衣膜层的黏附力增强。微晶纤维素分子链上的羟基数量多，具有很高的黏附力，乳糖及其他糖制备的片剂黏附力中等。一般来说，润滑剂用量越多，黏附力减弱就越多。此外，在片型选择上尽量选用圆的双凸面片型进行包衣，可降低包衣缺陷的发生。

（4）**片粘连与起泡**　系喷雾和干燥之间不平衡造成。喷液速度过快、雾化气体体积过量、进风量过小、进风温度过低、片床温度低等因素导致干燥速度太慢，最终药片没有及时层层干燥而发生粘连或起泡。改善措施：降低喷雾速度，提高进风量和进风温度，提高片床温度，使喷雾速度与干燥速度达到动态平衡。

（5）**片面粗糙与皱皮**　片芯初始表面粗糙度越大，包衣后产品的表面粗糙度就越大，而片芯初始表面粗糙度取决于片形状和制备过程中的压力。避免片面粗糙与皱皮的措施包括：在保证片芯质量的前提下，调整包衣液处方，降低包衣液的黏度（浓度）或固含量；调整操作条件，适当提高包衣锅转速，使片子滚动均匀，增加片间摩擦力，促进包衣液铺展。

（6）**色差与花斑**　形成原因包括：包衣量不足；包衣过程中片芯混合不均匀；包衣材料的遮盖力不佳；包衣液的固含量过高；包衣机喷枪数量不足；喷枪的雾化覆盖效果不好；包衣锅转速较低；片床温度过高以致有色包衣液未及时铺展；药片粘连；片形状不合适，如长形片、胶囊形片等滚动不如圆形片等。改善措施包括：增加包衣量；提高包衣锅转速或改善包衣机的混合效率；选用遮盖力强的配方，或用遮盖力强的白色包衣材料进行预包衣（对于有颜色的片芯，尤其是中药片芯）；适当降低包衣液的固含量；增加喷枪数量；确保喷枪处于正确的位置，并调整喷枪的雾化效果及喷射范围；控制片床温度；调整生产工艺，减少药片粘连；调整片形状；选用优质、不溶性的色淀作为着色剂；调整包衣配伍，使着色剂能够在包衣液中均匀分散；为片芯设计隔离层，阻隔片芯某种组分与着色剂发生反应而造成的不均匀变色。

（7）**龟裂**　主要原因：包衣剂配伍不合理，衣膜机械强度较低；片芯制备过程中吸湿造成热膨胀；片芯热膨胀系数与包衣膜差异较大；片芯压片后反弹；雾化气压大，包衣液黏度低等。改善措施：调整包衣剂配伍，增加衣膜可塑性，使衣膜机械性能提高；控制薄膜衣对水的通透性；限制片芯体积的改变，减少薄膜内应力；控制片芯质量，避免压片后反弹；提高包衣液的固含量；调整雾化气压。

（三）膜包衣缓释制剂实例

❖ **例 7-8　硫酸吗啡包衣膜控释片**

【处方】

硫酸吗啡	300g	乙酸乙烯酯	3g
乳糖	860g	乙烯醇	6g
微晶纤维素	150g	微化粉末状蔗糖（颗粒大小 1～10μm）	290g
琥珀酸	50g	乙酰枸橼酸三丁酯	20g
聚维酮	120g	氧化蓖麻油	10g
硬脂酸镁	10～30g	碳酸氢钠	10g
乙醇（99.5%）100～200g		丙酮	2640g
氯乙烯	100g		

【处方分析】硫酸吗啡为主药，乳糖和微晶纤维素可用作填充剂稀释主药浓度。琥珀酸作为酸化剂不仅可改善药剂口感，用作调味剂，还可调节 pH 值，改善药物稳定性和溶解度。聚维酮作为黏合剂和崩解剂能促进药物在体内的快速崩解和释放，不仅能提高药物的稳定性，也能提高药物疗效和生物利用度。硬脂酸镁为润滑剂。

99.5%乙醇不仅可抑菌、防腐，还可调节药物溶解度和扩散速度。氯乙烯、乙酸乙烯酯、乙烯醇作为包衣材料。蔗糖为多孔物质。乙酰枸橼酸三丁酯、氧化蓖麻油为增塑剂。碳酸氢钠为稳定剂。丙酮作为溶剂或稀释剂。

【制备工艺】按处方比例将主药、辅料混合，制粒，干燥，整粒，压片。将包衣材料溶于溶剂中，包衣，即得。

【规格】每片含硫酸吗啡30mg。

【注解】①本处方包含片芯和包衣层，包衣层由不溶于水和胃肠液的氯乙烯、乙酸乙烯酯和乙烯醇的三种聚合物组成，同时有一种多孔物质随机地分布在聚合物中，在每1～10份聚合物中应有1～20份多孔物质存在。②聚合物中，氯乙烯的最佳含量应占总质量的80%～95%，乙酸乙烯酯占1%～19%，乙烯醇占1%～10%。③多孔物质必须是高水溶性的，而又是可药用的物质，特别推荐的多孔物质是蔗糖，其他可以使用的物质包括聚维酮、聚乙二醇1500、聚乙二醇4000、聚乙二醇6000以及氯化钠。④多孔物质和聚合物的比例取决于所期望的溶解速率和时间，一般该比例应该在1∶（1～5）之间，最佳比例在1∶（1.5～3）之间。⑤聚合物中还有增塑剂的存在，增塑剂可占包衣液总质量的0.1%～4%，适宜的增塑剂包括乙酰枸橼酸三丁酯、聚乙二醇、氧化蓖麻油和甘油三乙酸酯。

三、渗透泵片工艺

渗透泵片是利用渗透压原理实现对药物的控制释放，主要由药物、半透膜材料、渗透压活性物质和推动剂组成。渗透泵片是在片芯外包被一层半渗透性聚合物衣膜，用激光在衣膜层上开一个或一个以上适宜大小的释药孔制成。口服后胃肠道的水分通过半透膜进入片芯，使药物溶解，形成饱和溶液，因渗透压活性物质溶解在膜内形成高渗溶液，膜内外存在的渗透压差使水分继续进入膜内，从而迫使药物溶液从释药孔释出，见图7-4。常用的半透膜材料有醋酸纤维素、乙基纤维素等。渗透压活性物质起调节药室内渗透压作用，其用量多少与零级释放时间长短有关，常用果糖、乳糖、葡萄糖、甘露糖的不同比例的混合物。推动剂亦称为促渗透聚合物或促渗剂，能吸水膨胀，产生推动力，将药物层的药物推出释药孔，常用者有分子量为3万～500万的聚羟甲基丙烯酸烷基酯和分子量为1万～36万的PVP等。除上述组成外，渗透泵片中还可加入助悬剂、黏合剂、润滑剂、润湿剂等。

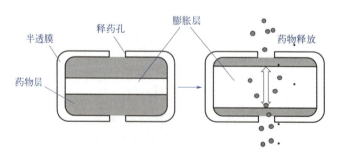

图 7-4　渗透泵片释药原理

（一）渗透泵片生产工艺

1.渗透泵片的主要生产工序与洁净度要求

渗透泵片生产工艺主要包括配料、压片、半透膜包衣、激光打孔、保护膜包衣等，其中激光打孔是关键工序。按照GMP相关条例规定，应符合以下要求。

① 原辅料应贮存在有温湿度控制设备的仓库，而生产行为应在车间生产区进行。

② 生产区分为一般生产区和洁净区。在一般生产区可进行外包装（装箱打包等）操作，洁净区进行物料前处理、称量配料、制粒、干燥、整粒、混合、压片、包衣、激光打孔、内包装等工序，物料不得直接裸露在非控制区环境，相关操作必须在洁净区内进行。

2.渗透泵片生产工艺流程

渗透泵片生产工艺流程及工序洁净度要求见图7-5。

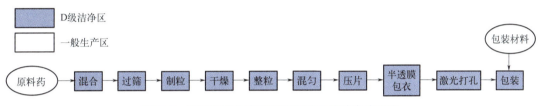

图7-5　渗透泵片生产工艺流程及工序洁净度要求

（二）渗透泵片生产控制要点、常见问题及对策

1.生产控制要点

（1）初级渗透泵　对于初级渗透泵制剂而言，其制备工艺与普通薄膜包衣片的制备工艺类似。将药物与黏合剂、填充剂、促渗剂等混合均匀后制粒，干燥，压成片芯后包衣，用激光或其他方法在包衣膜表面形成释药孔。

（2）多室渗透泵　多室渗透泵制剂的片芯多是双层片，也有三层片。其中双层片一层是药物与基质，另一层是提供药物释放动力的促渗透聚合物，因此该剂型的片芯制备较复杂。首先要选择适当的基质，使药物能均匀地分散在基质中。基质必须具有足够的渗透压，使水分能通过包衣膜进入膜内，同时基质在水分作用下能形成易于流动的状态，使药物混悬液能轻易地被推出释药孔。阴离子水凝胶是目前应用较为广泛的基质，如羧甲基纤维素钠，其离子基团可以产生渗透压使水分透过包衣膜；同时，干燥的基质又可以同药物一起采用常规方法压片。聚氧乙烯和羟丙甲纤维素等高分子材料常被用来制备促渗透聚合物层，这些物质遇水膨胀后能提供药物释放的动力。在促渗透聚合物层中也可以加入一些无机盐，提高包衣膜内外的渗透压差。在制备片芯时，采用特殊制片机，首先将含药层压片，然后把促渗透聚合物加在含药层上面，进行二次压片，最终形成双层片。将该双层片用常规方法包衣，并用适当方法制备释药孔，制成多室渗透泵。

2.常见问题及对策

（1）半透膜包衣材料　半透膜包衣材料应为本身无活性、在胃肠液中不溶解的成膜聚合物，形成的半透膜仅能通过水分，不能透过离子或药物。常用醋酸纤维素类，如醋酸纤维素、醋酸丁酸纤维素，还有乙基纤维素、丙酸纤维素、三戊酸纤维素等。通过调整醋酸纤维素的乙酰化率，可以控制包衣膜的渗透性，从而控制药物释放速率。采用特殊包衣方法可在片芯表面形成醋酸纤维素不对称膜，使透膜水流量增大，溶解度较小的药物也可获得较大的释药速率。在包衣膜中加入增塑剂可调节包衣膜的柔韧性，使包衣膜能耐受膜内片芯中促渗剂所产生的较大渗透压，保证用药安全性。常用增塑剂有邻苯二甲酸酯、甘油酯、琥珀酸酯、苯甲酸酯、己二酸酯、酒石酸酯等。

（2）**片芯内部渗透压活性物质** 渗透压活性物质为能产生渗透压的物质，故又可称为渗透压促进剂，要求其能产生比胃肠道体液渗透压大 6～7 倍的药室内渗透压，其性质和用量多少往往关系到零级释放持续时间的长短。常用的渗透压活性物质有乳糖、果糖、葡萄糖、氯化钠等。

（3）**释药孔大小** 普通口服渗透泵制剂的表面有一个或多个释药孔，当置于含水环境时，水分在渗透压差的作用下进入包衣膜内部，形成药物溶液或混悬液从释药孔中释放。释药孔径要小到可以避免药物不受控制地释放。目前工业生产常采用激光打孔的方式致孔。该方法使用激光作为致孔机制，对包衣膜损伤小，工作效率可达 0.1 万～1 万片/min。采用改进的冲头在包衣前的片芯上形成凹痕，包衣后直接形成释药孔，该方法可将生产效率提高到 4 万～8 万片/min。

在包衣膜内加入致孔剂，改善膜通透性，可制成微孔型渗透泵。这种渗透泵的包衣膜表面没有释药孔，药物溶液可通过膜上的微孔释放。其药物释放的动力主要依靠包衣膜内外的渗透压差。这种制备方法简化了渗透泵片的制备工艺，也减少了由单一释药孔所造成的局部药物浓度过高所引起的刺激性。

（三）渗透泵片实例

❖ **例 7-9　硝苯地平渗透泵片**

【处方】

含药层

硝苯地平	100g
氯化钾	10g
聚环氧乙烷（分子量 200000）	355g
HPMC	25g
硬脂酸镁	10g
乙醇	250mL
异丙醇	250mL

助推层

聚环氧乙烷（分子量 5000000）	170g
氯化钠	72.5g
硬脂酸镁	适量
甲醇	250mL
异丙醇	150mL

包衣层

醋酸纤维素	95g
PEG 4000	5g
三氯甲烷	1960mL
甲醇	820mL

【处方分析】硝苯地平为主药，氯化钾和氯化钠为渗透压调节剂，聚环氧乙烷为助推剂，HPMC 为黏合剂，硬脂酸镁为润滑剂，醋酸纤维素为包衣材料，PEG 4000 为致孔剂，乙醇、三氯甲烷、异丙醇和甲醇为溶剂。

【制备工艺】①含药层的制备：称取处方中的硝苯地平、氯化钾、HPMC、硬脂酸镁 4 种固体物料，置混合器中混合 15～20min，将含药层处方中的乙醇/异丙醇混合溶剂 50mL 喷入搅拌中的物料，然后缓慢加入剩余溶剂继续搅拌 15～20min，过筛制粒，湿颗粒于室温下干燥 24h，加入硬脂酸镁、聚环氧乙烷混匀，压片。②助推层的制备：制备方法同含药层。含药层压好后，即压上助推层。③包衣及打孔：压好双层片后用流化床包衣，包衣完成后，置 50℃处理 65min，然后用 0.26mm 孔径的激光打孔机打孔。

【规格】每片含药 30mg。

【注解】①本品为硝苯地平双层推拉式渗透泵片，每片含药 30mg，渗透泵片直径为 8mm，含药层质量为 150mg，助推层质量为 75mg，半透膜包衣厚度为 0.17mm。②本品具有良好的零级释药特征和体内外释药相关性，可显著降低介质环境 pH 值、胃肠蠕动和食物等因素产生的个体差异性，从而避免了因普通口服制剂所造成的血药浓度波动较大、药物副作用等问题，提高了用药安全性和患者的顺应性。

第四节　经皮给药制剂工艺

经皮给药制剂包括软膏剂、乳膏剂、糊剂、凝胶剂、涂膜剂、贴膏剂、贴剂、硬膏剂等多种剂型，其中常用剂型为贴剂和黑膏药。经皮给药系统广义上包括仅在皮肤或皮下局部组织发挥作用的外用制剂和经皮肤吸收而发挥全身作用的制剂。

一、贴剂生产工艺

（一）不同类型贴剂生产工艺

贴剂根据其类型与组成不同，制备方法不同，主要有三种类型：充填热合型工艺、涂膜复合型工艺、骨架黏合型工艺。由于其工艺不同，工序洁净度要求不同。

1. 充填热合型贴剂生产工艺流程与工序洁净度要求

该法系在定型机械中，在背衬膜与控释膜之间定量充填药库材料，热合封闭，覆盖涂有胶黏层的保护膜。

具体生产工艺流程与工序洁净度要求见图 7-6。

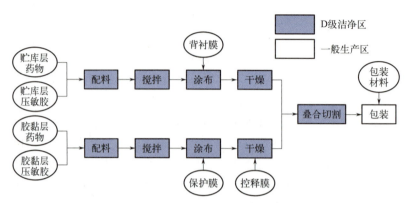

图 7-6　充填热合型贴剂生产工艺流程及工序洁净度要求

2. 涂膜复合型贴剂生产工艺流程与工序洁净度要求

该法系药物分散在高分子材料（如压敏胶）溶液中，涂布于背衬膜上，加热烘干使溶解高分子材料的有机溶剂蒸发，可以进行第二层或多层膜的涂布，最后覆盖保护膜。亦可以制成含药物的高分子材料膜。

具体生产工艺流程及工序洁净度要求见图 7-7。

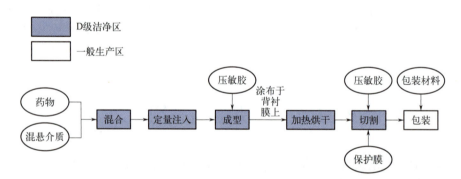

图 7-7　涂膜复合型贴剂生产工艺流程及工序洁净度要求

3. 骨架黏合型贴剂生产工艺流程与工序洁净度要求

该法系在骨架材料溶液中加入药物，浇铸冷却，切割成型，粘贴于背衬膜上，加保护膜而成。

具体生产工艺流程及工序洁净度要求见图 7-8。

（二）贴剂生产控制要点、常见问题及对策

1. 生产控制要点

（1）贴剂中膜材的处理　根据所用高分子材料的性质，膜材可分别用作经皮给药制剂中的控释膜、药库、防黏层和背衬层等。膜材的常用加工方法有涂膜法和热熔法两类。涂膜法

是一种简便的制备膜材的方法。热熔法是将高分子材料加热成为黏流态或高弹态，使其变形为给定尺寸膜材的方法，包括挤出法和压延法两种，适用于工业生产。

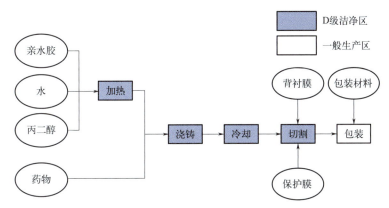

图 7-8　骨架黏合型贴剂生产工艺流程及工序洁净度要求

① 挤出法。根据使用的模具不同分为管膜法和平膜法。管膜法是将高聚物熔体经环形模头以膜管的形式连续地挤出，随后将其吹胀到所需尺寸并同时用空气或液体冷却的方法。平膜法是利用平缝机头直接根据所需尺寸挤出薄膜并同时冷却的方法。挤出法生产的膜材特性与材料的热熔与冷却温度、挤出时拉伸方向、纵横拉伸比有关。

② 压延法。它是一种将高聚物熔体在旋转银筒间的缝隙中连续挤压形成薄膜的方法。高聚物通过辊筒间缝隙时，沿薄膜方向产生较高的纵向应力，因此该法制备的薄膜较挤出法有更明显的各向异性。

（2）贴剂中膜材的改性　为了获得适宜膜孔大小或一定透过性的膜材，在膜材生产过程中，对已制得的膜材需要做特殊处理。

① 溶蚀法。取膜材用适宜溶剂浸泡，溶解其中可溶性成分（如小分子增塑剂），即可得到具有一定大小膜孔的膜材；也可以在加工薄膜时加入一定量的可溶性物质（如聚乙二醇、聚乙烯醇等）作为致孔剂。这种方法比较简便，膜孔大小及均匀性取决于这些物质的用量以及高聚物与这些物质的相容性。最好使用水溶性添加剂，避免使用有机溶剂。

② 拉伸法。此法利用拉伸工艺制备单轴取向和双轴取向的薄膜。首先把高聚物熔体挤成膜材，冷却后重新加热至可拉伸的温度，趁热迅速向单侧或双侧拉伸，薄膜冷却后其长度或宽度或两者均有大幅度增加，由此高聚物结构出现裂纹样孔洞。

（3）涂布和干燥　常用的涂布液有压敏胶溶液（或混悬液）、药库溶液（或混悬液）或其他成膜溶液和防黏层上的硅油等。在涂布前应确定涂布液固含量或其他决定质量的指标，如黏度、表面张力、单位面积用量、涂布厚度或增重等。将这些涂布液涂布在相应材料（如铝箔、膜材或防黏层）上，干燥，去除溶剂即得。有时为了增强涂布液在基材表面的铺展和浸润或两者的结合强度，还需对基材表面进行一定的处理。

（4）多层膜的复合　复合系将涂布有压敏胶层的控释膜先与防黏层黏合，然后与中心载有定量药库的铝箔通过热熔法使控释膜的边缘与铝箔上的复合聚乙烯层熔合。对于骨架黏合型经皮给药制剂，大多采用黏合方式复合。如对于多层黏胶型系统，是把涂布在不同基材上的压敏胶层相对压合在一起，移去一侧基材，就得到具双层压敏胶结构的涂布面，然后重复该过程，将第三层压合在上述双层上，直至全部复合工艺完成。

2. 常见问题及对策

（1）原料准备　贴剂主要原料包括主药、黏合剂、增稠剂、溶剂等，需要严格筛选和检验，确保原料的质量符合要求。如为中药贴剂，则需注意中药材需经过晒干、清洗、研磨等处理，以获得细粉末，便于后续混合与制备。

（2）混合与制备　将经过筛选和处理的原料按照一定比例混合，并加入适量溶剂。需注意要充分搅拌和混合，形成贴剂基本基质。

问题：搅拌过程中原料混合不均匀，影响贴剂质量。

解决方法：优化搅拌工艺，如调整搅拌速度、时间等参数，确保原料充分混合均匀。

（3）熬制与浸渍（针对中药贴剂）　将中药粉末与基质、吸附剂等原料混合后，加入适量水或其他溶剂熬制，并控制温度和时间。熬制完成后进行浸渍处理，使贴剂充分吸收药液。

（4）涂布与成型　将混合好的贴剂基础物涂布在特制贴剂纸上，通过涂布机器确保涂布均匀、厚度一致。对于中药贴剂，浸渍好的贴剂需放入模具中，经过压制等工艺制成一定规格和形状的膏药贴片。

问题：涂布过程中贴剂基础物涂布不均，导致产品厚度不一致。

解决方法：优化涂布机参数，确保其操作的稳定性和一致性。

（5）干燥与固化　将涂布或成型的贴剂放入干燥室中干燥，去除水分，使贴剂硬化或固化。

问题：干燥过程中水分去除不彻底，导致贴剂在使用过程中出现软化、脱落等问题。

解决方法：调整干燥室温度、湿度等参数，延长干燥时间，确保贴剂充分干燥。

（6）切割与包装　将干燥后的贴剂纸或成型后的膏药贴片进行切割，制成适当大小和形状的产品。将切割好的贴剂放入特制的包装袋中，进行密封包装，以保护贴剂不受外界环境的影响。同时，在包装上贴上标签，标明产品名称、规格、用法用量等信息。

问题：包装材料质量不佳或包装过程中操作不当导致包装破损。

解决方法：选择质量可靠的包装材料，加强包装过程中的质量控制和检验；同时，对操作人员进行培训，提高包装技术水平。

（三）贴剂实例

❖ **例 7-10　硝酸甘油贴剂**

【处方】

硝酸甘油	10g
PVA	82g
甘油	5g
二氧化钛	3g
乙醇	适量
蒸馏水	适量

【处方分析】硝酸甘油为主药；甘油为增塑剂；PVA 为成膜材料；二氧化钛为遮光剂；乙醇、蒸馏水为溶剂，用于溶解 PVA。

【制备工艺】取 PVA，加 5～7 倍量的蒸馏水，浸泡溶胀后水浴加热，使其全部溶解，过滤。另取二氧化钛用胶体磨研磨后，过 80 目筛，加至上述溶液中搅匀，然后在搅拌下逐渐加入甘油，硝酸甘油制成 10% 乙醇溶液后加入，搅拌均匀后，放置过夜，除去气泡，用匀浆制膜法制成膜剂，切割。

【规格】单剂量面积：$5cm^2$、$10cm^2$、$20cm^2$ 或 $30cm^2$。含药量：$2.5mg/cm^2$。规定释放量为 2.5mg/d、5mg/d、10mg/d、15mg/d。

【注解】①透皮贴剂中的药物或成分易挥发或处方组成为流体时，一般要制成单剂量的液态填装密封袋形式。此密封袋必须有一定牢固性，以免内容物外泄，避免受外界环境影响而使挥发性成分损失。②密封袋的制法有多种，一般是先将三边密封，袋口用一抽真空鸭嘴器打开，将药物组成物填充入内，再用电热片封口。密封袋可通过下列任何一种方法检查其密封性：a.成品浸于脱气水中，在部分抽真空条件下视其有无气泡漏出。b.部分抽真空条件下，将成品浸于染料水溶液中；解除真空时，由于成品内部处于部分真空，而外部为大气压条件，可检视到包装内有无色素渗透。c.在袋密封之前，将氦气注入，用质谱检测器测定氦的泄漏情况。③国外市售的硝酸甘油产品所用的材料种类繁多。其中背衬层常用材料有肉色的锡塑复合膜、铝箔及聚乙烯复合膜、聚氯乙烯膜等。贮库材料为硝酸甘油的医用硅油混悬液，含有乳糖、胶态二氧化硅等。控释膜为聚乙烯醋酸乙烯酯膜。对于胶黏剂，美国多用丙烯酸树脂压敏胶，欧洲多用硅酮压敏胶。防黏层多为硅化铝箔、硅化氟碳聚酯薄膜。

❖ 例 7-11　芬太尼贴剂（充填热合型）

【处方】

芬太尼	14.7mg
95% 乙醇	适量
纯化水	适量
2% 羟乙基纤维素	适量

背衬层：复合膜。控释膜：乙烯 - 醋酸乙烯共聚物。压敏胶层：聚硅氧烷压敏胶。防黏层：硅化纸。

【处方分析】芬太尼为主药，乙醇为贴剂的吸收促进剂，羟乙基纤维素为凝胶基质材料。

【制备工艺】将芬太尼加入到 95% 乙醇中，搅拌使药物溶解。向芬太尼乙醇溶液中加入足量的纯化水，制得含有 14.7 mg 芬太尼的 30% 乙醇 / 水溶液。将 2% 羟乙基纤维素缓慢加入到上述溶液中，并不断搅拌，直至形成光滑的凝胶。在聚酯膜上展开聚硅氧烷压敏胶溶液，并挥发溶剂，得到 0.05mm 的压敏胶层。将 0.05mm 的乙烯 - 醋酸乙烯共聚物（醋酸乙烯含量为 9%）控释膜层压在压敏胶层上。背衬层是由聚乙烯、铝、聚酯、乙烯 - 醋酸乙烯共聚物组成的多层结构复合膜。使用旋转热封机将含药凝胶封装到背衬层和控释膜 / 压敏胶层之间，并使得每平方厘米上含有 15mg 凝胶，然后切割成规定尺寸的单个贴剂。注意切割封装要迅速，以防止乙醇泄漏。该贴剂需要平衡至少两周，使药物和乙醇在控释膜和压敏胶层中达到平衡浓度。

【规格】15mg/cm^2。

【注解】①芬太尼作为吗啡的代替品，镇痛强度是吗啡的 80 倍，毒副作用与吗啡相比明显降低，制成经皮给药制剂可用于治疗包括癌性疼痛在内的慢性疼痛。②芬太尼的正辛醇 / 水分配系数为 860，分子量为 336.46，熔点为 84℃，对皮肤刺激性小，适合制成透皮贴剂；③芬太尼贴剂是膜控型经皮给药制剂，采用 EVA 为控释膜，通过恒定释放药物而发挥长效镇痛作用。④经过平衡后，药物贮库中将不存在过量药物，贮库中药物浓度下降至 8.8mg/g（芬太尼在 30% 乙醇中的饱和浓度）。

❖ 例 7-12　长效布洛芬贴剂（涂膜复合型）

【处方】

聚丙烯酸酯压敏胶	15.0g	丙二醇	0.15g
布洛芬	1.40g	乙醇	4.50mL
桉叶油	0.15g	水	0.50mL
中链甘油三醋酸酯	0.20g		

【处方分析】布洛芬为主药，桉叶油、中链甘油三醋酸酯是促渗剂，聚丙烯酸酯压敏胶为黏胶基质，丙二醇、乙醇和水为分散溶剂。

【制备工艺】长效涂膜复合型贴剂选用溶剂蒸发法工艺即以溶剂型自固化聚丙烯酸酯压敏胶为基质制备黏胶分散型贴剂。取适量的聚丙烯酸酯压敏胶，基于固含量计算出药物和促渗剂的用量，将药物和促渗剂加入分散溶剂中，涡旋振荡 30s，倒入聚丙烯酸酯压敏胶中，在室温下搅拌 5min，密封容器超声 45min，静置到没有气泡。将混有药物和促渗剂的聚丙烯酸酯压敏胶均匀地涂布在防黏层上，室温下放置 1h，之后转移到 50℃的烘箱中烘干 30min（除去残留溶剂），最后附上背衬层。

【规格】2mg/cm^2。

【注解】①应选择适宜的分散溶剂比例，以及对分散溶剂和药物均有良好相容性的黏胶基质，达到分散溶剂、药物与基质三者的最佳组合。如本实例中，聚丙烯酸酯压敏胶对非甾体抗炎药物的阻滞性低，药物释放率高，且能降低药物经皮释放时滞。优选出的分散溶剂使得制剂达到合理的载药量，可以维持长效释放。使用结束时，制剂中药物残留少，避免原料药的浪费。并且黏胶基质与皮肤有适宜的黏附性，在 12 ～ 48h 内不会脱落，确保药物在体表持续 12 ～ 48h 释放。②最佳的促渗剂组合可使药物快速有效地渗透进入皮肤，其中包括萜类促渗剂如薄荷醇、薄荷油、橙花油、薰衣草油、桉叶油，油脂类促渗剂如油酸、中链甘油三酯、丙二醇单月桂醇酯。人工合成促渗剂如氮酮、水溶性氮酮，醇类促渗剂如丙二醇、异丙醇。③长效涂膜复合型经皮贴剂可缓解局部疼痛，如运动创伤（如扭伤、拉伤、肌腱损伤等）所致局部软组织疼痛，慢性软组织（如颈部、肩背、腰腿等）劳损所致局部酸痛，以及骨关节疾病（如颈椎病、类风湿性关节炎、风湿性关节炎、肩周炎等）所致局部疼痛。

二、黑膏药生产工艺

黑膏药系指药材、食用植物油与铅丹（红丹）炼制成膏料，再加入中药细粉或提取物混合，摊涂于裱背材料上制成的供皮肤贴敷的外用制剂。使用时需加热软化后贴敷于皮肤表面，通过局部或经穴位发挥药效。黑膏药的基质主要是食用植物油与红丹经高温炼制的铅硬膏。植物油应选用质地纯净、沸点低、熬炼时泡沫少、制成品软化点及黏着力适当的植物油。红丹主要成分是四氧化三铅，其含量应在95%以上。红丹使用前应炒除水分，过五号筛。

（一）黑膏药生产工艺

1. 黑膏药主要生产工序及洁净度要求

黑膏药的生产工艺主要包括提取药料、炼油、下丹、去"火毒"和摊涂膏药五个部分。其主要生产工序及具体洁净度要求见图7-9。

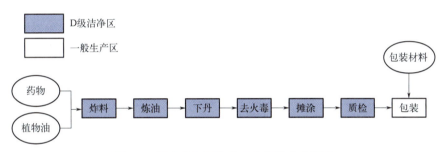

图 7-9　黑膏药主要生产工序及洁净度要求

2. 黑膏药生产工艺流程

（1）提取药料　药料的提取按其质地有先炸后下之分。少量制备可用铁锅，将药料中质地坚硬的药材及含水量高的肉质类、鲜药类药材放入铁丝笼内，移置炼油器中，加盖。植物油由离心泵输入，加热先炸，油温控制在200～220℃；质地疏松的花、草、叶、皮类等药材宜在上述药料炸至橘黄后入锅，炸至药料表面呈深褐色，内部呈焦黄色。炸好后将药渣连笼移出，得到药油。提取过程中应用水洗器喷淋溢出的油烟，残余烟气由排气管排出室外。提取时需防止泡沫溢出。

药料与油经高温处理，有效成分可能被破坏较多。现也有采用适宜的溶剂和方法提取有效成分，例如将部分饮片用乙醇提取，浓缩成浸膏后再加入膏药中，可减少有效成分的损失。

（2）炼油　将去渣后的药油继续加热熬炼，使油在高温下氧化、聚合、增稠。炼油温度控制在320℃左右，炼至"滴水成珠"，即取油少许滴于水中，以药油聚集成珠不散为度。炼油为制备膏药的关键，炼油过"老"则膏药质脆，黏着力小，贴于皮肤易脱落；炼油过"嫩"则膏药质软，贴于皮肤易移动。

（3）下丹　下丹系指在炼成的油中加入红丹反应生成脂肪酸铅盐的过程。红丹投料量为植物油的1/3～1/2。下丹时将炼成的油送入下丹锅中，加热至近300℃时，在搅拌下缓慢加入红丹，保证油与红丹充分反应，至成为黑褐色稠厚状液体。为检查膏药老嫩程度，可取少量样品滴入水中数秒后取出。若手指拉之有丝不断则太嫩，若拉之发脆则过老。膏不黏手，稠度适中，表示合格。膏药亦可用软化点测定仪测定，以判断膏药老嫩程度。

（4）去"火毒" 油丹炼合而成的膏药若直接应用，常对皮肤产生刺激性，轻者出现红斑、瘙痒，重者出现发疱、溃疡，这种刺激性俗称"火毒"。传统观点认为是经高温熬炼后膏药产生的"燥性"，在水中浸泡或久置阴凉处即可除去。现代研究认为是油在高温下氧化聚合反应中生成的低分子分解产物，如醛、酮、低级脂肪酸等。通常将炼成的膏药以细流倒入冷水中，不断强烈搅拌，待冷却凝结后取出，反复搓揉，制成团块并浸于冷水中去尽"火毒"。

（5）摊涂药膏 将去"火毒"的膏药团块用文火熔化，如有挥发性的贵重药材，细粉应在不超过70℃下加入，混合均匀。按规定量涂于皮革、布或多层韧皮纸制成的裱褙材料上，膏面覆盖衬纸或折合包装，于干燥阴凉处密闭贮藏。在各个工艺单元中都必须控制温度和湿度，以满足 GMP 的要求，并保证药品的质量。

（二）黑膏药生产控制要点、常见问题及对策

1. 生产控制要点

（1）**药料提取（炸料）** 药材中有效成分的提取，除芳香挥发性、树脂类及贵重药材（如麝香、冰片、樟脑、乳香等）外，其他药材一般采用油炸提取法。这些特殊药材通常先研成细粉再提取，在摊涂前加入已熔化的膏药中混匀，或摊涂后撒布于膏药表面。

（2）**炼油** 其目的是使油在高温条件下氧化、聚合、增稠，提高膏药黏着力。将去渣的药油加热熬炼，直至达到"滴水成珠"的程度。

（3）**下丹成膏** 其目的是反应成高级脂肪酸铅盐，并促进油脂进一步氧化、聚合、增稠而成膏状。在炼成的油液中加入红丹，下丹时油温应适当，以确保油丹皂化反应顺利进行。油丹用量比需根据具体药材和季节进行调整，一般为冬少夏多。

（4）**去"火毒"** 其目的是去除膏药中的刺激性小分子产物（如醛、酮、低级脂肪酸等），减少使用时过敏反应的发生。一般将制成的膏药徐徐倒入冷水中浸渍，或在阴凉处久贮以去"火毒"。传统方法有水浸法、喷水法等。

（5）**摊涂** 将膏药均匀涂布于裱褙材料上，便于使用和贮藏。取膏药团块置于适宜的容器中，文火或水浴上热熔至适宜温度，加入药物细粉搅匀后，蘸取规定量膏药均匀摊涂于纸、布或多层韧皮纸等裱褙材料上。折合包装，置阴凉处贮藏。

2. 常见问题及对策

（1）**提取合理性** 药料与植物油高温加热，目的是提取有效成分。但植物油只能溶解部分非极性的成分，而水溶性成分多数不溶解于油，且部分有效成分经高温可能被破坏或挥发。通常将"粗料药"采用适宜的溶剂和方法提取浓缩成膏或部分粉碎成粉加入可减少成分损失。此外，实验表明，油冷浸无法提取有效成分，证明了传统工艺将药材炸至"外枯内焦黄"的合理性。

（2）**油温的设定** 高温炼制使油发生了热增稠与复杂的氧化、聚合反应，最后形成凝胶而失去脂溶性，并能与药材水煎膏均匀混合。现有用压缩空气炼油或强化器装置炼油，只需45min 或更短时间就可达到"滴水成珠"的程度，且安全不易着火，成品中的丙烯醛也大为减少。倘若持续高温加热，油脂氧化、聚合过度，则变成脆性固体，影响炼油质量。

（3）**油与红丹的反应**　油与红丹等共同高温熬炼过程中生成的脂肪酸铅盐，是膏药基质的主要成分，它使不溶性的铅氧化物成为可溶状态，产生表面活性作用，增强皮肤的通透性及药物的吸收；同时也是使植物油氧化分解、聚合的催化剂，使之生成树脂状物质，进而影响膏药的黏度和稠度。若反应过度，反应液老化焦枯，会导致成品硬脆不合要求，将油丹反应温度控制在320℃左右可解决这一问题。黑膏药基质中铅离子可造成人体内血铅浓度过高及环境污染，在一定程度上阻碍了黑膏药的发展。

（4）**去"火毒"问题**　"火毒"很可能是油在高温时氧化分解产生的刺激性低分子产物，如醛、酮、低级脂肪酸等，其中一部分能溶于水，或具有挥发性，经水洗、水浸或长期放置于阴凉处可以除去。

（5）**安全防护问题**　膏药熬炼过程中，温度达300℃以上，若操作不当，油易溢锅、起火，同时油分解、聚合等产生大量的浓烟及刺激性气体需首先排入洗水池中，经水洗后排出。在配备防火设备、排气管道、防护用具的情况下熬炼，可保证安全。

（三）黑膏药实例

❖ **例 7-13　狗皮膏**

【处方】

生川乌	80g	生草乌	40g
羌活	20g	独活	20g
青风藤	30g	香加皮	30g
防风	30g	铁丝威仙灵	30g
苍术	20g	蛇床子	20g
麻黄	30g	高良姜	9g
小茴香	20g	官桂	10g
当归	20g	赤芍	30g
木瓜	30g	苏木	30g
大黄	40g	油松节	30g
续断	30g	川芎	30g
白芷	30g	乳香	34g
没药	34g	冰片	17g
樟脑	34g	肉桂	11g
丁香	17g		

【制备工艺】以上二十九味药材中，乳香、没药、丁香、肉桂分别粉碎成粉末，与樟脑、冰片粉末配研，过筛混匀；其余生川乌等二十三味药，酌予碎断，与食用植物油3495g同置锅内炸枯，去渣，过滤，炼至滴水成珠。另取红丹1040～1140g，加入油内，搅匀，收膏，将膏浸泡于水中。取膏，用文火熔化，加入上述乳香、没药等粉末，搅匀，分摊于兽皮或布上，即得。

【规格】每贴15g。

【注解】①本品为摊于兽皮或布上的黑膏药。②含挥发性成分的丁香、肉桂、樟脑、冰片以及树脂类药材乳香和没药等细料药，不经"炸料"，而是去"火毒"后在较低温度下混合加入，以保留特殊气味和有效成分。③方中乳香、没药、冰片与樟脑等可溶于膏药基质。④炼油炼至滴水成珠，若炼油过"老"则膏药质脆，黏着力小，贴于皮肤易脱落；炼油过"嫩"则膏药质软，贴于皮肤易移动。

（编写者：刘晶晶、杨浚哲、杜丽娜；审校者：陈凯、张晨梁）

 ## 思考题

1. 简述速释、缓控释制剂的基本原理与制备方法。
2. 简述速释制剂的特点与类型。
3. 简述影响速释制剂速释的因素。
4. 什么是经皮给药制剂？
5. 经皮给药制剂制备工艺有哪些？分别有哪些特点？
6. 简述一种经皮给药制剂实例。
7. 经皮给药制剂的生产控制要点有哪些？
8. 经皮给药制剂的类型有哪些？
9. 简述速释制剂的一般生产工艺流程。
10. 膜包衣缓释制剂的生产控制要点有哪些？

参 考 文 献

[1] 方亮. 药剂学 [M]. 8 版. 北京：人民卫生出版社，2016.

[2] 吴正红，祁小乐. 药剂学 [M]. 北京：中国医药科技出版社，2020.

[3] Ranade V V，Hollinger M A. Drug Delivery Systems [M]. 2nd ed. New York：CRC Press，2003.

[4] 梁秉文，黄胜炎，叶祖光. 新型药物制剂处方与工艺 [M]. 北京：化学工业出版社，2008.

[5] 周正红，吴建平. 工业药剂学 [M]. 北京：化学工业出版社，2021.

[6] Beri C，Sacher I. Development of Fast Disintegration Tablets as Oral Drug Delivery System-A Review [J]. Indian Journal of Pharmaccutical and Biological Research，2013，1（3）：80-99.

[7] 张建春. 口腔速释给药系统研究进展 [J]. 解放军药学学报，2000，16（4）：206-207.

[8] 王钰乐. 自乳化释药系统及其在难溶性中药成分中的应用 [J]. 贵阳中医学院学报，2016，38（2）：95-98.

[9] Mekjaruskul C，Tantisira M H，Prakongpan A S. Biowaiver Monograph for Immediate Release Solid Oral Dosage Form：Levetiracetam [J]. Journal of Pharmaceutical Sciences，2015，104（9）：2676-2687.

[10] Fujimoto T，Nishijima A，Nishijima J. Fractional Laser-Assisted Percutaneous Drug Delivery via Temperature-Responsive Liposomes [J]. Lasers in Surgery and Medicine，2017，28（7）：679-689.

[11] 赵和云. 药物透皮吸收的研究现状 [J]. 中国医药学杂志，2000，20（5）：299.

[12] Zhu X M，Zhao T T，Huang R. A Review on the Synthesis and Controlled Release Properties of Novel

Responsive Carrier[J]. Advanced Materials Research, 2014, 1002: 1-6.

[13] Narisawa S, Nagata M, Ito T, et al. Drug Release Behavior in Gastrointestinal Tract of Beagle Dogs from Multiple Unit Type Rate-Controlled or Time-Controlled Release Preparations Coated with Insoluble Polymer-Based Film[J]. Journal of Controlled Release, 1995, 33 (2): 253-260.

[14] Lee J H, Yeo Y. Controlled Drug Release from Pharmaceutical Nanocarriers[J]. Chemical Engineering Science, 2015, 125: 75-84.

[15] 刘艳, 张志鹏, 索绪斌, 等. 缓控释制剂体外释放度的研究进展 [J]. 时珍国医国药, 2011, 22 (3): 3.

[16] Modaresi S M, Mehr S E, Faramarzi M A, et al. Preparation and Characterization of Self-assembled Chitosannanoparti-cles for the Sustained Delivery of Streptokinase: An In Vivo Study[J]. Pharmaceutical Development and Technology, 2014, 19 (5): 593-597.

[17] 黄海燕. 缓控释制剂研究进展 [J]. 西昌学院学报: 自然科学版, 2008, 22 (2): 3.

[18] Hu Y, Liu C, Liu Y, et al. An Alternative Sustained Release Microsphere of Silk Fibroin-Chitosan: Preparation, Pharmaceutical Characteristics and Pharmacokinetic Profiles[J]. International Conference on Bioinformatics and Biomedical Engineering, 2011: 1-4.

[19] 刘勇, 李金花. 缓控释制剂的研究与设计浅析 [J]. 黑龙江科技信息, 2014, 000 (007): 5-5.

[20] 洪燕龙, 冯怡, 徐德生. 关于缓控释制剂的处方优化指标 [J]. 中国中药杂志, 2006, 31 (1): 3.

[21] Varshosaz J, Faghihian H, Rastgoo K. Preparation and characterization of metoprolol controlled-release solid dispersions[J]. Drug Delivery, 2006, 13 (4): 295-302.

[22] 任瑾, 周建平, 姚静, 等. 注射型缓控释制剂的研究进展 [J]. 药学进展, 2010, 34 (6): 8.

[23] Hang T T, Han H, Larson I, et al. Chitosan-Dibasic Orthophosphate Hydrogel: A Potential Drug Delivery System[J]. International Journal of Pharmaceutics, 2009, 371 (1/2): 134-141.

[24] 平其能, 屠锡德, 张钧寿, 等. 药剂学 [M]. 北京: 人民卫生出版社, 2020.

[25] 周建平, 唐星. 工业药剂学 [M]. 北京: 人民卫生出版社, 2014.

[26] 方亮. 药用高分子材料学 [M]. 北京: 中国医药科技出版社, 2015.

[27] 国家药典委员会. 中华人民共和国药典 (2025 年版) [M]. 北京: 中国医药科技出版社, 2025.

[28] Willians A C, Barry B W. Penetration Enhancers[J]. Advanced Drug Delivery Reviews.2004, 56: 603-618.

[29] Rai V K, Mishra N, Yadav K S, et al. Nanoemulsion as Pharmaceutical Carrier for Dermal and Transdermal Drug Delivery: Formulation Development, Stability Issues, Basic Considerations and Applications[J]. Journal of Controlled Release. 2018, 28: 203-225.

[30] Wiedersberg S, Guy R H. Transdermal Drug Delivery: 30+Years of War and Still Fighting[J]. Journal of Controlled Release.2014, 28: 150-156.

[31] Cevc G, Vierl U. Nanotechnology and the Transdermal Route: A State of the Art Review and Critical Appraisal[J]. Journal of Controlled Release. 2010, 15: 277-299.

[32] Dragicevie N, Maibach H I. Percutaneous Penetration Enhancers Chemical Methods in Penetration Enhancement. Drug Manipulation Strategies and Vehicle Effects[M]. New York: Springer, 2015.

[33] Williams A. Transdermal and Topical Drug Delivery[M]. London: Pharmaceutical Press, 2003.

[34] Walters K A. Dermatological and Transdermal Formulations[M]. New York: Marcel Dekker Inc, 2002.

[35] Pastore M N, Kalia Y N, Horstmann M, et al. Transdermal Patches: History, Development and Pharmacology[J]. British J Pharmacology, 2015, 172: 2179-2209.

第八章
中药制剂工艺

本章要点

1. **掌握**：中药制剂的概念、特点；中药提取工艺的基本工序；常用的浸出制剂及其主要特点；中药丸剂的概念、分类及特点。
2. **熟悉**：常用的分离、精制方法；浸提的影响因素及浸出制剂的制备工艺；中药丸剂的常用辅料及质量要求；
3. **了解**：中药制剂原辅料组成、中药制剂的不同制备方法及设备。

第一节　概述

中药制剂系指在中医药理论指导下，根据规定的处方，将药物制成具有一定规格的某种剂型，并标明功能主治和用法用量，可供临床直接使用的药物。主要包括中药单味药制剂、中药复方制剂及中药有效部位制剂。在长期的临床医疗实践中，中药制剂逐步形成了一定特色，传统中药制剂的剂型主要包括膏剂、丹药、丸剂、散剂、酒剂、露剂、汤剂、胶剂、茶剂、煎膏剂等。随着现代化制剂技术与中医药的结合，颗粒剂、片剂、注射剂、胶囊剂、气雾剂等现代剂型也被广泛应用于中药制剂设计。一般来讲，中药制剂的形式需要结合临床医疗需求进行选取，如治疗急性病症多采用注射、汤剂等剂型，治疗慢性病症多采用水丸、蜜丸等剂型。针对含有刺激性或者毒性药物的处方，可以制备成缓控释片等。

一、中药制剂的特点

中药制剂在中国创用甚早，早期多用单味药，随着人们对疾病及药物的认识不断深化，逐渐将药物配伍使用。根据临床辨证施治，选择多种药物按"君、臣、佐、使""七情"等组方原则形成处方并加以运用，通过多成分、多层次、多靶点作用于机体，调节机体的多个组织、器官、系统来发挥整体综合作用，体现了中医整体观念。

中药制剂往往含有多种活性成分，与单一活性化合物相比，综合治疗效果更好，并在某些情况下能呈现出单体化合物不能达到的治疗效果。这一问题体现在将这些活性成分分离纯化后，往往出现纯度越高而活性越低的现象，这也说明中药制剂存在中药多成分体系的综合作用。中药的这一特点给中药制剂带来显著优势，其疗效通常源于复方成分的多靶点协同作用，在治疗某些疾病方面具有独特优势，且作用缓和持久，毒性较低。例如，莨菪浸膏中的东莨菪内酯可以提高莨菪碱对肠黏膜组织的亲和性，促进其吸收，同时延长莨菪碱在肠道的停留时间。因而浸膏与莨菪碱单体比较，浸膏对肠道平滑肌的解痉作用更加缓和持久，毒性更低。但中药的多成分特性也给中药制剂带来了难题。第一，中药在制成制剂前需要较长的前处理过程以富集中药药效成分、减少剂量、改变物料性质，从而为制剂工艺提供高效、安全、稳定的半成品。第二，中药成分多、剂量大，限制了辅料选择和现代制剂工艺应用的空间，使得中药制剂技术相对滞后。第三，中药制剂的药效物质基础不完全明确，给制剂过程和制剂成品的质量控制带来了困难，难以对产品质量做出科学、全面的评价。

二、中药制剂原辅料

1. 中药制剂原料

中药制剂原料是制备中药制剂的基础，其选择对制剂工艺、辅料选择、制剂设备选择等有较大影响，在很大程度上决定了制剂成型的难易程度和过程的复杂性。中药制剂原料主要包括中药饮片、植物油脂及中药提取物三类。

（1）**中药饮片**　中药饮片系指药材经过炮制后可直接用于临床或制剂生产使用的药品。药材炮制系指将药材净制、切制、炮制处理制成一定规格的饮片以适应医疗要求及调配、制剂的需要，保证用药安全有效。与中药材相比，饮片经过炮制，具有增强疗效、降低毒副作用，改变药物作用部位，利于贮藏，嗅味良好，有助于服用，便于调剂和制剂等特点，更能适应中医辨证施治、灵活用药的要求。

饮片最早是指切制成片状的药材，现在泛指所有用于临床处方调配以及供中药成方制剂和单方制剂生产所使用的中药，包括切制后的饮片（片、段、丝、块），净制后的花、叶、种子、果实，以及经炒、煅、煨等炮制后的炮制品，是目前主要的中药制剂原料，也是制备植物油脂和提取物的原料。

（2）**植物油脂**　植物油脂分为植物挥发油与植物脂肪油两类，《中国药典》（2025 年版）一部中所收载的植物油脂共 14 种，其中植物挥发油 10 种，植物脂肪油 4 种。

植物挥发油是存在丁植物体内的一类具有挥发性、可随水蒸气蒸馏、与水不相混溶的油状液体，大多具有芳香味。例如，丁香罗勒油、广藿香油、紫苏叶油等。主要采用水蒸气蒸馏法制备而得，分别是复方丁香罗勒油（红花油）、藿香正气水（广藿香油、紫苏叶油）等制剂的重要原料。

植物脂肪油是植物经过压榨、精制而得，如茶油、香果脂、麻油、蓖麻油等，其中茶油是注射用茶油的原料及软膏基质，香果脂可作为栓剂基质，麻油可用作润滑剂和赋形剂。

（3）**中药提取物**　中药提取物一般分为总提取物、有效部位和有效成分。《中国药典》（2025 年版）一部中所收载的中药提取物共 33 种，其中总提取物 14 种，有效部位 13 种，有效成分 6 种。

中药总提取物是指根据处方功效、药味性质和制剂制备需要，经提取、分离、浓缩、干燥等工艺制得的各类成分的综合提取物，用作中药制剂的原料，一般包括流浸膏、浸膏及干浸膏。例如，甘草经提取、浓缩后可制成甘草浸膏，甘草浸膏经溶解、醇沉后可制成甘草流浸膏。

有效部位是指从植物、动物、矿物等中提取的一类或数类有效成分，其有效成分含量应占提取物的 50% 以上。应对每类成分中的代表成分和有效成分进行含量测定且规定其下限，条件许可的也可规定上限。对于含有毒性成分的必须增加上限控制。

有效成分是指起主要药效的物质，一般指化学上的单体化合物，纯度应在 90% 以上，能用分子式或结构式表示，并具有一定的理化性质，如黄芪甲苷、灯盏花素、岩白菜素等。一种中药往往含有多种有效成分，如甘草的生物活性成分，包括甘草酸、甘草次酸、甘草苷、异甘草苷等。

2. 中药制剂辅料

辅料是制剂成型的物质基础，没有辅料就没有制剂。与化学药物相比，传统中药制剂中辅料的选择具有独特之处，遵循"药辅合一"的思想，注重"辅料与药效相结合"，处方中药物可能既是主药又是辅料。例如粉性强的中药葛根在固体制剂中常可兼作稀释剂；又如蜂蜜常在丸剂中作为黏合剂，同时也具有镇咳、润燥、解毒等功效。

（1）中药制剂辅料是中药制剂成型的基础　中药各类制剂多是在汤剂和散剂基础上发展而来，为了便于患者服用、携带、贮藏，通常在中药制剂生产中加入适宜的辅料，赋予药物一定形状。如片剂中常加入淀粉作为稀释剂、微晶纤维素作为干燥黏合剂等制成圆形片或异形片；软膏剂中加入凡士林、羊毛脂、虫蜡等作为油脂性基质制成半固体剂型。

（2）中药制剂辅料可改变药物的理化性质　某些难溶性药物，可选用适宜的辅料制成盐、复盐、酯、络合物等前体药物制剂或固体分散制剂，以提高药物的溶解度，例如，聚乙二醇可增加丹参滴丸中药物的溶解性，使药物分散呈分子状态，加快药物溶出速率和吸收速度，从而提高药物的生物利用度；银杏内酯难溶于水，可采用聚乙烯吡咯烷酮和复合溶剂方法，制成口服溶液、注射液等剂型，增加溶解性。此外，中药制剂原料具有较强的引湿性、较差的压缩成型性等不利于制剂成型的物理特性，因此在制剂过程中需选择某些具有特殊功能的辅料弥补上述不足。如中药材直接打粉入药时，在压片过程中会出现片剂抗张强度过低、脆碎度不合格的情况，可添加适量二氧化硅，以提高药材粉末的塑性形变能力，使片剂的脆碎度符合药典要求。

（3）中药制剂辅料可改变药物的给药途径和适应证　同一种中药制剂原料，可根据药物的性质和临床需要等，加入不同的辅料，制成多种药物剂型，从而丰富药物的给药途径和适应证。例如，枳实煎剂具有行气宽中、消食化痰的功效，加入适宜辅料将其改制成枳实注射剂后，可发挥升压、抗休克等作用；又如生脉散具有益气生津、敛阴止汗的功效，主治湿热、暑热、耗气伤阴证等，加入适宜辅料制成生脉注射液后，可用于治疗心肌梗死、心源性休克、感染性休克等疾病。

（4）中药制剂辅料可促进或延缓药物的吸收　影响药物吸收的因素包括剂型和生物因素。在剂型因素中，除药物本身的性质外，辅料与药物的吸收速率和吸收程度密切相关。例如，外用制剂常加入吸收促进剂，改变皮肤或黏膜的生理特性，增强药物吸收；糊丸和蜡丸以米粉糊、面糊或蜂蜡为黏合剂，使药物在体内缓慢释放，延缓药物吸收。

（5）中药制剂辅料有利于提高制剂稳定性　稳定性是反映中药制剂质量的重要指标之一，

正确地选用辅料对提高制剂的稳定性具有关键作用。根据中药所含成分的理化性质，选择性地加入适量的药用辅料以延缓药物的化学降解，避免制剂在贮存过程中发生物理或化学变化。例如，为防止微生物污染或抑制细菌繁殖，加入抗氧剂、pH调节剂、防腐剂等；或者选择一些药用辅料将药物制成包合物、固体分散体、脂质体等新型中间体，以提高中药制剂的稳定性。

（6）**中药制剂辅料可促进新剂型的形成**　新辅料的出现往往会促使新的制剂工艺或新剂型的产生。缓控释、速释、靶向材料的发现直接促进了缓控释给药系统、速释给药系统、靶向给药系统的发展。例如，新型辅料乳酸-羟基乙酸共聚物（PLGA）使长效缓释注射剂的研发成为可能。

（7）**中药制剂辅料有利于提高患者临床用药顺应性**　辅料可以改善中药制剂的某些性质，如形状、色泽、气味及口感等，从而使患者更加易于接受。如将片剂制成气味香甜、色泽鲜亮、形状多样的咀嚼片，比普通片剂更适合儿童患者服用。在中药注射剂中加入苯甲醇、三氯叔丁醇等止痛剂，可以减轻注射时产生的刺激和疼痛。

三、中药制剂的质量要求

中药制剂成分复杂，在制备及贮存过程中往往会产生物理和化学变化。中药制剂的质量控制比化学药物制剂复杂得多，再者每批中药制剂所用药材质量的多变性必然会影响成品质量的稳定性。中药制剂的质量评价主要包括化学成分的评价、理化性质的评价及生物药剂学与药物动力学性能评价三个方面。

（1）**化学成分的评价**　对中药制剂中所含药效成分、杂质的定性定量属于化学成分评价，是从物质基础方面确保制剂的有效性和安全性。包括鉴别、指纹图谱、杂质检查、含量测定等。

（2）**理化性质的评价**　对中药制剂的性状、粒度、引湿性、流动性、稳定性及特殊性质等检测属理化性质评价。

（3）**生物药剂学与药物动力学性能评价**　中药制剂的生物药剂学与药物动力学性能是决定其安全性、有效性的关键因素，通过体外溶出、释放行为及体内过程等评价制剂的生物药剂学与药物动力学性能，为优选剂型、处方设计、工艺优化、质量评价等提供依据。

四、中药提取工艺

中药材经挑选、净制、切制、粉碎等前处理工序后，需对药材中的有效成分进行提取。中药的提取工艺包括浸提、分离与精制、浓缩与干燥。

1. 浸提

浸提是指将药材的可溶物转移到适宜溶剂中的过程。浸提能将中药的有效成分提取出来，浸提方法的选择应根据处方原辅料特性、溶剂性质、剂型要求和实际生产等因素综合考虑。

（1）**浸提的过程**

① 浸润与渗透阶段。浸提的目的是利用适当的溶剂和方法将药材中的有效成分提取出来。

因此，溶剂需在加入药材后能够润湿药材表面，并能进一步渗透到药材内部，即必须经过一个浸润及渗透阶段。溶剂能否使药材表面润湿，与溶剂和药材性质有关，取决于溶剂与药材表面物质之间的亲和性。如果药材与溶剂之间的亲和力大于溶剂分子间的内聚力，则药材易被润湿；反之，药材不易被润湿。多数中药材由于含有较多带极性基团的物质（如蛋白质、果胶、糖类、纤维素等），很容易被水、醇等极性溶剂浸润和渗透。例如，欲从含脂肪油较多的中药材中浸提水溶性成分，应先进行脱脂处理。乙醚、石油醚、氯仿等非极性溶剂浸提脂溶性成分时，药材须先进行干燥。为了帮助溶剂润湿药材，可以加入适量表面活性剂等浸提辅助剂，降低界面张力，加速溶剂对药材的浸润与渗透。

② 解吸与溶解阶段。药材中各成分间存在亲和力，浸提溶剂渗透进入药材首先需要克服化学成分之间的吸附力，这一过程称解吸。在解吸之后，药材成分不断分散进入溶剂中，完成溶解过程。化学成分能否被溶剂溶解，取决于化学成分和溶剂的极性，即"相似相溶"原理，如水和低浓度乙醇等极性溶剂能溶解极性大的生物碱盐、皂苷等成分。另外，加热或在溶剂中加入适量的酸、碱、甘油及表面活性剂等辅助剂，也可增加有效成分的解吸与溶解，例如用酸水或酸性乙醇来提取生物碱。

③ 扩散阶段。当浸出溶剂溶解大量药物成分后，药材内高浓度溶液中的溶质不断向周围低浓度方向扩散，直至内外浓度相等，达到动态平衡。浓度差是渗透或扩散的推动力。物质的扩散速率遵循 Fick's 第一扩散定律：

$$ds = -DF\frac{dc}{dx}dt \tag{8-1}$$

式中，dt 为扩散时间；ds 为在 dt 时间内物质（溶质）扩散量；F 为扩散面积，取决于药材的粒度与表面状态；dc/dx 为浓度梯度；D 为扩散系数；负号代表药物扩散方向与浓度梯度方向相反。

扩散系数 D 值随药材而变化，与浸提溶剂的性质也有关，可由式（8-2）求出：

$$D = \frac{RT}{N} \times \frac{1}{6\pi\gamma\eta} \tag{8-2}$$

式中，R 为摩尔气体常数；T 为热力学温度；N 为阿伏伽德罗常数；γ 为扩散物质分子半径；η 为黏度。

由式（8-1）、式（8-2）可以看出，扩散速率（ds/dt）与扩散面积（F，即药材的粒度及表面状态）、扩散过程中的浓度梯度和温度（T）成正比，与扩散物质（溶质）分子半径（γ）和液体的黏度（η）成反比。药材的粒度、浸提持续的时间只能依据实际情况适当掌握，D 随药材而变化，在浸提过程中最重要的是保持最大的浓度梯度。

（2）常用浸提溶剂　用于药材浸提的液体称为浸提溶剂。浸提溶剂的选择与应用，与有效成分的充分浸出和制剂的有效性、安全性、稳定性及经济效益的合理性等密切相关。优良的溶剂应可以最大限度地溶解和浸出有效成分，最低限度地浸出无效成分和有害物质，同时还不影响有效成分或有效部位的稳定性和药效，并且安全无毒，价廉易得。完全符合这些要求的溶剂是很少的，在实际工作中，除首选水、乙醇外，还常采用混合溶剂，或在浸提溶剂中加入适宜的浸提辅助剂。

① 水。水是最常见的浸提溶剂，经济易得，极性大，溶解范围广。药材中的苷类、有机酸盐、鞣质、蛋白质、色素、多糖类（果胶、黏液质、菊糖、淀粉等）以及酶和少量的挥发油

均能被水浸提。但水的浸提针对性或选择性差，容易浸提出大量无效成分，给制剂的制备带来困难，还会引起一些有效成分的水解，或促使某些化学变化发生。

② 乙醇。乙醇能与水以任意比例混溶，作为浸提溶剂的最大优点是可通过调节浓度选择性地浸提药材中某些有效成分或有效部位。一般乙醇含量在90%以上时，适于浸提挥发油、有机酸、树脂等；乙醇含量在50%～70%时，适于浸提生物碱、苷类等；乙醇含量在50%以下时，适于浸提蒽醌苷类化合物等；在40%以上时，能延缓酯类、苷类等成分的水解，增加制剂的稳定性；在20%以上时具有防腐作用。

③ 其他。其他有机溶剂，如乙醚、氯仿、石油醚等，在中药生产中很少用于提取，一般仅用于某些有效成分的纯化精制。使用这类溶剂，最终产品须进行残留溶剂的限度测定。

④ 浸提辅助剂。为提高浸提效能，增加浸提成分的溶解度，增加制剂的稳定性，以及去除或减少某些杂质而特地加入浸提溶剂中的物质。常用的浸提辅助剂有酸、碱、表面活性剂等，一般多用于单味药材的浸提。

（3）影响浸提的因素

① 浸提溶剂。溶剂的性质与用量对浸提效率有很大的影响，应根据有效成分的性质选择合适的溶剂。水被广泛用于药材中生物碱、苷类、多糖、氨基酸、微量元素、酶等有效成分的提取。脂溶性成分可以采用非极性溶剂浸提。此外，溶剂用量增大也有利于有效成分扩散、置换，但用量不宜过大，以免给后续制剂工艺带来困难。

② 药材粒度。在渗透阶段，药材粒度小使溶剂易于渗入颗粒内部。在扩散阶段，由于扩散面积大、扩散距离较短，粒度小有利于药物成分扩散。但粉碎过细的植物药材粉末不适于浸提，原因在于：过细的粉末吸附作用增强，使扩散速率受到影响。同时粉碎过细，使大量细胞破裂，浸出的高分子杂质增多。此外，药材粉碎过细会给浸提操作带来不便。

③ 药材成分。由扩散定律可知，单位时间内物质的扩散速率与分子半径成反比，可见小分子物质较易浸出。小分子成分主要在最初部分的浸提液中，随着浸提的进行，大分子成分（主要是杂质）浸出逐渐增多。因此，浸提次数不宜过多。同时，有效成分的扩散与其溶解度也有密切关系。

④ 浸提温度。浸提温度升高可使分子的运动加剧，植物组织软化，从而加速溶剂对药材的浸透及对药物成分的解吸、溶解，同时促进药物成分扩散，而且可使细胞内蛋白质凝固，杀灭微生物，有利于提高制剂的稳定性。但浸提温度过高会使药材中某些不耐热成分或挥发性成分分解、变质或挥发散失。并且，高温浸提液中，往往无效杂质较多，放冷后会因溶解度降低和胶体变化而出现沉淀或浑浊，影响制剂质量和稳定性。

⑤ 浸提时间。浸提过程的完成需要一定的时间，以有效成分扩散达到动态平衡作为浸提过程完成的标志。浸提时间过短，不利于有效成分的充分浸出；而长时间浸提又会导致杂质的浸出增加。

⑥ 浓度梯度。浓度梯度系指药材组织内部的浓溶液与其外部溶液的浓度差，是扩散作用的主要动力。浸提过程中，若能始终保持较大的浓度梯度，会加速药材内成分的浸出。通过不断搅拌、更换新鲜溶剂、强制浸出液循环流动，或采用流动溶剂渗漉法等，均可增大浓度梯度，提高浸提效果。

⑦ 溶剂pH。在浸提过程中，除根据各种被浸出物质的理化性质选择适宜的溶剂外，浸提溶剂的pH也与浸提效果有密切关系。调节适当的pH，有助于药材中某些弱酸、弱碱性有效

成分在溶剂中的解吸和溶解，如用酸性溶液提取生物碱，用碱性溶液浸提酸性皂苷等。

⑧ 浸提压力。浸提时加压可加速溶剂对质地坚硬的药材的浸润与渗透过程，同时加压也会使部分药材细胞壁破裂，有利于缩短浸提时间。

⑨ 浸提方法。采用的浸提方法不同，浸出效率不同。

（4）常用浸提方法

① 煎煮法。煎煮法系指用水作溶剂，通过加热煮沸浸提药材成分的方法，又称煮提法或煎浸法，多适用于有效成分溶于水，且对湿、热较稳定的药材。煎煮法属于间歇式操作，即将药材饮片或粗粉置于煎煮器中，加水浸泡适宜时间后加热煮沸，并保持一定时间的微沸状态，用筛或纱布滤过，保存滤液。药渣再依法煎煮 1～2 次，合并各次煎出液，制成不同制剂。传统提取设备包括敞口倾斜式夹层锅、不锈钢罐、多功能式提取罐、球形煎煮罐等。多功能式提取罐如图 8-1 所示。目前，更多新技术与设备被应用到中药提取工艺中，例如连续动态逆流提取设备和吊篮式循环提取设备等。连续动态逆流提取设备通常采用罐组逆流提取，适用于提取茎、叶、花类质地较轻、不易糊化的药材。吊篮式循环提取设备采用上进上出的进出料方式，在连续提取过程中可有效防止出料口堵塞。

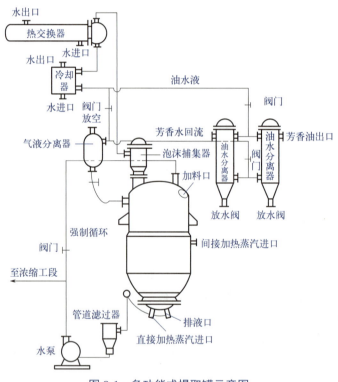

图 8-1 多功能式提取罐示意图

② 浸渍法。浸渍法系指用适当的溶剂，在一定的温度下，将药材浸泡一定时间，浸提药材成分的一种方法。按浸提温度和浸提次数，浸渍法可分为冷浸渍法、热浸渍法和重浸渍法。冷浸渍法是在室温下进行操作，取药材饮片或粗颗粒，加入定量的溶剂，密封，在室温下浸渍 3～5 天或规定时间，滤过并压榨药渣，将压榨液与滤液合并，静置 24h 后滤过，收集所需滤液。热浸渍法是将药材饮片或粗颗粒于特制的罐内，加定量的溶剂后水浴或蒸汽加

热，在 40 ～ 60℃进行浸渍，以缩短浸渍时间，其余操作同冷浸渍法。重浸渍法又称多次浸渍法，可减少药渣吸附浸出液所引起的药材成分的损失。该方法将全部浸提溶剂分为几份，先用其第一份对药渣进行浸渍后，再用第二份溶剂浸渍，如此重复 2 ～ 3 次，最后将各份浸渍液合并处理。

浸渍法适用于黏性药材、无组织结构的药材、新鲜及易膨胀的药材、芳香性药材。不适用于贵重药材、毒性药材及高浓度的制剂，因为溶剂的用量大，且呈静止状态溶剂的利用率较低，有效成分浸出不完全。另外，浸渍法所需时间较长，不宜用水作溶剂，通常以不同浓度的乙醇或白酒作为溶剂。

③ 渗漉法。渗漉法系指将药材粗粉置于渗漉器内，溶剂连续地从渗漉器上部加入，渗漉液不断从下部流出，从而浸出药材中有效成分的一种方法。渗漉法属于动态浸提，即溶剂相对药粉流动浸提，溶剂的利用率高，有效成分浸出完全。故适用于贵重药材、毒性药材及高浓度制剂，也可用于有效成分含量较低的药材浸提。但对新鲜的及易膨胀的药材、无组织结构的药材则不宜选用。渗漉法不经滤过处理可直接收集渗漉液。因渗漉过程所需时间较长，不宜用水作溶剂，通常用不同浓度的乙醇或白酒。渗漉装置见图 8-2。

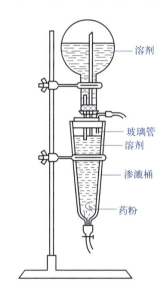

图 8-2　连续渗漉装置示意图

（图中标注）溶剂　玻璃管　溶剂　渗漉桶　药粉

④ 回流法。回流法系指用乙醇等挥发性有机溶剂作为溶剂，被加热馏出后又被冷凝，重新流回浸出器中浸提中药材，直到有效成分被完全浸提的提取方法。回流法分为回流热浸法与回流冷浸法两种。热浸法只能循环使用，需频繁更换溶剂；冷浸法既可循环使用，又能不断更新，溶剂用量较少。

⑤ 水蒸气蒸馏法。水蒸气蒸馏法系指将含有挥发性成分药材与水共蒸馏，使挥发性成分随水蒸气一并馏出的浸出方法。其基本原理基于道尔顿定律，即相互不溶也不起化学作用的液体混合物的蒸气总压等于该温度下各组分饱和蒸气压（分压）之和。因此，尽管各组分本身的沸点高于混合液的沸点，但当分压总和等于大气压时，液体混合物就会沸腾并被蒸馏出来。因混合液的总压大于任一组分的蒸气分压，故混合液的沸点要比任一组分液体单独存在时要低。水蒸气蒸馏法适用于具有挥发性，能随水蒸气蒸馏而不被破坏，与水不发生反应，且难溶或不溶于水的化学成分的浸提、分离，如挥发油的浸提。

⑥ 超临界流体提取法。超临界流体提取法系指利用超临界流体的强溶解特性，对药材成分进行提取和分离的方法。超临界流体是具有超过临界温度和临界压力的非凝缩性高密度流体，其性质介于气体和液体之间，既具有与气体接近的黏度及高扩散系数，又具有与液体相近的密度。在超临界点附近压力和温度的微小变化都会引起流体密度的大变化，可有选择性地溶解目标成分，而不溶解其他成分，达到分离纯化的目的。该方法适合提取亲脂性、小分子物质，并且萃取温度低，能够避免热敏性成分的破坏。常用的超临界流体是 CO_2。

⑦ 酶提取法。酶是以蛋白质形式存在的生物催化剂，能促进活体细胞内的各种化学反应，可温和地裂解植物细胞壁，较大幅度地提高提取效率及提取物的纯度。酶提取法具有专一性、可降解性、高效性、反应条件温和等优势。

⑧ 超声波提取法。超声波提取法系指利用超声波增大溶剂分子的运动速度及穿透力来提取有效成分的方法。超声波提取可以利用超声波的空穴作用、机械作用、热效应等增大溶剂

分子运动频率和速度，增加溶剂穿透力，从而提高药材有效成分的浸出率。

⑨ 微波提取法。微波提取即微波辅助萃取，系指利用微波对中药和适当溶剂的混合物进行辐照处理，能在短时间内实现有效物质的提取。微波提取法利用微波对极性分子的选择性加热而使其选择性溶出，可以提高提取速度，减少溶剂用量。

2. 分离与精制

（1）分离 将固体-液体非均相体系用适当方法分开的过程称为固-液分离。中药提取液的精制、药物重结晶等均要进行分离操作。分离方法一般有三类：沉降分离法、离心分离法和滤过分离法。

① 沉降分离法。沉降分离法系指固体物与液体介质密度相差悬殊，固体物靠自体重量自然下沉，用虹吸法吸收上清液，使固体与液体分离的一种方法。中药浸出液经一定时间的静置冷藏后，固体与液体分层界限明显，利于上清液的虹吸。但沉降分离法分离不够完全，通常还需进一步滤过或离心去除大量杂质。

② 离心分离法。离心分离法同样利用混合液密度差进行分离。与沉降分离法不同之处在于其利用离心力，而沉降分离法利用重力。离心分离操作时将待分离的浸出液置于离心机中，借助高速离心力，使固体与液体或两种密度不同且不相混溶的混合液分开。在制剂生产中，遇到含水量较高、含小粒径不溶性微粒或黏度很大的滤浆时可以考虑选用离心分离法。

③ 滤过分离法。滤过分离法系指将固-液混悬液通过多孔介质，使固体粒子被介质截留，液体经介质孔道流出，从而实现固-液分离的方法。

滤过机理主要有过筛作用和深层滤过作用。料液经一段很短的时间滤过后，由于"架桥"作用而形成致密的滤渣层，液体由滤渣层的间隙滤过。将滤渣层中的间隙假定为均匀的毛细管聚束，液体的流动遵守 Poiseuille 公式：

$$V = \frac{p\pi r^4 t}{8\eta l} \tag{8-3}$$

式中，p 为施加于滤渣层的压力；t 为滤过时间；r 为滤渣层毛细管的半径；l 为毛细管长度；η 为料液的黏度；V 为滤液的体积。若把时间 t 移到等式的左项，则左项 V/t 为滤过速度。由此可以看出影响滤过速度的因素有：滤渣层两侧的压力差、滤器面积、过滤介质或滤饼毛细管半径、过滤介质或滤饼毛细管长度、料液黏度等。

（2）精制 精制系指采用适当的方法和设备除去中药提取液中杂质的操作。常用的精制方法有：水提醇沉法、醇提水沉法、大孔树脂吸附法、超滤法、盐析法、酸碱法、澄清剂法、透析法、萃取法等。

① 水提醇沉法。水提醇沉法系指先以水为溶剂提取药材中的有效成分，再用不同浓度的乙醇沉淀去除提取液中杂质的方法。广泛用于中药水提液的精制，以降低制剂的服用量，或增加制剂的稳定性和澄清度。该方法的基本原理是利用部分中药的有效成分既溶于乙醇又溶于水的性质，而杂质溶于水不溶于一定浓度的乙醇，因此能够在加入适量乙醇后析出沉淀而分离除去，达到精制的目的。通常认为，当浸提液中乙醇含量达到 50% ～ 60% 时，可除去淀粉等杂质，当乙醇含量达到 75% 以上时，可沉淀除去蛋白质、多糖等，但鞣质和水溶性色素不能完全去除。

② 醇提水沉法。醇提水沉法系指先以适宜浓度的乙醇提取药材成分，再用水除去提取液中杂质的方法。其原理及操作与水提醇沉法基本相同。适用于提取有效成分为醇溶性或在醇、

水中均有较好溶解性的药材，可避免药材中大量淀粉、蛋白质、黏液质等高分子量杂质的浸出。水处理又能将醇提液中的树脂、油脂、色素等杂质沉淀除去。应特别注意，如果有效成分在水中难溶或不溶，则不可采用水沉处理。例如，厚朴中的厚朴酚、五味子中的五味子甲素均为有效成分，易溶于乙醇而难溶于水，若采用醇提水沉法，其水溶液中厚朴酚、五味子甲素的含量甚微，而沉淀物中其含量却很高。

③ 酸碱法。酸碱法系指针对单体成分的溶解度与酸碱度有关的性质，在溶液中加入适量酸或碱，调节 pH 值至一定范围，使单体成分溶解或析出，以达到分离目的的方法。例如，生物碱一般不溶于水，加酸后生成生物碱盐能溶于水，再碱化后又重新生成游离生物碱而从水溶液中析出，从而与杂质分离。有时也可用调节浸出液的酸碱度来达到去除杂质的目的。

④ 大孔树脂吸附法。大孔树脂吸附法系指将中药提取液通过大孔树脂，吸附其中的有效成分，再经洗脱回收除掉杂质的一种精制方法。该方法采用特殊的有机高聚物作为吸附剂，利用有机化合物与其吸附性的不同及化合物分子量的大小等特点，通过改变吸附条件，选择性地吸附中药浸出液中的有效成分、去除无效成分。具有高度富集有效成分、减少杂质、降低产品引湿性、有效去除重金属和农药残留、再生简单等优点。

⑤ 盐析法。盐析法系指在含某些高分子物质的溶液中加入大量的无机盐，使其溶解度降低，而与其他成分分离的一种方法。适用于蛋白质的分离纯化，且不致使其变性，也常用于提高药材蒸馏液中挥发油的含量。

⑥ 澄清剂法。澄清剂法系指在中药浸出液中加入一定量的澄清剂，利用其具有可降解某些高分子杂质，降低药液黏度，或能吸附、包合固体微粒等特性来加速药液中悬浮粒子的沉降，经过滤除去沉淀物而获得澄清药液的一种方法。它能较好地保留药液中的有效成分（包括多糖等高分子有效成分）、除去杂质，具有操作简单、澄清剂用量小等特点。

⑦ 透析法。透析法系指利用小分子物质在溶液中可通过半透膜，而大分子物质不能通过的性质，以达到分离目的的方法。

3. 浓缩与干燥

（1）浓缩。浓缩系指采用适当的方法除去浸提液中的大部分试剂，以提高药液浓度的过程。中药浸提液经过浓缩后能显著减少体积，提高有效成分浓度或提高固体原料，制成一定规格的半成品。蒸发是浓缩药液的重要手段，常用的浓缩方法包括常压蒸发法、减压蒸发法、薄膜蒸发法、多效蒸发法，还可以采用反渗透法、超滤法等使药液浓缩。

蒸发浓缩是在沸腾状态下进行的，常以蒸发器的生产强度来表示蒸发效率，即单位时间、单位传热面积上所蒸发的溶剂或水量，见式（8-4）。

$$U = \frac{W}{A} = \frac{K\Delta t_\text{m}}{r'} \tag{8-4}$$

式中，U 为蒸发器的生产强度；W 为蒸发量；A 为蒸发器的传热面积；K 为蒸发器传热总系数；Δt_m 为加热蒸汽的饱和温度与溶液沸腾温度之差；r' 为蒸汽的二次汽化潜热。由此可以看出，生产强度与传热温度差及传热系数成正比，与蒸汽二次汽化潜热成反比。

① 常压蒸发法。常压蒸发法系指料液在一个大气压下进行蒸发的方法，又称常压浓缩。若待浓缩药液中的有效成分是耐热的，而溶剂又无燃烧性、无毒害，则可用此法进行浓缩。若以水为溶剂的提取液，多采用敞口倾倒式夹层蒸发锅；若是乙醇等有机溶剂的提取液，则采用蒸馏装置。常压浓缩的特点是浓缩速度慢、时间长，药物成分易破坏，适用于非热敏性

药物的浓缩，而对于含热敏性成分的药物溶液则不适用。

② 减压蒸发法。减压蒸发法系指在密闭的容器内，抽真空降低内部压力，使料液的沸点降低而进行蒸发的方法，又称减压浓缩。减压蒸发的特点是降低沸点，能防止或减少热敏性物质的分解，增大传热温度差，加快蒸发速度。但是，料液沸点降低，其汽化潜热随之增大，即减压蒸发比常压蒸发消耗的加热蒸汽的量多。常用的设备有减压蒸馏装置和真空浓缩罐。减压蒸馏装置系通过抽气减压使药液在减压和较低温度下浓缩，可以在浓缩过程中回收乙醇等有机溶剂，装置示意图见图 8-3。真空浓缩罐多用于以水为溶剂的提取药液，操作过程中将加热的水蒸气用抽气泵直接抽入冷水中以保持真空。

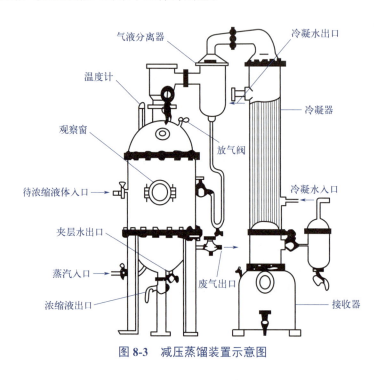

图 8-3 减压蒸馏装置示意图

③ 薄膜蒸发法。薄膜蒸发法系指使料液在蒸发时形成薄膜，增加汽化表面积进行蒸发的方法，又称薄膜浓缩。薄膜蒸发的特点是蒸发速度快，受热时间短，不受料液的静压和过热影响，保护成分不被破坏，可在常压或减压下连续操作，且能将溶剂回收重复利用。薄膜蒸发的方式有两种，一种是使药液以液膜形式快速流过加热面进行蒸发，另一种是使药液剧烈沸腾，产生大量泡沫，以泡沫的内外表面为蒸发面进行蒸发。

④ 多效蒸发法。多效蒸发法系指用两个或多个减压蒸发器串联形成的浓缩设备进行蒸发的方法。操作时，药液进入设备后，给第一个减压蒸发器提供加热蒸汽，药液被加热后沸腾，所产生的二次蒸汽通过管路进入第二个减压蒸发器中作为加热蒸汽，这样就可以形成两个减压蒸发器串联，称为双效蒸发器。同样可以由三个或多个蒸发器串联形成三效或多效蒸发器。多效蒸发器是节能型蒸发器，能够节省能源，提高蒸发效率。多效蒸发器的类型主要分为顺流式、逆流式、平流式、错流式四种。顺流式是料液与加热蒸发流向一致，随着浓缩液稠度逐渐增大，蒸汽温度逐渐降低；逆流式料液与加热蒸汽流向相反，随着蒸汽温度升高，浓缩液稠度增大；平流式是料液与加热蒸发流向一致，料液分别通过各效蒸发器；错流式兼具顺流与逆流的特点，料液先流向二效，流入三效，再反向流入一效。

（2）干燥　干燥指利用热能除去含湿的固体物质或膏状物中所含的水分或其他溶剂，获得干燥物品的工艺操作。在制剂生产中，新鲜药材除水，原辅料除湿，颗粒剂、片剂、水丸等制备过程中均用到干燥。干燥过程的质量，将直接影响到中药的内在品质。干燥与蒸发实质上都是通过热能使溶剂汽化，达到除去溶剂的目的，只是二者的程度不同。药液经蒸发后仍为液体，只是浓度与稠度增加；而干燥则会获得固态提取物。中药提取物（包括有效成分、有效部位或粗提物）在干燥后稳定性提高，利于贮存，同时也有利于进一步制成相应的制剂。

　　在对流干燥过程中，湿物料与热空气接触时，热空气将热能传至物料表面，再由表面传至物料内部，这是一个传热过程。同时，湿物料得到热量后，其表面水分首先汽化，物料内部水分以液态或气态扩散透过物料层而达到表面，并不断向空气主体流中汽化，这是一个传质过程。因此物料的干燥是传热和传质同时进行的过程，如图 8-4 所示。

　　湿物料表面温度为 t_w，湿物料表面的水蒸气分压为 p_w（物料充分湿润时，p_w 为 t_w 的饱和蒸气压）；紧贴在物料表面有一层气膜，厚度为 δ（类似传热边界层的膜）；膜以外是热空气主体，其温度为 t，空气中水蒸气分压为 p。因为热空气温度 t 高于湿物料表面温度 t_w，热能从热空气传递到湿物料表面，传热的推动力就是温差（$t-t_w$）。由于热空气以高速流过湿物料的表面，所以热量的传递过程主要以对流的方式进行，对流干燥由此而得名。而湿物料表面产生的水蒸气压 p_w 大于空气中的水蒸气分压 p，水蒸气必然从湿物料表面扩散到热空气中，其传质推动力为 p_w-p。

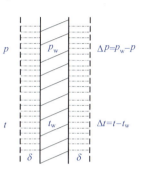

图 8-4　对流干燥中热空气与湿物料之间的传热和传质示意图

　　当热空气不断地把热能传递给湿物料时，湿物料的水分不断地汽化，并扩散至热空气的主体中由热空气带走，而湿物料内部的水分又源源不断地以液态或气态扩散到物料表面，这样湿物料中的水分不断减少而得到干燥。因此，干燥过程应是水分从物料内部到物料表面，再到气相主体的扩散过程。进行干燥过程的必要条件是被干燥物料表面所产生的水蒸气分压大于干燥介质中的水蒸气分压，即 $p_w-p>0$。如果 $p_w-p=0$，表示干燥介质与物料中水蒸气达到平衡，干燥即停止；如果 $p_w-p<0$，物料不仅不能干燥，反而吸湿。

　　① 影响干燥的因素。干燥会对物料的贮存、有效成分的含量等产生一定影响。影响物料干燥的因素包括以下几点。

　　a.干燥物料的性质。这是影响干燥的主要因素，湿物料的形状、大小、料层的厚度、水分的结合方式均会影响干燥速度。一般来说，物料呈结晶状、颗粒状、堆积薄的干燥速度比粉末状、膏状、堆积厚者快。

　　b.干燥介质的温度、湿度与流速。在适当范围内，提高空气的温度，可使物料表面的温度升高，加快蒸发速度，有利于干燥。但应根据物料的性质选择适宜的干燥温度，以防止某些热敏性成分被破坏。空气的相对湿度越低，干燥速度越快。降低有限空间的相对湿度也可提高干燥效率。空气的流速越大，干燥速度越快。但空气的流速对降速干燥阶段几乎无影响。这是因为提高空气的流速，可以减小气膜厚度，降低表面汽化的阻力，从而提高等速阶段的干燥速度，而空气流速对内部扩散无影响，故与降速阶段的干燥速度无关。

　　c.干燥速度。在干燥过程中，首先是物料表面液体的蒸发，然后是内部液体逐渐扩散到表面继续蒸发。当干燥速度过快时，物料表面的蒸发速度大大超过内部液体扩散到物料表面的速度，致使表面粉粒黏着，甚至熔化结壳，从而阻碍了内部水分的扩散和蒸发，形成假干燥现象。假干燥的物料既不能很好地保存，也不利于继续制备操作。

d. 干燥方法。采用静态干燥法时，温度逐渐升高，物料内部液体慢慢向表面扩散，可使物料中液体源源不断地蒸发。否则，物料易出现结壳，形成假干燥现象。动态干燥法使颗粒处于跳动、悬浮状态，可大大增加其暴露面积，有利于提高干燥效率。但必须及时供给足够的热能，以满足蒸发和降低干燥空间相对湿度的需要。

e. 压力。压力与蒸发量成反比，因此减压是改善蒸发、加快干燥的有效措施。

② 常用干燥方法。物料的干燥方法需根据药材的性质选择，干燥方法决定了物料的干燥方式、干燥速度以及物料干燥质量等，常用的干燥方法包括以下几种。

a. 烘干法。烘干法系指将湿物料摊放在烘盘上，利用热干燥气流使湿物料水分汽化，进行干燥的一种方式。由于物料处于静止状态，一般干燥速度较慢。

b. 减压干燥法。减压干燥又称真空干燥，系指在减压条件下进行干燥的一种方法。特点是干燥温度低，干燥速度快，减少了物料与空气的接触机会，避免污染或氧化变质，并且干燥产品呈海绵状，蓬松，易于粉碎。适用于热敏性或高温下易氧化物料的干燥，但生产能力小，劳动强度大。图 8-5 为减压干燥装置，由干燥柜、列管式冷凝器及冷凝液收集器、真空泵三部分组成。

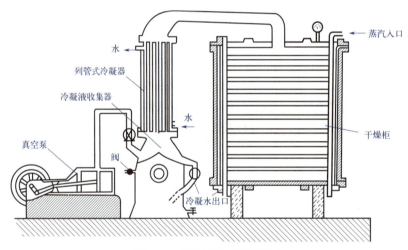

图 8-5　减压干燥装置示意图

c. 喷雾干燥法。喷雾干燥法是流态化技术用于浸出液干燥的一种常用方法，系直接将浸出液喷雾于干燥器内，使之在与通入干燥器的热空气接触过程中，水分迅速汽化，从而获得粉末或颗粒的方法。最大特点是物料受热表面积大，传热传质迅速，水分蒸发极快，几秒内即可完成雾滴的干燥，且雾滴温度大约为热空气的湿球温度（约为 50℃），特别适用于热敏性物料的干燥。此外，喷雾干燥制品质地松脆，溶解性好，可根据需要控制和调节产品的细度和含水量等质量指标。图 8-6 为喷雾干燥装置示意图。

d. 沸腾干燥法。沸腾干燥又称流化床干燥，系指利用热空气流使湿颗粒悬浮，呈流态化，似"沸腾状"，热空气在湿颗粒间通过，在动态下进行热交换，带走水汽而达到干燥的一种方法。其特点是适用于湿粒性物料，如片剂、颗粒剂制备过程中湿粒的干燥和水丸的干燥。沸腾干燥的气流阻力较小，物料磨损较轻，热利用率较高，干燥速度快，产品质量好。一般湿颗粒流化干燥时间为 20min 左右，所得制品湿度均匀，没有杂质带入，干燥时不需翻料，且能自动出料，适于大规模生产。

e.冷冻干燥法。冷冻干燥法系指将浸出液浓缩至一定浓度后预先结冻成固体，在低温减压条件下将水分直接升华除去的干燥方法。其特点是物料在高度真空及低温条件下干燥，可避免成分因高热而分解变质，适用于极不耐热样品的干燥。其干燥品外观优良、质地多孔疏松，易于溶解，且含水量较低，利于样品长期贮存。

f.红外线干燥法。红外线干燥法系指红外线辐射器产生的电磁波被含水物料吸收后直接转化为热能，从而使物料中水分汽化而干燥的一种方法。

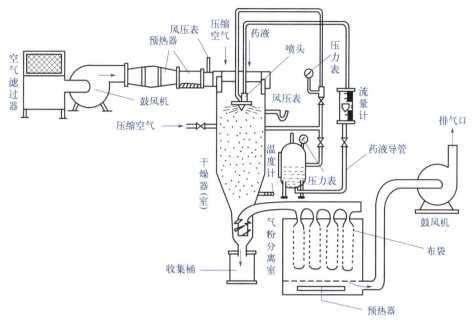

图 8-6　喷雾干燥装置示意图

五、中药制剂生产工艺

由于中药化学组分复杂，制备工艺是影响中药制剂有效成分的组成、含量和理化性质的关键点，是决定制剂安全性和有效性的关键因素之一。

1. 中药制剂前处理

中药制剂前处理是将方中各味药制成可供制剂使用的半成品的过程，前处理流程如图 8-7 所示。通过前处理工艺，可以富集方中药效成分，降低药物服用量，减少或去除毒性成分，改变物料性质，最终为制剂工艺提供高效、安全、稳定的半成品。前处理工艺主要包括炮制、粉碎、浸提、分离与精制、浓缩、干燥等环节。炮制可增强疗效，改变药性，降低毒副作用，便于后续制剂和调剂。粉碎可增加药物的表面积，加速有效成分的溶出，提高生物利用度。浸提是将药效成分从饮片中提取出来以实现富集，从而减少药物服用量。分离与精制是在提取基础上进行的进一步精制处理，通过分离与精制可达到除去无效或有害物质，减少服用量的目的。浓缩与干燥是去除中药提取物中所含溶剂的两种方式，经浓缩可得到浓稠液体或半固体状浸膏，对浓缩物料干燥可得到固体浸膏，与后续制剂工序紧密相关。

2. 中药制剂成型工艺

制剂成型是将前处理所得的半成品，制成可供临床使用的某一剂型的过程。与化学药品不同，中药制剂原料一般为多成分组成的混合体系，具有剂量大、引湿性强、黏性大等特点。制剂技术是将原辅料制备成某剂型过程中所采用的制剂手段和方法，可根据物料性质与成型要求进行选择。原辅料、剂型的物态相同，其成型工艺有相似之处，可采用相同或相近的制剂技术，按剂型物态可将制剂技术分为：①固体制剂技术，如混合、制粒、包衣等；②半固体制剂技术，如乳化、研磨、熔融等；③液体制剂技术，如配制、增溶、助溶、滤过等；④气体制剂技术，如气体灌装技术等。

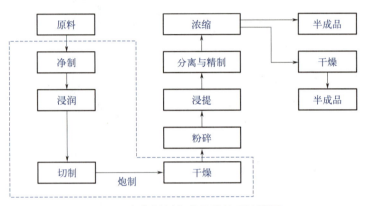

图 8-7　中药制剂半成品前处理流程图

研究中药制剂工艺对优化中药制剂生产工艺、规范中药制剂质量、有效发挥中药制剂的药效具有重要的意义。本章将系统地总结浸出制剂、大蜜丸、水蜜丸、水丸和滴丸的生产工艺，对其生产控制要点、常见问题及对策等进行介绍。

第二节　浸出制剂工艺

浸出制剂系指用适宜的溶剂或方法，浸提饮片中有效成分而制成供内服或外用的一类制剂。多数浸出制剂可直接用于临床，如汤剂、合剂、煎膏剂、糖浆剂、酒剂、酊剂等，还有一部分常作为制备其他制剂的原料，如浸膏剂、流浸膏剂等，浸出制剂是中药制剂的基础，体现了方剂多种浸出成分的综合疗效和特点。

一、浸出制剂生产工艺

1. 汤剂

汤剂系指将饮片加水煎煮，去渣取汁液而得到的液体制剂。主要供内服，也可用于含漱、熏蒸、洗浴。

（1）**汤剂的主要生产工序与洁净度要求**　汤剂主要采用煎煮法制备，在饮片中加入适量水浸渍，加热至沸腾后维持一段的时间微沸状态，滤后得煎出液，药渣再依法加水煎煮1～2次，合并各次煎液，即得汤剂。汤剂制备时必须按照正确的方法，从加水量、煎煮火候、煎煮时间和次数等各个环节严格把关。汤剂不宜久置，必须使用前临时制备，生产工序洁净度要求根据具体情况进行设定，可在普通生产环境下进行制备。

（2）**汤剂的生产工艺流程图**　汤剂煎煮的关键要素包括器具的选择、用水及加水量、火候、煎煮次数和时间等，其生产工艺流程如图8-8所示。

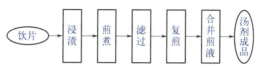

图8-8　汤剂生产工艺流程

① 煎药器具的选用。传统多用砂锅，大量制备时多选用不锈钢容器。目前医院煎药多采用电热或蒸汽加热自动煎药机。

② 煎煮用水及加水量。煎煮应使用符合国家卫生标准的饮用水，加水量一般以浸过药面2～5cm为宜，花、草类药物或煎煮时间较长者应酌量加水。待煎饮片应在煎煮前先行浸泡，有利于有效成分的煎出。浸泡时间一般不少于30min。

③ 煎煮火候。一般选择沸前武火，沸后文火。煎药时应当防止药液溅出、煎干或煮焦。煎干或煮焦者禁止药用。

④ 煎煮时间。煎煮时间应根据方剂的功能主治和药物的功效确定。通常第一煎煮沸后再煎煮20～30min；解表类、清热类、芳香类药物不宜久煎，煮沸后再煎煮15～20min；滋补药物先用武火煮沸后，改用文火慢煎40～60min。第二煎的煎煮时间应当比第一煎的时间略短。煎药过程中要搅拌药料2～3次。

⑤ 煎煮次数。一般煎煮2～3次。对组织致密、有效成分难以浸出的饮片，可适当增加煎煮次数或延长煎煮时间。药料应当充分煎透，做到无糊状块、无白心和硬心等。

⑥ 特殊中药的处理。处方中有的药材需要进行特别处理，包括先煎、后下、包煎、烊化、冲服、榨汁等。

2. 合剂

合剂系指饮片用水或其他溶剂，采用适宜方法提取制成的口服液体制剂，单剂量灌注也称为口服液。与汤剂相比，合剂药物浓度高，服用剂量小，便于携带和贮存，适合工业化生产。合剂成品一般加入适量防腐剂，并经过灭菌处理，密封包装，质量稳定。但合剂组方固定，不能根据需求随证加减。

（1）**合剂的主要生产工序与洁净度要求**　合剂的生产过程包括浸提、精制、浓缩、配液、滤过、分装、灭菌等工序，其中配液、滤过、分装、灭菌工序在D级洁净区环境下进行。

（2）**合剂的生产工艺流程图**　合剂的生产过程中可根据需要加入适宜的辅料，具体生产工艺流程及工序洁净度要求如图8-9所示。

① 浸提。一般采用煎煮法浸提，每次煎煮1～2h，煎煮2～3次。含有挥发性有效成分的饮片，先以水蒸气蒸馏提取挥发性成分，另器保存（留待配液时加入），药渣再与处方中其

余饮片共同煎煮浸提。根据饮片有效成分的性质，可以选用不同浓度的乙醇或其他溶剂，也可采用渗漉、回流等方法浸提。

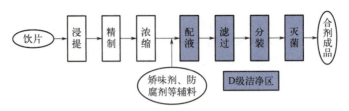

图 8-9　合剂生产工艺流程及工序洁净度要求

② 精制。采用适宜方法对浸提液进行分离纯化处理，可以提高有效成分的浓度，减少服用量，改善制剂的稳定性。

③ 浓缩。选用减压浓缩或薄膜浓缩等方法对精制后的药液进行加热浓缩，浓缩程度一般以日服用量 10 ～ 20mL 为宜。

④ 配液。药液浓缩至规定体积后，可酌情加入适当的矫味剂、防腐剂、pH 调节剂等，用纯化水将药液体积调整至规定量。该操作应在清洁无菌的环境中进行。

⑤ 分装。配制好的药液应尽快滤过、灌装于洁净干燥灭菌的玻璃瓶中，口服液多灌装于易拉盖瓶中，盖好胶塞，轧盖封口。

⑥ 灭菌。灭菌应在封口后立即进行。一般采用流通蒸汽灭菌法或热压灭菌法，在严格无菌条件下配制的合剂可不进行灭菌。成品应贮存于阴凉干燥处。

3. 煎膏剂

煎膏剂系指饮片用水煎煮，取煎煮液浓缩，加炼蜜或糖制成的半流体制剂，以滋补作用为主，同时兼具缓和的治疗效果，又称膏滋。煎膏剂具有药物浓度高、易保存、服用方便等优点，但主成分为热敏性或挥发性的饮片不宜制成煎膏剂。

（1）煎膏剂的主要生产工序与洁净度要求　煎膏剂的生产过程包括饮片的煎煮、浓缩、炼糖、收膏及分装等工序，其中浓缩、炼糖、收膏及分装工序在 D 级洁净区环境下进行。

（2）煎膏剂的生产工艺流程图

煎膏剂生产的关键是炼糖（炼蜜）及收膏，其生产工艺流程及工序洁净度要求如图 8-10所示。

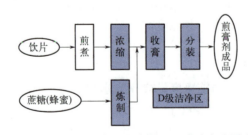

图 8-10　煎膏剂生产工艺流程及工序洁净度要求

① 煎煮。饮片一般以煎煮法浸提，加水煎煮 2 ～ 3 次，每次 2 ～ 3h，滤取煎液，压榨药物，压榨液与滤液合并，静置澄清后滤过。新鲜果类则宜洗净后压榨取汁，果渣加水煎煮，

煎液与果汁合并，滤过备用。处方中若含胶类物质，如阿胶、鹿角胶等，除发挥治疗作用外，还有助于药液增稠收膏，应烊化后在收膏时加入。贵重细料药可粉碎成细粉，待收膏后加入。

② 浓缩。将上述滤液加热浓缩至规定的相对密度，即得清膏。清膏的相对密度视品种而定。少量制备时也可用搅拌棒趁热蘸取浓缩液，滴于桑皮纸上，液滴周围无渗出水迹即可。

③ 炼糖（炼蜜）。炼糖的目的在于去除杂质，杀灭微生物，减少水分，控制糖的适宜转化率，以防止煎膏剂出现返砂现象（析出糖结晶）。炼糖的方法是取蔗糖，加入糖量一半的水及0.1%的酒石酸，加热溶解，保持微沸，炼至"滴水成珠，脆不黏牙，色泽金黄"，蔗糖转化率达40%～50%，即可。炼制时加入适量枸橼酸或酒石酸可促使糖转化。炼蜜则是将蔗糖替换成蜂蜜。

④ 收膏。膏中加入规定量的炼糖或炼蜜，不断搅拌，继续加热，并捞除液面上的泡沫，熬炼至规定的稠度即可。收膏时随着药液稠度的增加，加热温度可相应降低。阿胶、鹿角胶等胶类可先用少量黄酒或水浸泡一定时间使胶块软化，再隔水加热，烊化后趁热加入清膏中，混匀收膏。收膏稠度视品种而定，一般相对密度在1.40左右，少量制备时也可观察特定现象以经验判断。例如用细棒趁热挑起出现"夏天挂旗，冬天挂丝"的现象，或将膏液滴于食指上与拇指共捻，能拉出2cm左右的白丝等。

⑤ 分装与贮存。煎膏剂应分装在洁净干燥灭菌的大口容器中，待充分冷却后加盖密闭，以免水蒸气冷凝后流回膏滋表面，久贮后表面易长霉。煎膏剂应密封，置阴凉处贮存，服用时取用器具也需要干燥洁净。

4. 酒剂

酒剂又称药酒，系指饮片用蒸馏酒提取调配而制成的澄清液体制剂，可供内服或外用。酒辛甘大热，能行血通络，散寒，故祛风活血、止痛散瘀等方剂常制成酒剂。酒剂属于含醇浸出剂型，制备简便，易于保存，但乙醇本身有一定药理作用，故儿童、孕妇以及心脏病、高血压等患者不宜服用。

（1）酒剂的主要生产工序与洁净度要求　酒剂的生产过程包括浸提、配液、静置澄清、滤过、分装等工序，其中配液、静置澄清、滤过、分装工序在D级洁净区环境下进行。

（2）酒剂的生产工艺流程图　酒剂制备的重点是采用蒸馏酒浸提饮片，其生产工艺流程及工序洁净度要求如图8-11所示。

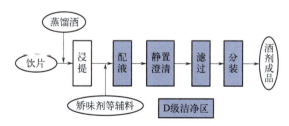

图8-11　酒剂生产工艺流程及工序洁净度要求

其中蒸馏酒浸提可分为冷浸法、热浸法、渗漉法、回流热浸法。

① 冷浸法。将饮片与规定量的酒共置于密闭容器内，密闭浸渍，并定期搅拌。一般浸渍30日以上。取上清液，压榨药渣，压榨液与上清液合并，必要时加入适量糖或蜂蜜矫味，搅

拌均匀，再静置沉降 14 日以上，滤过后灌装即得。

② 热浸法。将饮片与规定量的酒置于有盖容器中，水浴或蒸汽加热至沸后立即停止加热，然后置于另一密闭容器中，在室温下浸渍 30 日以上，定期搅拌。取上清液后操作同冷浸法一致。

③ 渗漉法。取适当饮片粉碎，以蒸馏酒为溶剂，按渗漉法操作，收集渗漉液，必要时加入适量糖或蜂蜜矫味，搅拌密闭静置一段时间，滤过后灌装即得。

④ 回流热浸法。以白酒为溶剂，将饮片按回流热浸法提取至酒近无色，合并回流提取液，必要时加入糖或蜂蜜，搅拌溶解后密闭静置一段时间，滤过后灌装即得。

5. 酊剂

酊剂系指原料药物用规定浓度的乙醇提取或溶解而制成的澄清液体制剂，也可用流浸膏稀释制成。酊剂的浓度随饮片性质而异，除另有规定外，含有毒剧药品（药材）的中药酊剂每 100mL 应相当于原饮片 10g，有效成分明确者，应根据其半成品的含量加以调整，使符合相应品种项下的规定；其他酊剂每 100mL 应相当于原饮片 20g。酊剂多供内服，少数供外用。值得注意的是，酊剂同样属于含醇浸出剂型，儿童、孕妇以及心脏病、高血压等患者不宜服用。

（1）酊剂的主要生产工序与洁净度要求　酊剂制法与酒剂类似，首先都是采用乙醇处理原料药物。生产过程包括浸提、溶解、稀释、滤过、调整乙醇浓度、分装等工序。上述工序在 D 级洁净区环境下进行。

（2）酊剂的生产工艺流程图　酊剂制法与酒剂类似，具体生产工艺流程及工序洁净度要求如图 8-12 所示。

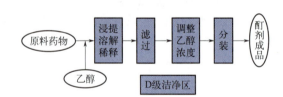

图 8-12　酊剂生产工艺流程及工序洁净度要求

① 溶解法。取药物粉末，加适量规定浓度的乙醇，溶解并调整至规定体积，静置，必要时滤过，即得。此法适用于中药有效部位或提纯品酊剂的制备。

② 稀释法。取药物的流浸膏，加适量规定浓度的乙醇，稀释至规定体积，静置，滤过，即得。此法适用于中药流浸膏制备酊剂。

③ 浸渍法。将饮片置于有盖容器中，加入规定浓度的乙醇，密闭，定期搅拌，浸渍至规定的时间，取上清液。药渣中再加入适量溶剂，依法浸渍至有效成分充分浸出，合并浸出液，加溶剂至规定体积，静置 24h，滤过，即得。此法适用于树脂类药料、新鲜及易膨胀的药料及价格低廉的芳香性药料等。

④ 渗漉法。取适当饮片粉碎，以规定浓度的乙醇为溶剂，按渗漉法操作，收集渗漉液至规定体积后静置，滤过即得。若饮片为毒剧药料，收集渗漉液后应测定其有效成分的含量，再加入适量溶剂调整至规定标准。此法适用于毒剧药料、贵重药料及不易引起渗漉障碍的药料。

6. 浸膏剂

浸膏剂系指饮片用适宜的溶剂提取有效成分,蒸去大部分或全部溶剂,调整至规定浓度而制成的制剂。除另有规定外,浸膏剂每1g相当于饮片2~5g。浸膏剂根据干燥程度的不同,分为稠浸膏剂与干浸膏剂。稠浸膏剂为半固体状,含水量为15%~20%。干浸膏剂为粉末状,含水量约为5%。浸膏剂有效成分含量高、体积小,一般多用作制备颗粒剂、片剂、胶囊剂、丸剂等的中间体,少数品种直接应用于临床。

(1)浸膏剂的主要生产工序与洁净度要求 浸膏剂的生产过程包括浸提、浓缩、稀释或干燥等工序。其中稀释或干燥工艺在D级洁净区环境下进行。

(2)浸膏剂的生产工艺流程图 浸膏剂生产工艺流程及工序洁净度要求如图8-13所示。

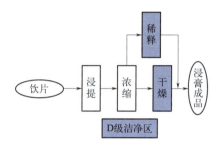

图8-13 浸膏剂生产工艺流程及工序洁净度要求

浸膏剂根据饮片有效成分的性质可采用适宜的溶剂与浸提方法,一般多采用渗漉法、煎煮法、回流法、浸渍法。浸提液精制后低温浓缩至稠膏状,加入适量的稀释剂调整含量即为稠浸膏;或将其干燥、粉碎得干浸膏粉,也可将饮片浸提浓缩液喷雾干燥直接制成干浸膏粉。稠浸膏的稀释剂常用甘油、液体葡萄糖。干浸膏剂常用的辅料有淀粉、蔗糖、乳糖、氧化镁等。

某些浸膏剂具有较强的引湿性,应尽可能去除引湿性强的杂质,并且稀释剂宜选用引湿性低的品种,并严格控制生产环境的相对湿度,采用防潮性能良好的包装材料,密封保存。

7. 流浸膏剂

流浸膏剂系指饮片用适宜的溶剂提取有效成分,蒸去部分溶剂,调整至规定浓度而成的制剂。除另有规定外,流浸膏剂每1mL相当于饮片1g。流浸膏剂一般用作配制酊剂、合剂、糖浆剂或其他制剂的中间体,大多以不同浓度的乙醇为溶剂,少数以水为溶剂的成品中应酌情加入20%~25%的乙醇作防腐剂。

(1)流浸膏剂的主要生产工序与洁净度要求 流浸膏剂大多采用渗漉法制备。将饮片适当粉碎后以适宜浓度的乙醇为溶剂依法渗漉。渗漉时溶剂用量一般为饮片量的4~8倍,收集85%饮片量的初漉液另器保存,续漉液低温浓缩后与初漉液合并,测定其有效成分含量及乙醇含量,调整至规定浓度,静置24h以上,滤过分装即得。还可通过水提醇沉法或将浸膏剂稀释而成。如益母草流浸膏系采用水提醇沉法制得,甘草流浸膏系由甘草浸膏稀释制得。

采用渗漉法制备时,其生产过程包括浸渍、渗漉、浓缩、调整含量、分装等工序。其中渗漉、浓缩、调整含量、分装工序在D级洁净区环境下进行。

(2)流浸膏剂的生产工艺流程图 采用渗漉法制备流浸膏剂,溶剂利用率高,能充分浸出有效成分，生产工艺流程及工序洁净度要求如图8-14所示。

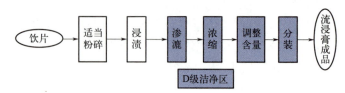

图8-14　流浸膏生产工艺流程及工序洁净度要求

二、浸出制剂生产控制要点、常见问题及对策

浸出制剂所含成分复杂，质量优劣也影响到以其为中间体的其他制剂的质量。不同浸出制剂的制备方法有所不同，在实际制备生产时应根据不同的剂型进行针对性的操作。

（一）生产控制要点

1.原材料质量控制

为了保证原材料成分的有效性，应确保使用高质量原材料，原材料来源、质量、贮存都应符合规范。应对原材料进行严格的验收，包括外观、气味、味道和化学性质等方面的检查。

2.浸出器具的选择

浸出制剂生产时尽量选择不锈钢的容器，避免使用铁锅。因为药材中的某些化学成分（如鞣质）可与铁发生反应，从而使药液发生变化。

3.浸泡时间

浸泡时间对浸出制剂质量也有影响。时间过短，达不到有效成分充分浸出的目的；时间过长，杂质成分增多，微生物含量也会增加。浸出时间的长短应根据药材的性质适当增减。

4.浸出浓度

提高浸出浓度通常可以增加药物或活性成分从原材料中的溶出速率和溶出量，从而提高提取效率。然而，需要注意的是，过高的浓度可能导致活性成分的饱和，从而减缓提取速度。

5.提取温度

提取温度通常与原材料的提取效率密切相关。提高温度可以增强溶剂的溶解能力，促进活性成分从原材料中溶解到溶剂中，提高提取效率。然而，过高的温度可能导致一些活性成分的分解或损失，因此需要根据具体情况选择适当的温度。

6.安全性及稳定性

相较于其他制剂，浸出制剂在贮存过程中易产生沉淀、变质，影响外观和药效。应进行微生物、重金属、溶剂残留和其他有害物质的检测，以确保制剂的安全性。同时，对制剂进行稳定性测试，以确保其在不同条件下的稳定性，并确定其有效期限。

（二）常见问题及对策

1. 浸出制剂长霉发酵

微生物污染是导致浸出制剂长霉发酵的主要原因。糖浆剂、合剂、口服液等液体制剂多含有糖、蛋白质等营养物质，在适宜的温度、湿度、pH 条件下，微生物易生长繁殖。针对这一问题，在生产中应从原辅料、制药用具设备、生产环境、包装容器、贮存等环节加以控制，减少微生物污染。所用的原辅料应符合国家相关标准，采用适宜方法进行洁净处理，尽量减少含菌量。生产中所用设备、用具、包装材料等均应预先清洁、灭菌，生产环境的洁净度应符合规定。此外，根据液体制剂的 pH 等理化性质选用适宜品种和浓度的防腐剂，也是防止浸出制剂长霉发酵的有效措施。

2. 浸出制剂产生浑浊沉淀

中药制剂多为复方，成分复杂，药液的澄清度受处方因素与外界因素影响。酒剂、酊剂等含醇液体制剂，贮存中可能因乙醇挥发、溶剂含醇量改变而析出沉淀。因此需要严密包装，防止溶剂挥发。不同溶剂与方法提取所得的半成品在混合配液时，由于分散体系的组成改变，可能也会出现沉淀。但针对沉淀物应具体分析，若为杂质，可采用热处理冷藏法，加速杂质絮凝，滤除沉淀。对于有效物质的沉淀，可通过预先调节 pH 或增加溶解度的方法促使其溶解。另外，浸出制剂贮存时，受外界温度、光线等因素的影响，高分子杂质也可能逐渐陈化而析出沉淀。制备时可采用适宜的精制方法，尽可能去除浸提液中的杂质，或采用上述热处理冷藏法进行处理。

3. 浸出制剂中活性成分水解

浸出制剂中酯类（包括内酯类）、酰胺类、苷类等药物成分在水溶液中受加热或制剂 pH 等因素的影响易发生水解，可从制剂处方设计及生产、贮存条件控制等方面采取相应措施，加以控制来延缓活性成分水解。药物成分的水解易受酸碱催化，所以液体浸出制剂处方设计时可对药物成分的稳定性进行考察，确定制剂最适宜的 pH 范围。对于易水解的药物，可适当添加非水溶剂，如乙醇、丙二醇、甘油等，来改善其稳定性。

三、浸出制剂实例

❖ **例 8-1　麻杏石甘汤（汤剂）**

【处方】

麻黄	9g	石膏（先煎）	18g
杏仁	9g	炙甘草	6g

【处方分析】本方出自《伤寒论》，该方中麻黄和石膏为君药，麻黄辛甘温，宣肺解表而平喘，石膏辛甘大寒，清泄肺胃之热以生津，两者相配，既能宣肺，又能泄热；杏仁为臣药，既助石膏沉降下行，又助麻黄泻肺热；炙甘草为佐使，来调和麻黄、石膏之寒温。

【制备工艺】将石膏置于煎器内，加水 350mL，加热至沸腾后保持微沸状态

10min。加入其余 3 味药，煎 30min，滤取药液。再加水 200mL，煎煮 20min，滤取药液。合并两次煎出液，即得。

【规格】汤剂，200mL。

【注解】该方采用煎煮法制备，因石膏质地坚硬，有效成分不易煎出，故采用先煎的处理方法。

❖ 例 8-2　小青龙合剂（合剂）

【处方】

麻黄	125g	细辛	62g
桂枝	125g	炙甘草	125g
白芍	125g	法半夏	188g
干姜	125g	五味子	125g

【处方分析】方中麻黄、桂枝，发汗散寒以解表邪，且麻黄宣肺平喘，桂枝温阳化饮，两药相须，为君药。干姜、细辛温肺化饮，兼助麻、桂解表，共为臣药。佐以五味子敛肺止咳，白芍敛阴和营，合而防诸药温燥伤津；半夏燥湿化痰，和胃降逆。炙甘草益气和中，又能调和诸药，兼佐使之用。诸药配伍严谨，开中有合，宣中有降，使风寒去，营卫和，水饮除，共奏解表化饮、止咳平喘之功。

【制备工艺】以上八味，细辛、桂枝提取挥发油，蒸馏后的水溶液另器收集。药渣与白芍、麻黄、五味子、炙甘草加水煎煮两次，第一次 2h，第二次 1.5h，合并煎液，滤过，滤液和蒸馏后的水溶液合并，浓缩至约 1000mL。法半夏、干姜用 70% 乙醇作溶剂，浸渍 24h 后进行渗漉，渗漉液浓缩，与上述药液合并，静置，滤过，滤液浓缩至 1000mL，加入防腐剂与细辛、桂枝挥发油，搅匀，即得。

【规格】每支装 10mL。

【注解】本品为棕黑色液体；气微香，味甜、微辛。细辛、桂枝含挥发性成分，故先提取挥发油，药渣再与其他药材合煎；法半夏、干姜采用渗漉法浸提，提取效率高，节省提取溶剂，并可避免挥发性成分的损失。

❖ 例 8-3　养阴清肺膏（煎膏剂）

【处方】

地黄	100g	白芍	40g
麦冬	60g	薄荷	25g
玄参	80g	甘草	20g
川贝母	40g	牡丹皮	40g

【处方分析】方中重用地黄清热凉血，养阴润燥，为君药。玄参清热凉血解毒，麦冬甘寒清润肺阴，为臣药。佐以白芍养血柔肝；丹皮凉血解毒；川贝母润燥化痰，散结；少量薄荷辛凉透达，宣肺利咽。使以甘草清热解毒，调和诸药。诸药相合，以奏润燥清肺利咽之功。

【制备工艺】以上八味，川贝母用 70% 乙醇作溶剂，浸渍 18h 后，以 1～3mL/min 的速度缓缓渗漉，待可溶性成分完全漉出，收集渗漉液，回收乙醇；牡丹皮与薄荷分别用水蒸气蒸馏，收集蒸馏液，分别取挥发性成分另器保存；药渣与其余地黄等五味加水煎煮两次，每次2h，合并煎液，静置，滤过，滤液与川贝母提取液合并，浓缩至适量，加炼蜜500g，混匀，滤过，滤液浓缩至规定的相对密度，放冷，加入牡丹皮与薄荷的挥发性成分，混匀，即得。

【规格】每瓶装100mL。

【注解】①本品为棕褐色稠厚的半流体；气香，味甜，有清凉感。②本品相对密度应不低于1.37。③川贝母为贵重药材，采用渗漉法浸提能提高提取效率。④牡丹皮和薄荷采用水蒸气蒸馏法提取，可避免在煎煮过程中挥发性成分的散失。

❖ 例8-4 舒筋活络酒（酒剂）

【处方】

木瓜	45g	红花	45g
桑寄生	75g	独活	30g
玉竹	240g	羌活	30g
续断	30g	防风	60g
川牛膝	90g	白术	90g
当归	45g	蚕沙	60g
川芎	60g	红曲	180g
甘草	30g		

【处方分析】方中木瓜、蚕沙为君药，祛风湿，舒筋络。桑寄生、续断、川牛膝补肝肾、祛风湿，独活、羌活、防风祛风除湿、散寒通痹，均为臣药。佐以川芎行气活血；红花活血祛瘀；白术健脾燥湿；玉竹、当归滋阴养血；红曲化浊祛湿通痹。使以甘草和中，调和诸药。诸药合用，共奏祛风除湿、活血通络、养阴生津之功。

【制备工艺】以上十五味，除红曲外，其余十四味粉碎成粗粉，然后加入红曲；另取红糖555g，溶解于白酒11100g中，用红糖酒作溶剂，浸渍48h后，以1～3mL/min的速度缓缓渗漉，收集渗漉液，静置，滤过，即得。

【规格】每瓶装200mL。

【注解】①本品为棕红色的澄清液体；气香，味微甜、略苦。②本品采用渗漉法浸提药材，加入糖配制的药酒后，通常需要长时间的静置后再过滤，以提高澄清度。

❖ 例8-5 十滴水（酊剂）

【处方】

樟脑	25g	干姜	25g
大黄	20g	小茴香	10g
肉桂	10g	辣椒	5g
桉油	12.5mL		

【处方分析】方中大黄苦寒泄热，荡涤肠胃；樟脑散寒止痛，开窍辟秽；肉桂、小茴香、干姜、辣椒温中散寒，健胃；桉油祛风止痛。诸药相合，共奏健胃、祛暑之功。

【制备工艺】以上七味，除樟脑和桉油外，其余五味粉碎成粗粉，混匀，用70%

乙醇作溶剂，浸渍 24h 后进行渗漉，收集渗漉液约 750mL，加入樟脑和桉油，搅拌使完全溶解，再继续收集渗漉液至 1000mL，搅匀，即得。

【规格】每支装 5mL。

【注解】①本品为棕红色至棕褐色的澄清液体；气芳香，味辛辣。②本品含乙醇量应为 60% ～ 70%，相对密度为 0.87 ～ 0.92。

❖ 例 8-6　芸香浸膏（浸膏剂）

【处方】

| 枫香脂 | 1000g |
| 95% 乙醇 | 适量 |

【制备工艺】取枫香脂原料切块，加入 95% 乙醇密封至枫香脂溶解，静置沉淀，滤过得枫香脂溶液。未溶解的枫香脂再加入适量 95% 乙醇至溶解。将枫香脂溶液在 45 ～ 60℃下加热浓缩，即得芸香浸膏。

【规格】每 1g 相当于枫香脂 1g。

【注解】①本品呈黄色至深棕色的黏稠液体，具有独特的芳香味。②本品是伤湿止痛膏、伤湿止痛搽剂等中成药的原料之一。

❖ 例 8-7　当归流浸膏（流浸膏剂）

【处方】

| 当归 | 1000g |
| 70% 乙醇 | 适量 |

【制备工艺】取当归粉碎成粗粉，用 70% 乙醇作溶剂，浸渍 48h 后渗漉，收集初漉液 850mL，另器保存，继续渗漉至渗漉液近无色或微黄色为止，收集渗漉液，在 60℃以下浓缩至稠膏状，加入初漉液，混合，加 70% 乙醇稀释至 1000mL，静置数日，滤过，即得。

【规格】每 1mL 相当于当归 1g。

【处方分析】当归补血活血，调经止痛。

【注解】本品为棕褐色液体；气特异，味先微甜后转苦麻。本品含乙醇量应为 45% ～ 50%。

第三节　大蜜丸工艺

丸剂系指原料药物与适宜的辅料制成的球形或类球形固体制剂，是中药传统剂型之一。蜜丸是丸剂的一种，系指饮片细粉以炼蜜为黏合剂而制成的丸剂，采用塑制法制备。蜂蜜是蜜丸剂的主要赋形剂，其主要成分是葡萄糖和果糖，另含有有机挥发油、维生素、无机盐等营养成分，具有补中、润燥、止痛、解毒、缓和药性、矫味矫臭等作用。因此，蜜丸临床上多用于镇咳祛痰药、补中益气药等方剂。蜂蜜对药材细粉的黏合力强，可塑性大，与药粉混合后丸剂不易硬化。制成的丸粒光洁、滋润，可在胃肠道中缓慢溶散释药，作用持久。按照丸重分两种规格，每丸重量在 0.5g（含 0.5g）以上的称大蜜丸，丸重量在 0.5g 以下的称小蜜丸。

一、大蜜丸生产工艺

大蜜丸一般采用塑制法制备，系指药材细粉加适宜黏合剂，混合均匀，制成软硬适中、可塑性较大的丸块，再依次制成丸条、分粒、搓圆而制成丸剂的一类制丸方法。

（一）大蜜丸的主要生产工序与洁净度要求

大蜜丸的生产过程包括粉碎、炼蜜、制丸块、制丸条、分粒、搓圆、分装、外包装等工序。粉碎、炼蜜、制丸块、制丸条、分粒、搓圆、分装工序在 D 级洁净区环境下进行。

（二）大蜜丸的生产工艺流程图

大蜜丸生产的关键因素包括蜂蜜的控制、制丸块（又称合坨）的温度控制、含水量的控制。其生产工艺流程及工序洁净度要求如图 8-15 所示。

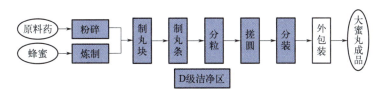

图 8-15　大蜜丸生产工艺流程及工序洁净度要求

二、大蜜丸生产控制要点、常见问题及对策

（一）生产控制要点

1. 蜂蜜的控制

蜂蜜的炼制与选择是保证蜜丸质量的关键。炼制蜂蜜是指将蜂蜜加水稀释并溶化，滤过，加热熬炼至一定程度的过程。炼蜜有除去杂质、降低水分、破坏酶类、杀灭微生物、增强黏合力等作用。常用夹层锅，以蒸汽为热源进行炼制。根据炼制程度，炼制蜂蜜可分为嫩蜜、中蜜、老蜜三种规格。嫩蜜是将蜂蜜加热至 105～111℃，使含水量在 17%～20% 之间，相对密度在 1.35 左右，色泽与生蜜相比无明显区别，稍有黏性，适合含较多油脂、黏液质、胶质、糖、淀粉、动物组织等黏性较强的药材细粉制丸；中蜜又称炼蜜，是将嫩蜜继续加热，温度达到 116～118℃，含水量为 14%～16%，相对密度在 1.37 左右，出现浅黄色有光泽翻腾的均匀细气泡，用手捻时有黏性，当两手分开时无白丝出现，适合中等黏性的药材细粉制丸；老蜜是在中蜜的基础上继续加热，温度达到 119～122℃，含水量在 10% 以下，相对密度在 1.40 左右，出现红棕色的较大气泡，手捻时甚黏，当两手分开时出现长白丝，适合黏性差的矿物质或纤维质药材细粉制丸。由于炼蜜黏性不同，能够适应不同性质的药材细粉制丸。炼蜜程度需要与处方中药材的性质、粉末的粗细、含水量的高低、气温、湿度及黏合剂的黏度等相匹配。一般在其他条件相同的情况下，冬季多用稍嫩蜜，夏季多用稍老蜜。

2. 丸块的制备

丸块的软硬程度及黏度直接影响丸粒成型效果，决定了其在贮存中是否变形。丸块的制备是将适量的炼蜜加入药材细粉中，用捏合机充分混匀，制成软硬适中、具有一定可塑性的丸块。优良的丸块具有能随意塑形而不开裂，手搓捏而不黏手，不黏附器壁等特点。

3. 制丸设备

制丸时为避免丸粒黏附在器具上，可添加适量润滑剂，一般机器制丸多用乙醇，传统制丸多用麻油和蜂蜡的混合物。蜜丸生产中，常用三辊蜜丸机和全自动制丸机两种设备。三辊蜜丸机是将已制备好的丸块间断投入机器中，在螺旋推进器的推进下挤出连续药条，经输送带传送，自动推条进入模辊切割分粒、搓圆成型，随即丸粒落在收集区域。全自动制丸机可制备蜜丸、水蜜丸、浓缩丸，可以一机多用，如图8-16所示。药料在加料斗内经推进器的挤压作用通过出条嘴制成丸条，丸条经导轮递至制药刀切、搓，制成丸粒。

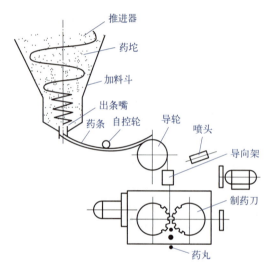

图 8-16　全自动制丸机设备示意图

4. 含水量的控制

蜜丸一般成丸后即分装，以保证滋润状态。有时为防止蜜丸霉变和控制含水量，也可进行适当干燥。一般采用微波干燥或远红外辐射干燥，可达到干燥和灭菌的双重效果。

（二）常见问题及对策

1. 表面粗糙

主要原因有药粉过粗、蜜量过少且混合不均匀、润滑剂用量不足、药料含纤维多、矿物类或贝壳类药量过大等。可针对性地采用粉碎性能好的粉碎机，提高药材的粉碎度；加大用蜜量或用较老的炼蜜；在制丸机传送带与切刀部位涂足润滑剂；将富含纤维类药材或矿物类药材提取浓缩成稠膏兑入炼蜜中等方法解决。

2. 空心

主要原因是丸块揉搓不够。在生产中应注意控制好和药及制丸操作。有时是因药材油性过大，蜂蜜难以黏合所致，可用嫩蜜和药。

3. 丸粒过硬

主要原因包括炼蜜过老，和药蜜温过低，用蜜量不足，含胶类药材比例大、和药时蜜温过高使其烊化后又凝固，蜂蜜质量差或不合格等。可针对具体原因，采取控制好炼蜜程度或和药蜜温、调整用蜜量、使用合格蜂蜜等措施解决。

4. 皱皮

皱皮是蜜丸表面呈现皱褶现象，主要原因有炼蜜较嫩，含水量过多，水分蒸发后导致蜜丸萎缩、包装不严，进而使得蜜丸在湿热季节吸湿而干燥季节失水；润滑剂使用不当等。可针对原因采取相应措施。

5. 微生物超标

主要原因：药材灭菌不彻底，生产过程中卫生条件控制不严，辅料设备、操作人员及车间环境再污染，包材未消毒灭菌或包装不严等。在保证药材有效成分不被破坏的前提下，可对药材采取淋洗、流通蒸汽灭菌后迅速干燥等综合措施，亦可采用干热灭菌、热压灭菌等。含热敏性成分的药材可采用乙醇喷洒灭菌或环氧乙烷灭菌。包材及成品可用环氧乙烷灭菌或辐射灭菌等。

三、大蜜丸实例

❖ **例 8-8　安宫牛黄丸**

【处方】

牛黄	100g	黄连	100g
水牛角浓缩粉	200g	黄芩	100g
麝香	25g	栀子	100g
珍珠	50g	郁金	100g
朱砂	100g	冰片	25g
雄黄	100g		

【处方分析】方中牛黄清心解毒，息风定惊，豁痰开窍；麝香开窍醒神。两药相配，清心开窍，为君药。水牛角清心凉血解毒；黄连、黄芩、栀子清热泻火解毒，且助牛黄清心包之热；冰片、郁金芳香辟秽，通窍开闭，以助麝香开窍醒神之功，共为臣药。上述君、臣药的结合应用，目的如《温病条辨》所说："使邪火随诸香一齐俱散也"。朱砂、珍珠镇心安神；雄黄助牛黄豁痰解毒，为佐药。蜂蜜和胃调中，为使药。诸药合用，共奏清热解毒，镇惊开窍之功。

【制备工艺】以上十一味，珍珠水飞或粉碎成极细粉，朱砂、雄黄分别水飞成极细粉；黄连、黄芩、栀子、郁金粉碎成细粉；将牛黄、水牛角浓缩粉、麝香、冰片研细，与上述粉末配研，过筛，混匀，加适量炼蜜制成大蜜丸600丸，即得。

【规格】每丸重3g。

【注解】①本品为黄橙色至红褐色的大蜜丸；气芳香浓郁，味微苦。②水飞法是矿物药在湿润条件下研磨，再借粗细粉在水中不同的悬浮性得到极细粉末的方法，可减轻矿物药在研磨时产生的热变化和氧化，并达到去除杂质、洁净药物、降低毒性等目的。③方中朱砂、雄黄及珍珠需经过水飞法进行炮制。④炼蜜多选用枣花蜜或荆条蜜，并炼至中蜜，拉丝呈黄白色即可。⑤制丸后可在 35～40℃、湿度 ≤30% 的条件下低温干燥，以避免冰片、麝香挥发。

第四节 水蜜丸工艺

水蜜丸系指饮片细粉以炼蜜和水为黏合剂制成的丸剂，具有丸粒小、光滑圆整、易于吞服等特点。与蜜丸相比，可减少蜂蜜用量，降低成本，利于贮存。常用辅料包括水和炼蜜。水可作为润湿剂诱发药材粉末本身的黏性，便于药材粉末成丸。炼蜜具有良好的黏性和香气，有助于药材黏合成丸并减少药材异味。

一、水蜜丸生产工艺

水蜜丸可采用泛制法和塑制法制备。

1. 泛制法

起模时须用水，以免黏结，在成型时可使水蜜丸的丸粒光滑圆整。蜜水的加入方式为：蜜水浓度低→高→低。先用低浓度蜜水加大丸粒，逐步成型时用浓度稍高的蜜水，已成型后改用浓度低的蜜水撞光。否则，蜜水浓度过高会造成丸粒黏结。但由于泛制法工艺较为复杂，质量较难控制，粉尘大，易污染，工业生产时较少用。

2. 塑制法

①一般黏性药材，每 100g 药粉用炼蜜 40g 左右，炼蜜和水的比例为 1∶（2.5～3.0）；②含糖、淀粉、黏液质、胶质较多的药材细粉，则需用低浓度的蜜水为黏合剂，即 100g 药粉加 10～15g 炼蜜（炼蜜加入适量水，搅匀，煮沸过滤作为黏合剂）；③若含纤维质和矿物质较多的药材细粉，则每 100g 药粉需用 40～50g 炼蜜（将炼蜜加入适量水，搅匀，煮沸过滤作为黏合剂）。

（一）水蜜丸的主要生产工序与洁净度要求

水蜜丸的生产过程包括粉碎、炼蜜、制丸块、制粒、整形、干燥、抛光、内包装、外包装等工序。粉碎、炼蜜、制丸块、制粒、整形、干燥、抛光、内包装工序在 D 级洁净区环境下进行。

（二）水蜜丸的生产工艺流程图

水蜜丸生产的关键因素与大蜜丸相似，主要区别在于含水量及蜂蜜用量不同。生产工艺流程及工序洁净度要求如图 8-17 所示。

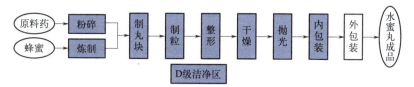

图 8-17　水蜜丸生产工艺流程及工序洁净度要求

二、水蜜丸生产控制要点、常见问题及对策

（一）生产控制要点

1. 配料工序

① 原辅料质量及贮存问题。原辅料易出现质量不均一问题，需根据生产反馈及时调整。另外，原辅料应按相关条件进行贮存，并严格监控，以免发生吸湿、发霉、生虫、结块等问题。

② 前处理问题。一些进厂中药材初始含糖量差异较大，会导致药粉黏度差异较大，造成水蜜丸丸重不合格，需要严格控制。

2. 制丸块工序

① 混合参数的选择。混合需要设置一个混合时间限度，时间过短则混合不均匀。

② 加料方式。对于处方量相对较小的原料，最好使用逐步加料的方式，以减少一次性加入造成的混合不匀。

③ 在药粉、蜂蜜及纯净水加入后，随着搅拌形成药坨，根据经验控制药坨达到"一握成团，一掰即开"的状态。

3. 制粒工序

① 丸重。往制丸机里续坨的速度要均匀，制丸机出条速度要合适。

② 外观（形状）。药坨温度太高、出条速度太快会导致药丸不圆整。

4. 干燥工序

正确设置干燥机参数，防止出现药丸干裂、外干里不干等问题。由于水蜜丸含水量高，成型后应立即干燥，控制含水量≤12%，防止霉变。

（二）常见问题及对策

水蜜丸成型和质量的影响因素包括蜂蜜选择的类型、药粉与蜜水的比例、制丸机的出条速度、搓丸机的搓丸频率等。通过调整各个因素，以水蜜丸圆整度、重量差异、硬度、溶散时限等指标确定最佳工艺参数。若处方和工艺参数控制不当，可能会出现丸粒圆整度不佳、重量差异明显、丸粒硬度不良等问题。主要原因：①炼蜜较嫩，导致黏性不足，丸粒开裂变形；②药粉与蜜水比例不当，蜜量较少则黏性不足，难以成型，蜜量过大则黏性过高，黏附制丸机板孔，成型或硬度不佳；③出条速度和搓丸机频率控制不当，过快或过慢都使丸粒搓合不均，表面粗糙，丸粒重量差异明显。

解决措施：①根据药材成分的黏性、组成，选择合适的蜂蜜类型；②调整药粉和蜜水的比例，保证丸块的软硬程度及黏性；③协调制丸机出条速度和搓丸机频率，确保制出圆滑丸粒等。

三、水蜜丸实例

❖ 例8-9　十全大补丸

【处方】

党参	80g	川芎	40g
炒白术	80g	酒白芍	80g
茯苓	80g	熟地黄	120g
炙甘草	40g	炙黄芪	80g
当归	120g	肉桂	20g

【处方分析】十全大补丸来源于宋代《太平惠民和剂局方》"十全大补汤"方。方中党参、白术、茯苓、炙甘草为君药，能补中益气，健脾养胃；当归、熟地黄、川芎、白芍即四物汤，为臣药，能养血滋阴，补益肝肾；黄芪大补肺气，与四君子共用，大增补气之功，合肉桂补火助阳，温经散寒。诸药合用，共奏温补气血之功。

【制备工艺】以上十味，粉碎成细粉，过筛，混匀。每100g粉末用炼蜜35～50g加适量的水泛丸，干燥，制成水蜜丸。

【规格】每30粒重6g。

【注解】①本品为棕褐色至黑褐色的水蜜丸。②方中熟地黄黏性较大，宜采用串料粉碎。先将处方中非黏性药物混合粉碎成粗粉，再陆续掺入黏性大的药物共同粉碎。③药材粉末与适量炼蜜和水通过泛制法，交替润湿，起模成型，经干燥后即得水蜜丸。

第五节　水丸工艺

水丸系指饮片细粉以水（或根据具体制法用黄酒、醋、稀药汁、糖汁、含5%以下炼蜜的水溶液等）为黏合剂制成的丸剂。水丸的传统制法为泛制法，现代工业化生产中主要采用塑制法。

水丸一般以水或水性液体为赋形剂，服用后药物在体内易溶散、吸收，显效较蜜丸、糊丸、蜡丸快，且一般不另外加其他固体赋形剂，实际含药量高。采用泛制法制丸时，可将易挥发、有刺激性气味、性质不稳定的药物泛入内层，降低对消化道的刺激性，提高药物稳定性；也可将速释药物泛入外层，缓释药物泛入内层，或将药物分别包衣，以达到控制药物释放速度和部位的目的。水丸丸粒小，表面致密光滑，易于吞服，利于贮藏。

水丸使用的赋形剂种类繁多，常用的有水、黄酒、醋、稀药汁等。除了润湿饮片细粉，诱导黏性以外，黄酒、醋、稀药汁等还具有协同和改变药物性能的作用。

① 水。常用纯化水或冷沸水。水本身无黏性，但可诱导中药某些成分，如黏液质、胶质、

多糖，使之产生黏性，泛制成丸。

②酒。常用白酒和黄酒。借"酒力"发挥引药上行、祛风散寒、活血通络、矫腥除臭等作用。酒中含有不同浓度的乙醇，能溶解树脂、油脂，使药材细粉产生黏性；但高浓度乙醇不溶解蛋白质、多糖等成分，故其诱导药材细粉黏性的作用较水小。应根据药粉中的成分酌情选用，如制备六神丸时，以水为润湿剂，其黏合力太强不利于制丸，可用酒代替水。

③醋。常用米醋，含乙酸3%～5%。醋性温，味酸苦。具有引药入肝、理气止痛、行水消肿、解毒杀虫、矫味矫臭等作用。另外可使药粉中生物碱成盐，增加其溶解度，利于吸收，提高药效。

④药汁。当处方中含有一些不易制粉的药材时，可根据其性质提取或压榨制成药汁，既可起赋形剂作用，又可减少服用量，保存药性。如富含纤维的药材、质地坚硬的药材、黏性大难以制粉的药材等可煎汁；树脂类、浸膏类、可溶性盐类及液体药物（如乳汁、牛胆汁）可加水溶化后泛丸；新鲜药材捣碎压榨取汁泛丸。

其他还有用糖汁、低浓度蜜水为赋形剂，如牛黄上清丸和舒肝丸均采用浓度低于4%的蜜水为赋形剂。

一、水丸生产工艺

水丸通常采用泛制法制备，系指在泛丸机或糖衣机中，交替加入药粉和赋形剂，使药粉润湿、翻滚、黏结成粒、逐渐增大并压实的一种制丸方法。

（一）水丸的主要生产工序与洁净度要求

水丸的生产过程包括粉碎、起模、成型、盖面、干燥、选丸、分装及外包装等工序。粉碎、起模、成型、盖面、干燥、选丸及分装工序在D级洁净区环境下进行。

（二）水丸的生产工艺流程图

水丸的生产工艺流程及工序洁净度要求如图8-18所示。

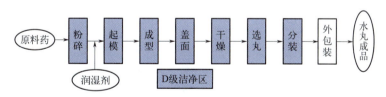

图8-18 水丸生产工艺流程及工序洁净度要求

二、水丸生产控制要点、常见问题及对策

（一）生产控制要点

1. 原料药准备

除另有规定外，通常将饮片粉碎成细粉或最细粉，备用。起模或盖面工序一般用过七号

筛的最细粉，或根据处方规定选用方中特定药材饮片的细粉。成型工序可用过五号或六号筛的药粉，需要制药汁的药材按规定制备。

2. 起模

起模系指制备丸粒基本母核。丸模通常为直径约 1mm 的球形粒子，是泛丸成型的基础。起模的方法主要包括粉末直接起模和湿颗粒起模两种。粉末直接起模是在泛丸锅中喷少量水，撒少量药粉使之润湿，转动泛丸锅，刷下锅壁附着的药粉，再喷水、撒粉，如此反复循环多次，使药粉逐渐增大，至泛成直径约 1mm 的球形颗粒时，筛取一号筛与二号筛之间的丸粒，即成丸模。湿颗粒起模是将药粉用水润湿、混匀，制成软材，过二号筛，取颗粒置于泛丸锅中，经旋转、滚撞、摩擦，即成圆形，取出过筛，即得丸模。

起模是泛制法制备丸剂的关键步骤，丸模的性状直接影响成品的质量，其粒径和数量影响成品丸粒的规格及药物含量均匀度。起模成功的关键在于选择黏性适宜的药粉起模，如黏性过大，加水后易黏成团块，黏性过小或无黏性，则使药粉松散不易黏结成丸模。起模时，每次加水加粉量应小，以避免水量过多使小粒子粘连，丸模数量少，若粉量过多，粒子黏附不完，会不断产生更多的小粒子，导致丸模长不大。生产中起模用药粉量可根据下述经验公式计算：

$$C : 0.625 = D : X \tag{8-5}$$

$$X = \frac{0.625 \times D}{C} \tag{8-6}$$

式中，C 为成品水丸 100 粒干重，g；D 为药粉总重，kg；X 为一般起模用粉量；0.625 为标准模子 100 粒的重量，g。

另外，药材浓缩液的黏度也是影响水丸成型质量的重要因素。研究显示，在黏度范围为 $5 \sim 15 \mathrm{Pa \cdot s}$（25℃）内，水丸的成型质量最佳。

3. 成型

成型系指将已经筛选均匀的丸模，逐渐加大至成品规格的操作。模上反复加水湿润、撒粉、黏附滚圆，随着丸粒的逐渐增大，每次加水加粉量也相应地逐渐增加。在每次加粉后，应有适当的滚转时间，使丸粒圆整致密。在必要时可根据中药性质不同，采用分层泛入的方法。

4. 盖面

盖面系指将已近成品规格并筛选均匀的丸粒，用药材细粉或清水继续在泛丸锅内滚动，使其达到规定成品粒径标准的操作。通过盖面使丸粒表面致密、光洁，色泽一致。根据盖面所用材料不同，盖面分为干粉盖面、清水盖面和粉浆盖面三种方式。

5. 干燥

泛制丸含水量大，易发霉，应及时干燥。干燥温度一般控制在80℃以下，含挥发性成分的水丸，应控制在 $50 \sim 60$℃。可采用热风循环干燥、微波干燥、沸腾干燥、螺旋振动干燥等设备进行。

6. 选丸

丸粒干燥后，用筛选设备分选出不合格丸粒，以保证丸粒圆整、大小均匀、剂量准确。

常用的设备有滚筒筛和立式检丸器。滚筒筛是由三级不同孔径的筛网构成滚筒，筛孔由小到大。丸粒在筛筒内螺旋滚动，通过不同孔径的筛孔，落入料斗而分档。立式检丸器是靠丸粒自身重量顺螺旋轨道向下自然滚动，利用滚动时产生的离心力不同，将圆整与畸形的丸粒分开，外料口收集合格丸粒，内料口收集畸形丸粒。

为了优化水丸的制备工艺，可采用物性测定仪的质构曲线解析法，建立丸条的物理性质表征方法。通过测定压缩力、回复力、弹性和黏度等物理性质参数，精确控制和预测丸剂的成型质量。

（二）常见问题及对策

1. 外观粗糙、色泽不匀

主要原因是药粉过粗导致丸粒表面粗糙，有花斑或纤维毛，或盖面时药粉用量不够或未搅拌均匀。此外，静态干燥时未及时翻动会导致水分不能均匀蒸发，形成朝上丸面色浅、朝下丸面色深的"阴阳面"问题。可采取适当提高饮片粉碎度，成型后用细粉盖面，湿丸干燥时及时翻动使水分蒸发均匀等方法解决。

2. 丸粒不圆整、均匀度差

主要原因包括丸模不合格、药粉过粗、粒度不匀、加水加粉量不当等。药粉过粗时会在泛制过程中形成丸核黏附药粉，不断产生新的丸模。因此，应注意控制适当的加水加粉量，在丸粒润湿均匀后再撒入药粉，并配合泛丸机的滚动用手从里向外搅动均匀，并及时筛除过大过小的丸粒。

3. 皱缩

主要原因是湿丸滚圆时间太短，丸粒未被压实，内部存在多余水分，干燥后水分蒸发，导致丸面塌陷。因此，应控制好泛丸速度，每次加粉后丸粒应有适当的滚动时间，使丸粒圆整、坚实致密。

4. 溶散超时限

丸剂溶散主要依靠其表面的润湿性和毛细管作用。水分通过泛丸时形成的孔隙和毛细管渗入丸内，瓦解药粉间的结合力而使药丸溶散。导致溶散超时限的原因主要包括药料的性质、粉料细度、赋形剂的性质和用量、泛丸时长、含水量及干燥条件。方中含有较多黏性成分的药材时，在润湿剂的诱发和泛丸时的碰撞下，黏性逐渐增大，使药物结合过于紧密，孔隙率降低，水分进入速度减慢。方中含有较多疏水性成分的药材时，会阻碍水分进入丸内。针对这些问题，可通过加入适量崩解剂来缩短溶散时间。若粉料过细，成型时会增加药丸的致密程度，减少颗粒间孔隙和毛细管的形成，水分进入速度减慢甚至难以进入，故一般泛丸时所用药粉过五号筛或六号筛即可。赋形剂的黏性越大、用量越多，丸粒越难溶散。针对不同药材，可适当加崩解剂，或用低浓度乙醇起模。泛丸滚动时间越长，粉粒之间滚压黏结越紧，表面毛细孔隙堵塞亦越严重。因此，泛丸时，应根据要求尽可能增加每次的加粉量，缩短滚动时间。此外，不同的干燥方法、温度及速度均会影响丸剂的溶散时间。如干燥温度过高，湿丸中的淀粉类成分易糊化，黏性成分易形成不易透水的胶壳样屏障，阻碍水分进入，延长溶散时间。

5.微生物超标

原因及解决措施同大蜜丸一致。

三、水丸实例

❖ 例8-10 黄连上清丸

【处方】

黄连	10g	薄荷	40g
栀子（姜制）	80g	大黄（酒炙）	320g
连翘	80g	黄柏（酒炒）	40g
炒蔓荆子	80g	桔梗	80g
防风	40g	川芎	40g
荆芥穗	80g	石膏	40g
白芷	80g	旋覆花	20g
黄芩	80g	甘草	40g
菊花	160g		

【处方分析】方中以黄连为君，清心泻火，清中焦之热。黄芩、黄柏清解上下焦热毒，为臣。君臣相配，清泻三焦火热毒邪。佐以栀子通泻三焦之火，引火下行，大黄荡涤邪热，导滞下行，两者相配使热邪从二便分消；生石膏清肺胃郁热，配伍连翘清热解毒；荆芥穗、防风、川芎、白芷散风而止头痛；薄荷、菊花、蔓荆子清宣上焦风热，又可明目消肿；桔梗、甘草清肺利咽喉；旋覆花可降上焦壅塞之气，使上焦实火下行；使以甘草调和诸药。诸药相合，共奏散风清热，泻火止痛之功。

【制备工艺】以上十七味，粉碎成细粉，过筛，混匀。用水泛丸，干燥，制成水丸，即得。

【规格】每袋装6g。

【注解】①本品为暗黄色至黄褐色的水丸；气芳香，味苦。②方中栀子经姜汁拌炒以减苦寒之性；大黄经酒炙以缓和泻下作用；黄柏经酒炒后以缓和寒性；石膏属于矿物药，需煅制后单独粉碎、过筛。将所有药材粉末混合后，用水泛丸，经干燥后即得水丸。

第六节 滴丸工艺

滴丸系指固体或液体药物与适宜的基质加热熔融后，溶解、乳化或混悬于基质中，再滴入不相混溶、互不作用的冷凝液中，表面张力的作用使液滴收缩冷却成小丸状的制剂，主要供口服使用。滴丸具有以下特点。①起效速度快，生物利用度高。水溶性基质可以提高药物的溶解性，加快药物的溶出速率和吸收速度，提高生物利用度。②缓释、长效作用。非水溶性基质可以使药物缓慢释放，发挥长效作用。③稳定性高：药物由基质包裹，不易受外界因素干扰。④使液体药物固体化，如芸香油滴丸含量达83.5%。⑤生产工艺简便，生产率高，工艺条件易控，质量稳定且剂量准确。⑥载药量小，对药物和基质要求高，不宜制备大剂量药物。⑦耐热性较差，易受热熔化。

一、滴丸生产工艺

滴丸制备时，首先将滴丸基质加热熔融，然后将药物溶解、混悬或乳化于熔融的基质中，保持料液温度在80～100℃下，滴入不相混溶的冷却液里，在表面张力的作用下，熔融基质收缩成球状，冷却固化成丸。根据滴丸与冷凝液相对密度差异，可以选用不同的滴制方法，如向上或向下滴制。

（一）滴丸的主要生产工序与洁净度要求

滴丸的生产过程包括原料药和基质的混匀、滴制、成丸、洗丸、干燥、过筛、质检、包装等工序。

（二）滴丸的生产工艺流程图

滴丸的生产工艺流程及工序洁净度要求如图8-19所示。

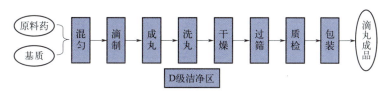

图8-19　滴丸生产工艺流程及工序洁净度要求

二、滴丸生产控制要点、常见问题及对策

（一）生产控制要点

1. 滴丸外形

滴丸成型的影响因素包括药材提取物和基质的性质与比例，药液温度，冷凝液温度、密度、黏度，滴管内外径，滴距与滴速等。一般通过调整以上各影响因素，来确定获得良好滴丸外形的最佳工艺参数。

2. 滴丸丸重

滴丸丸重的影响因素包括药材提取物与基质混合的均匀程度、药液的黏度、滴丸机滴速的稳定性等。若药液混合不匀，黏度过大或过小时，药液不能均匀地滴落形成滴丸，容易产生较大的重量差异。当滴丸机滴速具有较差稳定性时，同一时间滴落的药液重量不同，也会产生较大的重量差异。

3. 溶散时限

滴丸的溶散时限主要与药材提取物、基质、包衣材料的性质有关。除另有规定外，滴丸不加挡板检查，应在 30min 内全部溶散，包衣滴丸应在 1h 内全部溶散。

（二）常见问题及对策

1. 重量差异

主要原因：①药物与基质未完全熔融，药物分散不均；②滴头破损，无法保证定量滴出药液；③药液黏度大，流动性不佳；④滴速控制不当，滴速快，药液流量大，丸重大，滴速慢，药液流量小，丸重小；⑤滴距过大，即药液与冷凝液距离过大，滴制时药液溅落损失。

解决的主要方法：①适当提高配液罐温度，充分搅拌促使药物与基质混匀；②确保滴头的完整性；③选择合适基质或使用复合基质降低黏度；④严格把控滴制速度，保证滴速恒定；⑤根据滴丸成型和重量差异等情况调节滴距等。

2. 圆整度不佳

主要原因：①药物与基质比例不当，基质占比太小，药液不均，滴丸难以成型；②滴距不当，滴距过大，药液经重力作用破碎，滴距过小，药液滴出尚未成圆形就已冷凝；③药液与冷凝液相对密度差过大或冷凝液黏度太小，液滴在冷凝液中移动速度太快，易成扁形。

解决的主要方法：①选择合适的药物和基质比例、滴距；②更换密度、黏度较大的冷凝液等。

3. 滴头堵塞

主要原因：①滴口处保温不够，药液遇冷降温堵塞滴口；②药物与基质密度差异过大，药物颗粒沉降聚集引起堵塞；③药液黏度高，黏稠液体使滴头堵塞。

解决的主要方法：①升高滴液罐和滴头温度，保持恒温；②调整处方，选择适宜基质等。

4. 冷凝液残留

主要原因：①冷凝温度过低，滴丸表面水分无法充分干燥；②冷凝液黏度较大，且不易干燥；③干燥强度低或时间不足。

解决的主要方法：①调整冷凝温度；②选择适宜冷凝液或选用其他干燥方法；③适当提高干燥强度，延长干燥时间。

5. 药丸破损

主要原因：①基质选择不当，基质黏性和流动性不佳，导致滴丸在成型或干燥过程破裂；②干燥温度不合适，干燥温度过高或过低都可能使滴丸结构不稳定；③离心收集或输送设备速度过快，作用力较大，造成滴丸破损。

解决的主要方法：①更换适宜的基质；②调整干燥温度；③适当降低收集和输送滴丸设备的速度。

三、滴丸实例

❖ **例 8-11　宫炎平滴丸**

【处方】

地稔	90g	五指毛桃	20g
两面针	34g	穿破石	28g
当归	28g	聚乙二醇	适量

【处方分析】方中以地稔为君，清湿热、化瘀血；两面针、穿破石为臣，增强活血通络之功；当归为佐，补血扶正；五指毛桃为使，健脾固本。诸药相合，共奏清热祛瘀，补血益气之效。

【制备工艺】以上五味，加水煎煮两次，每次 2h，滤过，合并滤液，浓缩至相对密度为 1.25（55～60℃）的清膏，加乙醇至含醇量达 50%，静置 24h，滤过，滤液回收乙醇，浓缩至稠膏状，干燥成干浸膏，粉碎成细粉，备用。取聚乙二醇适量，加热使熔融，加入上述细粉，混匀，滴入冷却的二甲硅油中，制成 1000 丸，即得。

【规格】每丸重 50mg。

【注解】①本品为棕色至棕黑色的滴丸；味微苦。②本品将地稔、两面针、当归、五指毛桃、穿破石水提取物分散到水溶性基质聚乙二醇中制成滴丸，提高了药物溶解度和溶出速率，增加药物起效速度。③采用水提法将宫炎平滴丸方中的主要有效成分（水溶性酚酸、碱类、酯类等成分）提取出来，出膏量较大，因此采用乙醇沉淀蛋白质、淀粉和多糖类杂质，减少服用剂量。提取液浓缩后干燥并粉碎成细粉，与水溶性基质聚乙二醇充分混匀并保温，滴入非水溶性冷凝液二甲硅油中制得滴丸。

（编写者：王若宁；审校者：李超、杜若飞）

思考题

1. 简述中药制剂常用的前处理方法。

2. 简述浸出制剂的分类及主要生产工艺特点。

3. 简述浸出制剂生产过程中的常见问题及对策。

4. 酒剂、酊剂与流浸膏剂均为含醇浸出制剂，请比较三种剂型的异同点。

5. 浸膏剂的分类依据及其与流浸膏剂生产工艺的区别。

6. 常用的中药丸剂有哪些类型？简述其常用的制备方法及工艺流程。

7. 简述大蜜丸与水蜜丸的生产工艺流程，并分析两者间的异同点及生产控制要点。

8. 简述水丸生产过程中常见的问题及解决措施。

9. 滴丸的主要生产工艺及影响其成型的因素。

参 考 文 献

［1］国家药典委员会．中华人民共和国药典（2025 年版）［M］．北京：中国医药科技出版社，2025．

［2］杨明．中药药剂学［M］.5 版．北京：中国中医药出版社，2021．

［3］吴正红，周建平．工业药剂学［M］．北京：化学工业出版社，2021．

［4］李范珠，狄留庆．中药药剂学［M］．北京：人民卫生出版社，2021．

［5］杜守颖，唐志书．中药制药工艺学［M］．北京：人民卫生出版社，2023．

［6］周长征．中药制药工程原理与设备［M］．北京：中国中医药出版社，2021．

［7］杨宗发，董天梅．药物制剂设备［M］．北京：中国中医药出版社，2021．

［8］陈恒晋，张雪，胡志强，等．中药临方浓缩水丸的丸条物理性质表征方法研究［J］．上海中医药大学学报，2021,35（2）：68-75．

第九章

微粒制剂工艺

 本章要点

    1. **掌握：** 脂质体、微球、纳米乳的特点、生产工艺。

    2. **熟悉：** 纳米粒和纳米晶的特点、生产工艺。

    3. **了解：** 脂质体、微球、纳米粒、纳米乳和纳米晶的生产控制要点、常见问题及对策。

第一节　概述

一、微粒制剂的概念与分类

　　微粒制剂，也称微粒给药系统（microparticle drug delivery system，MDDS），系指药物或与适宜载体（一般为生物可降解材料），经过一定的分散包埋技术制得具有一定粒径（微米级或纳米级）的微粒组成的固态、液态、半固态或气态药物制剂。具有掩盖药物的不良气味与口味、液态药物固态化、减少复方药物的配伍变化，提高难溶性药物的溶解度，或提高药物的生物利用度，或改善药物的稳定性，或降低药物的不良反应，或延缓药物释放、提高药物靶向性等作用。根据药剂学分散系统分类原则，将直径在 $10^{-9} \sim 10^{-4}$m 范围的分散相构成的分散体系称为微粒分散体系。其中，分散相粒径在 $1 \sim 500\mu m$ 范围内统称为粗（微米）分散体系，主要包括微囊、微球等；分散相粒径小于1000nm属于纳米分散体系，主要包括脂质体、纳米乳、纳米粒、聚合物胶束、亚微乳等。微囊、微球、亚微乳、脂质体、纳米乳、纳米粒、聚合物胶束等均可作为药物载体。

　　本章重点介绍脂质体、微球、纳米粒、纳米乳和纳米晶。

　　（1）**脂质体**（liposome）　系指药物被类脂双分子层包封成的微小囊泡。一般而言，水溶性药物常常包含在水性隔室中，亲脂性药物则包含在脂质体的脂质双分子层中。

　　（2）**微球**（microsphere）　系指药物溶解或分散在载体辅料中形成的微小球状实体。通常粒径在 $1 \sim 250\mu m$ 之间的称微球，而粒径在 $0.1 \sim 1\mu m$ 之间的称亚微球，粒径在 $10 \sim 100nm$ 之间的称纳米球。

（3）**纳米粒**（nanoparticle）　系指药物或与载体辅料经纳米化技术分散形成的粒径小于 100nm 的固体粒子。仅由药物分子组成的纳米粒称纳米晶或纳米药物，以白蛋白作为药物载体形成的纳米粒称白蛋白纳米粒，以脂质材料作为药物载体形成的纳米粒称脂质纳米粒。

（4）**纳米乳**（nanoemulsion）　系指将药物溶于脂肪油 / 植物油中，通常经磷脂乳化分散于水相中，形成粒径在 50 ～ 100nm 之间的 O/W 型微粒载药分散体系。干乳剂系指纳米乳经冷冻干燥技术等制得的固态制剂，该类产品经适宜稀释剂水化或分散后可得到均匀的纳米乳。

（5）**纳米晶**（nanocrystalline）　系指利用表面活性剂等稳定剂的稳定作用，将药物颗粒分散在水中，通过粉碎或结晶技术制成稳定的药物纳米晶体系。

随着现代制剂技术的发展，微粒制剂已逐渐用于临床，其给药途径包括外用、口服与注射等。外用和口服微粒制剂一般能增强药物对皮肤、黏膜等生物膜的渗透性。注射用微粒制剂一般具有缓释、控释或靶向作用，其中具有靶向作用的药物制剂通常称为靶向制剂。靶向制剂系指采用载体将药物通过循环系统浓集于或接近靶器官、靶组织、靶细胞和细胞内特定结构的一类新制剂，可提高疗效和 / 或降低对其他组织、器官及全身的毒副作用。靶向制剂可分为三类：①一级靶向制剂，系指药物进入特定组织或器官；②二级靶向制剂，系指药物进入靶部位的特殊细胞（如肿瘤细胞）释药；③三级靶向制剂，系指药物作用于细胞内的特定部位。

二、微粒制剂的特点

1. 脂质体

脂质体作为药物载体有以下特点。①靶向性和淋巴定向性：肝、脾网状内皮系统的被动靶向性，可用于肝寄生虫病、利什曼病等单核 - 巨噬细胞系统疾病的防治。如肝利什曼原虫药锑酸葡胺脂质体，其肝中浓度比普通制剂提高了 200 ～ 700 倍。②缓释作用：缓慢释放，延缓肾排泄和代谢，从而延长作用时间。③降低药物毒性：如两性霉素 B 脂质体可降低心脏毒性。④提高稳定性：如胰岛素脂质体、疫苗等可提高药物的稳定性。

2. 微球

微球具有以下特点：①靶向性，微球在体内特异性分布，使药物在所需要部位释药，提高药物有效浓度，更好地发挥药效，同时其他部位药物浓度相应降低，使药物毒性和不良反应减小，应用于肿瘤化疗极为有利；②缓释与控释性，微球属于长效制剂，与缓释和控释片剂有同样的优点，如减少给药次数，消减血药浓度峰谷现象等；③栓塞性微球直接经动脉导入，阻塞在肿瘤血管，断绝肿瘤组织养分和抑杀癌细胞，为双重抗肿瘤药剂；④掩盖药物的不良气味及口味；⑤提高药物的稳定性，如易氧化的胡萝卜素、对水汽敏感的阿司匹林、易挥发的挥发油类、薄荷脑 / 水杨酸甲酯、樟脑混合物等药物；⑥防止药物在胃内失活或减少对胃的刺激性，如尿激酶、红霉素、胰岛素等易在胃内失活，氯化钾、吲哚美辛等刺激胃易引起胃溃疡，可用微囊化克服这些缺点；⑦使液态药物固态化，便于应用与贮存，如油类、香料、液晶、脂溶性维生素等。

3. 纳米粒

纳米粒作为药物载体具有以下优点：①改善药物的溶解性；②提高生物利用度，纳米粒可以减少胃肠液、黏液和上皮细胞破坏，增加药物吸收；③延长药物体内循环时间，一些聚乙二醇衍生物可以赋予纳米粒躲避吞噬细胞和减少肝脏分解的能力，以提高药物体内循环时间；④增强药物靶向性，根据纳米粒包载药物的性质，对纳米粒表面进行修饰，连接一些靶细胞受体，以提高纳米粒靶向性；⑤为生物大分子药物递送提供新的策略。

4. 纳米乳

纳米乳具有以下优点：①属热力学稳定系统，经热压灭菌或离心也不能使之分层；②工艺简单，制备过程不需特殊设备，可自发形成，纳米乳粒径一般为 1 ～ 100nm；③黏度低，可减少注射时的疼痛；④具有缓释和靶向作用；⑤提高药物的溶解度，减少药物在体内的酶解，对药物具有保护作用；⑥提高胃肠道对药物的吸收，提高药物的生物利用度。

5. 纳米晶

纳米晶是加入适宜表面活性剂的纳米级"纯药物"的微粒分散体系，其特点如下：①安全性高，因为纳米晶不使用载体递送，因此不含大量表面活性剂和载体材料，不会产生材料的代谢产物；②生物利用度高，通过微粉化处理将药物颗粒降低至纳米级别，增加难溶性药物的比表面积，改善溶解度和溶出速率，并且有更大的表面黏附性，延长药物在黏液层的作用时间，限制扩散以增加药物局部浓度，促进药物在胃肠道的吸收；③提高成药性，纳米晶技术适用于生物药剂学分类系统（BCS）中的 II 和 IV 类药物，特别是前者，极大地提高了难溶性药物的成药性；④载药量高，产品中除了必需的稳定剂外，无须其他辅料，以药物本身为递送系统，药物负载能力高。

三、微粒制剂的质量要求

1. 脂质体

脂质体与普通药物制剂相比，通过对药物的包载、结构组成的调整和表面的修饰，可以提高药物的体内外稳定性、改变活性成分的体内过程，进而可能改善药物的药代动力学行为及组织分布，最终实现药物的增效、减毒或（和）患者顺应性的提高。脂质体药物的组成、结构、尺寸、表面性质、药物包封率、存在形式等可能显著影响其稳定性、药物释放以及脂质体与生物膜之间的相互作用，进而影响药物的安全性和有效性。因此，需对脂质体药物的质量进行深入研究和有效控制。

与普通药物制剂相比，脂质体药物的全过程质量控制主要包括：①脂质体药物涉及的脂质以及其他功能性辅料的来源与质量控制；②结合脂质体的生产工艺、药物包封方法等，确定适宜的中间产品并对其进行质量控制，并明确关键工艺步骤和工艺参数；③对脂质体药物的贮存、运输、临床配制和使用过程分别进行相应的质量控制研究，避免关键质量属性（CQA）的显著变化影响药物的安全性、稳定性和有效性等。需对脂质体药物及其中间产品的表征方法进行筛选、优化和验证，在此基础上，对脂质体药物的质量属性进行重点研究，建立处方组成、工艺参数、中间产品质量控制等与脂质体药物质量属性之间的相关性。

2. 微球

微球的质量及其稳定性直接影响到其可接受性和应用前景。微球的质量评价方法是优化微球制备工艺的不可缺少的辅助手段，是选择贮存条件的可靠依据，也是正确使用的前提。微球的质量评价主要分为两大类：一类是一般性质的评价，主要是微球形态、粒径大小及其分布等；另一类是微球特有性质的评价，如载药量、包封率、产率、溶胀率和溶胀压及其体外释药等。在微球质量评价中，各种性质常会互相影响，所以要综合考虑多方面的因素才能全面评价微球的质量。

微球粒径的大小影响其在体内的分布，不同粒径的微球具有不同的体内分布特征。根据靶向性的要求和临床治疗所需而制备的微球，粒径越均匀越好。因此粒径大小及其分布是微球制剂的一项极为重要的质量评价指标。微球制剂的实用性在很大程度上还取决于微球中药物的含量。若所需药物剂量较大，而微球中药物含量较低，则微球的给药量会相应增大，而当微球给药量增大时，常造成给药困难。微球在到达作用部位后，可因载体材料的性质不同而发生不同程度的溶胀现象，肺靶向微球、腔室和黏膜靶向微球、口服微球的溶胀对药物的快速释放有利，而对局部组织的供血或代谢有影响。栓塞性抗癌微球的溶胀不仅对释药有利，而且对局部的切断供血有利。微球的溶胀率和溶胀压特性均适应小动脉生理特点，当微球导入动脉后在小动脉内，即迅速溶胀，其溶胀率应能使小动脉管壁能够承受，不造成损伤，其溶胀压应高于小动脉压，不致受血管张力的影响而变形移位，即使有倒流的血液冲击，仍保持良好的定位栓塞性能。释放行为是由临床适应证需求和高分子聚合物材料性质共同决定的。选择合适的高分子聚合物材料与工艺，制备不同结构的载药微球，使活性成分按照预期的药代动力学模型释放。

3. 纳米粒

纳米粒生产中相关辅料的使用对纳米粒的形成、粒径大小、稳定性、生物利用度、生物相容性等质量控制要点产生重要影响，包括生产过程中使用的有机试剂、冻干保护剂等。

纳米粒表面的电荷会影响细胞摄取和生物分布，表面电位取决于纳米药物的粒径大小、组成以及分散介质等。纳米药物的表面电荷一般是通过 Zeta 电位进行评估，通常选择相分析光散射法（phase analysis light scattering，PALS）测定纳米粒的电位。对于载药纳米粒，较高的包封率和载药量可以提高药物的稳定性、控制药物释放速度和生物分布。包封率是指包载的药物质量与纳米粒总的药物质量的比值，测定包封率首先要分离包载的药物和游离的药物，通常采用超速离心或者超滤进行分离。载药量是包载药物的质量与载体质量和总药物质量的比值，较低的载药量可能会造成纳米粒粒径过大、辅料过多，进而影响疗效。药物的溶出和释放是纳米药物的重要指标，通常采用透析法进行体外模拟药物释放试验，要求在最初 0.5h 内释放率小于包封药物总量的 40%，并绘制完整的释放曲线，直至释放到平台期或者药物释放量达到 80% 以上。对于纳米药物的内毒素，通常用鲎试剂（limulus amebocyte lysate，LAL）法测定，有三种形式：显色法、浊度法和凝胶法。在一些情况下纳米粒可能会干扰 LAL 测定，导致结果不准确或重现性差。常见的干扰包括：有色纳米制剂会干扰荧光测定，纳米混悬剂会干扰浊度测定，以及用纤维素滤器过滤的纳米粒会产生假阳性。在使用某一种 LAL 法测定受到干扰时，应考虑采用另一种测定形式。

4. 纳米乳

纳米乳的质量考察内容主要包括乳剂类型、乳滴粒径及分布、稳定性、外观形态、pH 值、黏度、药物的包封率等。

粒径检测一般采用激光粒度测定仪，纳米乳形态采用透射电镜（TEM）观察。体外溶出的评价，如纳米乳的经皮给药系统，在透皮扩散仪上观察药物在离体动物皮肤或黏膜上的透皮情况；口服纳米乳制剂采用溶出度测定中的桨法，将装在半透膜或扩散池中的纳米乳固定于溶出杯适当位置，与普通制剂一样测定药物在介质中的释药情况。

5. 纳米晶

纳米晶的质量控制关注要点主要包括：药物原料及其标准的控制、药物产品及其标准的控制、生产工艺设计的控制、原料药和制剂的稳定性的控制。建立合适的药品质量标准在所有药品的质量控制中起着重要的作用。药物原料及其标准的控制通常需要为原料药和纳米晶胶体分散体建立粒径规格标准，包括平均粒径和粒径分布。制剂及其标准的控制包括药品的含量均匀性和溶出速率，这通常是固体剂型的关键质量属性；黏度、密度和再分散性通常是混悬液的关键质量属性。原料药的关键质量属性也至关重要。生产工艺设计最常见的控制要点是确定关键工艺步骤和过程控制，如基质内 API（活性药物成分）的均匀分散性、预混合 /混合步骤之后的混合均匀性，制粒终点和用于生产过程中测定的取样计划等。此外，纳米晶体配方的开发还需关注原料药粒度分布的过程测试和控制（包括研磨药物分散体），以及防止研磨或均质后纳米颗粒团聚的措施。在纳米晶体药物审查中，产品中药物晶型的稳定性是一个常见问题。通过比较 API、新生产产品和货架期末期产品晶型，来确保药物晶型在生产后和货架期贮存期间保持不变。可以通过诸如 X 射线粉末衍射（XRPD）、差示扫描量热法（DSC）或光谱法来检查药物晶型的稳定性。

第二节　脂质体工艺

一、脂质体概述

脂质体是由脂质双分子层所形成的一种超微球形载体制剂，是纳米给药系统的典型代表。当两亲性分子（如磷脂）分散于水相时，分子的疏水尾部倾向于聚集在一起，避开水相，而亲水头部暴露于水相，形成具有双分子层结构的封闭囊泡（vesicles）。在囊泡内水相和双分子膜内可以包裹多种药物，类似于超微囊结构。脂质体是目前纳米药物输送系统中研究最广泛的纳米载体之一。

（·）常用材料

脂质体可以由天然或合成磷脂制成。脂质的组成显著影响脂质体特性，包括：粒径、刚性、流动性、稳定性和电荷。例如，由天然不饱和磷脂酰胆碱（如大豆磷脂酰胆碱）配制而成的脂质体，具有高渗透性和低稳定性；然而，基于饱和磷脂（如二棕榈酰磷脂酰胆碱）的脂质体，形成了刚性且几乎不可渗透的双层结构。

脂质中的亲水基团可以带负电荷、正电荷或两性离子（同一分子中的负电荷和正电荷），这些亲水基团的电荷通过静电排斥为脂质体提供稳定性。脂质的疏水基团在酰基链长度、对称性和饱和度方面各不相同。

（二）脂质体制备方法

脂质体的制备，一般都包括以下几步：①磷脂、胆固醇等脂质与所要包裹的脂溶性物质溶于有机溶剂，形成脂质溶液，过滤去除少量不溶性成分或超滤减少热原，然后在一定条件下去除溶解脂质的有机溶剂，使脂质干燥，形成脂质薄膜；②使脂质分散在含有需要包裹的水溶性物质的水溶液中形成脂质体；③纯化脂质体；④对脂质体进行质量评价。

根据脂质体的形成和载药过程是否在同一步骤完成，脂质体的载药方法可分为被动载药和主动载药。

1. 被动载药技术

被动载药是药物在脂质体的形成过程中载入，通常是将药物溶于有机相或缓冲液中。

（1）**薄膜分散法**（thin film dispersion，TFD）　薄膜分散法最早由 Bangham 报道，是最早而且至今仍常用的方法。将磷脂等膜材溶于适量的氯仿或其他有机溶剂，然后在减压下旋蒸除去溶剂，使脂质在器壁形成薄膜，加入缓冲液振摇水化，则可形成大多室脂质体，其粒径范围约为 1～5μm。通过水化制备的多室脂质体太大而且粒径不均匀，可采用高压均质、微射流、超声波分散、高速剪切、挤压通过固定孔径的滤膜等方法，得到较小粒径且分布均匀的脂质体。在以上制备过程中，根据药物的溶解性能，脂溶性药物可加入有机溶剂中，水溶性药物可溶于缓冲液中。本法对水溶性药物的包封效率较低，比较适用于脂溶性较强的药物。

（2）**乙醇注入法**（ethanol injection method，EIM）　将磷脂与胆固醇等类脂质及脂溶性药物共溶于有机溶剂（一般多采用乙醇）中，然后将此药液经注射器缓缓注入搅拌下的50℃磷酸盐缓冲液（可含有水溶性药物）中，不断搅拌至乙醇除尽为止，即制得大多室脂质体。其粒径较大，不适于静脉注射。再将脂质体混悬液通过高压均质、微射流、超声波分散、高速剪切、挤压通过固定孔径的滤膜等方法，得到较小粒径且分布均匀的脂质体。

（3）**逆相蒸发法**（reverse phase evaporation method，REV）　将磷脂等膜材溶于有机溶剂（如氯仿、乙醚等），加入待包封的药物水溶液，进行短时超声，直到形成稳定的 W/O 型乳状。然后减压蒸发除去有机溶剂，达到胶态后滴加缓冲液，并通过旋转使器壁上的凝胶脱落，在减压下继续蒸发，制得水性混悬液，通过凝胶柱色谱法或超速离心法，除去未包封的药物，即得大单层脂质体。本法可包裹较大体积的水相，适合于包封水溶性药物及大分子生物活性物质。

（4）**复乳法**　复乳法与逆相蒸发法相比，多了一步二次乳化步骤，即将脂质膜材溶于有机溶剂中，药物溶于第 1 水相。有机相和第 1 水相混合乳化形成 W/O 型乳剂，再将此乳剂加入第 2 水相中，形成 W/O/W 型复乳，减压蒸发，除去有机溶剂，即得单室脂质体。如果在膜材中再添加适量的三酰甘油，并严格控制复乳的成乳条件和除有机溶剂的条件，就会得到蜂窝状的多囊脂质体。该脂质体尤其适合作为水溶性药物的缓释载体，局部注射后，根据处方不同，缓释时间从数天到数周不等。

（5）**冷冻干燥法**（lyophilization）　将磷脂与胆固醇分散于水中后，加入支持剂混合均匀、冻干，冻干后将干燥物分散到含药物的水性介质中，即得。该方法特别适用于遇热不稳定的药物。如维生素 B 脂质体：取卵磷脂 2.5mg，分散于 0.067 mmol/L 磷酸盐缓冲液（pH = 7）与 0.9% 氯化钠液（1∶1）混合液中，超声处理，然后与甘露醇混合，真空冷冻干燥，用含 12.5 mg 维生素 B 的上述缓冲盐溶液分散，进一步超声处理，即得。

（6）喷雾干燥法（spray Drying） 可将磷脂、胆固醇溶解于有机溶剂（如乙醇）中，喷雾干燥即得到二者混合的粉末，加入适量的缓冲盐溶液水化，则可以得到脂质体。但是这种方法一般只适用于饱和磷脂，不适用于天然磷脂。

2. 主动载药技术

主动载药是在制备出空白脂质体后再进行载药。跨膜 pH 梯度或离子浓度梯度是促进药物跨膜扩散进入脂质体内核的驱动力。主动载药技术的基本过程包括三个步骤：首先以特定的缓冲液为内水相制备空白脂质体；然后进行外水相置换，采用透析或加入酸碱等方法形成膜内外特定的缓冲液梯度；最后，将药物溶解于外水相，适当温度孵育，使在外水相中未解离药物通过脂膜载入空白脂质体的内水相中，形成载药脂质体。

根据缓冲物质的不同，主动载药技术分为 pH 梯度法、硫酸铵梯度法和醋酸钙梯度法。对于弱碱性药物可采用 pH 梯度法、硫酸铵梯度法，而对于弱酸性药物则可采用醋酸钙梯度法。

（1）pH 梯度法（pH gradient loading，pHGL） 美国 NeXstar 制药公司研发的柔红霉素脂质体 DaunoXome® 于 1996 年得到 FDA 的批准。DaunoXome® 采用 pH 梯度法将柔红霉素包封于二硬脂酰磷脂酰胆碱和胆固醇组成的普通单室脂质体内，增加了药物在实体瘤部位的蓄积，提高了治疗指数的同时降低了对心脏的毒性。

以下以柔红霉素为模型药物说明 pH 梯度法的具体操作流程，主要包括空白脂质体制备和孵育载药两个部分。

① 空白脂质体制备。将二硬脂酰磷脂酰胆碱-胆固醇（物质的量之比为 2∶1）混合溶液进行喷雾干燥，得到干燥粉末；使用含有 125mmol/L 乳糖和 50mmol/L 柠檬酸（pH=2.0～2.5）的水溶液进行水化，使所形成混悬液中脂质浓度为 20mg/mL；65℃下经超声或均质处理，制备粒径在 40～60nm 的小单室空白脂质体混悬液；室温下 5000g 离心 10min，0.2μm 无菌微孔滤膜过滤。

② 孵育载药。将空白脂质体加热至 65℃，加入一定量的柔红霉素浓溶液，以使混合液中柔红霉素的浓度为 1.0mg/mL；在 3min 内加入 125mmol/L 氢氧化钠溶液（相当于柠檬酸的物质的量的 2.5 倍），并强烈振摇确保快速混合均匀；65℃下继续孵育 10min，在此阶段柔红霉素跨过脂质双层膜进入脂质体内部并与柠檬酸形成盐；孵育后，混合物冷却至室温，5000g 离心 10min；经过制剂调整，除去外水相中的柠檬酸根、钠离子以及游离的柔红霉素，浓缩后即得到柠檬酸柔红霉素脂质体注射液。

（2）硫酸铵梯度法（ammonium sulfate gradient method，ASGM） 硫酸铵梯度法包封脂质体是根据化学平衡原理而设计的，主要包括空白脂质体的制备和孵育载药两个步骤。下面以多柔比星脂质体的制备为例，简述具体操作过程。

① 空白脂质体制备。以 120mmol/L 硫酸铵溶液为介质，采用薄膜分散法制备空白脂质体（脂质体囊泡内部为硫酸铵）；随后在 5% 葡萄糖溶液中透析除去脂质体外部的硫酸铵，使脂质体膜内外形成硫酸根离子的梯度。

② 孵育载药。在 60℃孵育条件下，将脂质体混悬液与多柔比星溶液混合并轻摇，孵育 10～15min，经过制剂调整，除去外水相中游离的多柔比星等，调整浓度后即得到多柔比星脂质体注射液。

空白脂质体膜外多柔比星的存在形式是盐酸多柔比星（DOX—NH$_2$·HCl）、多柔比星碱基离子和氯离子（DOX—NH$_3^+$+Cl$^-$）、多柔比星碱基分子和盐酸分子（DOX—NH$_2$+HCl）三种形式。多柔比星碱基分子（DOX—NH$_2$）易于穿透脂质体膜进入脂质体内，与硫酸根离子结合生成溶解度小的硫酸多柔比星，在脂质体内形成胶态沉淀，使得化学平衡向硫酸多柔比星生成的方向进行。硫酸铵梯度法制备的多柔比星脂质体的包封率可达 90% 以上。

目前国内报道的脂质体制备工艺以薄膜分散法居多，还有逆相蒸发法、载体沉积法和冷冻干燥法等。经过几十年的发展，脂质体制备工艺的研究已经取得很大的进步，切向流过滤法、薄膜分散法、逆相蒸发法、乙醇注入法、超声波分散法、pH 梯度法、硫酸铵梯度法、醋酸钙梯度法及其他离子梯度法的相继问世，拓展了脂质体工艺新思路。脂质体产品的质量主要靠工艺来控制，如乳化、溶剂去除、载药、过滤等关键工艺步骤最好全部采用自动化操作，以杜绝人为因素引起的工艺偏差。相信随着生产工艺的不断成熟和技术设备的日渐提升，脂质体的工艺技术发展前景将更加广阔。

二、脂质体生产工艺

（一）脂质体的主要生产工序与洁净度要求

1. 脂质体的主要生产工序

脂质体于 1960 年首次被报道，第一个脂质体获批产品于 1990 年上市。此后，全球范围内有一系列此类给药系统的产品获批。基于脂质的纳米药物用于保护药物在体内不被降解、控制药物释放、改变药物的生物分布、靶向递送药物到疾病部位以及提高药物溶解度和生物利用度。基于脂质的递送系统也是有效的疫苗佐剂，通过其保护抗原（包括肽、蛋白质和核酸），并将其递送到抗原提呈细胞，从而刺激保护性免疫反应。

脂质体作为一种多功能药物递送系统，尽管具有许多优点，但在高度监管的制药领域，基于脂质体/囊泡的获批产品数量仍然相对较少，其商业化的主要障碍之一是需要有一种更简单的方法在实验室规模和商业规模上生产脂质体。目前首选的脂质体生产方法是乙醇注射挤出法。此外，已有很多文献报道了不同的脂质体制备方法，包括脂质膜水化法、去污剂去除法。行业也一直致力于开发降低脂质体整体复杂性的技术。脂质体的精益生产方法将使这种药物递送技术在新化学实体的开发中更具吸引力，因为它提供的优势可以使可成药的候选药物更具成药性和效力，并最终使患者受益，并减少总用药量和相关副作用。

当前的脂质体生产过程中包含多个步骤，其中，脂质水化、膜挤出以及洗滤等步骤都需要大量的专业知识和严格的过程控制，任何步骤的优化，都可以使整体操作成为一个更精简和稳健的工艺过程。

鉴于大多数脂质体制剂旨在改善药物递送并减少与加入的细胞毒性药物相关的脱靶毒性，因此所采用的生产工艺必须控制脂质体的关键质量属性，包括粒径（通常小于 100nm）、高载药量、接近中性的表面电荷等，和/或采用聚乙二醇对脂质体进行修饰。

尽管有多种方法可用于在实验室规模生产脂质体，但在工业化生产时这些技术往往存在一定的挑战，而难以获得具有所需关键质量属性的脂质体。乙醇注入挤出法是最常用的注射用脂质体商业化生产方法之一。原因是与其他小规模生产技术相比，其在脂质体粒径和多分散系数重现性方面具有优势，以及工艺中使用乙醇（溶剂扩散）优于氯仿（溶剂蒸发）。以下内容将介绍乙醇注入挤出法脂质体的生产工艺。

2. 脂质体生产的洁净度要求

脂质体生产各环节的洁净度要求需基于生产工艺特性、产品用途（如注射用、外用或口服）及法规标准（GMP、ISO 14644）进行分级管理。在原料准备与称量环节，非无菌原料需在 D 级洁净区操作以控制颗粒物及微生物污染，而无菌原料（如注射级磷脂）则需在 C 级或 B 级背景下的 A 级层流罩内操作，原料传递需使用密闭容器避免交叉污染，同时独立称量区域应配备局部层流装置（如称量罩）。脂质体制备（如薄膜水化法、挤出法）中，非无菌脂质体（外用/口服）需在 C 级环境下生产，无菌脂质体（注射用）则需在 B 级背景下的 A 级环境中完成无菌过滤或挤出操作，制备设备（如挤出机）需在 A 级层流保护下运行，并确保工艺用水（如注射用水）符合药典微生物限度。

纯化与灭菌环节中，超滤/透析纯化需在 C 级环境进行，若需终端灭菌可接受 C 级环境；无菌过滤（0.22μm 滤膜）需在 B 级背景下的 A 级层流下操作，滤膜需进行完整性测试以确保无菌性，灭菌工艺（如湿热灭菌）需验证以避免脂质体结构破坏。灌装与密封时，无菌脂质体（注射用）需在 B 级背景下的 A 级灌装线操作，非无菌脂质体（如局部用）可在 D 级环境中完成，灌装区域需动态监测悬浮粒子和微生物，容器密封性需通过真空衰减测试验证。

终产品包装（如贴标、装盒）可在 D 级或一般生产区（需防尘）完成，中间体储存需与生产环境级别一致（如 C 级或 D 级），直接接触产品的内包材需灭菌或清洗后使用，储存条件（如避光、低温）需明确验证。质量控制实验室中，微生物检测（如无菌检查）需在 B 级背景下的 A 级生物安全柜内操作，理化检测（如粒径分析）可在 C 级或 D 级进行，微生物实验室需与生产区物理隔离以避免交叉污染。

人员与更衣程序方面，B/A 级区需穿戴无菌服（连体服、手套、口罩）并通过更衣程序验证，C 级区需穿戴洁净服（覆盖头发和胡须）并定期手部消毒，D 级区则使用标准洁净服（如分体式）执行基础更衣程序。环境监测需动态追踪悬浮粒子（按 ISO 14644 标准实时监测，如 A 级区每立方米 $\geq 0.5\mu m$ 粒子 ≤ 3520）、微生物（浮游菌、沉降菌、表面微生物）及压差（不同洁净区压差梯度 $\geq 10^{-15}Pa$），法规依据包括国际标准（ISO 14644、EU GMP Annex 1、FDA 指南）及国内标准（中国 GMP 附录 1《无菌药品》）。

综上，脂质体生产的洁净度管理需根据产品风险等级（如无菌/非无菌）逐步升级控制，核心无菌操作（如灌装、过滤）必须在 A 级环境下完成，并辅以严格的工艺验证和环境监测，建议结合具体工艺设计洁净区布局并通过持续验证确保合规性。

（二）脂质体生产工艺流程图

脂质体生产工艺流程见图 9-1。

三、脂质体生产控制要点、常见问题及对策

（一）生产控制要点

1. 脂质体的分离技术

对于未被包封的游离药物，常用如下方法将其与脂质体分离。

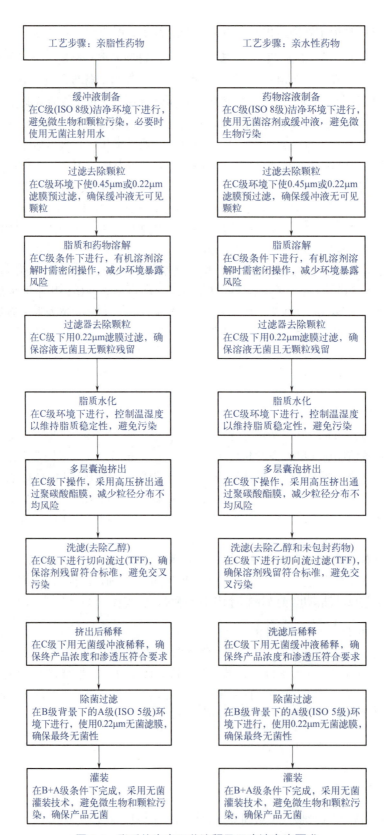

图 9-1　脂质体生产工艺流程及工序洁净度要求

制剂工艺学

（1）透析法　本法适用于分离小分子物质，不适用于除去大分子药物。透析法的优点是无须复杂昂贵的设备，能除去几乎所有游离药物。缺点是透析时间长，易发生药物渗漏。

（2）凝胶柱色谱法　当溶质分子（被分离的物质）在一个流动液体中通过多孔粒子固定床时，粒径较大的脂质体渗入小孔的比例较少，因此脂质体更易从柱上洗脱。其结果是粒径大的脂质体先从凝胶柱上流出，粒径小的游离药物后流出。分离时应注意选用的凝胶颗粒的大小，分离小分子物质时可选用 Sephadex G-50，分离大分子物质时可选用 Sepharose 4B。

（3）离心法及微型柱离心法　也可用于分离脂质体和游离药物。沉淀脂质体的离心力取决于脂质体组成成分、粒径大小，在某些条件下，取决于脂质体的密度。微型柱离心法分离非包裹药物快速有效，适用于分子质量小于 7000 Da 的药物。

2. 脂质体灭菌

热压灭菌在 121℃ 会导致脂质体不可逆的破坏，60℃ 可能是脂质体灭菌较好的选择之一。有研究表明，γ 射线也会破坏脂质体膜。因此过滤除菌和无菌操作是最常用的脂质体灭菌方法。粒径为 0.22μm 或更小的脂质体可通过过滤法除菌，脂质体及其内容物损失约为 0.3% ～ 18.6%。

过滤膜主要有除菌过滤膜和聚碳酸酯膜两类。除菌过滤膜的通道是弯曲的、交叉的，这些通道的孔径由膜中纤维密度决定。由于通道的弯曲性质，当大于膜孔径的脂质体通过这些膜时，膜孔很容易堵塞，脂质体不能到达另一面。聚碳酸酯膜的通道是直的并且大小相同，脂质体容易通过，即使脂质体直径略大于孔径也能通过。一般将脂质体原液稀释至 12μmol/mL 后再过膜，脂质体易通过孔径。脂质体加压通过孔径时，其结构发生变化，根据所需脂质体的大小选择膜的孔径。将脂质体挤压通过 0.2μm 聚碳酸酯膜，这样可将调节粒径和除菌相结合，一步完成。

无菌操作是实验室制备无菌脂质体最常用的方法。将脂质体的组成成分（脂质、缓冲液、药物和水）分别先通过过滤除菌或热压灭菌。所用的容器及设备均经过灭菌，在无菌环境下制备脂质体。这个过程费力、耗时并且成本高。

3. 质量评价

随着脂质体在临床上的广泛应用，脂质体制剂的质量控制显得尤为重要。根据《中国药典》（2025 年版）四部中的微粒制剂指导原则（9014），此类制剂在生产过程与贮藏期间的应检查控制的项目见表 9-1。

表 9-1　脂质体制剂质量控制项目和检测方法、仪器

检测项目		检测方法或仪器
物理特性	外观	目测
	粒径（亚微米级）	动态光散射（DLS）、静态光散射（SLS）、显微镜、凝胶柱色谱法、比浊法
	粒径（微米级）	库尔特计数法、光学显微镜、激光衍射、SLS、测定遮光率
	表面电势和表面 pH	使用膜界电场探针和 pH 敏感探针

检测项目		检测方法或仪器
物理特性	Zeta 电位	测定电泳淌度、相分析光散射法（PALS）、电泳光散射法（ELS）或可调电阻脉冲感应（TRPS）技术
	相变和相分离	DSC、NMR、荧光法、FTIR、拉曼光谱法、电子自旋共振（ESR）、测定浊度
	渗透压摩尔浓度	渗透压计
	包封体积	NMR、离子色谱（IC）法
	包封药物状态	荧光法、X 射线粉末衍射
包封率/体外释放率	包封药物含量	凝胶柱色谱法、离子交换色谱法、聚合电解质沉淀法、超滤法、离心法
	游离药物含量	
脂质体组成	胆固醇浓度	HPLC（ELSD）、HPLC（CAD）
	磷脂组成/浓度	脂质中的磷含量、HPLC（ELSD）、HPLC（CAD）
	磷脂酰基链组成	GC
	活性化合物浓度	HPLC
残留有机溶剂		GC
元素杂质		ICP-MS
化学稳定性	主动载药前后 [H]$^+$ 或离子梯度	荧光指示剂、ESR 指示剂、^{31}PNMR、^{19}FNMR、测定脂质体内离子浓度
	pH 值	pH 计
	磷脂的水解	HPLC（ELSD/CAD/RI）
	游离脂肪酸浓度	HPLC、酶分析法
	磷脂酰基链的自氧化	共轭烯烃、脂质过氧化物、可与 TBA 反应的物质和脂肪酸复合物（GC）
	抗氧剂的降解	TLC、HPLC
	胆固醇的自氧化	TLC、HPLC
	活性化合物的降解	HPLC
微生物	无菌	《中国药典》无菌检查法
	热原/细菌内毒素	《中国药典》热原检查法/细菌内毒素检查法

（1）**有害有机溶剂的限度检查**　在生产过程中引入有害有机溶剂时，应按残留溶剂限度测定法［《中国药典》（2025 年版）四部通则 0861］测定，凡未规定限度者，可参考 ICH，否则应制订有害有机溶剂残留量的测定方法与限度。对于脂质体制剂，残留溶剂的限度制定，除了要根据 ICH 规定的限度，保证安全性外，还应考虑残留溶剂是否会影响脂质体的性能。

（2）**形态、粒径及其分布的检查**　脂质体制剂形态可采用光学显微镜、扫描或透射电子显微镜等观察，均应提供照片（图9-2）。还可以使用冷冻透射电子显微镜（图9-3）、原子力显微镜、磷核磁共振、小角X射线散射、小角中子散射以及浊度检测等技术表征和测定。

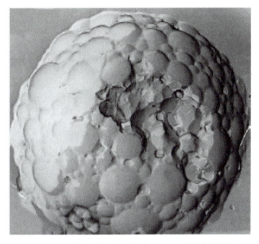

图 9-2　布比卡因多囊脂质体扫描电镜图

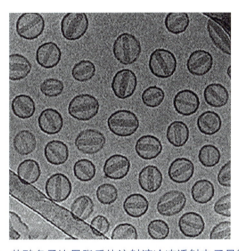

图 9-3　盐酸多柔比星脂质体注射液冷冻透射电子显微镜图

粒径及其分布应提供粒径的平均值及其分布的数据或图形。测定粒径有多种方法，如光学显微镜法、电感应法、光感应法或激光衍射法等。脂质体制剂粒径分布数据，常用各粒径范围内的粒子数或百分率表示；有时也可用跨距表示，跨距愈小，分布愈窄，即粒子大小愈均匀。

$$跨距 = （D_{90} - D_{10}）/D_{50} \tag{9-1}$$

式中，D_{10}、D_{50}、D_{90} 分别指粒径累积分布图中10%、50%、90%处所对应的粒径。

如需作图，将所测得的粒径分布数据，以粒径为横坐标，以频率（每一粒径范围的粒子个数除以粒子总数所得的百分率）为纵坐标，即得粒径分布直方图；以各粒径范围的频率对各粒径范围的平均值可作粒径分布曲线，如图9-4所示。

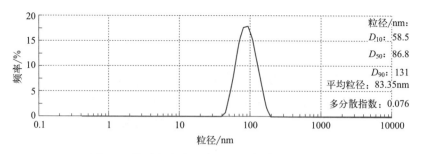

图 9-4　盐酸多柔比星脂质体注射液粒径分布图

（3）载药量和包封率的检查　载药量是指制剂中所含药物的重量百分率，即

$$载药量（\%）=\frac{制剂中所含药物量}{制剂中的总重}\times100\% \tag{9-2}$$

包封率测定时，应通过适当方法（如凝胶柱色谱法、离心法或透析法）将游离药物与被包封药物进行分离，按下式计算包封率：

$$包封率（\%）=\frac{制剂中包封的药物量}{制剂中包封与未包封的总药物量}\times100\% \tag{9-3}$$

包封率一般不得低于80%。

（4）突释效应或渗漏率的检查　药物在脂质体中的情况一般有三种，即吸附、包入和嵌入。在体外释放试验时，表面吸附的药物会快速释放，称为突释效应。开始 0.5h 内的释放量要求低于 40%。

突释效应通常以初始快速释放阶段的累积释放百分比来表示：

$$\text{Burst Release (\%)}=(Q_t/Q_{total})\times100\% \tag{9-4}$$

式中，Q_t 为时间 t（如 1h）时的累积释放量（μg 或 mg）；Q_{total} 为脂质体的总载药量（通过破坏脂质体后测定）。

制剂应检查渗漏率，可由下式计算：

$$渗漏率（\%）=\frac{产品在贮存一定时间后渗漏到介质中的药量}{产品在贮存前包封的药量}\times100\% \tag{9-5}$$

（5）氧化程度的检查　含有磷脂、植物油等容易被氧化载体辅料的微粒制剂，需进行氧化程度的检查。在含有不饱和脂肪酸的脂质混合物中，磷脂的氧化分为三个阶段：单个双键的偶合、氧化产物的形成、乙醛的形成及键断裂。因为各阶段产物不同，氧化程度很难用一种试验方法评价。

磷脂、植物油或其他易氧化载体辅料应采用适当的方法测定其氧化程度，并提出控制指标。

（6）靶向性评价　具有靶向作用的脂质体制剂应提供靶向性的数据，如药物体内分布数据及体内分布动力学数据等。

（7）表面电荷　表面电荷影响脂质体的聚集、体内清除、组织分布以及和细胞的相互作用。一般通过测定 Zeta 电位来评估脂质体的表面电荷。Zeta 电位的测定值依赖于测定条件，如分散介质、离子浓度、pH 和仪器参数等，应选择适当的方法和测定条件。

（8）脂膜的热力学性质　通过差示扫描量热法（如微量差示扫描量热法）或荧光法（如将具有温度依赖性荧光光谱的荧光探针插入脂膜）等评估脂膜的热力学性质，如放热和吸热曲线（图 9-5），以评估脂质双分子层的相变行为、膜流动性和均匀性。

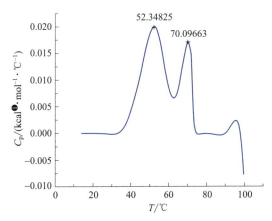

图 9-5　盐酸多柔比星脂质体注射液 DSC 图

（9）**体外药物释放和药物泄漏**　为了保证不同批次的脂质体药物具有一致的体内药物释放行为（脂质体释放包封的药物而发挥药物活性的能力）和体内外包封稳定性（脂质体保留包封药物的能力），应建立适用的方法研究脂质体在不同条件下（如不同 pH、温度、血浆等）的体外药物释放／泄漏，以了解可能影响脂质体药物释放／泄漏的因素。体外释放／泄漏方法应尽量反映脂质体药物临床使用前所处环境和临床用药后经历的生理和病理条件，应具有一定的区分能力。体外释放／泄漏方法的设计、建立以及研究内容的完整性应充分考虑脂质体药物的设计目的、应用方式以及预期的用途。

（10）**稳定性**　脂质体制剂稳定性研究应包括药品物理和化学稳定性以及完整性等，并应符合《中国药典》（2025 年版）原料药物与制剂稳定性试验指导原则（指导原则 9001）要求。此外，还应注意相变温度对药品状态的变化、不同内包装形式的脂质体药品的稳定性试验条件，以及标签和说明书上合理使用等内容。

① 脂质体药物的物理稳定性。如脂质体的粒径及其分布、表面电荷、脂质体的结构完整性、脂膜的性质、脂质中脂肪链的不饱和度等。脂质体在贮存过程中易于发生融合、聚集和包封药物的泄漏。脂质体的融合、聚集和药物泄漏既受脂质组成和脂质双分子层数的影响，也与被包封药物的性质相关。可通过差示扫描量热法、荧光法、显微镜观察或动态光散射等方法来检测融合和聚集；通过包封率测定检测药物的泄漏情况。

② 化学稳定性。脂质的化学变化可引起脂膜相变行为的改变或脂质双分子层的破坏，从而影响脂质体的稳定性。含有不饱和脂肪酸的脂质易于氧化降解，饱和与不饱和脂质均易于水解形成溶血磷脂和游离脂肪酸。

③ 微生物稳定性。应考察细菌内毒素／热原及无菌等质量指标，以确保脂质体的稳定性。

（11）**其他规定**　除应符合微粒制剂指导原则的要求外，还应分别符合有关制剂通则（如片剂、胶囊剂、注射剂、眼用制剂、鼻用制剂、贴剂、气雾剂等）的规定。若脂质体制成缓释、控释和迟释制剂，则应符合缓释、控释和迟释制剂指导原则（指导原则 9013）的要求，包括 pH、脂质体药物的药脂比（定义为脂质体包封药物占总脂质的比例）、脂质体药物混悬液的黏度、可见异物和不溶性微粒、无菌、热原／细菌内毒素等。

---

❶　1kcal=4184J。

（二）常见问题及对策

1. 制备阶段

（1）粒径分布不均

主要原因：水化时间不足或温度控制不当；挤出压力不稳定或膜孔径选择不合适；脂质成分比例失调（如磷脂与胆固醇比例）。

解决方法：①优化水化条件。延长水化时间（如 2～4h），控制水化温度（如高于脂质相变温度 5～10℃）。②挤出工艺调整。使用多级挤出（如依次通过 0.8μm、0.4μm、0.2μm 滤膜），确保压力稳定（如 0.5～1.5MPa）。③处方优化。调整脂质比例（如磷脂：胆固醇=2：1 或 3：1），添加表面活性剂（如聚山梨酯 80）改善分散性。

（2）包封率低

主要原因：药物与脂质相互作用弱（亲水性药物易泄漏）；制备方法选择不当（如被动载药法效率低）。

解决方法：①主动载药法。采用 pH 梯度法（如硫酸铵梯度）或离子梯度法（如钙离子），提高脂质体内外药物浓度差。②脂质膜修饰。引入带电荷脂质（如 DSPG 负电荷脂质），增强药物结合能力。③工艺改进。采用逆向蒸发法或乙醇注入法，提高包封率（可达 80%～95%）。

2. 纯化与灭菌阶段

（1）纯化效率低（游离药物残留）

主要原因：透析时间不足或超滤膜截留分子量选择不当；脂质体聚集导致膜堵塞。

解决方法：①优化纯化参数。延长透析时间（如 24～48h）或增加超滤循环次数（3～5 次）。②膜选择与维护。选择低吸附性超滤膜（如聚醚砜膜），定期清洗膜系统（如 0.1mol/L NaOH 冲洗）。

（2）灭菌过程破坏脂质体结构

主要原因：高温灭菌（如湿热灭菌）导致脂质膜破裂；辐照灭菌引发脂质氧化。

解决方法：①无菌工艺替代。采用终端无菌过滤（0.22μm 滤膜）结合 B 级背景下的 A 级操作。②抗氧化保护。添加抗氧剂（如维生素 E、α-生育酚），充氮保护脂质体溶液。

3. 稳定性问题

（1）储存期间药物泄漏或脂质体聚集

主要原因：脂质氧化或水解（受光照、温度影响）；药物与脂质膜相容性差。

解决方法：①冻干保护剂。添加冻干保护剂（如蔗糖、海藻糖），优化冻干工艺（预冻温度 -40℃，升华干燥 20～30℃）。②储存条件优化：避光、低温（2～8℃）保存，避免反复冻融。

（2）脂质体氧化降解

主要原因：磷脂中不饱和脂肪酸暴露于氧气或金属离子。

解决方法：①惰性气体保护。生产过程中充氮或氩气隔绝氧气。②螯合剂添加。加入 EDTA（0.01%～0.1%）螯合金属离子。

4. 工艺放大问题

主要原因：搅拌或挤出工艺参数未线性放大（如剪切力差异）；混合效率下降导致脂质分散不均。

解决方法：①参数模拟放大。采用几何相似性放大（如搅拌桨直径与容器直径比例恒定）。②在线监测技术。引入动态光散射（DLS）实时监控粒径，调整工艺参数。

5. 特殊脂质体（如长循环脂质体）的工艺挑战

如 PEG 化脂质体稳定性差。

主要原因：PEG 链脱落或空间位阻不足。

解决方法：①共价键修饰。使用 DSPE-PEG（2000Da 或 5000Da）替代物理吸附 PEG。②冻干保护。优化冻干处方（如 PEG 与脂质的摩尔比 ≤ 10%）。

6. 质量控制问题

质量控制问题主要是指微生物污染风险。

主要原因：环境洁净度不足或操作不规范。

解决方法：①环境分级管理。无菌操作在 A 级层流下进行，定期环境监测（浮游菌 ≤ 1 CFU/m^3）。②工艺验证。培养基灌装试验验证无菌工艺可靠性（目标污染率 ≤ 0.1%）。

四、脂质体实例

❖ **例 9-1　盐酸伊立替康脂质体（pH 梯度法制备长循环脂质体）**

【处方】

盐酸伊立替康	6g
磷脂酰胆碱	10.605g
胆固醇	3.232g
二硬脂酰基磷脂酰乙醇胺 - 聚乙二醇 2000（DSPE-PEG 2000）	3.232g
乙醇	24.75mL
叔丁醇	24.75mL
蔗糖溶液	600mL
柠檬酸缓冲液	1000mL
碳酸钠	10.5g
注射用水	225mL

【处方分析】盐酸伊立替康为主药；磷脂酰胆碱、DSPE-PEG 2000 和胆固醇为脂质成分，乙醇与叔丁醇为有机溶剂，蔗糖溶液为外水相，柠檬酸缓冲液为内水相。

【制备工艺】①空白脂质体的制备。将磷脂酰胆碱、胆固醇和 DSPE-PEG 2000 溶于乙醇和叔丁醇 1：1（v/v）的混合溶剂中至溶液澄清透明。脂质溶液与柠檬酸缓冲液按照 1：4 的体积比在梯度泵中混合制备前体脂质体。梯度泵与挤压器相连，挤压器中铺 5 张 100nm 的聚碳酸酯膜。混合后的前体脂质体通过挤压器挤压统一粒径，流出的脂质体混合溶液立即通过超滤器超滤，中间不断补充柠檬酸缓冲液，然后浓缩至目标浓度（100mg/mL），即得空白脂质体。②碱注射液的制备。称取碳酸钠 10.5g，加注射用水 225mL 溶解，过滤除菌即得碱注射液。③载药。将 6g 盐酸伊立替康溶于 600mL 含 10%（w/w）蔗糖的水或 0.01mol/L 的稀盐酸中，加入①步制备的空白脂质体中，再加入②步制备的碱注射液，将 pH 值调至 7.5，搅拌混匀，静置 20min，除菌，分装，即得。

【规格】 每瓶含伊立替康 4.3mg/10mL（以脂质体形式存在），避光 2 ～ 8℃保存。

【注解】 ①本品为拓扑异构酶 I 抑制剂伊立替康的脂质体制剂，通过脂质体包裹提高药物靶向性，减少游离药物对正常组织的毒性。在肿瘤组织高通透性和滞留效应（EPR 效应）下蓄积，缓慢释放伊立替康，转化为活性代谢物 SN-38 抑制 DNA 复制。②本品的适应证为转移性胰腺癌，也用于其他实体瘤的临床试验中。③不良反应包括：骨髓抑制；迟发性腹泻；疲劳、恶心呕吐。④注意事项：a. 超敏反应，输注期间监测寒战、皮疹等过敏表现；b. 肝功能调整，胆红素＞ 1.5×ULN 时需减量；c. 药物相互作用，避免联用 CYP3A4 强诱导剂。

第三节　微球工艺

一、微球概述

微球是指药物分散或被吸附在高分子材料、聚合物基质中而形成的微粒分散体系。药物可溶解或分散在高分子材料基质中，形成基质型（matrix type）微小球状实体的固体骨架物。其微粒大小不等，一般在 1 ～ 250μm，甚至更大。将固体药物或液体药物作囊心物包裹而成药库型（reservoir type）的微小胶囊称微囊。有时微球与微囊没有严格区分，可通称为微粒。

（一）常用材料

按制备微球所采用的材料不同，可以分为合成高分子材料、天然高分子材料和无机材料三大类。

1. 合成高分子材料

主要为已被 FDA 批准的可安全药用的聚酯类材料，包括聚乳酸（PLA）、聚乙醇酸（PGA）、乳酸-羟基乙酸共聚物（PLGA）和聚己内酯（PCL）等。其中，PLA 和 PLGA 以其良好的生物相容性和生物可降解性被广泛应用于缓控释注射给药系统中。

2. 天然高分子材料

天然高分子材料是指没有经过人工合成的，天然存在于动物、植物和微生物体内的大分子有机化合物。常用天然高分子材料根据其化学结构的不同可以分为 5 类：
① 多糖，如淀粉、纤维素、壳聚糖、海藻酸、透明质酸和果胶；
② 聚酰胺，如酪蛋白、明胶、骨胶原和大豆蛋白等；
③ 类聚异戊二烯，如天然橡胶；
④ 聚酯，如聚羟基脂肪酸酯（PHA）和聚苹果酸酯（PMLA）；
⑤ 聚酚，如木质素。

3. 无机材料

传统上的无机材料是指以 SiO_2 及其硅酸盐化合物为主要成分制成的材料，因此又称硅酸盐材料，主要有陶瓷、玻璃等。新型无机材料是用氧化物、氯化物、碳化物、硼化物、硫化物、硅化物以及各种无机非金属化合物经特殊的先进工艺制成的材料。

（二）微球的制备方法

微球的制备技术较多，需要根据药物的理化性质，选用合适的方法。目前运用较广的方法有乳化挥发法、相分离法、喷雾干燥法、热熔挤出法等，各种制备技术皆有对应的产品上市。图 9-6 展示了采用不同方法制备微球的过程。

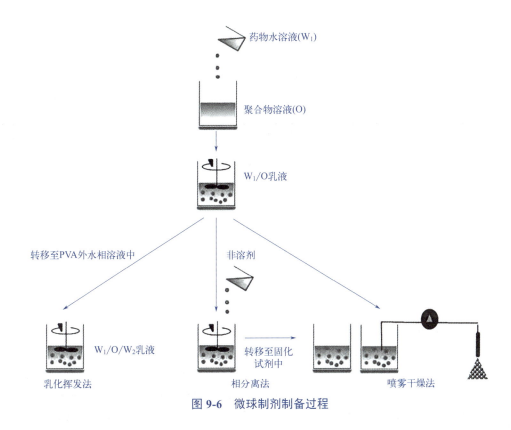

图 9-6　微球制剂制备过程

1. 乳化挥发法（emulsification solvent evaporation method，ESE）

乳化挥发法又称液中干燥法、溶剂挥发法、溶剂固化法或溶剂提取法，是将载体辅料和药物溶解或混悬到与水不互溶的有机溶剂中形成分散相，通过机械搅拌、超声、高压均质、高速剪切等方式形成细小的乳滴，分散到含有表面活性剂的连续相中；形成的乳滴可通过扩散、蒸发等不同方式进行固化，得到固态微球。微球粒径取决于乳滴的直径、分散相中载体辅料和药物的浓度。可通过调节和控制剪切速率、表面活性剂的种类和用量、分散相及连续相的比例和黏度、温度等因素调节乳滴的直径。

根据分散相和连续相进行区分，制备乳状液的方法主要有 O/W 乳化法、S/O/W 乳化法、O_1/O_2 乳化法、$W_1/O/W_2$ 复乳法等。乳化方法以及乳状液的类型对微球性质影响较大，不同乳状液类型适用于包载性质不同的药物。

O/W 乳化法、S/O/W 乳化法是制备疏水性、难溶性药物微球常用的方法。聚合物溶解于有机溶剂中，药物可以溶解或以混悬状态存在于上述聚合物溶液中，然后与不相混溶的连续相乳化，形成 O/W 或 S/O/W 型乳剂，分散相中溶剂挥发，使聚合物固化形成载药微球。

O_1/O_2 乳化法也称作无水系统，主要用于制备包载水溶性药物的微球。将溶解聚合物的有机溶剂同与其不相混溶的连续相乳化后，再经溶剂挥发即可制得微球。无水系统可以抑制水溶性药物向连续相扩散，提高药物的包封率。

$W_1/O/W_2$ 复乳法是制备多肽 / 蛋白质类水溶性药物微球常用的方法。药物水溶液或混悬液与水不互溶的聚合物有机溶剂乳化制成 W_1/O 初乳，后者再与含表面活性剂的水溶液乳化生成 $W_1/O/W_2$ 复乳，聚合物的有机溶剂从系统中移除后，即固化生成载药微球。

乳化挥发法的制备过程需要使用表面活性剂或有机溶剂，可能导致产品溶剂残留，不利于维持多肽 / 蛋白质类药物的活性。药物常常因为在不同液相之间扩散而损失，导致包封率较低。

乳化挥发法制备微球的影响因素及关键控制参数见表 9-2。

表 9-2　乳化挥发法制备微球的影响因素及关键控制参数

影响因素	需控制的参数
挥发性溶剂	溶剂用量，在连续相中的溶解度，沸点，与药物和聚合物作用的强度
连续相	水相的组成和浓度
连续相中乳化剂	乳化剂的类型和浓度
药物	药物在各相中的溶解度，剂量，与载体和挥发性溶剂作用的强度
载体辅料	辅料用量，在各相中的溶解度，与药物和挥发性溶剂作用的强度，结晶度

2. 喷雾干燥法（spray drying，SD）

喷雾干燥法是指将待干燥物质的溶液以雾化状态在热压缩空气流或氮气流中干燥以制备固体颗粒的方法。该方法简便快捷，可连续地批量生产，是很有潜力的微球工业化方向之一。曲安奈德微球（ZILRETTA®）是一款用于退行性关节炎治疗的微球产品，于 2017 年获得 FDA 批准上市，该产品是一个极其典型的装备依赖性实例，所用生产设备是 Flexion Therapeutics 自主设计并研制的喷雾干燥机，拥有国际发明专利，形成了很好的技术壁垒。

喷雾冷冻干燥法是在喷雾干燥法的基础上衍生出的制备方法。将药物的冻干粉和赋形剂加入生物可降解聚合物的有机溶剂中混匀，通过喷嘴以雾状喷到液氮中，使药物迅速冷冻固化，再将所得的冷冻颗粒冻干去除有机溶剂即得。该方法在制备微球的过程中避免使用水，可有效增加水不稳定药物的稳定性，常用于多肽和蛋白质类药物微球的制备。

超声喷雾 - 低温固化法是利用超声喷雾使含药的聚合物溶液分散成细小的液滴，这些液滴分散在低温的有机溶剂中，溶剂不断萃取出聚合物中的溶剂，液滴则固化形成微球。1998 年 Alkermes 公司和 Genetech 公司在实验室规模基础上开发了一套全封闭、符合 GMP 要求的中试规模的微球生产设备，用于临床试验样品的制备，将生长激素微球样品制备量从实验室规模的几克每批扩大到 500 克每批。2004 年 6 月，因生产成本高昂，Genetech 公司停止生产。

3. 相分离法（phase separation method，PSM）

相分离法是在药物与辅料的混合溶液中，加入另一种物质或不良溶剂，或降低温度或用超临界流体提取等手段使辅料的溶解度降低，产生新相（凝聚相）固化而形成微球的方法。

相分离法制备微球的优点是不需要昂贵的设备，易于分批次处理，且水溶性药物的成球性较好。缺点是相分离法微球容易聚集成团难以分散，有机溶剂的残留量偏高，且无菌度保证难度大。

瑞士 Debiopharm 公司开发的乳酸 - 羟基乙酸共聚物药物控释平台（Debio PLGA）就是采用相分离法制备长效注射微球，适用于小分子量药物和肽类药物。利用 Debio PLGA 技术，世界上第一个长效注射微球制剂——注射用醋酸曲普瑞林微球诞生了，所用的骨架辅料乳酸 - 羟基乙酸共聚物由 25% L- 乳酸、25% D- 乳酸和 50% 羟基乙酸共聚而成，临床上用于治疗前列腺癌和子宫内膜异位症等。

Exendin-4（艾塞那肽）微球采用了改进的相分离法，将 Exendin-4 和蔗糖等稳定剂溶于水中作为水相，乳酸 - 羟基乙酸共聚物（50 : 50）的二氯甲烷溶液作为油相，两者在超声振荡 / 高速剪切下制成 W/O 乳液。将硅油在控速条件下滴入搅拌着的 W/O 乳液中，由于二氯甲烷与硅油互溶，乳酸 - 羟基乙酸共聚物很快沉淀出来形成载药微球。这时微球呈柔软态，在正庚烷 / 乙醇溶液中低温（3℃）下搅拌 2h，进行固化处理，可以很好地解决残留溶剂问题。微球分离出来后经真空干燥即得。

4. 热熔挤出法（melt extrusion，ME）

热熔挤出法是制备颗粒剂、丸剂、植入剂的常用方法。与喷雾干燥法有类似之处，区别在于热熔挤出法不需要溶解原辅料，可直接将原辅料混合物进行热熔挤出。热熔挤出法制备微球，即取处方量的药物和辅料，放入热熔挤出仪器中，设置热熔温度，对混合物进行加热熔融并通过筛板挤出，挤出后迅速冷却，制备成条状固体，再粉碎制成微球。

热熔挤出法的优点：不需要使用有机溶剂，没有溶剂残留问题，安全无毒；产率高，连续性强，包封率接近 100%。

热熔挤出法的缺点：挤出步骤需要全程高温，对温度敏感的蛋白质 / 多肽类药物不适用此法，而这类药物正好最适合制成微球；因为是直接对原辅料进行热熔挤出，因此对活性药物成分的质量控制及无菌要求更为严格，其直接影响微球的理化性质和功效。

5. 新型微球制备法

（1）微流控技术（microfluidics，MF） 微流控技术制备微球的方法是通过微通道制成 / 产生液滴，利用体积或压力的驱动力将不相溶的连续相和分散相分别在各自的通道流动，两相在通道的交汇处相遇，利用连续相对分散相进行挤压或剪切作用，促使界面不稳定而断裂，生成分散液滴。

微流控技术是制备均匀颗粒物的一种有前景的新方法，可采用简单的一步法实现对微球粒度和粒度分布的控制。以单乳法为例，制备利培酮微球的方法为：将药物和高分子材料溶解于二氯甲烷中制成油相，含有乳化剂聚乙烯醇（PVA）的水溶液作为水相，用两个注射器泵将油相和水相注入微流体通道，经微通道反应后即得微球产品。

微流控技术的优点：可通过改变流速实现对微球粒径的控制；具有生产多重乳液的能力，两相溶液经微通道内依次剪切乳化，一层一层包覆从而形成分散的多重乳液；具有高度的重现性，大批量生产能保持固定的产品特性；制备系统是封闭的，能消除环境对药物的降解，同时保证无菌。

微流控技术的缺点：设备清洗比较困难；设备的生产效率有待提高，以满足工业化生产的要求。

（2）膜乳化技术（membrane emulsification technique，MET） 膜乳化技术近年来成为研究的热点，具有制备条件温和、成本低、通量高、重复性好的优点。虽然目前还没有膜乳化技术生产的微球产品上市，但已广泛应用于制备微球制剂。膜乳化技术的原理是分散相在外加压力作用下透过微孔膜的膜孔，在膜表面形成液滴（图9-7）。在沿膜表面流动的连续相的冲洗作用下，液滴的直径达到一定值后，就从膜表面剥离，从而形成乳液。通过控制分散压力和膜孔径，实现乳状液滴的单分散性以制备粒径均一的微球。

图9-7 膜乳化技术原理图

膜乳化技术的优点：微球粒径均一可控，批次间具有良好的重复性；反应条件温和，适用于敏感的蛋白质/多肽类药物；乳液稳定性好，不易发生团聚、破乳等问题；乳化剂用量少；操作过程简便，易于工业规模扩大生产。

膜乳化技术的缺点：制备的微球粒径过于单一，会影响药物体内释放周期，且有突释风险；生产设备中要求膜材质的机械强度足够强，孔径大小稳定，要易于清洗，不易堵塞，设备要求高。

二、微球生产工艺

药物生产过程中对投错料、交叉污染等问题极为敏感，所以药品生产不但必须要在洁净的厂房中进行，而且还需要配备特殊的通风系统以确保避免交叉污染，同时生产过程必须符合GMP的质量管理体系。

（一）微球的主要生产工序与洁净度要求

1. 微球的主要生产工序

缓释微球的生产工序通常涉及多个精细的步骤，这些步骤旨在控制微球的尺寸、载药量以及药物释放速率。下面是缓释微球制备的一般流程，但请注意，具体细节会依据所使用的材料、药物特性以及目标释放特性而有所不同。

（1）材料与药物的准备 ①准备聚合物，如PLGA（乳酸-羟基乙酸共聚物）、PCL（聚己内酯）等；②准备药物，药物可以是水溶性的或脂溶性的，需要根据其特性选择合适的制备方法。

（2）**微球的制备**　①单乳法（适用于水溶性差的药物）。将药物溶解或混悬于聚合物溶液中。将此混合物分散在含有乳化剂的水相中。高速搅拌，使溶剂挥发，形成微球。②复乳法（适用于水溶性药物）。药物溶解于水相，聚合物溶解于有机溶剂。两相高速搅拌形成初乳（W/O）。初乳再分散于外水相，形成复乳（W/O/W）。使用有机溶剂去除剂（如甲苯）去除有机溶剂，固化微球。

（3）**微球的固化与清洗**　通过物理或化学方式固化微球结构。清洗微球以去除残留的有机溶剂、乳化剂和其他副产物。

（4）**干燥**　使用真空干燥、冻干或其他方法去除微球中的水分。

（5）**表征与质量控制**　使用扫描电镜（SEM）、透射电镜（TEM）、激光衍射等方法评估微球的形态、粒径分布。测定药物载药量、包封率和药物释放曲线。

（6）**后续处理**　可能需要对微球进行进一步的表面修饰，如接枝、偶联抗体等，以增强靶向性或生物相容性。对于需要无菌条件的应用，还需进行无菌处理。

（7）**封装与贮存**　微球封装并贮存在适当的条件下，以保持其稳定性和生物活性。

2. 微球生产的洁净度要求

微球生产的洁净度要求与脂质体相似，详见本章第二节　脂质体工艺。

（二）微球生产工艺流程图

以溶剂挥发法制备微球为例，其生产工艺流程图见图 9-8。

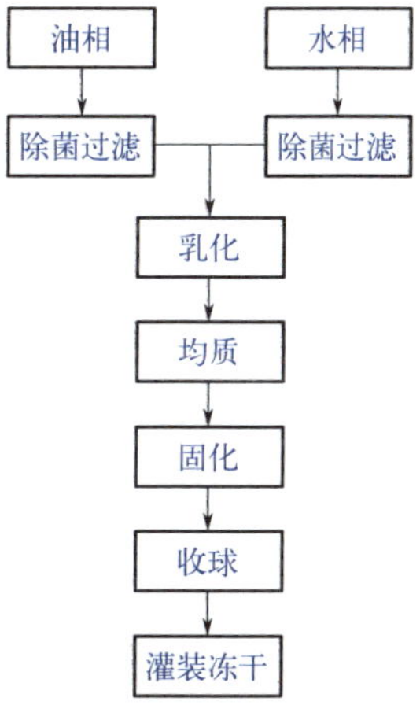

三、微球生产控制要点、常见问题及对策

一个成熟的工艺参数的控制对于确保质量稳定性和一致性而言尤为重要。因此，形成完整的产业链后，为了连续稳定地保证每批药物都能符合标准，国家应该建立标准的药品生产质量管理规范体系，严格把控药品研发以及生产过程。由此可见，指导药品质量和疗效一致性评价的相关文件的编撰与发布也势在必行。对于企业而言，不仅要具备研发、分析和检测能力，而且要始终坚持贯彻"质量管理"理念。

图 9-8　微球生产工艺流程图

（一）生产控制要点

1. 释放度

微球通常采用多点法控制溶出，一般包括早期表征突释的、中期表征产品性能稳定的以及后期表征释放完全的时间点。为模拟药物长期缓慢释放，微球释放度考察时间较长，需要采用较为温和的体外溶出方法，除药典收载常规方法外，还包括透析袋法、转瓶法、摇床法等。同时需关注长期使用溶出介质的无菌问题。释放度考察方法应具备一定的区分力，能够适度区分可能影响微球释放的关键物料属性（如不同类型和降解程度的聚合物辅料）、关键工艺参数以及微球形态。

2. 载药量和包封率

这两个指标是反映微球制剂中药物含量的重要指标，与产品释放度密切相关，是评价生产工艺是否成熟的标志，而且包封率可能影响样品突释，建议积累微球包封率和载药量的研究数据。《中国药典》（2025 年版）微粒制剂指导原则规定考察上述两个指标，其中包封率一般不得低于 80%。应根据药物和聚合物的溶解性，合理选择测定方法并进行验证，如色谱法、离心法或透析法等。

3. 有关物质

需关注原辅料自身降解以及相互作用产生的杂质的研究与控制。很多微球的活性成分是多肽药物。多肽中亲核性伯胺（例如 N 端和赖氨酸侧链）与 PLGA 或其降解产物的羧酸端基相互作用，形成酰化衍生物，可能导致活性降低。部分微球采用最终灭菌工艺灭菌，需关注灭菌工艺下 API 和辅料的降解，如湿热灭菌下辅料羧甲基纤维素钠可能降解产生小分子醛类杂质。此外，PLGA 通过水解和自催化降解为乳酸和羟基乙酸，降解产生的酸性产物可能形成高酸性的微环境。模拟体内酸性环境，开展微球在酸性条件下的降解研究，以支持有关物质方法的开发。

4. 分子量及分布

由于水解和自催化降解，聚合物辅料在体内存在不断降解的趋势，因此微球需考察聚合物的分子量及分布。需关注稳定性末期的分子量，结合稳定性研究以及关键临床若干批数据合理确定分子量及分布限度。以 PLGA 为例，其分子量分布大，自催化降解速度快，研究中需关注。

5. 微球形态

与微球形态相关的指标包括外观、粒径及分布、微球孔隙率以及微球中药物分布状态等。微球粒径及分布对微球的通针性、分散性和释放行为均有较大影响。粒径检测的技术手段相对比较成熟，除成像技术外，多采用激光散射法测定粒径。通针性也是评价微球粒度的一种方法，针头尺寸小能够降低患者注射时的疼痛感。对于乳化法制备的微球而言，有机溶剂从微球内部向外迁移替换的过程中会形成大量孔隙，迁移过程中 API 可能随有机溶剂向微球表面迁移。孔隙率以及药物分布状态也可能对药物早期释放产生影响。常见检测微球形态的技术手段包括光学显微镜、电子显微镜（透射电子显微镜、扫描电子显微镜、聚焦离子束扫描电子显微镜）、X 射线显微镜、近红外光谱和拉曼光谱等。微球孔隙率和药物分布状态的研究发展迅速，有研究采用聚焦离子束扫描电子显微镜技术全面了解微球的形态，包括粒径及粒径分布、API 和聚合物分布、孔隙率等；还有研究尝试建立基于微球形态的图像定量指标和体外释放特性的相关性。

6. 残留溶剂和水分

控制残留溶剂不仅出于溶剂本身安全性的考虑，还因微球内部的残留溶剂和水分可能与药物、聚合物辅料相互作用，进而影响药物体内行为。另外，微球水分与聚合物辅料降解相关，可能影响微球长期放置后的释放行为。

7. 无菌和细菌内毒素

微球需要进行外部和内部无菌、细菌内毒素检测。聚合物通常不溶于水，常规方法仅能检测微球表面是否无菌和有无细菌内毒素，球内无法检测。可采用二甲亚砜为溶剂，完全溶解微球后进行球内无菌和细菌内毒素检查。应注意所选择的检测方法需经适当的方法学确认，特别关注稀释溶剂对样品检测的干扰。

8. 与专用溶剂配伍

大部分微球使用前需采用专用溶剂配伍后给药，不存在按体积给药的情况。微球混悬液通常具有一定的黏度，以保证皮下或肌内注射后能够迅速形成贮库。因此使用相应给药器具进行给药时，需关注剂量的准确性。另外，应考察药液配伍后可能影响药物释放的理化指标，如混悬性、黏度、pH、渗透压等。

（二）常见问题及对策

微球是一类极具开发潜力的新型药物载体，但目前仍存在很多问题，这些问题直接导致某些药物难以推向市场。如微球药物入体后由微球形状和体内生物降解等造成的药物非零级释放；尚未实现和更有效地使药物释放发生在最合适的时间内；对缓释系统内药物释放速率的研究不足，以至于达不到对某些疾病的综合预防和治疗。

1. 突释

药物从 PLGA 微球中的释放会受到 PLGA 的吸水、水解、侵蚀以及药物与水的扩散等多种因素的共同影响，微球中药物的释放通常会经历突释、迟滞期和快速／持续释放的过程。药物的突释除了受以上因素影响外，还与微球粒径、聚合物分子量、孔隙率、药物性质、干燥方式等因素有关。突释不仅会引起血药浓度的波动，而且药物过度释放可能会导致血药浓度超过治疗窗，引发严重不良反应。此外，大量药物在初期释放也会缩短药物疗效的整体持续时间。

（1）突释过高

① 药物表面富集（"爆释"）。

主要原因：药物与载体材料（如 PLGA）相容性差，导致药物在微球表面聚集；乳化工艺中药物迁移至微球外层（如溶剂挥发速度过快）。

解决方法：a. 处方优化。增加载体材料疏水性（如选用高乳酸比例的 PLGA，如 PLGA 75∶25）；添加药物亲和性辅料（如脂质涂层、壳聚糖包裹）。b. 工艺改进。采用复乳法（W/O/W）替代单乳法，将药物包裹在内水相；降低初乳搅拌速度（如 500～1000r/min），减少药物迁移。

② 微球孔隙率过高。

主要原因：溶剂挥发过程中形成过多孔道（如二氯甲烷挥发过快）；致孔剂（如 PEG）用量过大。

解决方法：a. 工艺控制。减缓溶剂挥发速度（如降低干燥温度至25℃以下，延长挥发时间）；减少致孔剂比例（如 PEG 占比从 10% 降至 5%）。b. 后处理。表面涂层封闭孔隙（如使用 PLGA 溶液二次包衣）。

③ 载体材料降解过快。

主要原因：低分子量 PLGA（如 10kDa）或高羟基乙酸（GA）比例材料（如 PLGA 50∶50）导致降解加速。

解决方法：a. 材料替换。选用高分子量（50～100kDa）或高乳酸（LA）比例 PLGA（如 85∶15）。b. 交联处理。引入轻度交联剂（如京尼平）延缓材料降解。

（2）**突释过低（无法达到有效初始浓度）**

① 药物过度包埋。

主要原因：药物与载体结合过强（如疏水性药物与 PLGA 过度相互作用）；微球致密性过高（如乳化过程中搅拌速度过低）。

解决方法：a. 处方调整。添加亲水性致孔剂（如甘露醇、海藻糖）增加初期释放通道；降低载体材料浓度（如 PLGA 浓度从 10% 降至 6%）。b. 工艺优化。提高乳化速度（如 2000～3000r/min）以减小微球粒径，增大表面积。

② 药物结晶析出。

主要原因：药物在微球内部形成结晶，阻碍释放。

解决方法：a. 共溶剂策略。使用混合溶剂（如二氯甲烷＋乙醇）抑制药物结晶。b. 无定型化处理。通过喷雾干燥或熔融法制备无定型分散体。

（3）**通用工艺控制与验证手段**

① 工艺参数精准调控。

关键参数：乳化速度、溶剂挥发时间、干燥温度、搅拌剪切力。

动态监测：在线粒径分析（如激光衍射仪）确保微球均一性（PDI < 0.2）。

② 体外释放度验证。

方法优化：使用 pH 梯度释放介质（如模拟体内环境）；增加取样频率（如 0.5h、1h、2h、4h、8h、24h）捕捉突释阶段。

③ 结构表征。

检测技术：SEM 观察微球表面孔隙结构；DSC/XRD 分析药物晶型状态。

（4）**特殊案例对策**

① 蛋白质／多肽类药物的突释控制。

挑战：药物易失活且突释难以预测。

对策：添加稳定剂（如蔗糖、海藻糖）减少初始释放；采用"核-壳"结构设计（如 PLGA 外壳包裹白蛋白内核）。

② 长效制剂（如 1 个月缓释）的突释抑制。

对策：a. 双层微球技术，其中外层为快速降解 PLGA（释放初始剂量），内层为慢速降解 PLGA（持续释放）；b. 离子交联涂层，即在微球表面涂覆海藻酸钠-钙离子层延缓释放。

（5）**总结与实施路径**

根因分析：通过实验设计（DoE）明确关键影响因素（如 PLGA 分子量、乳化速度）。

阶梯式优化：先调整处方（材料／添加剂），再优化工艺参数（如干燥条件）。

稳定性验证：加速试验（40℃/75% RH，3 个月）评估突释变化趋势。

合规性保障：符合 ICH Q1A（稳定性）、Q6A（质量标准）要求。

通过上述系统性对策，可精准调控缓释微球的突释行为，平衡初始疗效与长效维持功能，满足临床治疗需求。

2. 迟滞期

迟滞期是指药物从微球中缓慢释放或完全不释放的现象，通常在突释或最初释放后的一段时间出现。推测迟滞期出现的原因是聚合物链过度缠结，形成了玻璃态，因而呈现出低流动性和低吸水性的特点，导致聚合物微球中的扩散孔道减少，药物释放困难。PLGA 的分子量越高、疏水性越强，则溶液渗透进入聚合物的速率越慢，从而迟滞期越长，可通过增加微球中的孔道以缩短迟滞期。

3. 不完全释放

蛋白质 / 多肽类微球中药物释放不完全也是普遍存在的现象，这主要与蛋白质 / 多肽类药物的降解、构象改变与聚集以及载体材料的吸附有关。

蛋白质 / 多肽类药物的稳定性易受外界环境影响，制备过程中的剪切应力、界面应力、脱水应力等都会导致其降解，影响其活性。当蛋白质 / 多肽类药物暴露于油 / 水或水 / 空气界面，或与交联剂接触时，其构象都有可能发生变化，并自发聚集。据报道，分子间具有反向平行 β- 折叠片段的多肽和蛋白质易在油 / 水界面聚集，进而导致药物疗效降低，引发抗体反应等后果。例如，用来治疗贫血的促红细胞生成素在微球化过程中易形成导致贫血的聚集体，治疗药物反而转变为致病因素。为了抑制聚集，微球制备过程中可使用稳定剂或较亲水的油相，采用水包油包固体（S/O/W）乳化法等。

蛋白质 / 多肽会通过非特异性吸附和离子相互作用与已降解或未降解的聚合物结合，从而导致药物释放不完全。多肽会与 PLGA 或其降解产物发生酰化副反应，形成肽 -PLGA 肽酰加合物。据报道，在 PLGA 中加入 Ca^{2+}、Mn^{2+} 等二价阳离子，可竞争性抑制多肽与 PLGA 的吸附反应。

四、微球实例

❖ **例 9-2　醋酸亮丙瑞林微球**

【处方】

醋酸亮丙瑞林	225mg	羧甲基纤维素钠	2mg
PLGA/PLA	2g	聚山梨酯 80	2g
D- 甘露醇	4mg	注射用水	0.15mL
明胶	1mg	冰醋酸	2mL
硬脂酸	1mg	二氯甲烷	6.26mL

【处方分析】①醋酸亮丙瑞林为主药，其亲水性较强，易降解，需通过微球载体保护并控制释放。负载量通常为微球质量的 1%～10%，需平衡疗效与载体降解速率。②PLGA（聚乳酸 - 羟基乙酸共聚物）为载体材料，可通过调节乳酸∶羟基乙酸单体比例控制降解周期。选用 30～100kDa 高分子量 PLGA 可延缓水解，匹配治疗周期需求。③甘露醇 / 蔗糖（占比 5%～15%）为冻干保护剂，防止微球结构塌陷及药物变性。④聚乙烯醇为表面活性剂，用于乳化过程稳定油水界面，控制微球粒径。⑤溶剂系统：二氯甲烷（DCM）或乙酸乙酯为有机相，溶解 PLGA 并形成油相；水相含药物与稳定剂的缓冲溶液。羧甲基纤维素钠可以增加微球在溶剂中的悬浮稳定性；D- 甘露醇用于调节注射液的渗透压；聚山梨酯 80 具有增加微球的润湿性和可分散性，提高注射剂澄清度的作用；冰醋酸则用于调节专用溶剂的 pH。

【制备工艺】将醋酸亮丙瑞林溶于明胶中形成内水相，PLGA溶解于二氯甲烷，两者混合并乳化制成W/O初乳。再与0.25%聚乙烯醇（PVA）水溶液再次乳化形成W/O/W复乳，缓慢搅拌3h，将溶解PLGA的二氯甲烷从药物系统中挥干后制成半固态微球。采用细筛除去大微粒，水洗，然后进行离心除去上清液中的小微粒，多次重复上述水洗、离心步骤后，用甘露醇溶液分散药物，冷冻干燥后即得醋酸亮丙瑞林微球。

【规格】11.25mg/支（以醋酸亮丙瑞林计）。

【注解】①复乳法（W/O/W）制备：内水相（药物溶液）分散于PLGA油相形成初乳，再乳化至外水相中，通过溶剂挥发固化微球。优势是提高亲水性药物的包封率（可达80%以上），减少突释效应。②粒径控制：通过乳化速度和表面活性剂浓度调节粒径，粒径越大释放越慢（表面积减小）。③冻干工艺：预冻温度及二次干燥确保微球多孔结构完整，避免药物失活。④释放机制与优化。释放机制是扩散-降解双控释，其中在初期扩散阶段，微球表面孔隙导致少量药物突释，在后期降解阶段，PLGA水解生成乳酸/羟基乙酸，微球崩解释放剩余药物。释放调节策略有：a.载体改性，如引入PEG链段（如PLGA-PEG）延长降解时间，或添加疏水添加剂（如硬脂酸镁）减缓水分渗透；b.多层包衣，如壳聚糖/海藻酸钠涂层分阶段调控释放速率。⑤质量评价要点：a.载药量与包封率，要求载药量误差≤5%，包封率＞75%。b.体外释放，符合零级或Higuchi模型。c.稳定性：评估药物残留量与微球形貌变化。⑥全程低温操作（2～8℃），避免有机溶剂残留引发聚集，保障多肽稳定性。⑦优化初乳稳定性（降低PVA浓度）或引入孔隙封闭层，以控制突释。⑧采用微流控技术替代传统乳化法，提升批次一致性，实现规模化生产。

❖ 例9-3 布洛芬微球

【处方】

布洛芬	2.5g
Eudragit RS	0.833g
乙醇	3mL、5mL、8mL、10mL
蔗糖脂肪酸酯溶液	200mL

【处方分析】布洛芬是主药；Eudragit RS为水不溶性薄膜衣料，用于调节释放；乙醇是溶剂；蔗糖脂肪酸酯溶液是乳化剂。

【制备工艺】布洛芬Eudragit RS海绵状微球可用相分离法制得，每份2.5g布洛芬与0.833g Eudragit RS加不同量（3mL、5mL、8mL、10mL）乙醇，制得浓度不同的溶液，将乙醇溶液倒入200mL 0.25g/L的蔗糖脂肪酸酯的25℃水（非溶剂）溶液中，搅拌（300r/min）30min，过滤，减压干燥24h，过滤得微球。

【规格】3g/100mL。

【注解】微球具有海绵状结构，溶解特性和压缩特性都与一般的微球或微囊不同。改变乙醇溶液的浓度，可以改变微球内部的多孔性，当乙醇浓度低时孔隙率可高达微球体积的50%。

❖ **例 9-4　生长激素缓释微球**

【处方】

重组人生长激素（rhGH）	13.5mg
醋酸锌	1.2mg
碳酸锌	0.8mg
PLGA	68.9mg
二氯甲烷	适量

【处方分析】重组人生长激素（rhGH）是主药；醋酸锌是保护性添加剂，由于锌离子与蛋白质的可逆结合，不仅可提高药物的稳定性，而且不影响药物的释放；PLGA 是聚合物缓释基质。

【制备工艺】重组人生长激素与醋酸锌形成的不溶性复合物经微粉化处理达 1～6μm 后，与碳酸锌一起加入 PLGA 的二氯甲烷溶液中，超声喷雾至覆盖有液氮的固化乙醇和正己烷的萃取罐中，在 -80℃ 下，二氯甲烷逐渐被乙醇萃取，由此得到固化的微球。

【规格】14mg/支。

【注解】在重组人生长激素的 PLGA 混悬液中加入 1% 碳酸锌微粉（< 5μm）。首先，Zn^{2+} 能与重组人生长激素形成难溶性的络合物，降低 rhGH 溶解度，减少其突释作用。其次，与 Zn^{2+} 形成络合物后重组人生长激素的疏水性增强，能够显著提高其稳定性。另外，难溶性的弱碱盐 $ZnCO_3$ 作为抗酸剂，能够持续提供低浓度 Zn^{2+}，有效抵御因降解而产生的酸性环境，提高重组人生长激素在释药过程中的稳定性。

第四节　纳米粒工艺

一、纳米粒概述

药剂学中的纳米粒分为两类，即结晶纳米粒和载体纳米粒。结晶纳米粒是由药物分子组成的纳米粒，载体纳米粒是指药物吸附或包裹于载体辅料中形成的载药纳米粒。根据结构特征，载体纳米粒分为骨架实体型纳米球（nanosphere）和膜壳药库型纳米囊（nanocapsule）。药物制成纳米粒后可隐藏药物的理化性质，其体内过程很大程度上取决于载体的物理化学性质。

（一）常用材料

纳米粒常用的载体辅料在性质上应具有生物相容性、生物可降解性以及良好的载药能力。目前多使用天然或合成的可生物降解的高分子辅料。天然高分子及其衍生物可分为蛋白质类（白蛋白、明胶和植物蛋白）和多糖类（纤维素和淀粉及其衍生物、海藻酸盐、壳聚糖及其衍生物等）。合成高分子辅料主要有聚酯类、两亲性嵌段共聚物以及聚氰基丙烯酸烷酯类等。

以固态天然或合成的类脂（如卵磷脂、三酰甘油等）为载体，将药物包裹或夹嵌于类脂核中制成的固态粒子给药系统称为固体脂质纳米粒。骨架辅料为在室温时高熔点脂质辅料，有饱和脂肪酸（硬脂酸、癸酸、月桂酸、肉豆蔻酸、棕榈酸、山嵛酸）的甘油酯，包括三酯、双酯、单酯及其混合酯，以及硬脂酸、癸酸、棕榈酸、甾体（如胆固醇等）。

纳米药物递送系统的临床应用障碍之一是缺少高生物相容性的辅料。聚乳酸、乳酸-羟基乙酸共聚物等仅供皮下或肌内注射使用。人血清白蛋白是一种良好的药物载体，具有可生物降解以及生物相容性好的特点，因而得到广泛的关注和应用。2005 年美国 FDA 批准了白蛋白结合型紫杉醇上市，现已在临床得到广泛使用，是一个成功的代表性纳米粒制剂产品。

脂质纳米粒（LNP）通常使用多种脂质进行包载。2021 年 8 月 23 日，全球有了首个正式获批、拥有完整三期临床数据的新冠核酸脂质纳米粒疫苗。临床研究中，疫苗有效率达 95%，其中在 56 岁以上人群中有效率为 94%。

（二）纳米粒制备方法

制备纳米粒时，应根据辅料和药物性质以及使用的要求，选择合适的制备方法和制备工艺。优选的主要评价指标包括粒径和形态、释药特性、回收率、包封率、载药量、微粉学特性、稳定性、水中分散性、引湿性等。纳米粒在水溶液中通常不稳定，可能会出现载体材料的降解、粒子的聚集、药物的泄漏等问题，冷冻干燥可明显提高其稳定性。为避免冻干后纳米粒聚集和粒径变化，常加入冻干保护剂，如葡萄糖、甘露醇、乳糖、氯化钠等。根据药物的性质选择适宜的保护剂及其用量，利于保持纳米粒的原形态并易于在水中再分散。

1. 天然高分子凝聚法

天然高分子辅料可由化学交联、加热变性或离子交联等方法凝聚成纳米粒。下面主要介绍白蛋白纳米粒、明胶纳米粒以及壳聚糖纳米粒的制备。

（1）**白蛋白纳米粒**　主流制备工艺是由 Scheffel 等提出的加热交联固化法。白蛋白（200～500g/L）与药物水溶液作为水相，在 40～80 倍体积的油相中搅拌或超声得 W/O 型乳状液，将此乳状液快速滴加到热油（100～180℃）中并保持 10min，白蛋白变性形成含有水溶性药物的纳米球，再搅拌并冷至室温加乙醚分离纳米球，离心，再用乙醚洗涤，即得。

（2）**明胶纳米粒**　制备明胶纳米粒时，先胶凝后化学交联，该法可用于对热敏感的药物。如将 300g/L 的明胶溶液 3mL（含丝裂霉素 1.8mg）在 3mL 油相中乳化，将形成的乳状液置冰浴中冷却，使明胶乳滴完全胶凝。再用丙酮稀释，用 50nm 孔径的滤膜过滤，弃去粒径较大的纳米粒。用丙酮洗去纳米粒上的油，加 30mL 10% 甲醛丙酮溶液，使纳米粒交联 10min，丙酮洗涤，干燥，即得粒径范围在 100～600nm、平均粒径为 280nm 的纳米粒。

（3）**壳聚糖纳米粒**　壳聚糖有一定疏水性，生物相容性好，可生物降解，是目前有应用前景的多糖类天然高分子辅料。可用凝聚法制备纳米粒或亚微粒。壳聚糖分子中含—NH_2，在酸性条件下带正电荷，可用负电荷丰富的离子交联剂（如三聚磷酸钠）使之凝聚成带负电荷的纳米粒。

制备壳聚糖纳米粒：称取 0.25g 壳聚糖，根据选定的浓度加入定量的蒸馏水，再加入冰醋酸，使醋酸浓度为 1%；加热上述溶液，并不断搅拌促进壳聚糖溶解，最后趁热抽滤，得到所需的壳聚糖醋酸溶液，定容至 100mL，保存于容量瓶中。

采用离子交联法制备壳聚糖纳米粒，配制 4mg/mL 的 TPP（三聚磷酸盐）溶液，在磁力搅拌下逐滴滴加 4mLTPP 溶液于 20mL、2.5mg/mL 的壳聚糖醋酸溶液中，反应 10min，在 60℃下，即可得到壳聚糖纳米粒混悬液。

2. 乳化法

（1）乳化模板法（emulsion templating method，ETM） 与微球制备的乳化挥发法类似，此法是从乳液中除去分散相中挥发性溶剂以制备纳米粒的方法。其具体的制备过程是：将含有载体辅料和药物的分散相通过机械搅拌、超声、高压均质、高速剪切等方式分散在另外一种与之互不相溶的连续相中形成乳滴，再除去分散相中的挥发性溶剂，得到纳米粒。纳米粒粒径取决于乳滴的直径、分散相中载体辅料和药物的浓度。与微球制备的乳化挥发法相比，纳米粒的乳化模板法所得乳滴的直径明显较小。根据药物的性质，可采用单乳化法或复乳法进行药物包裹。

制备紫杉醇 PLGA 纳米粒：称取一定量的 PLGA，加入一定体积的二氯甲烷和丙酮溶解，转移到含一定浓度 PVA 的内水相（W_1）中，在冰水浴中制成初乳（W_1/O）；将含一定浓度 PVA 的外水相（W_2）加入上述初乳中制成复乳（$W_1/O/W_2$）；将此复乳转移到 150mL 0.1%PVA 的分散液中，固化纳米粒；离心、收集、洗涤、冷冻干燥即得。

（2）高压乳匀法（high-pressure homogenization，HPH） 高压乳匀法又名高压均质法，原理是在高压泵作用下使流体通过一个仅有几微米的狭缝，在突然减压膨胀和高速冲击碰撞双重作用下，流体内部形成很强的湍流和涡穴，乳状液被粉碎成微小珠滴。按工艺的不同可分为热乳匀法和冷乳匀法。热乳匀法是制备固体脂质纳米粒的经典方法，即将药物先与熔融的脂质混合，然后将混合物分散至含有表面活性剂的分散介质中，形成预混初乳。初乳在高于脂质熔点的温度下高压匀化，冷却后即得粒径小、分布窄的脂质纳米粒。因长时间高温条件可能导致药物降解，如果药物对热敏感，则不宜采用热乳匀法，此时可采用冷乳匀法。冷乳匀法系先将脂质辅料加热熔融，再将熔融脂质辅料与药物混合并冷却，然后与液氮或干冰一起研磨，之后加入含表面活性剂的水溶液中，在低于脂质熔点 5～10℃的温度下进行多次高压匀化。此法所得纳米粒粒径较大。

高压乳匀法制备脂质纳米颗粒：将药物和聚山梨酯 80 于烧杯中混合后，加适量蒸馏水超声分散至完全溶解，置于（75±5）℃恒温水浴中，得到分散相；将单硬脂酸甘油酯于（75±5）℃水浴条件下充分混合熔融，随后在搅拌下，缓慢加入分散相，得到初分散体系。将初分散体系经高压乳匀即得纳米粒。

3 Nab™ 技术（Nanoparticle albuminbound technology，Nab™）

Nab™ 技术是由 American BioScience 公司开发的一种以白蛋白为载体包载疏水性药物的结合型纳米粒制备技术。基于这种技术，该公司已成功研发出经 FDA 批准上市的紫杉醇白蛋白纳米粒（Abraxane®）。

Nab™ 技术的具体过程：将疏水药物溶解于有机溶剂中，注入到白蛋白水溶液中，油水相混合，经搅拌或者剪切制备成粗乳滴，再经高压均质技术（超声、高压均质等）控制粒径，最终除去有机溶剂（蒸发、洗滤、冻干），即可得到白蛋白纳米粒。均质是该技术的核心步骤，其基本原理是利用均质时的空穴作用，使白蛋白的游离巯基交联形成二硫键，在白蛋白彼此交联的过程中，将药物包裹在纳米粒内部。这种交联方式属于化学键的自发重组，不影响白蛋白自身的生物学特性。粒径是该技术需要中控的硬性指标，如果粒径较大，过滤除菌时会出现刚性结构的纳米粒大量截留甚至堵塞的情况，严重影响产品的收率。

4. 溶剂置换法（solvent displacement method，SDM）

把辅料溶于与水互溶的溶剂中，在搅拌下将此溶液倒入非溶剂中（一般为含有表面活性剂的水），使纳米粒沉淀析出。但"药物-聚合辅料-溶剂-非溶剂系统"的选择比较困难。溶剂置换法制备纳米粒粒径均匀，在 150～250nm 范围内。

溶剂置换法制备淀粉纳米粒：90℃条件下，将质量浓度 10g/L 淀粉二甲基亚砜溶液保温 0.5h，磁力搅拌下，滴加到乙醇中，分散后离心，舍去上清液，再用乙醇洗 3 次，备用。

此外，纳米粒制备方法还包括超临界流体技术。该法可以将药物和聚合物溶解在超临界流体中，药物通过喷嘴扩散，超临界流体在喷雾过程中挥发，溶质粒子沉淀出来。这样可避免普通制备方法的溶剂残留、载药量低、制备中药物容易降解等缺点。但这种技术对设备要求较高，需要高压，强极性物质很难溶解在超临界流体中。

（三）纳米粒的修饰

纳米粒修饰是指通过物理吸附、化学偶联或生物结合等手段，在纳米粒表面或内部引入功能性分子或材料（如聚乙二醇、靶向配体、荧光标记物等），以调控其理化性质（如亲/疏水性、电荷、稳定性）或赋予其特定生物学功能（如延长体内循环时间、增强靶向递送、降低免疫原性），从而优化纳米粒在药物递送、成像诊断或疾病治疗中的性能，这一过程本质是对纳米载体进行定向功能化改造，以实现精准设计与应用需求的高度匹配。

根据修饰目的不同，纳米粒的表面修饰可以分为以下几个方面。

1. 穿透生物屏障

PLGA 纳米粒表面带有负电荷容易穿过黏液层，而带正电荷的纳米粒更容易被细胞内化，因此使用两性物质对纳米粒进行表面电荷修饰，可以提高纳米粒的穿透效率。另外，由于壳聚糖能够打开小肠上皮细胞的紧密连接，将 PLGA 纳米粒表面用壳聚糖修饰后，可以提高纳米粒在小肠黏膜的透过性。

2. 长循环

纳米粒给药后被网状内皮系统摄取，很快分布于肝、脾、肺等器官中。研究表明，用 PEG 修饰的纳米粒不易被这些网状内皮系统识别，可延长纳米粒在体内的循环时间，其作用机制可能与改变纳米粒表面的疏水性及形成特定的空间结构有关。

3. 靶向性

纳米粒主要包括抗体修饰纳米粒（antibody modified nanoparticles）和配体修饰纳米粒（ligand modifed nanoparticles）。抗体修饰纳米粒是纳米粒与单克隆抗体或基因抗体共价结合而成，亦称免疫纳米粒。免疫纳米粒借助抗体与靶细胞表面抗原或受体的特异性结合作用进入靶细胞，释放包载的药物，从而达到靶向治疗之目的。配体修饰纳米粒是将纳米粒表面用配体修饰，使纳米粒导向相对应的靶细胞（受体），从而改变纳米粒的体内分布。不同的细胞表面具有特异性受体，而与之结合的配体也不同，配体与受体间有强烈的亲和力。常用的配体有半乳糖、叶酸和转铁蛋白等。

二、纳米粒生产工艺

(一)纳米粒的主要生产工序与洁净度要求

1. 纳米粒的主要生产工序

纳米粒的主要生产工序与脂质体等小剂量无菌药剂相似。

（1）原料药和辅料的储存　根据原辅料的性质，选择符合生产要求的储存条件。

（2）原料混合乳化　膜材料通常溶解在有机试剂中（油相），亲水性药物溶解在水中，形成水相后，与油相混合乳化。亲脂性药物则与膜材料同时溶解在油相中进行乳化。

（3）乳液均质　通过均质分散纳米粒的粒径，保证纳米粒分散均匀。

（4）去除有机试剂　通过透析、搅拌等方法去除残留的有机试剂。

（5）过滤除菌　通过超速离心、超滤等方法去除游离的药物和杂质。许多纳米药物因其组成和结构的复杂性，可能无法通过常规的终端灭菌程序进行灭菌，需要加强对生产过程中无菌保证。

（6）灌装　无菌条件下灌装封存。

2. 纳米粒生产的洁净度要求

纳米粒生产的洁净度要求与脂质体相似，详见本章第二节脂质体生产工艺。

(二)纳米粒生产工艺流程图

纳米粒的生产工艺流程图见图9-9。

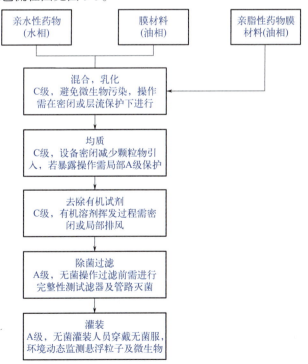

图 9-9　纳米粒生产工艺流程及工序洁净度要求

三、纳米粒生产控制要点、常见问题及对策

（一）生产控制要点

纳米粒的生产控制要点基本和微球、脂质体类似，主要有以下几点。

1. 纳米粒的原辅料质量控制

由于相关辅料可能对药物纳米粒的形成、粒径大小、稳定性、生物利用度、生物相容性等产生重要影响，应对制剂中的相关辅料进行质量控制研究，包括生产过程中使用的有机溶剂等。

2. 纳米粒的粒径大小及分布

粒径大小及分布通常采用动态光散射（dynamic light scattering，DLS）法进行测定，粒径分布一般采用多分散系数（polydispersity index，PDI）表示。除此之外，显微成像技术如透射电镜（TEM）、扫描电镜（SEM）等也可以提供纳米粒的粒径信息。

3. 纳米粒的结构及形态

纳米粒的形状和结构会影响其在体内与细胞膜的相互作用。纳米粒常见的形状包括球形、类球形、棒状或纤维状等。纳米药物的结构形状可通过电子显微镜等不同的技术方法进行检测。

4. 纳米粒的表面性质

纳米粒的表面电荷会影响细胞摄取和生物分布，表面电位取决于纳米粒的粒径大小、组成以及分散介质等。纳米粒的表面电荷一般是通过 Zeta 电位进行评估。通常选择相分析光散射法（PALS）测定纳米粒的电位。

对纳米粒表面进行配体或抗体修饰后，可以改善纳米粒的生物利用度，实现靶向递送。修饰后，纳米粒表面性质会发生改变，可以选择 X 射线光电子能谱（X-ray photoelectron spectroscopy，XPS）、核磁共振（NMR）等方法进行研究。

5. 纳米粒的包封率和载药量

对于载药纳米粒，较高的包封率和载药量可以提高药物的稳定性，有效控制药物的释放速度和生物分布。包封率是指包载的药物质量与纳米粒总的药物质量的比值，测定包封率首先要分离包载的药物和游离的药物，通常采用超速离心或者超滤进行分离。载药量指的是包载药物的质量与载体质量和总药物质量的比值，较低的载药量可能会造成纳米粒粒径过大、辅料过多，进而影响疗效。

6. 纳米粒的体外溶出或释放

药物的溶出和释放是纳米粒的重要指标，通常采用透析法进行体外模拟药物释放试验，要求在最初 0.5 小时内的释放率小于包封药物总量的 40%，并绘制完整的释放曲线，直至释放到平台期或者药物释放量达到 80% 以上。

7. 注射用纳米药物的内毒素和无菌检测

对于纳米药物的内毒素，通常用鲎试剂（limulus amebocyte lysate，LAL）法测定，有三

种形式：显色法、浊度法和凝胶法。在一些情况下纳米粒可能会干扰 LAL 测定，导致结果不准确或重现性差。常见的干扰包括：有色纳米制剂会干扰荧光测定，纳米混悬剂会干扰浊度测定，以及用纤维素滤器过滤的纳米粒会产生假阳性。在使用某一种 LAL 法测定受到干扰时，应考虑采用另一种测定形式。

（二）常见问题及对策

1. PLGA 纳米粒存在的问题和解决方法

乳化法制备的纳米粒粒径分散系数较差，载药量较低，同时超声等方法对粒径有一定的影响；水相需用超纯水，去离子水会影响粒径。

纳米沉淀法制备纳米粒会有粒径偏大、粒度不均匀的问题。在沉淀时需使用稀释后的溶液，且加料速度要尽可能地慢；提高搅拌速度，使粒度更均匀。

采用喷雾干燥法时，喷雾温度过高会破坏多肽类药物活性，过低物料容易结块，产率降低；喷帽孔径过小，剪切力增大，会对一些敏感药物产生影响，孔径过大会造成粒径过大；料液浓度也会对粒径、产率等有一定影响。因此需要根据药物的性质选择最优处方工艺。

微流控技术制备纳米粒存在管道堵塞和污染的问题，因此物料需要充分溶解，并适当提高水相的流速。

超临界 CO_2 法对药物的溶解度要求很高，可通过向超临界流体中加入有机溶剂或者与 CO_2 有亲和性的氟表面活性剂以增加高分子物质的溶解性。

2. 白蛋白纳米粒存在的问题和解决方法

乳化法生产过程中，剪切力、超声波等作用可能破坏白蛋白的稳定性。需要根据药物性质，调节油水比和油相种类，在低温情况下进行乳化，乳化过后立刻搅拌去除有机相。

Nab™ 技术需要使用二氯甲烷和三氯甲烷等有机溶剂，对白蛋白的结构有一定影响。可以使用易挥发的有机试剂作为油相，搅拌过夜或者多次透析以去除有机溶剂。

热凝胶法对于热敏性药物和生物大分子药物有一定的影响，温度过高会影响纳米粒药物的稳定性。可以在制备好纳米粒后，通过调节药物和纳米粒混合物的 pH，利用静电和疏水相互作用，将药物负载到纳米粒当中。

喷雾干燥温度过高会影响白蛋白的活性，过低则干燥不彻底，白蛋白易凝聚。设置进口温度为 120℃，出口温度为 51～55℃之间，可以温和地干燥白蛋白纳米粒。

自组装法过程中通过使用变性剂或升高温度改变白蛋白疏水性，会对蛋白类大分子药物产生影响。若要增加白蛋白疏水性，温度可以控制在 65～75℃之间，并选择对药物影响较小的变性剂。

pH 凝聚法需要使用戊二醛、丙酮等交联剂，这些交联剂有潜在的毒性，且该法包封率较低。根据纳米载体材料的量，适当增大药物的量，可提高包封率。

3. 脂质纳米粒（LNP）存在的问题和解决方法

LNP 的制备通常采用乙醇负荷技术，即将乙醇脂混合物与含有寡核苷酸的酸性水缓冲液混合，乙醇脂混合物与水缓冲液的比例通常为 1：3。

混合完成后，需要进行最终制备，以保证纳米粒体系稳定且无污染。

（1）挤压　挤压可以减小纳米粒的粒径，产生均匀的粒度分布。适合乙醇注射和手工混合。

（2）**透析** 根据使用的核酸分子量选择合适的透析袋，去除未包载的核酸，后续进一步去除乙醇和脂质。可以根据实际要求改变体系 pH。

（3）**过滤除菌** 通常采用 0.22 μm 滤膜过滤除菌。也可以使用高温灭菌，但会影响纳米粒的稳定性。

四、纳米粒实例

❖ **例 9-5　多西紫杉醇白蛋白纳米粒**

【处方】

多西紫杉醇	45mg
人血清白蛋白	441mg
棉籽油（含 10% 乙醇）	0.75mL
注射用水	44.3mL
枸橼酸	适量

【处方分析】多西紫杉醇是主药，人血清白蛋白是载体材料，棉籽油是油相，枸橼酸是 pH 调节剂，注射用水是水相。

【制备工艺】称取 45mg 多西紫杉醇溶于 0.75mL 棉籽油（含 10% 乙醇）中，作为油相；将 441mg 人血清白蛋白溶解于 44.3mL 注射用水中，配制成浓度约为 0.01g/mL 的白蛋白水溶液，加入枸橼酸调节 pH 至 6.6，得水相；在高剪切分散机的搅拌下，将油相快速注入到水相中，剪切分散得到初乳；将初乳转移至高压均质机内，均质至平均粒径在 200nm，得纳米粒混悬剂，即得多西紫杉醇白蛋白纳米粒。

【规格】1mg/mL。

【注解】①本品为靶向抗肿瘤药物，属于紫杉烷类衍生物，通过纳米技术将多西紫杉醇包裹于白蛋白载体中形成的新型制剂。多西紫杉醇通过与微管蛋白结合，抑制微管解聚，稳定微管结构，阻断细胞有丝分裂，诱导癌细胞凋亡。白蛋白作为天然载体，利用肿瘤组织的高渗透性和滞留效应（EPR 效应），使药物更易富集于肿瘤部位，提高局部药物浓度，同时减少对正常组织的暴露，降低全身毒性。②本品为无溶剂处方，传统多西紫杉醇注射液需含 Cremophor EL 等溶剂，可能引发过敏反应或神经毒性；白蛋白纳米粒通过纳米技术提高药物水溶性，无须此类溶剂，安全性改善。③靶向性。白蛋白可与肿瘤细胞表面的新生血管内皮细胞受体结合，促进药物靶向递送。④药代动力学特征：纳米粒形态延长药物循环时间，增强肿瘤蓄积，可能减少给药频率或剂量。⑤本品主要用于治疗乳腺癌、非小细胞肺癌、前列腺癌等实体瘤，尤其适用于对传统化疗不耐受或需提高疗效的患者。⑥静脉输注，通常需根据体重调整剂量，需注意预处理。⑦优势：本品能减少溶剂相关毒性（如过敏、神经病变）；提高肿瘤靶向性，潜在增强疗效；可能改善患者耐受性，尤其肝肾功能不全者。⑧不良反应：本品仍可能引发骨髓抑制（中性粒细胞减少）、脱发、恶心、乏力等，需监测血常规及肝肾功能。⑨药物相互作用：本品与 CYP3A4 抑制剂/诱导剂合用可能影响代谢，需调整剂量；避免与其他骨髓抑制药物联用。

❖ **例 9-6　帕替司兰脂质体注射液**

【处方】

帕替司兰（siRNA）	2.0mg	无水磷酸二氢钾	0.2mg
胆固醇	6.2mg	氯化钠	8.8mg
阳离子脂质（MC$_3$）	13.0mg	磷酸氢二钠七水合物	2.3mg
硬脂酰 PC（DSPC）	3.3mg	注射用水	适量
PEG 2000-C-DMG	1.6mg		

【处方分析】Patisiran（siRNA）是主药，胆固醇、阳离子脂质（MC$_3$）、硬脂酰PC（DSPC）、PEG 2000-C-DMG 是纳米粒材料，无水磷酸二氢钾、氯化钠、磷酸氢二钠七水合物是 pH 调节剂。

【制备工艺】采用乙醇负荷技术制备 siRNA 脂质纳米粒。先配制阳离子脂质、胆固醇、硬脂酰 PC（DSPC）和 PEG 2000-C-DMG 的乙醇溶液，与含 siRNA 的水溶液（pH4）迅速混合，其中氨基脂与含磷酸核苷酸的比例（N/P）为 6，水溶液与乙醇的体积比为 3∶1。混合后，LNP 分散体分散在 pH4 的缓冲液中，透析去除微量乙醇，调节缓冲液的 pH 至生理值范围（pH7.4），继续透析，即得。

【规格】2mg/mL。

【注解】①帕替司兰是一种双链小干扰 RNA（siRNA）。本品以脂质纳米粒（LNP）为递送系统，含阳离子脂质、胆固醇、PEG 脂质等，用于包裹和保护 siRNA 免遭降解，靶向递送至肝脏。②本品需冷链（2～8℃）保存，避免冻融。③本品适用于遗传性转甲状腺素蛋白淀粉样变性（hATTR）伴多发性神经病（成人患者），抑制突变型和野生型转甲状腺素蛋白（TTR）的合成，减少淀粉样物质沉积。④本品主要分布于肝脏。siRNA 经核酸酶降解为核苷酸片段，脂质成分通过正常脂代谢途径清除。本品半衰期约 3～5 天。代谢产物经尿液和粪便排出。⑤基于体重调整（通常 0.3mg/kg）给药剂量。静脉输注，每 3 周一次，输注时间约 80min。需使用糖皮质激素、抗组胺药及解热镇痛药预防输液反应。⑥常见（＞10%）不良反应有：输液相关反应（潮红、呼吸困难、皮疹等）；视力异常（视物模糊、飞蚊症）；外周水肿、关节痛、维生素 A 水平下降。严重风险如过敏反应、肝酶升高。⑦对帕替司兰或脂质纳米粒成分过敏者，严重活动性肝病患者禁用。⑧首次输注需在具备抢救条件的医疗机构进行。监测肝功能（基线及治疗期间定期检测）、血清维生素 A 水平指标。⑨药物相互作用：与强效 CYP450 诱导剂联用可能降低疗效。避免与同类 RNAi 药物联用。⑩本品未开封应在 2～8℃冷藏，避光保存，禁止冷冻。配制后，立即使用，室温下放置不超过 6h。

第五节　纳米乳工艺

一、纳米乳概述

纳米乳的乳滴大多为均匀的球形，粒径通常小于 100nm，外观透明或半透明，黏度低，可过滤除菌或热压灭菌，是一种胶体分散系统，也是一种热力学稳定体系。与普通乳剂在组成上相比，需要加入助乳化剂才能形成粒径较小的乳滴，且乳化剂与助乳化剂的用量比普通乳剂要大得多，一般在 10% ~ 30%。纳米乳的类型与普通乳剂一样分 3 种，水包油（O/W）型、油包水（W/O）型及双连续型（W/O/W 或 O/W/O）。纳米乳的乳化剂种类与普通乳剂一样，天然的有阿拉伯胶、西黄蓍胶、明胶、磷脂与胆固醇等；合成乳化剂中常用的有非离子型的 Span 类（司盘类）、Tween 类（吐温类）、Myrj/Brij 类（聚氧乙烯类）、poloxamer（泊洛沙姆）、聚氧乙烯氢化蓖麻油、蔗糖脂肪酸酯类和单硬脂酸甘油酯等。乳化剂的选择要依据纳米乳的类型、油相和药物需要的亲水亲油平衡值（HLB）值。助乳化剂能增加乳化剂的溶解度，协助乳化剂降低界面张力，增加界面膜的流动性，调节乳化剂的 HLB 值，使纳米乳滴能够自发形成。常用的助乳化剂是小分子的醇类，如乙醇、乙二醇、丙二醇、丙三醇、丁醇、戊醇等，还有各种规格的聚乙二醇（PEG 200、PEG 400、PEG 600 等）。

（一）常用材料

油相是脂溶性和难溶性药物的主要载体，其分子量的大小对纳米乳的形成至关重要，选择范围比普通乳剂要小得多。应选择成分较纯、性质稳定、对药物溶解度大、黏度低、分子量小的短链油类。常用的油类包括合成的肉豆蔻酸异丙酯（IPM）、棕榈酸异丙酯（IPP）、中链（C_8 ~ C_{10}）脂肪酸甘油三酯 [如辛酸 / 癸酸甘油三酯（Miglyol 812）、辛酸甘油三酯]；天然植物油中分子量小的中链脂肪酸（C_8 ~ C_{10}），如豆油、麻油、棉籽油、花生油、橄榄油等，但乳化较难，同时乳剂的外观颜色较深。

（二）纳米乳制备方法

1. 高能乳化法（high-energy emulsification，HEE）

（1）剪切搅拌乳化法 剪切搅拌乳化法是一种常用的纳米乳制备技术，通过使用高剪切均质乳化机产生高线速度和高频机械效应来实现油水两相的混合，形成均匀的纳米乳。这种方法适合大规模生产，因为它可以有效地控制粒径，并且配方组成有多种选择。在剪切搅拌乳化过程中，乳化机的特殊设计转子和定子在电机的高速驱动下，使得物料在它们之间的小间隙处受到剪切力，从而生成纳米乳剂。由于操作简单、能耗低，剪切搅拌乳化法比高压均质法更具优势。

剪切搅拌乳化法的效率和效果会受到多种因素的影响，包括乳化头的形式、剪切速率、定转子结构、乳化时间以及乳化循环的周期等。特别是转子的圆周线速度，该速度越快，对流体的切割或撞击密度就越大，细化作用就越强。然而，线速度过快可能导致破乳或热量无法发散，影响物料分散，使结果不理想。

（2）高压均质法 高压均质法是一种纳米乳制备领域广泛应用的技术，通过使用高压泵迫使流体通过小孔，利用剪切、撞击、空穴效应等物理作用，实现物料的细化和分散。这种方法特别适用于需要快速制备和处理大量液体的情况，能够在短时间内获得粒径小且分布均匀的纳米乳。

在具体操作时，首先要准备油相和水相。油相通常包含药物、油和乳化剂，而水相则由水和可能的其他成分组成。将油相和水相按一定比例混合，形成初乳；然后将初乳送入高压均质机进行处理，初乳通过高压均质阀的狭缝时，物料受到高剪切力、高碰撞力和空穴效应的作用，从而实现乳液的纳米化。

高压均质法具有多种优势，包括可以处理高黏度或含有大/硬颗粒的原料，且设备通常设计有内置冷却系统，可以直接吸收破碎过程产生的热量，变频控制系统可以根据要求调节流量。此外，高压均质机的均质阀、孔和腔体使用各种耐磨损材料，如坚硬金属、碳化钨、金刚石和金刚石涂层材料，以延长使用寿命。

然而，高压均质法也存在一些局限性，比如设备成本较高，可能导致生产成本增加。此外，由于制备过程中可能产生高温，这可能会影响某些热敏性药物或活性成分的稳定性。

（3）**超声波乳化法**　超声波乳化法是一种利用超声波能量制备纳米乳的技术。这种方法通过在液体中引发气穴现象，即小气泡的形成和爆破，产生高剪切力、冲击波和微射流，从而将大液滴分解成小液滴，形成均匀的纳米乳液。超声波乳化能够在减少乳化剂使用的同时，保证乳液的稳定性，形成纳米级液滴，具有环保、成本效益高和节能等优点。

在应用超声波乳化法制备纳米乳时，可以通过调整超声功率、乳化时间、乳化剂的种类和浓度等参数来优化乳液的粒径和稳定性，如使用吐温 80 作为乳化剂可以制备出粒径小且分布均匀的纳米乳液。此外，超声波乳化法制备的纳米乳粒径一般小于剪切搅拌乳化法和高压均质法所制备的纳米乳，其分散度主要受超声频率和超声时间的影响。

虽然超声波乳化法具有许多优势，如该技术在制备过程中可以控制乳液的类型，形成的乳液更加稳定，且所需功率小。但在实际应用中也存在一些局限性，例如，该方法可能不适合制备大量的样品，且使用时要注意避免探头发热产生的铁屑进入药液。

2. 低能乳化法（low-energy emulsification，LEE）

（1）**相变温度法**（phase inversion temperature，PIT）　PIT 法主要适用于将聚氧乙烯类非离子型表面活性剂作为乳化剂制备纳米乳的工艺。该法利用了表面活性剂分子在相转变温度时自发曲率为零以及非常低的表面张力这种特殊性质来促进乳化，无论是由 O/W 型乳液向 W/O 型乳液的转变还是由 W/O 型乳液向 O/W 型乳液的转变，都能促进细微分散乳滴的形成。除温度外，其他参数如 pH 值、盐浓度等也会对整个制备工艺产生影响。另外需要注意的是，由于乳滴的聚结速度非常快，如在相转变点停留的时间过长，加热或者冷却的速度不够快，容易导致分散的乳滴合并，最后制备的纳米乳会不稳定或形成的乳液粒径过大。龚明涛等采用相变温度法，以磷脂为乳化剂，成功制备了羟基喜树碱纳米乳注射液，大大提高了其抑制癌细胞的能力，使纳米乳成为了难溶性喜树碱类抗肿瘤药物极具潜力的药物递送系统。

（2）**相转变法**（phase inversion composition，PIC）　PIC 法是在温度不变时，改变体系中水相所占的百分比来达到相转变点，从而形成纳米乳。具体步骤是室温下将表面活性剂加入到油相中溶解，缓慢将水相加入混合物中形成 W/O 型乳剂，随着水相比例的增加，表面活性剂曲率发生改变，连续相由油相变为水相，形成了 O/W 型纳米乳。另外，可以向体系中加入助表面活性剂。助表面活性剂通常是多元醇，可以调节表面活性剂的亲水亲油性，在 O/W 型纳米乳的制备中十分常见。由于该法能够在室温下大规模生产纳米乳，且不需要加热和使用有机溶剂，因此受到了业内人士的广泛关注。

（3）**自乳化法**（self-emulsification method，SEM）　自乳化法是将油相和水相混合，油相的成分会对纳米乳的自动乳化和乳剂的物理化学性质产生极大影响。当有机相和水相的混溶性较好时，自乳化的速率最大。油的黏度、表面活性剂的 *HLB* 值以及油相与水相的混溶性等决定自乳化法制备纳米乳的质量。乳化过程的自发形成与表面活性剂的浓度和结构及油水界面黏度、界面张力、乳剂相转变区域和体积黏度等因素有关。

二、纳米乳生产工艺

（一）纳米乳的主要生产工序与洁净度要求

1. 纳米乳的主要生产工序

（1）原料准备　准备油相（药物油溶液）、乳化剂、助乳化剂、溶剂等原料。原料需经过质量检验，确保符合药品生产标准。

（2）配方设计　根据所需的纳米乳特性（如粒径、稳定性等）设计配方。考虑使用适宜的乳化剂和溶剂，以及可能的稳定剂和防腐剂。

（3）乳化过程　将油相和乳化剂混合均匀，然后缓慢滴加至溶剂中，边加边搅拌，形成初乳。可以采用高速剪切、超声或高压均质等技术来获得更均匀的粒径分布。

（4）无菌填充和封装　在无菌条件下将纳米乳填充到适当的容器中，并进行封装。封装过程应在符合 GMP 要求的洁净环境中进行。

（5）储存　将合格的纳米乳存放于符合储存条件的环境中，并进行运输。

2. 纳米乳生产的洁净度要求

纳米乳生产的洁净度要求与脂质体相似，详见本章第二节　脂质体工艺。

（二）纳米乳生产工艺流程图

纳米乳生产工艺流程见图 9-10。

三、纳米乳生产控制要点、常见问题及对策

（一）生产控制要点

1. 处方设计

（1）纳米乳形成的基本条件

① 需要大量乳化剂。纳米乳中乳化剂的用量一般为油相用量的 20% ～ 30%，而普通乳中乳化剂多低于油相用量的 10%。纳米乳乳滴小，比表面积大，其形成及稳定需要大量的乳化剂。

② 需要加入助乳化剂。由于乳化剂具有超低界面张力（$\gamma < 10^{-2}$mN/m），可自发形成稳定的纳米乳，通常 γ 大于这个数值，则成普通乳，该值称为临界值。而乳化剂受溶解度的限制，一般情况下 γ 降低至该值前就已达到临界胶束浓度，此后便不再降低。助乳化剂使乳化剂的溶解度增大，γ 进一步降低，甚至可出现负值（可以理解为增大界面不仅不需要能量，而且会自动进行并释放能量），有利于纳米乳的形成。助乳化剂可调节乳化剂的 *HLB* 值，使之符合油相的要求。一般不同的油对乳化剂的 *HLB* 值有不同的要求。制备 W/O 型纳米乳时大体要求乳化剂的 *HLB* 值为 3 ～ 6，制备 O/W 型纳米乳则需用 *HLB* 值为 8 ～ 18 的乳化剂。亲水亲油平衡值（*HLB*）是纳米乳处方设计的一个初步指标。体系 *HLB* 值由乳化剂和助乳化剂的种类及用量决定，并且与体系中的其他组分以及温度、盐浓度等有关。

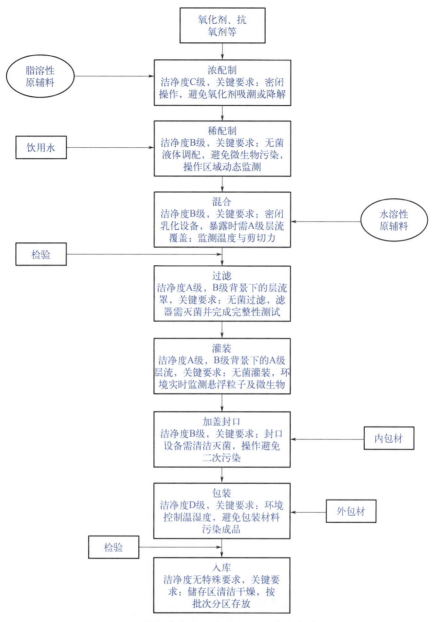

图 9-10　纳米乳生产工艺流程及工序洁净度要求

（2）**乳化剂的选择**　通常要求乳化剂的 HLB 值尽可能与药物的 HLB 值接近，这样才易于形成纳米乳。另外，乳化剂的复配可发挥它们的协同效应，提高乳化效率，使纳米乳的制备更容易，有助于减少乳化剂的用量。

非离子型表面活性剂都有轻微的溶血作用，其溶血作用的顺序为：聚氧乙烯脂肪醇醚类＞聚氧乙烯脂肪酸类＞聚山梨酯类。聚山梨酯类中，溶血作用的顺序为：聚山梨酯 20 ＞聚山梨酯 60 ＞聚山梨酯 40 ＞聚山梨酯 80。

（3）**助乳化剂的选择**　助乳化剂在纳米乳形成过程中协助乳化剂降低界面张力，增加界面膜的流动性，减少纳米乳形成时的界面弯曲能，并调节乳化剂的 HLB 值。一般常用的助乳化剂为中链、短链醇和胺类物质。近年来有报道，采用甘油酯类、脱水山梨醇酯类和聚乙二醇类（如 PEG 200、PEG 400、PEG 600）等生物相容性良好的物质作为助乳化剂。

（4）油相的选择 油相分子与界面膜分子之间应保持一定作用，即油相分子的大小对纳米乳的形成较为重要。原则上油相分子体积越小，对药物的溶解能力越强，油相分子链过长则不易形成纳米乳。因此，为了提高主药在油相中的溶解度、增大纳米乳形成区域，应选择药物溶解度较大的无毒无刺激性的短链油相。常用的油相有豆油、肉豆蔻酸异丙酯（IPM）、棕榈酸异丙酯（IPP）、中链（$C_8 \sim C_{10}$）甘油三类（如 Miglyol 812、Captex 355）等。大豆油、花生油这类天然植物油及中、长链的脂肪酸甘油酯类，毒性小，可用作静脉注射给药，但由于分子体积大、极性小，制备纳米乳困难。

2. 纳米乳的制备

纳米乳的制备：将各成分按比例混合即可制得纳米乳，而且与各成分加入的次序无关。通常制备 W/O 型纳米乳比 O/W 型纳米乳容易。

配制 O/W 型纳米乳的基本步骤是：①选择油相及亲油性乳化剂，将该乳化剂溶于油相中；②在搅拌下将溶有乳化剂的油相加入水相中，如已知助乳化剂的用量，则可将其加入水相中；如不知助乳化剂的用量，可用助乳化剂滴定油水混合液，直至形成透明的 O/W 型纳米乳。

（二）常见问题及对策

纳米乳的处方的一个特点是通常必须有助乳化剂。助乳化剂可插入到乳化剂界面膜中，形成复合凝聚膜，以提高膜的牢固性和柔顺性，从而更易形成微小的乳滴。设计纳米乳处方时，一般选用链长为乳化剂 1/2 的助乳化剂，以增加界面膜的柔顺性。但少数离子型表面活性剂（如 Aerosol-OT）和非离子型表面活性剂能使界面张力降到临界值（10^{-2}mN/m），不加助乳化剂也可形成 O/W 型纳米乳。达到临界值的纳米乳乳滴多为球形。基于热力学计算，必须达到超低界面张力（$\leqslant 10^{-4}$mN/m），W/O 型纳米乳中水滴才能大量地形成聚集体。

助乳化剂可以调节乳化剂的 *HLB* 值，使其与油相的要求符合，以利纳米乳的形成。制备 W/O 型纳米乳时，要求乳化剂的 *HLB* 值为 3 ~ 6，制备 O/W 型纳米乳则需用 *HLB* 值为 8 ~ 18 的乳化剂（表 9-3）。

表 9-3 纳米乳中不同的油相所需乳化剂的 *HLB* 值

油相	W/O 型	O/W 型
脂溶性维生素	—	5 ~ 10
棉籽油	—	7.5
其他植物油	—	7 ~ 12
挥发油	—	9 ~ 16
液状石蜡	4	10
芳香烃	4	12
蓖麻油	—	14
亚油酸	—	16
油酸	—	17

四、纳米乳实例

> ❖ **例 9-7　环孢素纳米乳软胶囊**
>
> 　【处方】
>
> | | |
> |---|---|
> | 环孢素 | 100mg |
> | 聚氧乙烯氢化蓖麻油 | 380mg |
> | 1,2- 丙二醇 | 320mg |
> | 无水乙醇 | 100mg |
> | 精制植物油 | 320mg |
>
> 　【处方分析】其中环孢素为主药，聚氧乙烯氢化蓖麻油为乳化剂，1,2- 丙二醇为助乳化剂，精制植物油为油相，无水乙醇为水相。
>
> 　【制备工艺】将环孢素粉末溶于无水乙醇中，加入乳化剂聚氧乙烯氢化蓖麻油与助乳化剂 1,2- 丙二醇，混匀得澄清液体，测定乙醇含量合格后，加精制植物油混合均匀得澄清油状液体。由胶皮轧丸机制得环孢素纳米乳软胶囊（胶丸）。
>
> 　【规格】（1）10mg；（2）25mg；（3）50mg。每板 10 粒，每盒 5 板。
>
> 　【注解】①本品为环孢素纳米乳软胶囊（口服），选择性抑制 T 淋巴细胞活化，阻断 IL-2 等细胞因子产生，从而抑制移植排斥反应。纳米乳技术可提高生物利用度；减少食物影响，吸收更稳定；血药浓度波动小，降低肾毒性风险。②本品用于器官移植术后抗排斥治疗，难治性类风湿关节炎（RA）、严重银屑病、再生障碍性贫血等自身免疫性疾病的治疗。③本品口服后 1.5~2h 达峰，食物影响较小。广泛分布于血液及组织中，蛋白结合率约 90%。主要经肝脏 CYP3A4 代谢，以胆汁排泄为主，半衰期为 6 ～ 8h。④初始剂量：肾移植患者，8 ～ 12（mg/kg）/ 天，分 2 次口服；肝移植患者，10 ～ 15（mg/kg）/ 天，分 2 次口服。维持剂量一般根据血药浓度调整，通常 3 ～ 5（mg/kg）/ 天。⑤常见不良反应：多毛症、震颤、牙龈增生、胃肠道不适。严重不良反应有肾毒性、高血压、机会性感染，需立即就医。⑥药物相互作用。禁忌联用：CYP3A4 强抑制剂→血药浓度升高，毒性风险↑；CYP3A4 强诱导剂→血药浓度降低，排斥风险↑。需谨慎联用：他克莫司、西罗莫司、非甾体抗炎药。⑦本品应避光，25℃以下保存，避免潮湿。

第六节　纳米晶工艺

一、纳米晶概述

（一）纳米晶的优势

水溶性较差的药物会出现溶解度和溶出度较低、口服生物利用度低、吸收不可预测等问题，从而治疗效果不佳。据统计，来源于化学合成的候选药物中，约60%是难溶性药物，导致药物的利用率低、稳定性差。因此，增加药物的溶解度及溶出度，提高其生物利用度是制剂学研究的重要任务。将药物制成纳米晶是一种增加药物溶解度的途径。纳米晶即将药物本身进行纳米化，通常是将药物分散在液体介质中，得到由纳米晶药物、少量稳定剂和分散介质组成的混悬液。当药物从微米晶转化为纳米晶时，其粒径减小、表面积增大、溶解速率提高，能够显著提高其生物利用度。

（二）纳米晶制备方法

利用表面活性剂等稳定剂的稳定作用，将药物颗粒分散在水中，通过粉碎或结晶技术可制成稳定的药物纳米晶。药物纳米晶的制备方法一般可分为 Top-down 技术、Bottom-up 技术、结合法及其他方法（图9-11）。Top-down 法通常称为"自上而下"法，即将药物直接微粉化处理成产品，有时还被命名为分散法，指通过机械力使大的药物颗粒减小至纳米级颗粒的方法，主要包括介质研磨法、高压均质法等。介质研磨法是将研磨介质和含有稳定剂的药物混悬液一起密封在球磨机中，随着球磨机的高速转动，药物混悬液、研磨介质和器壁之间相互碰撞，使药物颗粒逐渐减小至纳米晶体大小。高压均质法包括微射流技术和活塞-狭缝均质技术。微射流技术是通过喷射气流使药物混悬液加速通过管腔均质室，经多次碰撞和剪切减小粒径至纳米级；活塞-狭缝均质技术是将药物混悬液在低压下均质循环适当次数进行预处理，然后将预处理液通过狭缝进行高压均质循环，制备纳米晶颗粒。Bottom-up 法也被称为自下而上法、沉淀法，该技术通过将药物溶解在合适的溶剂中，然后添加非溶剂沉淀溶解的药物，从而产生纳米晶。然而，大多数现代治疗药物难以溶于普通有机溶剂，且这些溶剂本身有毒并难以完全去除，从而限制了该方法的适用性。随着时间的推移、技术的进步，出现了各种超临界流体技术用于生产纳米晶体，其基本原理是从药物的过饱和溶液中沉淀出药物纳米晶体。自下而上法可细分为溶剂-反溶剂沉淀法、超临界流体法、溶剂蒸发法和喷雾干燥法等。

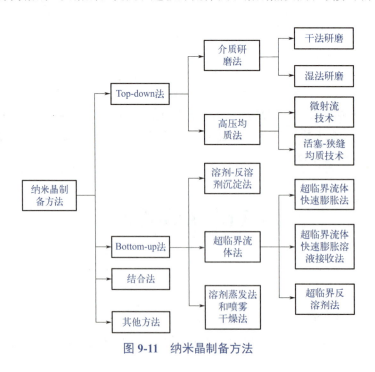

图9-11 纳米晶制备方法

1. Top-down 法

（1）介质研磨法（media milling，MM） 介质研磨法是纳米晶的第一代制备技术，由 Liversidge 公司于 1990 年开发，技术平台被称为 Nanocrystals。介质研磨法分为干法研磨和湿法研磨两种，工业上主要采用湿法介质研磨。

研磨室内研磨介质的粒径在 0.1～20nm 范围内，通常是以陶瓷（钇稳定氧化锆）、氧化锆、不锈钢、玻璃、铬、玛瑙或聚苯乙烯树脂为涂层的珠子。药物、稳定剂和水按照一定比例混合后，投入到装有研磨介质的封闭研磨腔体内，高速转动使药物粒子、研磨介质和器壁相互碰撞，产生持续且强烈的撞击力和剪切力，提供药物颗粒微粉化所需的能量，从而制得纳米晶。

制备时的研磨时间根据所需的粒子粒度而定，与药物的硬度、批量、研磨珠的数量、研磨转速、研磨温度等密切相关。研磨时间与研磨转速成反比，通常选用低速长时间研磨或者高速短时间研磨。但过高的研磨转速、过大的批量、过长的研磨时间是导致小粒子聚集成大粒子的主要原因，并且时间越长，微生物负荷就越难控制。

研磨珠的数量、尺寸和研磨的温度影响纳米晶的粒度分布。增加研磨珠数量会增加药物粒子碰撞的概率，但同时又会因表面电荷的存在使粒子聚集。研磨珠的粒径越小，彼此间的空隙就越小，因此制备的纳米晶粒径就越小。

研磨室的温度影响药物粒子的稳定性，通常来说低温能减缓药物粒子之间的聚集，对研磨室进行降温或者加入液氮，能使纳米晶的粒径更小且粒度分布更窄。

（2）高压均质法 高压均质法是纳米晶的第二代制备技术，由 Muller 等人在 20 世纪 90 年代开发，主要分为微射流技术和活塞 - 狭缝均质技术。

微射流技术是通过喷射气流，使药物混悬液快速通过均质室，在管道内反复改变方向，形成空穴效应、撞击效应和剪切效应，减小药物微粒粒径。

活塞 - 狭缝均质技术是将经微粉化预处理的难溶性药物制成混悬液粗品，粗品在高压均质机高压泵的作用下高速通过匀化阀狭缝，通过控制高压均质循环数次来精准控制产品粒径。高压均质的压力越大，流体在狭缝处的流速就越大，产生能量以均质破坏粒子，所制备的纳米晶体粒径就越小。但是，并非所有的药物都能在高压力下实现粒子的破裂，有的药物需要增加均质次数来对微粒进行反复均质，所以均质压力和均质次数要根据药物的硬度和性质来设置。但均质次数越多，粒子分布范围越窄。均质过程中摩擦力的存在会导致均质温度升高，热敏性药物存在降解的可能，但现在的均质机或者微射流设备已能实现根据需求全程控温。

2. Bottom-up 法

（1）溶剂 - 反溶剂沉淀法（solvent-antisolvent precipitation，SASP） 溶剂 - 反溶剂沉淀法是将药物溶液（溶解于与水互溶的有机溶剂）和反溶剂（通常为水或者水性介质）充分混合，形成水相过饱和溶液，使药物成核并形成沉淀，最终形成纳米级药物晶体。

影响溶剂 - 反溶剂沉淀法的因素很多，包括两相溶剂混合和药物沉淀时间、药物浓度、有机相与水相的比例、表面活性剂的浓度和位置（水相或有机相）、搅拌的速度和强度、有机溶剂的注入速度。药物溶液的浓度越高，溶液的黏度就越高，在水相中的过饱和度就越高，颗粒聚合的机会就越多，进而形成的晶核就越多，最终形成晶体的粒径就越小。而温度也影响着纳米晶体的粒径，温度越高形成的颗粒粒径越小，因为低温溶液中药物的过饱和度低，晶体成核速率和生长速度较快。

控制晶体的生长是精准控制药物颗粒粒径的最佳方法，很多物理方法被用于控制晶体生长，如高重力控制沉淀法（high-gravity controlled precipitation，HGCP）、液体撞击射流沉淀法、多入口涡流混合器沉淀法、冷冻干燥控制沉淀法、喷雾干燥控制沉淀法、酸碱反应产生 CO_2 辅助沉淀法、微射流反应技术沉淀法、超声辅助沉淀法等，通过控制每种方法的物理参数实现对晶体生长的控制。

比如超声波辅助沉淀法是利用超声波诱导，超声处理促进药物微粉化，提高晶体成核速率并减少晶体的生长和结块，控制超声强度、超声时间、探头长度、探头在溶液中的位置等参数，实现对粒径的控制。

而酸碱反应产生 CO_2 辅助沉淀法是利用酸碱中和反应产生 CO_2，利用气体的泡腾作用控制晶体的形成。该方法采用有机溶剂和有机酸溶解难溶性药物，除去溶剂后得到酸相，在酸相中加入碳酸盐水溶液，酸碱中和反应快速生成 CO_2，产生的气泡发挥微观混合作用，实现对纳米晶体形成的控制。为更好地抑制晶体团聚，往往会加入稳定剂吸附药物疏水表面。

沉淀法的缺点是有机溶剂的使用，最终产品的溶剂残留存在较大的安全问题，并且沉淀后的晶体再分散性、规模放大效应和样品稳定性均存在一定难度。

（2）超临界流体法（supercritical fluid technology，SFT） 超临界流体法是将药物溶解于超临界流体中，当超临界流体通过孔径较小的喷嘴减压雾化时，超临界流体迅速气化使药物结晶，形成药物纳米晶。CO_2 是最常用的超临界流体之一，因为 CO_2 的临界温度为 31℃，最低临界压力为 7.38MPa，易于转化为超临界状态，并且成本低、安全性高，不易燃烧且易于除去。

超临界流体法包括超临界流体快速膨胀法（RESS）、超临界快速膨胀溶液接收法（RESOLV）和超临界反溶剂法（SAS）。

在超临界流体快速膨胀法（RESS）中，药物溶解于超临界流体中，药液通过喷嘴时，减压会改变流体密度，使药物过饱和而成核形成晶体。超临界快速膨胀溶液接收法（RESOLV）是在超临界流体快速膨胀法上改进而来，后者将喷嘴置于空气中，而前者改进后将喷嘴置于水溶液中。超临界流体的压力、温度、流速、喷嘴的形态和直径等都会影响纳米晶体的粒径和收率。该方法的优点在于技术简单、成本较低，且使用无害的溶剂，不会残留任何有机溶剂。缺点是超临界流体的消耗过大，并且仅适用于能溶于超临界流体的药物。

（3）溶剂蒸发法和喷雾干燥法（solvent evaporation and spray drying，SESD） 溶剂蒸发法和喷雾干燥法是利用物理方法除去药物溶液中的溶剂，使药物结晶形成纳米晶体的一种技术。

喷雾干燥技术广泛应用于纳米晶体的生产，涉及流体在热的干燥气体中经雾化器雾化这一过程，雾化流速、雾化器直径、流体特性和设备都影响着纳米晶的粒径和形态。NanoCrySP 技术是最近发展起来的用于制备纳米晶体的喷雾干燥技术，即将药物溶液和小分子一起喷洒，促进核的形成，最终将药物纳米晶体形成小分子固体分散体。该方法的缺点是必须加入稳定剂以避免晶体团聚，利用气旋收集纳米晶体也是一个难题，需要开发功能更为全面的喷雾干燥器提高收率。

3. 结合法

图 9-12 为结合法制备纳米晶体的示意图。

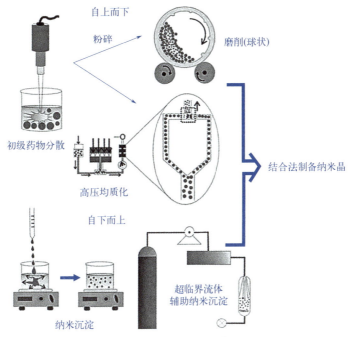

自上而下

粉碎

磨削(球状)

初级药物分散

高压均质化

结合法制备纳米晶

自下而上

超临界流体
辅助纳米沉淀

纳米沉淀

图 9-12　结合法制备纳米晶体

Nanoedge 技术是一种用于制备纳米晶的组合技术，它通过结合沉淀法和高压均质法来制备粒径更小、结晶度更高的纳米晶。在操作过程中，药物首先在有机溶剂中溶解，然后与水性溶剂混合，由于药物在水性溶剂中的溶解度低，会形成半晶型或无定形沉淀。随后，这些沉淀通过高压均质法进行处理，增强其结晶度，形成更稳定的结构。这种方法可以有效提高沉淀法制得的纳米晶的稳定性，同时改善高能技术的粒度减小效果。H69 技术也是一种用于制备纳米晶的组合技术，它结合了微量沉淀法和高压均质法。在制备过程中，首先将药物在有机溶剂中溶解，然后与水性溶剂混合，形成沉淀。这些沉淀随即通过高压均质处理，增强其结晶度，形成更稳定的纳米结构。这种方法能够有效改善沉淀法制备的纳米乳的稳定性，并且通过高压均质的空穴效应作用于药物颗粒，减小粒径，从而获得更小尺寸的纳米晶。

二、纳米晶生产工艺

纳米晶药物的制备工艺相对简单，生产技术分为自下而上（溶剂 - 反溶剂沉淀）或自上而下（高压均质、介质研磨等）法。目前，在商业规模化生产中常常使用介质研磨法和高压均质法，解决了诸如磨耗、较长的铣削时间以及其他下游加工难题等问题。自下而上法，由于存在设备能耗高、易磨损、质量难以精确控制等方面的问题，还未实现商业化生产。

（一）纳米晶的主要生产工序与洁净度要求

1. 纳米晶的主要生产工序

自上而下法使用各种物理方法（介质研磨与高压均质）将大粒径药物晶体粉碎至纳米尺寸，获得的纳米晶药物粒径分布较窄，且可控（可以通过研磨时间的长短实现不同药物粒径）。

另外由于过程中不需要有机溶剂，整体操作简单，工艺重现性好，易于工艺放大及进一步商业化，成为纳米晶工艺中问世最早并一直沿用至今的方法。

2. 纳米晶生产的洁净度要求

纳米晶生产的洁净度要求与脂质体相似，详见本章第二节　脂质体工艺。

（二）纳米晶生产工艺流程图

介质研磨法制备纳米晶生产工艺流程见图 9-13。

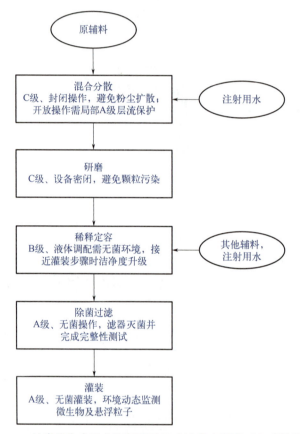

图 9-13　纳米晶生产工艺流程图及工序洁净度要求（介质研磨法）

三、纳米晶生产控制要点、常见问题及对策

（一）生产控制要点

开发纳米晶药物产品有四个影响质量的关键因素，分别是原料药及其标准的控制、制剂及其标准的控制、生产工艺设计的控制、原料药和制剂的稳定性的控制。

1. 原料药及其标准的控制

原料药的控制高度取决于原料药标准的合理制订，该标准应包括所有影响药品生产和质量的关键原料药属性。纳米晶体有时可以在掺入稳定剂的分散介质中制备，从而在最终配方中形成胶体状态或纳米悬浮液。因此，通常需要为原料药和纳米晶胶体分散体建立粒径规格标准，包括平均粒径和粒径分布。根据提交的历史审查，这些规格通常使用三层方法来表示，而不是两层方法用来报告和控制粒度分布。当分层方法不合适时，粒径信息以强度加权平均值（Z-average）、多分散指数（PDI）和相关直方图的形式报告。还应该强调的是，样品制备方法可能会对粒度测定结果产生重大影响，因此在整个生产过程中应该保持一致，以确保数据的可靠性和可重复性。由于目前可用的每种方法在仪器、应用和性能方面都有其自身的优点和局限性，并且由于粒度的临界性，通常至少使用两种相互补充的分析方法来确定粒度。在某些情况下，由于 pH 值已被证明是某些纳米晶体悬浮液中药物稳定性的指标，因此原料药（或药品）的规格中也包括纳米晶体胶体分散体的 pH 值测定。

2. 制剂及其标准的控制

一般来说，与原料药的控制一样，建立合适的药品质量标准在所有药品的质量控制中起着重要的作用。药品质量标准应包括药品的所有关键质量属性，包括那些特定于剂型的关键质量属性。含量均匀性和溶出速率通常是固体剂型的关键质量属性，黏度、密度和再分散性通常是混悬液的关键质量属性。还应指出的重要一点是，在纳米晶药品的生产过程中，考虑原料药的关键质量属性至关重要。

3. 生产工艺设计的控制

生产工艺设计最常见的控制要点是确定关键工艺步骤和过程控制，例如基质内 API 的均匀分散性，预混合/混合步骤之后的混合均匀性，制粒终点和用于过程中测定的取样计划等。此外，纳米晶体配方的开发还需关注原料药粒度分布的过程测试和控制（包括研磨药物分散体），以及防止研磨或均质后纳米颗粒团聚的措施。

当纳米晶体通过自上而下法形成时，例如在湿法研磨中，了解机械磨损过程潜在的可萃取物，可浸出物或污染物，以及评估研磨过程中产生的杂质并采取适当措施至关重要。湿法研磨的主要问题是研磨介质（或研磨材料）产生的残留物可能导致最终产品的污染。研磨材料通常为陶瓷、不锈钢、玻璃或聚苯乙烯树脂。在研磨过程中可能发生研磨材料的侵蚀，这可能导致与工艺相关的杂质引入药品中，这是一个应关注的问题，因为研磨介质（或研磨材料）的残留物通常是不溶的。通过测试和建立规范来控制生产过程中发现的污染和杂质是纳米晶体药物产品开发的主要考虑因素。除了研磨介质污染外，在研磨过程中还应考虑其他关键要点，例如，产品温度和冷却器温度随时间的变化情况通常被认为是实现对粒度分布适当控制的关键措施。通常需要在研磨前后研究蠕动泵和驱动马达速度的参数设置对基质内 API 粒度分布的影响。

至于自下而上的方法，工艺设计过程中需要考虑包括确保原料药在熔化过程中不会转化为其他多晶形式。在采用自下而上的方法时，应充分考虑过程中的检测和控制，以确保药品粒度分布批次间的一致性。使用热熔工艺需考虑以下因素：①如何确认原料药在基质中均匀分散；②如何控制向熔体中添加原料药的速率并防止原料药团聚；③如何确定和控制熔融材料的最佳黏度；④当多个批次在研磨和上浆后混合时，如何确定过程中分析的取样计划；⑤采取何种控制措施来确定凝固/冷却程序的完成情况。所有这些都可能影响最终的产品质量。自下而上的方法需要严格控制生产过程，避免再结晶进入微米范围，这是热熔技术中的常见问题。此外，一些自下而上的方法涉及使用有机溶剂，这可能会将残留溶剂作为杂质引入药品中。

4. 原料药和制剂的稳定性的控制

在纳米晶体药物审查中，产品中药物晶型稳定性是一个常见问题，可通过比较 API、新生产产品和货架期末期产品晶型，来确保药物晶型在生产后和货架期贮存期间保持不变。多晶型药物的稳定性可以通过 X 射线粉末衍射（XRPD）、差示扫描量热法（DSC）或光谱法等方法来测定。药物产品需要进行加速和长期稳定性测试，是否进行额外的稳定性测试取决于所研究产品的剂型。例如，在开发纳米混悬液时，通常需要考虑贮存时颗粒生长的可能性和对结块、沉淀、再混悬和溶解速率的影响，这时药物稳定性的分析往往侧重于检查粒径随时间的变化。在稳定性测试期间需要经常考虑沉降或再分散性。

（二）常见问题及对策

1. 纳米晶药物的稳定性

纳米晶药物的稳定性取决于稳定剂的性质及其使用的浓度。纳米悬浮液的动力学稳定性由体系的活化能和表面作用力（如疏水力）控制，疏水力在团聚中起重要作用。影响纳米悬浮液稳定性的因素包括药物的理化性质、表面能、润湿性、表面疏水性以及稳定剂对药物分子颗粒表面的亲和力。非晶或部分非晶纳米晶体的再结晶风险增加，最终可能导致奥斯特瓦尔德成熟和不稳定。在高度分散的体系中，奥斯特瓦尔德成熟现象是细粒的消失和微粒的形成。由于颗粒大小的不同，饱和溶解度的差异导致浓度梯度的产生，使得小颗粒在大颗粒的周围扩散，较大的颗粒表面产生过饱和结晶，导致微粒形成和细粒消失。因此，粒径均匀性以及纳米晶体周围的稳定层对纳米悬浮液的稳定起着至关重要的作用。稳定剂吸附在颗粒表面，降低体系的自由能，降低界面张力，使纳米乳具有静电和空间稳定性。

常用的稳定剂有：①半合成非离子型聚合物（HPMC、MC、HEC、HPC）；②半合成离子型聚合物（CMC-Na、Alg-Na）；③合成线状聚合物（PVP、PVA）；④合成共聚物（poloxamers、聚乙烯醇 - 聚乙二醇接枝共聚物）；⑤离子表面活性剂（SDS、多库酯钠、脱氧胆酸钠）；⑥非离子型表面活性剂（聚山梨酸酯、山梨醇酯、TPGS）；⑦天然生物表面活性剂（卵磷脂、胆酸衍生物）。为了获得更高的稳定性，最好使用离子型稳定剂和聚合稳定剂的组合。药物与聚合物的比例通常在 1：3 到 50：1 之间，变化很大。稳定剂必须具备的三个条件为：①基于物理吸附，对固体表面有良好附着力，疏水 / 亲水力足够强，以使表面活性剂有效；②对纳米晶有良好的覆盖能力；③实现稳定剂结构的亲水 / 亲脂平衡。如今，如表面等离子体共振（SPR）和接触角技术等技术正被成功地应用于监测稳定剂亲和力和药物 - 稳定剂相互作用。

2. 纳米晶药物安全性

在提高纳米晶药物稳定性的同时，纳米晶药物的安全性也是不可忽视的问题，其自身的化学组成、表面电荷、粒度及粒度分布、微观形态、长短径比值等都影响着纳米晶的安全性。就粒度而言，普遍认为纳米级的粒子不会被网状内皮系统（reticuloendothelial system，RES）和单核吞噬系统所识别消除，可以延长作用时间，但也会通过胞吞作用进入非靶点细胞中，有增加毒副作用的风险。而长短径比值影响药物的内在化、摄取和活性。有研究表明，当长短径比值为 3：1 时，细胞摄取速率最快，如果比值太高，药物易被肝脏摄取，缩短半衰期。

并且，尽管目前的制备工艺众多，但是所有高效的技术都需要特殊设备。随着纳米晶注射剂的广泛普及和应用，对粒径的控制必须更为精准，对设备的要求需进一步提高。

四、纳米晶实例

> ❖ 例9-8 阿瑞吡坦（纳米晶）胶囊（抗呕吐药）
>
> 【处方】
>
> | | |
> |---|---|
> | 阿瑞吡坦 | 125mg |
> | 羟丙纤维素-SL | 24.7mg |
> | 十二烷基硫酸钠 | 0.47mg |
> | 蔗糖 | 125mg |
> | 微晶纤维素 | 60.47mg |
> | 十二烷基硫酸钠（微粉） | 0.7mg |
>
> 【处方分析】阿瑞吡坦为主药；微晶纤维素为稀释剂和黏合剂；蔗糖是黏合剂；十二烷基硫酸钠（微粉）作为稳定剂；羟丙纤维素-SL是辅料。
>
> 【制备工艺】将阿瑞吡坦和羟丙纤维素-SL分散在水中制成浆液，加热到70℃，在此温度下进行预研磨，使平均粒径 D_{90} 小于150μm，冷却至约5℃，加入十二烷基硫酸钠水溶液，再进行介质研磨，形成由平均粒径约为138nm的颗粒组成的胶体分散体，加入蔗糖水溶液制备包衣分散体，过滤。将此包衣分散体喷到微晶纤维素球上进行流化包衣，制得含药微丸（增重450%），过筛，加入微粉化十二烷基硫酸钠混合，填充到硬胶囊中，即得。
>
> 【规格】80mg/125mg。
>
> 【注解】①本品为阿瑞吡坦胶囊，一种纳米晶制剂，采用纳米晶技术提高药物溶解度和生物利用度，增强稳定性。②本品适用于预防化疗后急性和延迟性恶心、呕吐。联合5-HT3受体拮抗剂及地塞米松使用，增强止吐效果。③阿瑞吡坦为神经激肽-1（NK1）受体拮抗剂，抑制P物质与中枢NK1受体结合，阻断化疗诱导的恶心呕吐信号传导，也能与5-HT3拮抗剂及糖皮质激素联用，发挥协同作用，覆盖多通路止吐。④本品口服后3～4h达峰浓度，高脂饮食可增加吸收。经CYP3A4肝酶代谢，半衰期约9～13h。主要经粪便排出，少部分经尿液。蛋白结合率>95%。⑤用法用量。成人标准方案为：第1天（化疗前1h）口服80mg。第2～3天每日50mg。肝功能不全者需谨慎，无须调整肾功能不全者剂量。⑥常见不良反应有头痛、疲劳、消化不良、便秘、食欲下降。罕见但严重不良反应为过敏反应、肝酶升高、Stevens-Johnson综合征。对阿瑞吡坦或辅料过敏者禁用。禁忌与匹莫齐特联用。⑦药物相互作用：与华法林联用可能降低INR值；避免与强效CYP3A4诱导剂或抑制剂联用；可能降低激素避孕药效果。对于特殊人群，孕妇权衡风险、哺乳期暂停哺乳、儿童安全性数据有限。⑧本品应避光、密封保存于阴凉干燥处，温度不超过25℃。

（编写者：张雪梅、史亚楠；审校者：孙彦华、赵骞）

思考题

1. 简述脂质体的概念、分类和功能。
2. 简述 pH 梯度法制备高包封率载药脂质体的原理和方法。
3. 简述硫酸铵梯度法制备高包封率载药脂质体的原理和方法。
4. 微球通过可生物降解的聚合物辅料实现缓释作用，其释放机制是什么？
5. 影响微球粒径大小以及分布的因素有哪些？
6. 相比于传统的剂型，微球制剂的主要优点有哪些？
7. 列举制备纳米粒的方法及其优缺点。
8. 画出纳米乳制剂的生产工艺流程框图（可用箭头图表示）。
9. 简述纳米乳制剂常见问题及对策。
10. 简述纳米晶药物的稳定性的影响因素和考察方法。
11. 纳米晶的粒径大小对药物递送至关重要，哪种方法制备的纳米晶粒径较小？哪些因素影响纳米晶粒径大小？

参 考 文 献

[1] 周建平，唐星.工业药剂学［M］.北京：人民卫生出版社,2014.

[2] 潘卫三.工业药剂学［M］.2 版.北京：中国医药科技出版社,2010.

[3] 方亮.药剂学［M］.9 版.北京：人民卫生出版社,2023.

[4] Auton ME. Aulton's Pharmaceutics：The Design and Manufacture of Medicines［M］. 5th ed. Amsterdam：Elsevier Ltd.，2018.

[5] 国家药典委员会.中华人民共和国药典（2025 年版）.［M］.北京：中国医药科技出版社,2025.

[6] 朱盛山.药物新剂型［M］.北京：化学工业出版社,2004.

[7] 姚清艳，王燕清，朱建华，等.微球制剂的研究进展［J］.食品与药品,2018,20（5）：382-386.

[8] 吴正红，周建平.工业药剂学［M］.北京：化学工业出版社,2021.

[9] 梁秉文，黄胜炎，叶祖光.新型药物制剂处方与工艺［M］.北京：化学工业出版社,2007.

[10] 寇龙发，高利芳，姚情，等.乳化溶剂挥发法制备紫杉醇 PLGA 纳米粒及其体外评价［J］.中国药剂学杂志,2014,12（2）：33-42.

[11] 陈桐楷，李园，林华庆，等.高压乳匀法制备氢溴酸高乌甲素固体脂质纳米粒的工艺研究［J］.中国药学杂志,2010，45（6）：440-443.

[12] 吴修利，姜雪，段蕾，等.溶剂交换法制备淀粉纳米颗粒及表征［J］.食品研究与开发,2017,38（24）：7-10.

[13] 王廉卿，戎欣玉，刘魁，等.纳米药物晶体的制备技术及其应用［J］.河北科技大学学报,2014,35（4）：339-348.

[14] 何军，杨亚妮，吕鹏，等.一种多西紫杉醇白蛋白纳米粒冻干制剂、注射液及其制备：201610912083.0［P］.2018-05-01.

[15] 李和文，潘弘，甘莉.Patisiran 脂质体 ONPATTRO 发展及临床应用［J］.中国处方药,2021,19（1）：24-27.

[16] 王婉婷，李鑫，王贵弘，等.纳米乳制备方法的研究进展［J］.黑龙江科技信息,2016（22）：11.

[17] 樊丽雅，郑春丽，朱家壁.天然维生素 E 纳米乳的制备及其性质考察［J］.中国新药杂志,2011,20（10）：

866-870.

[18] 龚明涛, 张钧寿, 沈益.羟基喜树碱纳米乳的制备及其抗癌作用初步研究 [J].中国天然药物, 2005, 3（1）: 41-43.

[19] Bouchemal K, Briançon S, Perrier E, et al. Nano-Emulsion Formulation Using Spontaneous Emulsification: Solvent, Oil and Surfactant Optimization [J]. International Journal of Pharmaceutics, 2004, 280（1/2）: 241-251.

[20] Zhang J, Wu L, Chan H K, et al. Formation, Characterization, and Fate of Inhaled Drug Nanoparticles[J]. Advanced Drug Delivery Reviews, 2011, 63（6）: 441-455.

[21] 王若楠, 袁鹏辉, 杨德智, 等.纳米晶药物的应用及展望 [J].医药导报, 2020, 39（8）: 1100-1106.

[22] Pawar V K, Singh Y, Meher J G, et al. Engineered Nanocrystal Technology: In-vivo Fate, Targeting and Applications in Drug Delivery[J]. Journal of Controlled Release, 2014, 183: 51-66.

[23] 钟海军, 李瑞.药剂学 [M].武汉: 华中科技大学出版社, 2021.

[24] Chen M L, John M, Lee S L, et al. Development Considerations for Nanocrystal Drug Products.[J]. The AAPS Journal, 2017, 19（3）: 1-10.

[25] Pardhi V, Verma T, Flora S, et al.Nanocrystals: An Overview of Fabrication, Characterization and Therapeutic Applications in Drug Delivery.[J].Current Pharmaceutical Design, 2018, 24（43）: 5129-5146.

[26] 李范珠.药剂学 [M].北京: 中国中医药出版社, 2020.

[27] 颜蓉, 王亚南, 许来, 等.纳米晶作为眼部药物递送系统的研究进展 [J].中国药学杂志, 2020, 55（24）: 1993-1999.

第十章
生物药物制剂工艺

 本章要点

1. **掌握**：蛋白质及多肽类药物制剂、疫苗制剂的生产工艺流程、控制要点、常见问题及对策。
2. **熟悉**：核酸药物制剂中病毒与非病毒载体核酸制剂的一般生产工艺流程。
3. **了解**：细胞制剂的生产工艺流程、控制要点、常见问题及对策。

第一节　概述

生物药物的由来可追溯到 20 世纪基因工程技术的突破，该技术使科学家们能够通过重组 DNA 技术将人类所需的蛋白质大规模生产。经过数十年发展，许多生物药物，如重组蛋白质、单克隆抗体、疫苗等，逐渐被开发出来并广泛应用于临床。这类综合应用多种生物技术手段将生物药物加工成便于使用、安全有效的药物形式被称为生物药物制剂，由于其高效性和较低的副作用，已成为现代医学的重要组成部分。

生物药物制剂的应用范围广泛，可以治疗多种疾病，包括癌症、糖尿病、罕见遗传病等。这些药物作用具有针对性强、疗效高以及副作用较少的特点，对某些传统疗法难以治疗或无法治愈的疾病具有显著的改善作用。人胰岛素是 1982 年被 FDA 批准上市的第一个重组治疗蛋白质，自此成为 1 型和 2 型糖尿病的主要治疗药物。此后，生物药物市场急剧增长，许多其他生物药物，如 PEGINTRON、FABRAZYME、COTAZYM 等被批准用于临床。最近的临床结果证明，靶向程序性死亡受体 -1（PD-1）的免疫检查点单克隆抗体和嵌合抗原受体 T 细胞免疫疗法（CAR-T）是肿瘤免疫治疗领域中令人振奋的进展之一，如 Nivolumab、Pembrolizumab、Abecma、Enhertu 等。生物药物制剂的发展前景非常广阔，BCC Research 市场调研报告表明，预计全球生物药物市场将从 2023 年的 4529 亿美元增长到 2028 年的 8234 亿美元，预测在 2023—2028 年期间的复合年增长率（CAGR）为 12.7%。随着科技的不断进步，生物制剂的生产技术将进一步提高。同时，新一代的技术手段，如基因编辑、人工智能、3D 打印等，将为生物药物的开发提供更多创新和可能性。此外，个体化医疗的发展也将引领更加精准的生物药物研发和应用，为治疗疾病提供更精确、个性化的解决方案。

一、生物药物制剂的定义

生物药物制剂是指生物制品（如蛋白质、核酸、糖类等）作为活性成分，通过特定的工艺和配方制备而成的药物剂型。这些生物药物制剂通常是通过基因工程、发酵或其他生物技术手段获得的，具有高度的特异性和复杂性。生物药物制剂的制剂形式包括注射剂、口服制剂、外用制剂等，可用于治疗疾病、增强免疫力和调节生理功能。相较于传统的化学药物制剂，生物药物制剂在制备、评估和使用等方面具有诸多特殊性，需要更为复杂的生产过程和严格的质量控制。其研发和生产受到严格的监管要求，以确保其安全、有效和稳定。同时，生物药物制剂具有靶向选择性高、特异性强、疗效显著等特点。近年来，各类生物药物制剂，如抗体、抗体偶联药物（ADC）、疫苗和细胞制剂等，在治疗许多重大、慢性、目前尚无治疗方法的疾病方面发挥着日益重要的作用。

二、生物药物制剂的分类

生物药物制剂可根据药物的不同特性和治疗用途，分为以下几类。

1. 蛋白质及多肽类药物

蛋白质及多肽类药物通常具有特定的三维结构和作用位点，从而能够在体内发挥特异性的治疗作用，与传统药物相比有更好的临床有效性和安全性，如干扰素、生长因子、单克隆抗体等。

2. 基因治疗药物

基因治疗药物是通过插入、修复或替换异常基因来实现疾病治疗的药物，包括基因改造细胞疗法、基因编辑药物等。

3. 细胞治疗药物

细胞治疗药物是通过移植或改变体内的细胞来治疗疾病的药物，包括干细胞治疗、CAR-T 细胞疗法等。

4. 疫苗

疫苗是通过引入疫苗接种，以诱导机体免疫系统产生免疫应答来预防或治疗某些传染病的生物制剂，包括灭活疫苗、减毒活疫苗、组分疫苗等。

5. 血液制品

血液制品是从人体的血液中提取，经过处理、纯化和检测制成的药物，包括血浆制品、凝血因子制剂、免疫球蛋白制剂等。

三、生物药物制剂的特点

生物药物制剂具有以下几个重要特点。

1. 成分复杂

生物药物制剂通常比化学药物复杂。生物药物制剂中的活性成分通常来源于生物体（如细胞、微生物），因此具有天然的多样性和复杂性。并且需要添加多种辅料，如保护剂（如甘油、白蛋白）、稳定剂（如表面活性剂）、缓冲剂（如磷酸盐缓冲液）、增稠剂（如明胶）等，以保持药物的稳定性和生物活性，进一步增加了药物复杂性。

2. 配方设计复杂

生物药物通常分子量较大且具有特定的空间结构，导致其稳定性差，对温度、光照、振动和冻融等环境因素非常敏感，需要添加各类辅料以确保生物药物的稳定性和活性。

3. 给药方式单一

胃肠道严苛的酶环境和 pH 环境会导致生物药物降解失效，故生物药物通常不能口服给药。因此，生物药物制剂一般采取注射方式给药，部分采用如吸入等局部给药方式，极少数可以使用口服的方式。同时，制剂需要考虑注射的便捷性和舒适性。

4. 制备工艺复杂

生物药物制剂的制备过程通常工艺步骤很多，技术要求比较高，开发过程比较困难，大规模生产也具有相当的复杂性。

5. 成本高

生物药物制剂的研发和制造成本一般高于小分子药物，这也使得许多生物药物制剂价格较高。

四、生物药物制剂的质量要求

生物药物制剂多由不耐热的活性成分组成，工艺过程中微小的变化就会导致制剂性状、参数发生明显改变，制剂的安全性、有效性很大程度上依赖于其对生产工艺的耐受性和全过程的质量监控。与一般药品标准相比，生物药物制剂的质量标准具有相对的特殊性，包括以下几点。

1. 强调生产全过程的质量控制

为保证生物制剂的安全、有效、可控，必须从原材料（包括菌种、细胞株）、生产工艺、半成品到成品进行全程的质量控制，生产过程中必须保证环境无菌，防止污染。原材料和工艺的不同直接影响产品的性质和可能的污染范围。而化学药物制剂生产对设备的无菌性要求相对较低。

2. 稳定性

与化学药品相比，生物药物对温度、pH 和机械剪切等环境因素极其敏感，易变性失活，所以需使用特定的稳定剂、保护剂和缓冲液，以维持生物药物的稳定性和活性，且成品通常需要低温存放，以确保在规定的储存期限内，药物的活性、物理性质和分解产物的含量都维持在合理范围内。

3. 方法和标准

生物药物制剂的质量控制往往需要开发特定的生物分析方法，且需遵循国际上的生物药物标准，如 ICH Q5E（研究生物药物制剂的稳定性）等。此外，由于生物药物制剂的生产过程涉及活细胞和生物系统，必须考虑到其变化对产品质量的影响，因此需要更为细致的过程监控和控制策略。而化学药物制剂质量控制的化学分析方法较为成熟，监管机构的标准和要求相对固定明了。

4. 质量属性

一般药物的质量控制主要关注化学成分的纯度、含量、杂质和溶解性等，通常通过 HPLC、GC 等分析方法来进行监测和评估，而生物药物主要集中在功能性、稳定性和安全性等方面。例如，生物药物的活性通常取决于其三维结构，因此需要进行结构分析（如质谱、NMR、CD 等）来验证其结构完整性。此外，生物药物制剂的生物相容性和免疫原性也是需要严格控制的质量属性。

5. 活性

生物药物制剂的活性成分应满足设定的标准，以确保其具有所需的治疗效果。一般化学药品是以质量单位定含量，因其药理作用的强弱是与质量数相当的。但生物药物制剂不同，一般需要使用生物活性检测方法（如细胞活性、免疫反应等）来确认其药效。如重组人白介素 -2（rhIL-2），同是 95% 以上纯度的制品，其比活性可相差十倍之多。所以，必须十分重视制品的活性检定，并附加活性单位标定的含量。此外，生物药物制剂活性受生产工艺、储存条件等多种因素影响，因此需要强调稳定性和一致性，通常需要进行更多的稳定性研究。

6. 风险管理与过程验证

由于生物药物制剂生产过程的高度复杂性和变异性，风险管理和过程验证显得尤为重要。必须在每个阶段实施严格的风险评估和控制措施，包括对关键原材料、生产设备及环境条件的监控。虽然化学药物制剂也需要进行风险评估，但由于其生产过程相对稳定，变量较少，风险管理与过程验证通常不如生物药物制剂复杂。

7. 关联性

生物药物制剂的质量评估应与制造过程中的相关参数和质量控制指标相结合，以实现质量的全面管控。

8. 合规性

生物药物制剂的生产和质量控制所适用的法规和指导原则较为复杂，需遵循一系列特殊的生物药物法规。例如，美国 FDA 颁布了《公共卫生服务法》和《药品和生物制品开发主方案供企业用的指导原则（草案）》对生物药物制剂进行监管和指导。

第二节 蛋白质、多肽类药物制剂工艺

蛋白质和多肽类药物是一类具有特殊功能的药物，包括酶、细胞因子、肽激素等。近年

来，随着分子生物学和生物化学技术的迅速发展，多肽类和蛋白质类药物的研究取得了重大进展。然而，这些药物普遍存在易失活、物理和化学稳定性差的缺点。因此，如何制备出稳定、安全、有效的蛋白质、多肽类药物制剂已经成为一个具有挑战性和实际应用价值的研究热点。

氨基酸是构成多肽和蛋白质的基本组成单元，根据氨基酸数量的不同来区分多肽和蛋白质。通常情况下，由少于50个氨基酸所组成的肽链称为多肽，而由50个以上氨基酸所组成的、具有三维结构的大分子则被称为蛋白质。早期的蛋白质及多肽类药物制剂主要采用注射给药途径，这需要在特定环境下使用，病人会承受一定的痛苦，顺应性差。此外，注射给药也具有一定的副作用。因此，改变蛋白质、多肽类药物的给药途径，提高它们的稳定性，是药剂学领域研究的核心问题之一。

一、蛋白质、多肽类药物制剂生产工艺

蛋白质、多肽制剂的处方工艺开发通常分为处方前研究、处方研究和工艺开发三个阶段，三者相互关联。

1. 处方前研究

包括生物大分子生化分析、氨基酸序列分析、稳定性指标分析方法的建立以及在不同外界因素（如加热、pH、离子强度或振荡）作用下的生物物理特性分析。这些研究有助于深入了解生物分子的降解途径，从而据此选择出符合特定需求的理想辅料。

2. 处方研究

利用处方研究方法，探索应力条件（如pH、温度、冻融、干燥、剪切）对分子结构（如二级、三级）和功能（如活性、效价、结合力等）的影响，全面了解大分子在各种应力条件下的行为表现，以及各种辅料或者辅料组合对大分子药物稳定性的影响，最终确定能够保证药物稳定性的制剂处方。

3. 工艺开发

上述步骤确定制剂处方后，根据生产设施的特点和目标的生产工艺步骤，考察药物处方是否能够耐受生产过程中可能产生的影响，从而确认大规模生产中各个工艺步骤的合理参数，保证生产的顺利进行。工艺开发的每一环节都需在实验室进行考察，评估生产中可能实行的操作是否对产品质量产生不可接受的影响，包括但不限于原辅料加入顺序、配液温度、pH、光照控制、除菌过滤参数（如滤芯型号、过滤温度、过滤时间、压差或体积流量等）、灌装参数（如灌装速度、灌装时间等）、冻干参数等。应基于研究建立合理的控制体系，以保证制剂处方在各个生产环节中保持稳定，避免对最终产品质量产生影响。

大部分生物药物制剂的灌装步骤分为两大环节：液体的无菌灌装和冻干。目前大部分生物药物无须冻干，无菌灌装后基本完成生产。无菌灌装通常包含化冻、混匀、无菌过滤、灌装、加塞、轧盖、目检、贴签与包装。需要冻干的产品，在上述的灌装操作后，额外加入半加塞、冻干的操作，接着完成加塞、轧盖、目检、贴签与包装。

以单克隆抗体为例，鉴于药物稳定性、给药途径以及患者顺应性等诸多限制因素，当前

单克隆抗体制剂主要包括注射剂和注射用冻干制剂两种剂型，其主要生产工艺流程如下。

（一）注射剂生产工艺流程

为确保制剂质量及用药安全性，注射剂处方组成中必须采用注射用原液和注射用溶剂，所用辅料（如缓冲剂、等渗调节剂和稳定剂等）也应符合《中国药典》或药监部门颁布的标准要求，并具有相应的质量标准。

注射剂一般生产过程包括生物制品原液和容器的前处理、称量、配制、过滤、灌封、灭菌、质量检查以及印字包装等步骤，其生产工艺流程及工序洁净度要求见图10-1。单克隆抗体等蛋白质类药物不稳定，在配制过程中应注意调配操作顺序（如先加稳定剂），控制温度与避光操作等。为避免高温对其稳定性产生影响，在过滤过程中可用0.3μm或0.22μm滤膜做无菌过滤，同时注意控制热处理过程中的灭菌温度。生物制品原液在贮存过程中更易滋生微生物导致热原污染，因此在生产工艺流程中应更加注意热原去除。若高温法对制剂质量产生较大影响，可以考虑超滤法或离子交换法等方法去除热原。

1998年，FDA批准了首款蛋白质浓度达到100mg/mL的高浓度抗体药物。随着皮下注射药物的进一步推广，高浓度抗体药物逐渐在临床试验药物中占据一席之地。但是高浓度液体制剂具有黏度高、流动性差等特点，在大规模生产过程中极易黏附至容器表面，导致药液回收率低、灌装精度控制难度大等，因此解决其灌装技术难点是高浓度抗体制剂的生产关键。

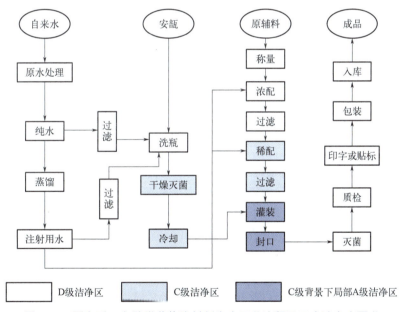

图 10-1　蛋白质、多肽类药物注射剂生产工艺流程及工序洁净度要求

（二）注射用冻干制剂生产工艺流程

鉴于冻干药品能够长时间稳定贮存且易复水而恢复活性，因此单克隆抗体等蛋白质类药物大部分通过冷冻干燥技术制成注射用冻干制剂，以克服其对热敏感、在水溶液中不稳定的缺点。

注射用冻干制剂的生产工艺流程主要包括生物制品原液配制、过滤、分装、预冻、一次干燥（升华干燥）、二次干燥（解吸干燥）、轧盖、质检等步骤，其生产工艺流程及工序洁净度要求如图 10-2 所示。注射用冻干制剂在冻干前的操作与注射剂基本相同。需注意，在分装时溶液不宜过多，以利于水分的蒸发。预冻过程中必须充分考虑配方、预冻速率、最低温度和预冻时间等问题，避免影响后续干燥速率及冻干产品质量。升华干燥时间与诸多因素相关，包括产品在每瓶内的装量、总装量，玻璃容器的形状、规格，产品种类，冻干曲线以及机器性能等。通过大量试验制定合理的冻干工艺，优化各项工艺参数和冻干程序以减少蛋白质变性，是注射用冻干制剂的研制关键。此外，本品属于非最终灭菌产品，需注意分装、冻干、轧盖等暴露工序的洁净环境为 B 级背景下的局部 A 级。

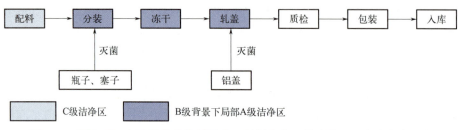

图 10-2　蛋白质、多肽类药物注射用冻干制剂生产工艺流程及工序洁净度要求

二、蛋白质、多肽类药物制剂生产控制要点、常见问题及对策

（一）蛋白质、多肽类药物制剂生产控制要点

影响蛋白质和多肽的稳定性的因素主要可以分为两类：物理不稳定性因素和化学不稳定性因素。物理不稳定性包括蛋白质和多肽的构象变化（如折叠错误、解折叠）、胶体性质（如聚集、沉淀等）和吸附等的变化。化学不稳定性包括蛋白质和多肽因去酰胺化、氧化、水解、二硫键易位、β 消除、外消旋化等反应而引起的性质变化。

对于蛋白质和多肽类药物制剂的研究，以下是影响药物稳定性的因素。

（1）温度　温度是影响此类药物稳定性的主要因素之一。高温会导致蛋白质和多肽的构象变化、聚集和降解。因此，在制剂贮存和运输过程中，需要严格控制温度，避免高温暴露。

（2）pH　pH 对蛋白质、多肽类药物的稳定性具有重要影响。酸碱条件可以引起蛋白质和多肽的结构变化和降解。不同的蛋白质和多肽对 pH 的敏感性有所不同，因此在制剂过程中需要选择合适的缓冲剂和 pH 范围，以保持药物的稳定。

（3）溶剂　溶剂的选择和使用也会影响蛋白质和多肽类药物的稳定性。某些溶剂可能会影响蛋白质和多肽的结构和溶解性，从而导致药物的降解。因此，在制剂中选择合适的溶剂，并注意溶剂中的杂质和纯度。

（4）氧化　氧化是影响蛋白质和多肽类药物稳定性的主要因素之一。氧气可以导致蛋白质和多肽的氧化降解，从而影响药物的活性。因此，在制剂和贮存过程中，需要采取措施防止氧气的接触，如真空密封或惰性气体保护。

（5）光照　光照，特别是紫外光照，会导致蛋白质和多肽类药物的光降解。光照可引起蛋白质和多肽的氧化、断裂和聚合，从而降低药物的稳定性。因此，在制剂生产和贮存过程中，需要减少或避免光的接触，并采取适当的避光措施。

（6）金属离子　一些金属离子可能会催化氧化反应或与蛋白质和多肽形成络合物，对药物的稳定性产生负面影响。常见的金属离子包括铜、铁、锌等。因此，需要在制剂过程中避免金属离子的污染，并选择合适的材料和容器。

（二）蛋白质、多肽类药物制剂的常见问题及对策

蛋白质、多肽类药物制剂开发的主要问题是保持蛋白质、多肽类药物的稳定，使其可以耐受生产过程，并在运输、贮存和给药过程中保持稳定的生物活性，以达到药物有效性、安全性和质量可控的要求，常见问题及对策如下。

（1）定点突变　蛋白质、多肽类药物的生物活性依赖于其氨基酸序列及空间结构，然而一些特定的氨基酸序列在外界环境作用下往往会比其他序列更容易发生降解。通过基因工程手段替换或加固一些易降解的氨基酸残基，可以从源头提高蛋白质和多肽结构的稳定性。然而，这一方法会使蛋白质和多肽的功能、免疫原性等发生较大变化，需要大量试验重新验证其成药安全性及制剂生产工艺。

（2）化学修饰　选择适当的修饰方法和控制修饰程度有助于保持和提高蛋白质、多肽类药物的生物活性。常见的多肽修饰方法之一是聚乙二醇（PEG）化。PEG 是一种水溶性高分子化合物，无毒且可在体内降解。将 PEG 与蛋白质、多肽类药物结合可提高其热稳定性，抵抗蛋白酶降解，降低免疫原性并延长其体内半衰期。

（3）稳定剂　添加多元醇、明胶、糖类、氨基酸或盐类等稳定剂，可以提高蛋白质或者多肽的稳定性。其中，糖类和多元醇可以在较低浓度下显著增加水分子的表面张力，使辅料从蛋白质分子表面优先排出，从而使蛋白质优先水化。在冻干过程中，以上物质可以替代水与蛋白质表面形成氢键（如通过保护剂上的羟基），使蛋白质、多肽继续受到氢键的保护，也可以利用其无定形玻璃态性质避免蛋白质和多肽分子的运动、聚集和变性。此外，为避免蛋白质和多肽表面吸附、聚集及沉淀，还可使用表面活性剂。

（4）冻干　蛋白质、多肽类药物发生的变性反应大都需要水的参与，包括水解、脱酰胺等反应。若蛋白质和多肽类药物本身比较稳定，那么液体制剂将是其首选剂型；若无法在液体制剂中保持较长时间的稳定性，通常对蛋白质和多肽制剂进行干燥、去除制剂中水分以提高药物稳定性。

三、蛋白质、多肽类药物制剂实例

❖ **例 10-1　甘精胰岛素注射液**

甘精胰岛素注射液

本品主要成分为甘精胰岛素（$C_{267}H_{404}N_{72}O_{78}S_6$），每毫升注射液含 100 单位（相当于 3.64mg）甘精胰岛素。

【处方】

甘精胰岛素	3.64g

氯化锌	62.5 mg
间甲酚	2.70g
甘油	17.0g
0.1mol/L 盐酸	适量
注射用水	加至 1000mL

【处方分析】甘精胰岛素为主要成分；甘油为增溶剂；氯化锌和间甲酚为抑菌剂；0.1mol/L 盐酸为 pH 调节剂；注射用水为溶剂。

【制备工艺】称取处方量氯化锌和甘精胰岛素，加入 70% 配制体积的注射用水中，搅拌混合均匀，用 pH 调节剂调节药液 pH，待全部溶解后，药液 pH 控制为 4.9，加入处方量的甘油和间甲酚，搅拌混合均匀，补加注射用水至配制总量，调节药液 pH 为 4.6，搅拌，过滤，灌装，熔封，灯检，包装即得。

【规格】3mL：300 IU。

【注解】注入皮下组织后，因酸性溶液被中和而形成的微细沉积物可持续释放少量甘精胰岛素，从而得到可预期的、有长效作用的、平稳无峰值的血药浓度 / 时间特性。

❖ 例 10-2　朗妥昔单抗注射剂

朗妥昔单抗注射剂

本品主要成分为朗妥昔单抗，每个单剂量瓶含 10mg 朗妥昔单抗。

【处方】

朗妥昔单抗	10mg
L- 组氨酸	2.8mg
L- 组氨酸盐酸盐	4.6mg
聚山梨酯 20	0.4mg
蔗糖	119.8mg

【处方分析】朗妥昔单抗为主要成分；L- 组氨酸和 L- 组氨酸盐酸盐为 pH 缓冲液；聚山梨酯 20 为表面活性剂；蔗糖为稳定剂。

【制备工艺】称取处方量 L- 组氨酸和 L- 组氨酸盐酸盐，加入适量注射用水，调节药液 pH 约为 6.0。加入处方量聚山梨酯 20 和蔗糖，搅拌混合均匀，加入处方量朗妥昔单抗，搅拌，经 0.22μm 微孔滤膜过滤，灌装，冷冻干燥，轧盖，灯检，包装即得。

【规格】10mg/ 瓶。

【注解】朗妥昔单抗注射剂为白色至灰白色冻干粉，使用前需要进一步重构和稀释。向瓶中加入 2.2mL 无菌注射用水，使其最终浓度为 5mg/mL，轻轻旋转小瓶至粉末完全溶解。取所需剂量重构溶液至 50mL 5% 葡萄糖注射液输液袋中，将其缓慢倒置以混合均匀。

❖ 例 10-3　重组人干扰素 α 2b 注射液

重组人干扰素 α 2b 注射液

本品主要成分为重组人干扰素 α 2b，每毫升注射液含 1.0×10^7 IU 重组人干扰素 α 2b。

【处方】

重组人干扰素α2b	5.0×10^9 IU
吐温80	50.0mg
苯甲醇	5.00g
磷酸氢二钠	4.34g
磷酸二氢钠	3.18g
注射用水	加至500mL

【处方分析】重组人干扰素α2b为主要成分；吐温80为增溶剂；苯甲醇为抑菌剂；磷酸氢二钠和磷酸二氢钠为pH调节剂；注射用水为溶剂。

【制备工艺】称取处方量磷酸氢二钠和磷酸二氢钠，加入少量注射用水溶解，调节pH为7.0 ± 0.2，121℃湿热灭菌30min。加入处方量吐温80和苯甲醇，搅拌混合均匀，加入处方量重组人干扰素α2b，注射用水定容至500mL，混合均匀，过滤，灌装，熔封，灯检，包装即得。

【规格】1mL：10^7 IU。

【注解】干扰素（IFN）是一类具有广谱抗病毒、抗肿瘤和免疫调节活性的多功能细胞因子家族，根据结合受体不同，可以分为Ⅰ型、Ⅱ型和Ⅲ型，其中Ⅰ型IFN（主要为IFN-α/β）在机体控制病毒感染方面发挥着重要作用。IFN-α属于Ⅰ型IFN家族，在我国批准上市的IFN-α按氨基酸序列的不同分为IFN-α2a、IFN-α2b和IFN-α1b三种亚型。本制剂活性成分为重组人干扰素α2b，由高效表达人干扰素α2b基因的大肠杆菌，经发酵、分离、纯化后制成。

第三节　疫苗制剂工艺

接种疫苗是预防和控制传染病最经济、有效的手段之一。通过诱导机体产生保护性免疫应答，疫苗接种成为预防和控制人类和动物疾病的常规方法。疫苗技术已经从遵循巴斯德原则的病原体"分离、灭活和注射"发展到融合了基因工程、免疫学、结构生物学、反向疫苗学和系统生物学的现代疫苗技术。这些技术正在不断拓展，应用于癌症、自身免疫病和其他慢性疾病等领域。人类对免疫和疫苗的经验性认知源自早期的医学实践，例如中国东晋医学家葛洪提出的"治卒为犬所咬毒方"中的疗法，以及宋真宗时代（998—1002年）王素发明的种痘预防大花法方法。尽管这些方法并非完全安全，但在过去的千年中，疫苗的产生和广泛接种一直是人类抗击传染病的最有效、最经济和拯救生命数量最多的卫生措施之一。

然而，面对当今重大、复杂、突发和高变的病原体，传统疫苗学方法已经难以满足全部需求。此外，还有许多重大感染性疾病的疫苗尚未成功研发，如针对结核分枝杆菌、疟原虫和其他广泛传播的病原体的疫苗。因此，新型疫苗技术成为应对未来全球健康挑战的有力武器。近几百年来全球人用疫苗发展概况如表10-1所示。

疫苗制剂制备工艺可划分为两大部分：批生产和后处理。批生产包括细胞培养和发酵以及后续的各种疫苗纯化步骤，其一般生产路线见图10-3。后处理包括向原液中加入佐剂/防腐剂等辅料及最终制剂的生产。肌内或皮下注射是疫苗常用的给药途径，因此疫苗通常被制成液体注射剂或注射用冻干制剂，其生产工艺流程与蛋白质、多肽类药物注射剂基本相同。考虑到冷链运输及患者顺应性，可将部分疫苗与糖类（如海藻糖或蔗糖）混合干燥，制成口服固体制剂，如口服脊髓灰质炎疫苗，但固体疫苗制剂技术当前仍面临诸多挑战。

表 10-1　近几百年来全球人用疫苗发展概况

时间	减毒活疫苗	灭活疫苗	蛋白质或多糖疫苗	基因工程疫苗
18 世纪	天花疫苗（1798 年）			
19 世纪	狂犬病疫苗（1885 年）	伤寒疫苗（1896 年） 霍乱疫苗（1896 年） 鼠疫疫苗（1897 年）		
20 世纪上半叶	结核疫苗（卡介苗）（1927 年） 黄热病疫苗（1935 年）	百日咳疫苗（1926 年） 流感疫苗（1936 年） 斑疹伤寒疫苗（1938 年）	白喉类毒素（1923 年） 破伤风类毒素（1926 年） 百白破三联疫苗（1948 年）	
20 世纪下半叶	脊髓灰质炎疫苗（口服）（1963 年） 麻疹疫苗（1963 年） 腮腺炎疫苗（1967 年） 风疹疫苗（1969 年） 腺病毒疫苗（1980 年） 伤寒疫苗（沙门菌）（1989 年） 水痘疫苗（1995 年） 霍乱疫苗（减毒）（1994 年） 轮状病毒疫苗（基因重配）（1999 年）	脊髓灰质炎疫苗（肌注）（1963 年） 狂犬病疫苗（人二倍体细胞）（1973 年） 森林脑炎疫苗（1981 年） 霍乱疫苗（WC-rBS）（1991 年） 乙型脑炎疫苗（鼠脑）（1992 年） 肾综合征出血热疫苗（1993 年） 甲型肝炎疫苗（1996 年）	炭疽疫苗（分泌性蛋白质）（1970 年） 脑膜炎球菌多糖疫苗（1974 年） 肺炎球菌多糖疫苗（1977 年） 乙型肝炎疫苗（血源）（1981 年） b 型流感嗜血杆菌多糖疫苗（1985 年） b 型流感嗜血杆菌结合疫苗（1987 年） 伤寒 Vi 多糖疫苗（1994 年） 无细胞百日咳疫苗（1996 年） 脑膜炎球菌结合疫苗（c 群）1999 年）	重组乙型肝炎疫苗（1986 年） 霍乱疫苗（重组毒素 B 亚单位）（1993 年） 莱姆病疫苗（1998 年） 痢疾双价活疫苗 FS（1998 年）
21 世纪	冷适应流感疫苗（2003 年） 轮状病毒疫苗（减毒和新的基因重配株）（2006 年） 带状疱疹疫苗（减毒）（2006 年）	乙型脑炎疫苗（Vero 细胞）（2009 年） 霍乱疫苗（全菌体）（2009 年） EV71 灭活疫苗（2016 年）	肺炎球菌结合疫苗（7 价）（2000 年） 脑膜炎球菌结合疫苗（4 价）（2005 年） 肺炎球菌结合疫苗（13 价）（2010 年）	重组人乳头瘤病毒疫苗（4 价）（2006 年） 重组人乳头瘤病毒疫苗（2 价）（2009 年） 戊型肝炎疫苗（2012 年） 重组人乳头瘤病毒疫苗（9 价）（2014 年） 重组埃博拉病毒病疫苗（腺病毒载体）（2017 年） 重组带状疱疹疫苗（2017 年） 新冠 mRNA 疫苗（2020 年）

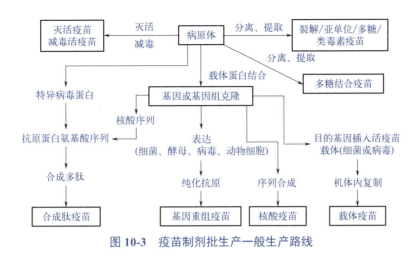

图 10-3　疫苗制剂批生产一般生产路线

一、疫苗制剂生产工艺

（一）减毒活疫苗的主要生产工序与洁净度要求

减毒活疫苗是将病原体（细菌、病毒等）经过处理后，使其毒性减弱但仍保留免疫原性，接种到机体内可引发免疫反应，却不会引发疾病的一种疫苗。生产减毒活疫苗时，应选用减毒适宜、毒力低而免疫原性和遗传稳定性均良好的菌、毒种，在敏感培养基（细菌）或适宜动物、鸡胚和细胞培养（病毒）中适应传代以获得较高产量的细菌或病毒，细菌、病毒收获后经过纯化即可。

以水痘减毒活疫苗为例，对减毒活疫苗生产工艺流程进行简述，生产工艺流程及工序洁净度要求如图 10-4 所示。

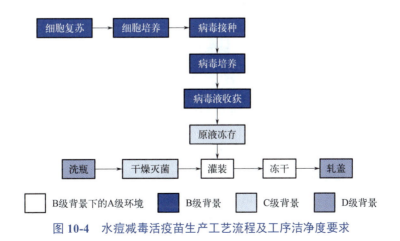

图 10-4　水痘减毒活疫苗生产工艺流程及工序洁净度要求

水痘减毒活疫苗生产工艺流程大致分为原液制备和冻干制剂两个阶段。其中，原液制备阶段又主要分为细胞培养阶段（从细胞种子复苏、传代到培养）和病毒培养阶段（从病毒接种、培养到原液收获）两个阶段。

原液生产工艺流程中细胞种子一般冻存在液氮罐内，生产时先进行细胞种子复苏及传代培养，随后进行细胞工厂扩大培养，当培养液中细胞密度达到目标值后，即可转移至病毒操作区进行接毒。细胞接毒后继续培养，通过多次培养基和缓冲液的洗换，病毒滴度达到要求后即可进行病毒液（即原液）的收集，最终原液进行超低温冷冻保存。

水痘疫苗为非最终灭菌产品，且其原液不可除菌过滤，涉及敞口操作的生产环境必须为无菌环境。本案例中将生产操作中涉及产品敞口非密闭的操作均设置为 B 级背景环境的 A 级单向流下进行，并且培养完成的细胞悬液从细胞操作区通过传递柜直接进入病毒操作区，实现无菌区之间传递，避免频繁进出无菌区带来的污染风险。灌装和冻干工序洁净度要求参考无菌制剂章节。

根据《中国药典》中常用生物制品生产检定用菌毒种的生物安全分类，水痘减毒活疫苗使用的 Oka 疫苗株被定义为四类，所以在工艺设计时应该按照生物安全 1 级（BSL-1）要求进行设计。

（二）灭活疫苗的主要生产工序与洁净度要求

灭活疫苗是指先培养细菌或病毒，再用化学试剂或高温将其灭活而制备的疫苗。狭义的灭活疫苗由整个细菌或病毒组成，广义的灭活疫苗也包括由其裂解片段组成的裂解疫苗，以及将裂解片段进一步纯化得到的亚单位疫苗。

以 Vero 细胞人用狂犬病疫苗为例，对灭活疫苗的生产流程进行简述，生产工艺流程及工序洁净度要求如图 10-5 所示。

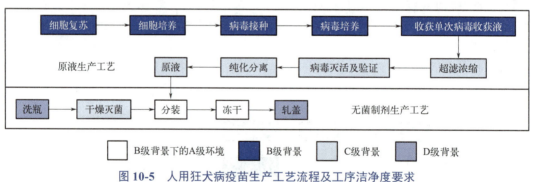

图 10-5　人用狂犬病疫苗生产工艺流程及工序洁净度要求

Vero 细胞人用狂犬病疫苗的原液生产工艺流程：用人用狂犬病疫苗减毒株接种到 Vero 细胞基质上，经过细胞复苏及培养、病毒接种及培养，收获单次病毒收获液，经超滤浓缩、病毒灭活后纯化分离，得到原液。由于最终的疫苗产品在分装前不可除菌过滤，因此其上游的暴露工序均需要进行无菌操作，其中细胞复苏以及培养等需在 B 级生产区，其余生产区和配液区为 C 级，清洗辅助区为 D 级。无菌制剂的生产过程是将合格的原液添加稳定剂后进行分装，冻干制成产品。按照 2010 版 GMP 的要求，无菌制剂的分装和冻干工序为 B+A 级，轧盖工序为 D 级，其余辅助的洗瓶、器具清洗区域为 D 级。

（三）组分疫苗的主要生产工序和洁净度要求

组分疫苗即通过自然来源或基因工程手段和蛋白质工程提取细菌、病毒等病原微生物的特殊蛋白质或多糖结构，由筛选出主要的具有免疫活性的保护性免疫原组分制成的疫苗。在大分子抗原携带的多种特异性的抗原决定簇中，只有少量抗原部位对保护性免疫应答起作用。组分疫苗引入几种主要抗原，避免引入无关抗原，从而减少疫苗的不良反应，但免疫原性弱，预防接种效果略差。组分疫苗包括多肽疫苗、基因工程亚单位疫苗、多糖结合疫苗、核酸疫苗（mRNA 疫苗和 DNA 疫苗）。

（1）**多肽疫苗**　多肽的合成、纯化步骤为生产的核心步骤，根据设计可能还有其他工艺。多肽疫苗具有价廉、安全、特异性强、易保存和方便应用的优点，但因免疫原性差、功效低以及半衰期短等不足而影响其实际应用。

（2）**基因工程亚单位疫苗**　基因工程亚单位疫苗是利用重组 DNA 技术克隆并表达保护性抗原基因，它可以是重组体本身或者表达的抗原产物。表达外源抗原的表达系统主要有细菌、酵母、哺乳动物细胞和昆虫细胞等。基因工程亚单位疫苗产量高、稳定性好，具有良好的安全性。然而，亚单位疫苗的高纯度抗原往往会降低其免疫原性，因此在亚单位疫苗处方中通常需要加入佐剂。铝盐是当前应用最为广泛的佐剂之一，可将其作为抗原递送载体，并在注射部位形成贮库，从而使抗原从注射部位逐步持续释放。

（3）**多糖结合疫苗**　随着疫苗研制技术发展，为了提高传统疫苗中的细菌多糖疫苗的免疫效应，使用化学方法将蛋白质与多糖结合，制备出多糖结合疫苗，可增加婴幼儿对细菌多糖的免疫效应。典型多糖结合疫苗生产工艺流程如图 10-6 所示。

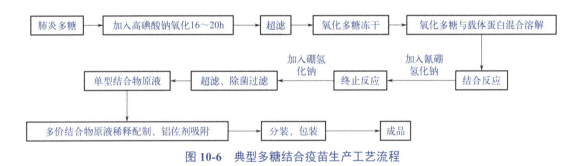

图 10-6　典型多糖结合疫苗生产工艺流程

以蛋白质为载体的细菌多糖类结合疫苗是指采用化学方法将多糖共价结合在载体蛋白上生产的多糖 - 蛋白质结合疫苗，可以提高细菌疫苗多糖抗原的免疫原性。结合疫苗中的蛋白质具有胸腺依赖性抗原特征，可将非 T 细胞依赖性的多糖抗原转变为 T 细胞依赖性抗原，启动 T 辅助淋巴细胞，从而产生一系列的免疫增强效应。结合疫苗除了可增加婴幼儿对细菌多糖的免疫效应外，有些结合疫苗可为二联疫苗，人体接种可获得对两种疾病的免疫力。

（4）**核酸疫苗**　核酸疫苗分为 DNA 疫苗和 RNA 疫苗，是利用现代生物技术，将编码某种抗原蛋白的外源基因（RNA 或 DNA）直接导入动物体细胞内，通过宿主细胞的表达系统合成抗原蛋白，诱导宿主产生对该抗原蛋白的免疫应答，从而预防和治疗疾病。DNA 疫苗导入宿主体内后，在细胞内表达病原体的蛋白质抗原，刺激机体产生免疫反应。DNA 疫苗易于制备，便于保存，可多次免疫，能诱发全面免疫应答。

2021 年，全球首个人用 DNA 疫苗 ZyCoV-D 被批准上市用于预防 COVID-19 感染，标志着 DNA 疫苗技术取得突破性进展。但是，目前暂无其他人用 DNA 疫苗获批。DNA 疫苗技术仍主要应用于兽医领域，如 3 种兽用 DNA 疫苗已投入应用，分别为西尼罗病 DNA 疫苗、鱼传染性造血组织坏死病毒 DNA 疫苗、犬黑色素瘤 DNA 疫苗。

相对于 DNA 疫苗，mRNA 疫苗是一种比较安全的新型核酸疫苗。mRNA 疫苗的分子设计及化学修饰的研究目前主要集中于增强其稳定性和免疫原性。mRNA 的生产是以 pDNA 为模板，在酶催化下转录生成 mRNA。2020 年 BioNTech/Pfizer 和 Maderna 公司的两款新型 mRNA 新冠疫苗在短短 11 个月内完成了从研发到获得美国 FDA 和欧盟的紧急使用授权的全过程。

mRNA 疫苗的生产工艺主要包括 3 个部分：pDNA 模板的制备、mRNA 原液的生产、递送系统装载及制剂灌装。

mRNA 原液目前并无成熟、标准化的生产工艺路线，已上市或在研产品均采用不同的上、下游技术。图 10-7 展示了目前 2 款获批 mRNA 疫苗产品的生产路线，上游合成工艺分别采用共转录加帽（co-capping）1 步法和转录后加帽（post-capping）2 步法。

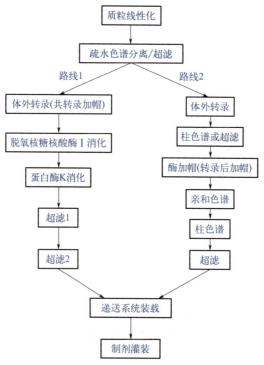

图 10-7　mRNA 疫苗制备生产流程

二、疫苗制剂生产控制要点、常见问题及对策

疫苗生产和质量控制面临诸多挑战，包括如何在确保疫苗质量的一致性的同时，提高疫苗生产效率和节约成本。特别是在突发性疫情发生时，疫苗生产和质量控制更需要具有防范思维和应变能力。疫苗在生产过程中，必须严格遵守各项规范和标准，确保疫苗质量。另外，疫苗还需经过不同种病原体和不同动物的严格试验，验证疫苗的安全性和有效性。

疫苗生产和质量控制需要符合一系列标准和规范，如 GMP、ISO 等，旨在规范疫苗生产和质量控制的过程，确保疫苗的安全、有效和质量一致。GMP 标准是疫苗生产过程中重要的生产规范，它规定了疫苗生产中涉及人员、设备、生产环境和疫苗质量等各方面内容，以保证疫苗的安全和有效。

三、疫苗制剂实例

❖ **例 10-4　百白破疫苗**

【处方】

破伤风梭菌类毒素抗原（甲醛灭活）	5IU
白喉棒状杆菌类毒素抗原（甲醛灭活）	2.5IU
百日咳杆菌毒素抗原（甲醛、戊二醛失活）	8μg
百日咳杆菌丝状血凝素抗原（甲醛灭活）	8μg
百日咳博德特氏菌百日咳抗原（甲醛灭活）	2.5μg
氢氧化铝	0.3mg
氯化钠	4.5mg
注射用水	适量

【处方分析】破伤风梭菌类毒素抗原、白喉棒状杆菌类毒素抗原、百日咳杆菌毒素抗原、百日咳杆菌丝状血凝素抗原、百日咳博德特氏菌百日咳抗原为抗原；氢氧化铝为免疫佐剂；氯化钠为渗透压调节剂。

【制备工艺】将脱毒后的各类抗原以质量分数为 0.95% 的氯化钠溶液为溶剂，与氢氧化铝混合，即得百白破联合疫苗。

【规格】每支 5.0mL，每 1 次人用剂量为 0.5mL，含百日咳疫苗效价应不低于 4.0IU。

【注解】百白破疫苗（Tdap）用于帮助预防 10 岁及以上人群的破伤风、白喉和百日咳。其中，百日咳含蛋白氮 10 ～ 18μg/mL，白喉类毒素 20 ～ 30Lf/mL，破伤风类毒素 2 ～ 10Lf/mL，氢氧化铝吸附剂 10 ～ 15mg/mL。

第四节　核酸类药物制剂工艺

核酸（NA）是以核苷酸为基本组成单位的生物信息大分子，根据化学组成不同主要分为 DNA 和 RNA，其改变可能影响很多疾病的发生、发展过程。近年来，随着现代分子生物学的发展和生命科学技术的进步，科学家们致力于研究与开发用于疾病预防、诊断和治疗的核酸类药物。核酸类药物通常是指利用基因工程技术或人工合成法制备的一类具有一定遗传特性和药理活性的物质，主要包括质粒 DNA（pDNA）、反义寡核苷酸（ASON）、小干扰 RNA（siRNA）、微 RNA（miRNA）、适配体 RNA（aptamer RNA）和其他基因治疗药物等。表 10-2 展示了 FDA 批准上市的部分核酸类药物。

表 10-2   FDA 批准上市的部分核酸类药物

年份	药品名	商品名（厂家）	载体/药物作用形式	适应证
2003	重组人 p53 腺病毒注射液	Gendicine（Shenzhen sibiono GeneTech）	Ad5-p53/DNA	头颈部鳞状细胞癌
2005	重组人 5 型腺病毒注射液	Oncorine（Shanghai Sunwa BioTech Co.）	ΔE1B ΔE2/Ad5/DNA	晚期鼻咽癌
2012	alipogene tiparvovec	Glybera（UniCure Inc.）	AAV1-LPL/DNA	脂蛋白脂肪酶缺乏症
2015	talimogene laherparepvec	Imlygic（Amgen Inc.）	HSV-GM-CSF/DNA	黑色素瘤
2017	voretigene neparvovec-rzyl	Luxturna（Spark Therapeutic Inc.）	AAV2-RPE65/DNA	双等位基因 RPE65 相关性视网膜营养不良
2019	onasemnogene abeparvovec-xioi	Zolgensma（Novartis AveXis Inc.）	AAV-SMN1/DNA	2 岁以下脊髓性肌萎缩患者
2018	givosiran	Givlaari（Alnylam Pharmaceuticals, Inc.）	GalNAc/siRNA	急性肝卟啉病的成年患者
2019	patisiran	Onpattro（Alnylam Pharmaceuticals, Inc.）	LNPs/siRNA	遗传性转甲状腺素蛋白淀粉样变性引起的多发性周围神经疾病
2023	BNT162b2	Comirnaty（Pfizer/BioNTech）	LNPs/mRNA	SARS-CoV-2
2023	mRNA-1273	Spikevax（Moderna）	LNPs/mRNA	SARS-CoV-2

过去几十年间，核酸类药物的临床应用受到了广泛关注。然而，核酸类药物在临床试验中面临许多障碍，使其取得最终成果受限。与小分子药物和抗体等药物不同，核酸类药物进入细胞依赖内吞机制，这意味着它们需要合适的传递载体才能有效地递送到胞质或细胞核内。目前，大多数临床研究和上市的核酸类药物使用病毒载体作为基因传递系统。尽管病毒载体在基因治疗领域取得了一定进展，但仍存在许多问题，包括致癌性、免疫原性、广泛的趋向性、包装能力有限以及大规模生产困难等。科学家们正努力构建更好的基因传递系统，以有效平衡核酸类药物临床应用的可行性、转染效率和安全性。近年来，非病毒载体显示出解决这些问题的潜力，特别是其能够降低免疫原性并提高安全性。此外，与病毒载体相比，非病毒载体能递送分子量更大的遗传物质，并且通常更易于合成和大规模生产。基于不断发展和成熟的生物纳米技术，非病毒载体还可以被设计用于实现特定的功能，如靶向输送、成像追踪以及光热联合疗法等。然而，相对于病毒载体，非病毒载体的转染效率较低，导致最终蛋白质表达效果不佳。因此，到目前为止，只有少量基于非病毒载体的核酸类药物获得了临床批准。

核酸药物在发挥药效过程中面临以下挑战。

（1）递送难度   核酸药物需要有效递送到目标组织、细胞及细胞亚结构，但在体内易受到降解和清除作用，且穿越细胞膜的难度大。除一些有限的局部给药外，核酸药物的体内应用必须借助基因递送载体。因此，开发高效的递送系统或载体是一大挑战。

（2）免疫刺激和毒副作用　核酸药物能够诱导免疫反应，可能导致不良反应或免疫毒副作用。此外，一些核酸递送系统本身可能引发免疫反应，导致细胞毒性。因此，确保核酸药物及其递送系统的安全性至关重要。

（3）特异性问题　核酸药物通常需要对特定基因或调控目标发挥作用，但由于生物体内复杂的基因表达调控机制，核酸药物在特异性方面可能存在挑战。确保核酸药物的选择性和有效性是重要问题。

（4）规模化生产和成本　核酸药物的生产和纯化工艺复杂，成本较高。规模化生产和降低成本是实现核酸药物广泛应用的关键问题。

一、核酸类药物制剂生产工艺

（一）病毒载体递送系统——腺相关病毒的主要生产工序与洁净度要求

病毒载体生产流程可以分为上游和下游过程，所有需要细胞培养的步骤都构成上游过程，而病毒纯化、制剂和分装则构成下游过程。一个成功的病毒生产工艺必须提供一致的、高纯度的、高滴度的产品，该产品必须具有良好的安全性和有效性。

腺相关病毒（adeno-associated virus，AAV）是一种非包膜病毒，属于微小病毒科依赖病毒属，是一类无法自主复制、无被膜的 20 面体微小病毒，其直径仅 18 ～ 26nm，含有 4.7kb 左右的线状单链 DNA 作为基因组。临床采用的重组腺相关病毒（recombination adeno-associated virus, rAAV）载体是在非致病的野生型 AAV 基础上改造而成的基因载体。AAV 核心优势是安全性高、不整合宿主基因组和组织特异性靶向。AAV 是目前最安全的病毒载体之一，有免疫原性低、非致病性的特点。因为 AAV 缺乏独立复制能力，只有当辅助病毒（腺病毒、单纯疱疹病毒）存在时才能复制、感染并裂解宿主细胞，否则只能达到溶源性潜伏感染（感染宿主细胞并潜伏，但不会裂解宿主细胞）。

病毒载体的生产涉及多项工艺，步骤烦琐。病毒载体生产的上游主要包括病毒构建（转染）和细胞扩增培养，下游则包括细胞裂解、澄清、浓缩、洗滤、色谱纯化、精制及除菌过滤等多项工艺。

此外，为有效增加核酸类药物的溶解性并提高其物理化学稳定性，通常会在处方中添加适宜的制剂辅料，包括渗透剂、缓冲液、盐类、表面活性剂及金属离子络合剂等。蔗糖、甘露醇、海藻糖和乳糖等是制剂处方中使用广泛的渗透剂，研究表明，蔗糖可以在下游苛刻的纯化过程中提高 AAV 的稳定性，进而显著提高病毒载体产量。pH 值及缓冲液类型对病毒衣壳蛋白质的稳定性具有重要影响，磷酸盐缓冲液在冷冻或冻干状态下会造成剧烈的 pH 值改变，因此，通常不推荐将其用于病毒载体的长期贮存。为避免 AAV 载体的聚集、吸附，通常会在制剂处方中添加适宜浓度的中性盐及非离子型表面活性剂（如泊洛沙姆 188）。另外，病毒衣壳蛋白质易受生物制品原液及辅料中金属离子杂质的影响而氧化，在处方开发中应考虑添加金属离子络合剂。

下面将以 AAV 为例，分别介绍其上游生产工艺和下游生产工艺。

（1）上游生产工艺　包括以下步骤。

① 细胞培养。AAV 的生产通常使用包装细胞（如 HEK293 细胞系）。细胞需要在适当的培

养基中进行培养，提供充足的营养和生长环境。

② 转染。将 AAV 的载体质粒和辅助质粒转染到包装细胞中。载体质粒包含待生产的 AAV 基因序列，辅助质粒则提供 AAV 复制和包装所需的辅助基因。

③ 病毒复制和包装。在转染后，辅助质粒中的辅助基因会启动 AAV 的复制和包装过程。这个过程中，AAV 的基因组会从载体质粒中复制并包装成病毒颗粒。

④ 病毒提取。在复制和包装完成后，细胞培养液中含有 AAV 的病毒颗粒。这时，可以采用不同的方法，如离心、滤过等，进行病毒的提取和纯化，以得到纯化的 AAV 病毒预料。

上游加工从细胞或培养基收获开始。各种封装系统中杂质的多样性对纯化策略至关重要。经过破碎澄清后的粗提物中包含 rAAV 载体、细胞宿主碎片、蛋白质、基因组 DNA、血清蛋白、培养基的部分成分、辅助 DNA 或辅助病毒等成分。这些杂质可能毒害细胞，降低转染效率，甚至诱发全身免疫反应或炎症反应。与其他重组蛋白质制剂一样，临床级 rAAV 载体受到监管机构严格的纯度、功效和安全标准的审查。rAAV 需要在整个纯化过程中尽可能保持病毒活性完整。

（2）下游生产工艺 包括以下步骤。

① 病毒浓缩。为了提高病毒的浓度，通常需要对病毒原料进行浓缩处理。常用的方法包括滤膜浓缩和差速离心等。

② 病毒纯化。为了除去细胞残留物和其他杂质，对病毒进行纯化处理。常用的纯化技术包括密度梯度离心、离子交换色谱、亲和色谱等。

③ 病毒形态分析和活性确认。对纯化的病毒进行形态分析，如电子显微镜观察，以验证病毒的完整性和形态。同时，也需要确认病毒的感染能力和功能。

④ 病毒冻干。将纯化的病毒样品进行冻干处理，以便于长期保存和运输。

相较于蛋白质类药物，AAV 药物对工艺步骤的耐受性较高，但应强调 AAV 制剂通常情况下多为液体制剂，极易滋生微生物导致热原污染，在灌装过程中必须符合无菌灌装相关要求，最大限度减少人工干预对无菌灌装工艺造成的影响，从而保证终产品的无菌性、无热原等。

根据工艺流程（图 10-8），将种子复苏和细胞扩增等有直接细胞暴露操作的功能作为第一

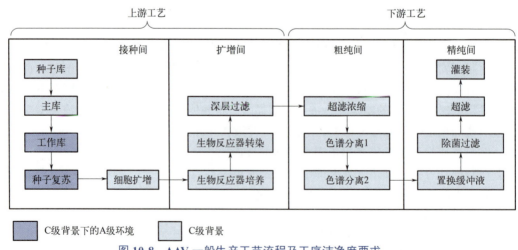

图 10-8　AAV 一般生产工艺流程及工序洁净度要求

个功能间（接种间），同时接种间还兼有建库功能；将通过密闭生物反应器完成的细胞培养、质粒转染及病毒载体扩增等操作，并允许细胞和病毒共存的工艺区域作为第二个功能间（扩增间）；将超滤浓缩、色谱分离 1、色谱分离 2 等一系列有病毒纯化操作的下游纯化工艺作为第三个功能间（粗纯间）；将置换缓冲液、除菌过滤、超滤及原液灌装作为第四个功能间（精纯间）。

本工艺不存在实际的 D 级洁净区；C 级洁净区为主要的操作功能间，涉及原辅料暴露操作的功能间以及配套的走道功能间；A 级洁净区（静态）主要为活性物质直接暴露的区域以及粉尘暴露对人员有危害的区域，本工艺主要使用生物安全柜和负压称量罩。

病毒载体递送系统在 BSL-2 实验室（生物安全 2 级实验室）中进行，主要功能间直接接触生物活性物质，全部定义为 P2 等级。

（二）非病毒载体——脂质纳米粒（LNP）的主要生产工序

随着两款新型冠状病毒 mRNA 疫苗的上市，LNP 成为目前极其热门的核酸药物非病毒载体。LNP 制剂的关键辅料包括阳离子脂质（如 DOTAP-Cl、DLin-MC$_3$-DMA、DC-Chol）、胆固醇、辅助型脂质（如 DOPE）、聚乙二醇化磷脂、稳定剂（如蔗糖、海藻糖）等。其中，阳离子脂质被认为是处方组成中最重要的成分之一，与带负电的 mRNA 结合可以促进其包封及细胞内释放，可电离脂质在酸性环境下质子化，有助于 mRNA 从体内逃逸到细胞质；胆固醇有助于维持 LNP 的结构完整性，同时调节其流动性及稳定性；辅助型脂质可以促进 LNP 结构与细胞膜的融合，提高 mRNA 的递送效率；聚乙二醇化磷脂通过在 LNP 表面形成一层保护膜，减少粒子与体内血浆蛋白的非特异性相互作用，延长其体内循环时间；蔗糖和海藻糖等可以作为稳定剂以提高 mRNA-LNP 的稳定性。此外，mRNA 浓度、各脂质成分及比例、氮磷比（N/P）等参数在处方开发中至关重要，将直接影响纳米粒子的稳定性及电位等性能。

LNP 的制备方法有挤出法、薄膜水化法、高压均质法、微流控技术等，其中微流控技术由于具有简便快速、条件温和、易实现放大生产等优点被广泛应用。mRNA 的包封主要依靠疏水力和静电力驱动。T 形或 Y 形微流控器件是典型的生产设备结构。

首先将四种脂质溶于乙醇等溶剂中，由于不存在任何反离子，阳离子脂质在乙醇溶液中呈电中性；将 mRNA 溶于酸性缓冲液中。然后将两相溶液分别注入制备系统的两条入口通道，每股液流中成分的浓度对所得 LNP 的粒径和有效的 mRNA 包封都很重要。两股进样液流在外力驱动下在混合通道中接触、混合，脂质在水、乙醇溶剂中的溶解度低，阳离子脂质离子化后与带负电荷的 mRNA 结合，形成 mRNA-LNP，并以单股液流流出设备。通过改变流体注入速度和比例可以控制 LNP 的粒径。随后通过稀释、透析或切向流过滤去除未包封的核酸、多余的脂质和乙醇等物质；通过缓冲液置换并添加冻干保护剂，将 pH 提高至 7.4，中和多余的阳离子脂质，使 LNP 不带电荷。包封后的 mRNA-LNP 经透析浓缩、过滤等步骤去除细菌、裸 mRNA、空载 LNP 和乙醇等物质，再调节 pH，获得 mRNA 制剂原液。mRNA 包裹后续工艺除除菌过滤外，并无进一步纯化手段，因此保证超滤纯化过程中制剂质量的稳定至关重要。鉴于大规模生产过程中制剂工艺的稳定性需求，多以切向流过滤取代透析技术以进行超滤纯化。在全面考察切向流过滤工艺过程中，需要通过 QbD 分析影响质量属性的关键工艺参数，包含剪切力、进口流速及跨膜压差控制、换液倍数等，从而确保并优化最终产品的质量。mRNA 制剂原液经 0.22μm 滤膜过滤，按照无菌注射剂产品分装要求进行灌装，从而得到用于人体的 mRNA 疫苗，在整个生产过程中都应注意避免 RNA 酶的污染。

LNP 为可最终无菌过滤的产品，其生产区域按照 C 级洁净度设计。LNP 的生产工艺流程如图 10-9 所示。

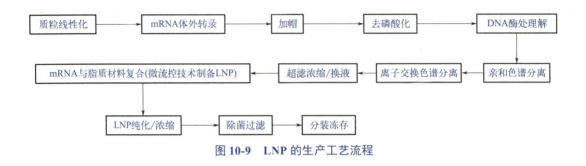

图 10-9　LNP 的生产工艺流程

二、核酸类药物制剂生产控制要点、常见问题及对策

（一）病毒载体的生产控制要点、常见问题及对策

1. 生产控制要点

安全、稳定、有效是所有药物的三大基本前提。病毒载体的生产过程相当复杂，需要严格的质量控制。以下是几个关键的控制要点。

（1）细胞培养　高质量的 AAV 的生产始于健康且稳定的细胞株。细胞需要在适当的条件下培养，包括适宜的氧气水平、营养供应和温度。需要监测的关键参数包括细胞的生长率、形态和纯度。

（2）病毒载体设计　AAV 载体包含用于基因疗法的特定基因序列，因此需要确保载体的精确设计。这包括正确的启动子、所需基因和终止信号。

（3）转染　在生产 AAV 的过程中，需将质粒 DNA（包括载体质粒、辅助质粒以及腺病毒质粒）转染到宿主细胞。这一步骤的效率关系到生产的成功与否，需要进行严格的监控和控制。

（4）收集病毒　细胞中制备的病毒需要通过适当的方法收集，常见的方法包括超声、细胞裂解等。收集过程需要对病毒颗粒进行温和处理，避免损伤。

（5）病毒纯化　需要采取如离心、梯度色谱分离等技术去除细胞残留物和未包封的 DNA，优化产物的纯度。

（6）定量和表征　需要准确测定 AAV 的滴度，确保其活性。同样，也要检查载体中的基因序列是否正确。

（7）质量测试　要对 AAV 样品进行多方面的质量控制测试，包括微生物污染、蛋白质纯度、内毒素水平等。

（8）储存和运输　AAV 应在适当的条件下储存和运输，以维持其稳定性和活性。

2. 常见问题及对策

（1）生产成本问题 质粒是 AAV 的主要成本来源，如何减少瞬时转染所需的质粒数量以及提高转染效率是面临的主要挑战。优化质粒的生产工艺（提升产率与质量）和减少下游质粒的使用量（如开发效率高的转染试剂）能大幅降低 AAV 载体生产成本。

（2）去除工艺相关杂质和产品相关杂质 病毒载体下游加工的主要挑战是如何从结构上密切相关的杂质（如空壳病毒）中分离载体。尽管空颗粒在基因治疗中起着重要作用，但一些残留的空颗粒可能诱导衣壳特异性 T 细胞反应。产品相关杂质如空壳病毒、聚集体和降解产物等较难去除，特别是空壳病毒，其在患者体内不仅会竞争细胞表面有限的受体，而且还有引起过度免疫反应的隐患。由于空壳病毒和完整病毒仅等电点存在细微差异，因此分离困难，通过高分辨率阴离子交换树脂可以降低空壳病毒比例。

（二）LNP 载体递送的生产控制要点、常见问题及对策

为了提高 LNP 对 mRNA 的递送效率，使 LNP 突破特异性屏障达到靶组织，有效地将核酸释放到细胞质基质中，需要针对不同的产品特性制订不同的工艺开发策略，这些都可以通过调整 LNP 体系的配方和物理化学性质来实现。这些优化主要影响 LNP 循环半衰期、巨噬细胞摄取、组织定位等。

1. 粒径控制

LNP 的平均粒径和粒径分布是关键指标，通常使用动态光散射法（DLS）测定。粒径调控可以通过改变 PEG 脂质百分比或混合条件实现。粒径范围应在 20~200 nm，便于稳定悬浮并穿透细胞外基质。粒径大小影响内吞、分布、降解和清除速度。

2. Zeta 电位

表面电荷影响 LNP 与细胞膜和生物环境的相互作用。由于细胞膜带负电荷，具有负表面电荷的 LNP 容易被膜排斥，不易被细胞内吞；另一方面，带正电荷的 LNP 可能直接破坏细胞膜并引起细胞毒性。因此，可电离脂质在 LNP 设计中至关重要。可电离脂质在生理 pH 下是电中性的，可避免任何不需要的静电相互作用，但在 LNP 被细胞内吞后，可离子化阳离子脂质会在酸性环境下离子化，从而帮助 LNP 进行内涵体逃逸。

3. 包封率

包封率表示包封在脂质纳米颗粒内的 mRNA 占总 mRNA 的比例。未包封的 mRNA 几乎不被细胞吸收，会迅速降解，因此无法翻译。如果 mRNA-LNP 的生物活性较低，原因可能是多方面的，但如果知道包封在纳米脂质颗粒内的 mRNA 含量正常，则可以排除制剂包封过程中的问题。通过对包封率的检测，不仅可以摸索 LNP 配方和包封参数，也能检测 mRNA-LNP 稳定性随时间而发生的变化，通过调整 N/P 可以提高 LNP 包封率。

4. PDI

PDI 是用来表示 LNP 粒径分布均匀程度的重要指标。PDI 越小，说明样品的尺寸分布越均匀；而 PDI 越大，说明样品的尺寸分布越不均匀。单分散的 LNP 样品的 PDI 一般小于等于 0.1，而高度多分散的样品的 PDI 一般大于等于 0.2。为了降低 PDI，可以优化脂质成分或提高混合速率。

mRNA-LNP 疫苗主要质量控制指标如表 10-3 所示。

表 10-3　mRNA-LNP 疫苗主要质量控制指标

DNA 转录模板	mRNA 原液	中间产物	成品
DNA 模板鉴别	mRNA 鉴别	物理特性（pH、外观、粒径、PDI、Zeta 电位）	产品鉴别与 mRNA 序列确认
DNA 模板浓度	mRNA 序列长度、完整性及准确性	mRNA 序列长度、完整性及准确性	含量检测（包括 mRNA 含量、完整性、纯度，递送系统各组分含量）
测序	mRNA 浓度、修饰核苷比例	鉴别	理化性质（包括外观、粒径及 PDI、Zeta 电位、pH 等）
纯度	加帽率、完整性、纯度	含量测定（包括核酸浓度、mRNA 包封率）	纯度及工艺相关杂质残留
线性效率	物理特性（如外观、pH 等）	工艺相关杂质残留	生物学活性检测
杂质残留、微生物限度、内毒素检测	工艺相关杂质（如蛋白质残留、有机溶剂残留、DNA 模板残留等）	安全性相关分析（包括内毒素、无菌检查）	安全性指标（包括内毒素、异常毒性、无菌检查）

三、核酸类药物制剂实例

❖ **例 10-5　帕替西兰脂质纳米颗粒**

适用于治疗成人 hATTR 淀粉样变的多发性神经病。

【处方】

帕替西兰（Patisiran）	2mg
胆固醇	6.2mg
DLin-MC$_3$-DMA	13.0mg
DSPC	3.3mg
PEG 2000-C-DMG	1.6mg
磷酸二氢钾	0.2mg
氯化钠	8.8mg
磷酸氢二钠	2.3mg
注射用水	适量

【处方分析】帕替西兰为主要成分。胆固醇可稳定纳米粒结构，通过低密度脂蛋白受体介导进行胞吞作用，影响细胞膜的形态，显著减少 LNP 表面结合蛋白质的数量，并改善循环半衰期。DLin-MC$_3$-DMA 为可电离类脂质，与核酸静电吸附，在低于

解离常数（pK_a）的 pH 条件下带正电荷。其作用一是促进 LNP 中核酸包封，二是介导核内体膜破坏，使核酸释放到细胞质中。DSPC 为辅助磷脂，加快 LNP 在细胞中的结构转化，从而加速药物释放，还能增强 LNP 的膜稳定性，在内涵体逃逸时，其又能破坏内涵体的稳定性，提高核酸递送效率。PEG 2000-C-DMG 聚乙二醇化磷脂可提高纳米粒整体稳定性，降低纳米粒药物在血液中的代谢，极大地影响 LNP 的粒径、稳定性、体内分布和转染效率等关键特性；注射用水为溶剂；氯化钠为渗透压调节剂；磷酸二氢钾和磷酸氢二钠为 pH 调节剂。

【制备工艺】DLin-MC$_3$-DMA、胆固醇、DSPC 和 PEG 2000-C-DMG 按照物质的量之比为（40～50）：（30～40）：10：（1～10）在乙醇溶液中配制。随后，将该乙醇溶液与含有 siRNA 的水溶液（pH 4）迅速混合。在混合过程中，N/P 为 6，而水与乙醇的体积比为 3：1。混合后的 LNP 溶液在 pH4 的缓冲液中进行透析，以去除微量乙醇。将缓冲液的 pH 值调整至 7.4，继续透析。最终，过滤除菌，得到 LNP 溶液。

【规格】100mg/5mL。

【注解】Onpattro（商品名为 Patisiran）是由美国 Alnylam 公司开发的一种特异性靶向 hATTR 基因表达的 siRNA 药物。它是世界上第一款基于 2006 年 RNA 干扰（RNAi）原理研发并获批上市的 siRNA 药物，也是首个采用非病毒载体给药系统的基因治疗药物。通过静脉注射，Onpattro 能够将 siRNA 直接递送到肝脏细胞内，特异性地沉默 hATTR 基因的表达，从而减少人体产生 hTTR 蛋白的数量。这样一来，周围神经中淀粉样沉积物（hTTR）的积累逐渐减少，最终达到治疗该疾病的目的。

第五节　细胞药物制剂工艺

细胞疗法是指将活细胞转入人体进行治疗的方法，主要用于治疗、修复或替代受损或功能缺乏的组织或器官，所以细胞药物制剂就是指这些用于治疗的活细胞。细胞药物制剂利用活细胞的独特性质，如长循环性、低免疫原性、可形变性、对疾病部位的主动趋向性等，可克服传统靶向递送系统面临的快速清除以及靶向效率不足等局限，从而实现药物在体内的高效滞留以及对疾病部位的有效富集，在治疗很多重大疾病方面有着广泛的应用前景。虽然细胞药物制剂具有良好的治疗潜力，但目前仍然存在诸多限制因素，例如病患与细胞捐献者之间的匹配难度大、自体细胞治疗的高昂价格等，大规模临床转化目前仍无法实现。

根据细胞来源的不同，细胞药物制剂可以分为以下两类。

1. 自体细胞疗法

是指用于治疗的活细胞来自患者本身。目前已经上市的 CAR-T 疗法具有极其出色的疗效，治疗过程为：采集患者 T 细胞，在体外对其进行基因工程修饰，使其表达特定的嵌合抗原受体（chimeric antigen receptor，CAR），再输回至患者体内，治疗白血病和淋巴瘤等血液肿瘤。需要注意的是，CAR-T 疗法严格意义上是细胞疗法与基因治疗的结合，因为来自患者自身的细胞在体外经过了基因改造。

有一些干细胞疗法也是自体细胞疗法，即患者在出生时即保留了脐带血，并在发生疾病时使用自己的脐带血收集干细胞进行治疗。干细胞疗法更多采用异体疗法。

2. 异体细胞疗法

是指用于治疗的活细胞来自其他捐献者而不是患者本身。目前已经获得批准的多数干细胞疗法属于异体疗法，例如患者使用了来自脐带血库的干细胞，前提是患者与脐带血捐献者能够符合比较严格的匹配要求。

除了干细胞疗法，异体细胞疗法还包括细胞移植疗法，例如胰岛细胞移植用于治疗 1 型糖尿病，视网膜色素上皮细胞移植用于修复受损的视网膜部位来治疗年龄相关性黄斑变性。这些疗法都需要细胞捐献者提供活细胞，转入患者体内实现治疗。

一、细胞药物制剂生产工艺

（一）细胞药物制剂的主要生产工序

近年来，细胞疗法已经取得了显著的进步，并在某些医疗领域中成为一种标准疗法，例如造血干细胞移植，用于治疗大部分血液系统恶性疾病和部分自身免疫性疾病。这种治疗方式的发展极大地提高了疾病患者的生活质量，尤其在抗癌疗法中已经取得了显著成果，例如 CAR-T 疗法（针对血液肿瘤的疗法）和造血干细胞移植。

细胞药物制剂的生产工艺流程是一个系统且复杂的过程，涉及多个关键步骤，包括细胞采集、分离、培养、扩增，基因传递，细胞分化，蛋白质表达，细胞增效和产品纯化检测等。首先，需要从合适的来源采集细胞，如外周血、骨髓或脂肪组织。通过离心、过滤或磁珠分离等技术，对目标细胞进行分离。随后，目标细胞在适宜的培养基、温度和气体环境下进行培养，这有利于细胞增殖和分裂，确保获得足够数量的细胞。同时，需要构建修饰细胞的载体，并将目标基因或修饰因子导入细胞中。常用的方法包括转染和电穿孔。在细胞药物制剂的生产过程中，还需要进行细胞分化、蛋白质表达和细胞增效等步骤。细胞分化是将细胞引导分化为特定细胞类型，比如将造血干细胞分化为红细胞或白细胞。蛋白质表达是使细胞表达特定的蛋白质，如药物或激素。细胞增效则通过改变细胞功能来增强治疗效果，例如增加药物释放量或改善细胞存活能力。最后，产品需要经过纯化和检测。采用离心、过滤等方法进行纯化，并进行细胞活力检测、蛋白质表达检测等方式，评估产品的质量和效力。最终，根据产品的性质和稳定性，选择合适的存储条件，并采用适当的分发方式，以确保产品的质量和安全性。整个工艺流程需要严格的操作和质量控制，以确保细胞治疗产品的质量和效力。

以下是细胞药物制剂生产工艺的一般步骤。

（1）细胞源的选择与获取　制剂生产首先应明确细胞源。这些细胞可以来自自体（来自患者本人）或异体（来自其他人）。获取细胞的方式通常会根据所选用的细胞类型而有所不同，如从外周血、骨髓或脐带血中获取不同的细胞。

（2）细胞处理与改造　对收集到的细胞进行处理。这包括富集特定类型的细胞（例如 T 细胞或造血干细胞）、激活细胞，并对其进行遗传改造以获得治疗特定疾病所需的功能。例如在 CAR-T 细胞疗法中，T 细胞会被改造以使其表达免疫受体，使这些受体能够识别并杀灭肿瘤细胞。

（3）**细胞扩增**　经过改造的细胞通常要在体外环境中扩增，以获得治疗所需的足够数量。这要求在特定的细胞培养条件下进行，需要用到一些生长因子和营养介质。

（4）**细胞收集与处理**　经过扩增后的产品需要经过收集和处理，以方便安全地使用。这一过程可能包括离心、纯化、浓缩或洗脱等步骤。CAR-T 细胞制品的纯化可以通过多种方法实现，包括使用磁珠分离技术、密度梯度离心或流式细胞排序等；浓缩可以通过离心、过滤或其他物理方法实现。

（5）**质量控制**　在每一步工艺过程中，都需要进行质量监控，包括严格的细菌、真菌、内毒素和支原体检测，细胞计数，测定细胞活性，鉴定细胞表型以及功能分析等。

（6）**冻存和运输**　在整个制品制备过程结束后，细胞产品需要在符合规定的条件下进行冻存。在需要用于临床治疗的时候，要在适当的温度和时间条件下进行运输，以保证产品质量。

（7）**临床使用**　在患者的临床治疗前，还需要对产品进行解冻和配制。

（二）细胞药物制剂的工序洁净度要求

当前，CAR-T 细胞制品的生产需要手动与自动相结合，增加了产品污染风险及产品批次间差异。CAR-T 细胞制品的生产过程需处于 B 级条件下的生物安全柜以保障全过程无菌性，对生产人员的无菌操作要求极高。此外，CAR-T 细胞制品一旦被细菌污染，以当前技术水平难以对其进行除菌，因此，以上步骤必须严格在 GMP 标准规定的环境中进行，以确保产品的一致性和安全性。

细胞药物制剂的一般生产工艺流程及工序洁净度要求见表 10-4 及图 10-10。

表 10-4　细胞药物制剂的工序洁净度要求

洁净度级别	细胞药物制剂生产操作示例
B 级背景下的 A 级	1. 处于未完全密封状态下产品的生产操作和转移； 2. 无法除菌过滤的溶液和培养基的配制； 3. 病毒载体除菌过滤后的分装
C 级背景下的局部 A 级	1. 生产过程中采用注射器对处于完全密封状态下的产品或生产用溶液进行取样； 2. 后续可除菌过滤的溶液配制； 3. 病毒载体的接种和除菌过滤； 4. 质粒的除菌过滤
C 级	1. 产品在培养箱中的培养； 2. 质粒的提取和分离
D 级	1. 采用密闭管路转移产品、溶液或培养基； 2. 采用密闭设备和管路进行的生产操作与取样； 3. 制备质粒的工程菌在密闭罐中的发酵

图 10-10　细胞药物制剂的一般工艺流程

二、CAR-T 细胞药物制剂生产控制要点、常见问题及对策

CAR-T 疗法是细胞疗法中最成功和最具代表性的形式之一，以其在多种血液恶性肿瘤治疗中的显著疗效而受到广泛关注，因此，本节以 CAR-T 细胞药物制剂的生产为例来介绍相关生产控制要点、常见问题及对策。CAR-T 细胞药物制剂的生产过程复杂，涉及细胞采集、激活、转染和扩增等多个环节，每个环节都需要严格的控制措施以确保产品的安全性和有效性。此外，在这一生产过程中可能会遇到诸如细胞质量不稳定、转染效率不达标及污染等常见问题。因此，深入了解 CAR-T 细胞药物制剂生产的控制要点以及应对策略，将为改进生产流程、提升产品质量提供重要参考。

（一）生产控制要点

CAR-T 细胞药物制剂的生产失败率一般不超过 20%，其原因主要包括细胞的个体差异、细胞数量以及细胞质量。为最终实现 CAR-T 的商业化，努力优化生产过程的各个环节并进行质量控制十分重要。面对不同肿瘤患者复杂的样品来源，如何实现高效率、标准化、规模化的生产制备，在工艺上又可以通过哪些手段或方案来满足预期的商业化需求，是 CAR-T 制造商共同关注的问题。

由于 CAR-T 细胞药物制剂必须是无菌产品，且其活细胞的特殊属性不能通过最终灭菌手段（过滤或其他灭菌技术）来达到目的，所以首先要保证制备的全过程无菌，这就对设施的洁净度提出很高的要求，应尽量采取封闭式工艺流程避免污染。如有任何开口操作，必须在 B 级环境下的 A 级环境的生物安全柜内实施。细胞分离、激活、病毒转染和细胞扩增是个连续过程，即时性强且不能中断，并以产生一定质量和数目的 CAR-T 细胞为最终目标，所以需要在生产过程中实时取样检测，进行质量控制并采集相关工艺参数，经过及时反馈和决策后决定收获时间。对最终产品还要进行一系列的质量放行检验，所涉及的检验项目主要关注产品的安全性和效能，安全性指标包括无菌、无支原体和无内毒素，并严格控制工艺过程中引入的杂质及其残留量等。

图 10-11 为 CAR-T 细胞药物制剂的生产工艺流程及工序洁净度要求。

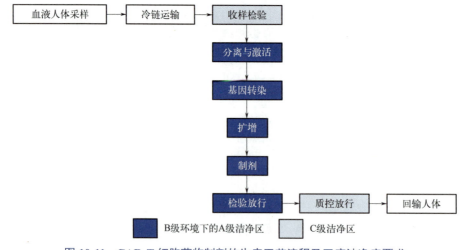

图 10-11 CAR-T 细胞药物制剂的生产工艺流程及工序洁净度要求

1. 细胞分离和激活

（1）细胞分离 制备 CAR-T 细胞的第一步是从患者（或同种异体供体）的外周血中进行白细胞分离。这一过程涉及收集外周血单个核细胞（PBMC），并利用基于磁珠的技术分离出特定的 T 细胞亚群，如 $CD4^+$、$CD8^+$、$CD25^+$ 或 $CD62L^+$ T 细胞。

在分离过程中，需要考虑尽可能高的细胞回收率，以及去除对后续细胞生产具有影响的杂质，如粒细胞、红细胞和抗凝剂。抗凝剂可以改变细胞特性，在细胞激活过程中产生影响，而红细胞可能会影响产品的临床效果。

（2）细胞激活 T 细胞的激活是通过第一（T 细胞受体 TCR）和第二（如 CD28、4-1BB 或 OX40 等共刺激信号）信号的共同作用来实现的。第一信号通过 T 细胞受体与特异性抗原肽 -MHC 复合物结合，引发 T 细胞的激活和增殖反应；而第二信号则提供了额外的共刺激信号，进一步增强 T 细胞的激活和增殖，否则 T 细胞会因活化不充分而处于无能状态，甚至可能发生凋亡。

尽管自体抗原呈递细胞（如树突状细胞）是激活 T 细胞反应的内源性激活剂，但它们的效力在不同患者之间存在差异，因此很难作为可靠的 T 细胞激活来源。为解决这个问题，研究人员开发了多种方法来实现 T 细胞的可控激活。

细胞的激活过程会引发细胞分裂，并促进基因转染，因此细胞激活方式与后续基因转染的效率密切相关。因此，正确选择适当的细胞激活方法对于 CAR-T 细胞药物制剂的制备非常重要，以确保细胞的充分激活和基因转染的高效进行。

2. 细胞改造

CAR-T 细胞的核心技术是在 T 细胞上实现肿瘤 CAR 的表达。在这一步骤中，需要利用载体将 CAR 基因导入到 T 细胞中。理想的载体应具有转染效率高、稳定性好且不会引起机体免疫反应等特点。

目前有多种方法可用于 T 细胞的基因修饰，其中包括病毒载体转染技术和非病毒载体转染技术。病毒载体转染是常用的方法之一，其中，γ- 逆转录病毒和慢病毒载体是用于 CAR-T 细胞药物制剂生产的主要病毒载体类型。

（1）慢病毒载体 慢病毒载体（lentiviral vectors，LVs）能有效地将外源基因或外源短发夹 RNA（shRNA）整合到宿主染色体上，实现持久性表达。LVs 具有携带负载量大、整合后启动活性等优势。在 CAR-T 细胞生产工艺中，使用 LVs 是导入 CAR 至 T 细胞的关键步骤。LVs 的规模化生产能力、成本和质量直接影响 CAR-T 产品的应用。虽然 CAR-T 细胞需个性化制备，但编码 CAR 的病毒载体可大规模生产并长期贮存。

（2）基因编辑 目前 CAR-T 细胞主要采用自体疗法，但面临着成本高、等待时间长、T 细胞质量参差不齐、治疗实体瘤效果不佳等问题。因此，同种异体（通用型）CAR-T 的开发变得尤为重要。

基因编辑技术通过靶向插入外源基因或定向敲除内源基因，可以精确构建 CAR-T 细胞，已被广泛应用于同种异体 CAR-T 疗法的研发。CRISPR-Cas9 是目前应用最广泛、研究最深入的基因编辑工具之一。相比于 TALENs 和 ZFNs，CRISRP-Cas9 具有更高的精确性，能减少脱靶效应带来的副作用，并有利于规模化生产。

同种异体 CAR-T 的生产过程与自体 CAR-T 大体相似，不同之处在于同种异体 CAR-T 的原材料来自健康供者而非患者。在基因编辑的同种异体 CAR-T 生产过程中，增加了使用基因编辑工具改造特定基因的步骤。

（3）**电穿孔** 电穿孔是一种常用的非病毒转染方法，通过短暂的电脉冲使细胞产生通透性，以便注入编码目的基因的 DNA 或 RNA。利用电穿孔进行 mRNA 转染的效率通常在 90% 以上，设计相对简单且经济实惠。相比于病毒转染，利用 mRNA 电穿孔介导 CAR 基因表达可能更安全。与稳定和永久表达转基因的病毒转染或 DNA 转染不同，mRNA 转染提供了一种细胞质表达系统，可以实现 CAR 基因的瞬时表达。

3. 细胞扩增和洗涤

经过基因修饰后，为了获得治疗所需剂量，CAR-T 细胞需要进行大规模的体外扩增，通常为十亿至百亿个细胞。扩增 T 细胞仍然是 CAR-T 疗法的主要挑战之一，部分患者无法接受该疗法的原因就是 T 细胞在体外扩增不足，未能达到目标剂量。目前主要采用摇摆式生物反应器进行扩增，另外还有自动化的细胞生产设备，能够高效地制备大量 CAR-T 细胞，减少人为操作。

4. 质量监控

CAR-T 细胞药物制剂产品的质量标准至少应包括：CAR 种类鉴别、外观、细胞活率、$CD3^+$ T 细胞比例、$CD3^+CAR$-T 细胞比例、细胞计数、肿瘤细胞残留、生物学活性、平均载体拷贝数、无菌、内毒素、支原体和磁珠残留等。其他分析项目，如细胞分型，可考虑作为报告项进行分析，将结果汇总入检验报告中，并定期与临床有效性和安全性数据进行相关性分析，可不作为控制指标。

5. 冻存

细胞扩增后体积可能达到 5L，但在回输给患者之前，CAR-T 细胞需要浓缩至一定体积并冻存。冻存步骤允许根据需要灵活安排患者的输液时间，并进行质量控制测试。采用经过验证的冻存方法对于大规模生产至关重要，直接影响最终回输给患者时细胞的状态和数量。稳健的工艺支持能避免细胞活性的下降、细胞数量的损失和污染的发生。

生产 CAR-T 细胞药物制剂的制备车间（分离与激活、基因转染、扩增、制剂、检验放行）均需要在洁净生产环境中完成。CAR-T 细胞药物制剂生产区域为 B 级洁净区域，生产辅助区域为 C 级洁净区域。

（二）常见问题及对策

CAR-T 细胞药物制剂制造面临着一系列挑战，包括 T 细胞的获取、分离筛选、转染、培养扩增和起始 T 细胞表型选择等多个环节。通过对这些环节方法的优化，可以提高 CAR-T 细胞药物制剂产品的临床疗效，并减少毒副作用。目前，FDA 已批准的 CAR-T 细胞药物制剂主要来自自体，这样能避免同种异体排斥和移植物抗宿主病（graft versus host disease，GVHD）的风险。然而，自体来源的细胞存在获取难度大和质量无法保证的问题。因此，使用健康捐献者的细胞生产 CAR-T 细胞药物制剂产品是解决低质量 CAR-T 细胞来源问题的一种方案。早期的临床研究证明，对于异基因移植后疾病复发的患者，使用供体来源的 CAR-T 细胞是可行的，且具有较低的 GVHD 发生风险。此外，供者来源的 T 细胞有助于开发通用的 CAR-T 产品，这对解决 CAR-T 细胞来源不足、质量低劣以及生产周期长等问题具有重要意义，但需要进行额外的基因修饰以降低免疫排斥和 GVHD 发生的风险。

另外，研究表明，CAR-T 细胞药物制剂产品中初始 T 细胞表型对于后续的临床反应起着重要作用。特定的 T 细胞表型，如中央记忆型 T 细胞、干细胞样记忆型 T 细胞和前体 T 细胞，可能提高 CAR-T 细胞的扩增能力和持久性。

此外，CAR-T 细胞药物制剂的输注时机也对治疗反应有重要影响。通过技术优化，缩短 CAR-T 细胞药物制剂的生产周期，有望减少患者的病情延误情况，使更多的患者受益。

三、活细胞药物制剂实例

❖ 例 10-6　PROCHYMAL 人间充质干细胞药物

PROCHYMAL（remstemcell-L）是一种体外培养的人间充质干细胞（hMSCs）的液体细胞悬液，用于静脉输注。

【处方】

hMSCs	100×10^6 个
Plasma-Lyte A®	13.5mL
DMSO	1.5mL
人血清白蛋白（HSA）	0.75g

【处方分析】PROCHYMAL 的活性成分是体外培养的 hMSCs。HSA、DMSO 和 Plasma-Lyte A® 是在冷冻和解冻过程中维持稳定、有活力的细胞所需的赋形剂。pH7.4 的 Plasma-Lyte A® 是一种具有生理渗透压和 pH 值的电解质溶液。

【制备工艺】hMSCs 来源于人类白细胞抗原（HLA）不匹配的健康成人供者的骨髓。由于 hMSCs 的低免疫原性，hMSCs 的使用不需要患者特异性的血型或 HLA 匹配。hMSCs 是中胚层来源的未分化干细胞，是在制造过程中没有被遗传操纵或永生化的原代细胞。在无菌条件下通过分离和培养扩增的过程制造 hMSCs。PROCHYMAL 作为冷冻袋中的冷冻细胞悬浮液提供。在静脉给药前，应将细胞解冻并稀释。

【规格】15mL：100×10^6 个

【注解】PROCHYMAL 用于治疗儿童急性移植物抗宿主病（aGVHD）。急性 GVHD 对全身糖皮质激素和其他免疫抑制剂治疗无效。本品可用于任何器官的 C 级和 D 级疾病，也可用于治疗累及任何内脏器官的 B 级 aGVHD，包括胃肠道和肝脏，但不包括皮肤。对严重难治性 aGVHD 患者的临床研究表明，在开始治疗后 28 天，病人的 aGVHD 有临床意义的总体反应。aGVHD 治疗应在经验丰富的专业医疗人员的监督下进行。一旦解冻，PROCHYMAL 呈现一种透明至淡黄色液体，溶液中没有可见微粒。给药前，应目检非消化道药品的颗粒物，含有可见颗粒物质的药品应丢弃。

PROCHYMAL 被包装冷冻在 50mL 低温冷冻容器中，该容器为非热原（≤0.5EU/mL），经 γ 射线灭菌（25～40kGy），乙烯 - 醋酸乙烯酯共聚物（EVA）冷冻容器，带有集成连接管、端口密封和标签口袋。

❖ 例 10-7　Abecma CAR-T 细胞

CAR-T 细胞是一种经过修饰的 T 细胞，其表达的 CAR 可靶向仅在肿瘤组织中表达的特定抗原。这些 T 细胞通过细胞分离术从患者采集的自体 T 细胞培养产生，因此代表了一种个体化治疗方法。本品用于治疗既往接受过至少 3 种治疗（包括免疫调节药物、蛋白酶抑制剂和抗 CD38 抗体），并且最后一种治疗无效的多发性骨髓瘤成人患者。

【处方】

CAR-T 细胞悬液　　　　　450×10^6 个（$275 \times 10^6 \sim 520 \times 10^6$ 个）

【处方分析】Abecma CAR-T 细胞是靶向 B 细胞成熟抗原（BCMA）的嵌合抗原受体的阳性 T 细胞，能有效杀伤癌变 B 细胞。

【制备工艺】自患者体内提取 T 细胞后改造扩增。

【规格】450×10^6 个。

【注解】CAR-T 疗法是一种极具创新性的肿瘤免疫治疗方法，自临床治疗成功以来备受关注。本品以单次治疗的形式在一个或多个患者特异性输液袋中提供，目标剂量为 450×10^6 个 CAR-T 细胞。预处理包括使用淋巴细胞清除性化疗（LDC），即静脉注射环磷酰胺 $300mg/m^2$ 和氟达拉滨 $30mg/m^2$，均持续 3 天。本品输注将在 LDC 完成后 2 日进行。

（编写者：王朝辉；审校者：陈全民、刘惠）

 思考题

1. 画出单克隆抗体药物制剂生产工艺流程框图（可用箭头图表示）。
2. 画出疫苗制剂生产工艺流程框图（可用箭头图表示）。
3. 简述 LNP 载体递送核酸类药物生产常见问题及对策。
4. 简述细胞疗法和细胞药物制剂的分类及特点。

参考文献

[1] 曹天睿. 标准规范 CAR-T 细胞治疗产品全流程管理 [J]. 质量与标准化，2023（7）：14-16.

[2] 宋杨，刘曦，李林 . CAR-T 细胞治疗产品工程设计要点分析 [J]. 中国医药工业杂志，2020, 51（1）：125-129.

[3] 蒋巧红 . CAR-T 生产厂房层高需求探讨 [J]. 化工与医药工程，2022, 43（1）：19-24.

[4] 中国医药生物技术 . 嵌合抗原受体修饰 T 细胞（CAR-T 细胞）制剂制备质量管理规范 [S]. 2018.

[5] 食品药品监管总局 . 细胞治疗产品研究与评价技术指导原则（试行）[S]. 2017.

[6] 中国食品药品检定研究院 . CAR-T 细胞治疗产品质量控制检测研究及非临床研究考虑要点 [S]. 2018.

[7] 中国医药生物技术 . 免疫细胞制剂制备质量管理自律规范 [S]. 2016.

[8] 宋杨，杨珺 . 干细胞制剂车间设计探讨 [J]. 中国医药生物技术，2018, 13（4）：377-380.

[9] 王佃亮 . 脐带间充质干细胞制剂生产及相关要求——《脐带间充质干细胞》连载之三 [J]. 中国生物工程杂

志, 2018, 38（10）: 103-107.

[10] 刘鸿斌, 杨俊杰. mRNA 疫苗构建及其规模化生产的概述 [J]. 微生物学免疫学进展, 2023, 51（1）: 49-55.

[11] 杨晓明, 高福, 俞永新, 等. 当代新疫苗 [M]. 2 版. 北京: 高等教育出版社, 2020.

[12] 赵铠, 章以浩, 李河民. 医学生物制品学 [M]. 2 版. 北京: 人民卫生出版社, 2010.

[13] 赵铠. 疫苗研究与应用 [M]. 北京: 人民卫生出版社, 2013.

[14] 郑宁, 高永良. 蛋白多肽类药物制剂学研究进展 [J]. 科学技术与工程, 2004（4）: 317-320, 324.

[15] 吴梧桐. 生物制药工艺学 [M]. 中国医药科技出版社, 2015.

[16] Dobrowsky T, Gianni D, Pieracci J, et al. AAV Manufacturing for Clinical Use: Insights on Current Challenges from the Upstream Process Perspective[J]. Current Opinion in Biomedical Engineering, 2021, 20: 100353.

[17] Rappuoli R, Hanon E. Sustainable Vaccine Development: A Vaccine Manufacturer's Perspective[J]. Current Opinion in Immunology, 2018, 53: 111-118.

[18] Labarta I, Hoffman S, Simpkins A. Manufacturing Strategy for the Production of 200 Million Sterile Doses of an mRNA Vaccine for COVID-19[J]. 2021, 242: 38-55.

[19] 李红, 杨勇, 高灿. 水痘疫苗原液培养技术与生产车间工艺布局设计要点探讨 [J]. 机电信息, 2016（11）: 47-50, 59.

[20] 徐建军, 王宪明, 殷月娣, 等. 冻干水痘减毒活疫苗的生产工艺 [J]. 中国生物制品学杂志, 2002（5）: 297-298.

[21] 郑云飘. 单克隆抗体生产车间的工程设计要点及案例分析 [J]. 化工与医药工程, 2016, 37（4）: 29-32.

[22] 韩飞. 单克隆抗体原液生产车间布置分析 [J]. 化工与医药工程, 2018, 39（6）: 16-20.

[23] 刘曦. 单克隆抗体的制备现状及应用前景 [J]. 化工设计通讯, 2016, 42（4）: 200.

[24] 杨菲, 韩冬梅, 何伍.《免疫细胞治疗产品药学研究与评价技术指导原则（试行）》解读 [J]. 中国新药杂志, 2023, 32（2）: 123-127.

[25] Canada.Health Products and Food Branch.Guidance Document: Preparation of Clinical Trial Applications for use of Cell Therapy Products in Humans[S]. 2015.

[26] U.S. FDA. Chemistry, Manufacturing, and Control（CMC）Information for Human Gene Therapy Investigational New Drug Applications（INDs）[S].2019.

[27] 曹萌, 李建平. CAR-T 细胞技术产品欧美监管情况探讨 [J]. 中国医药工业杂志, 2018, 49（10）: 1459-1464.

[28] 常洪委, 许龙. 三款 mRNA 疫苗制备工艺技术分析 [J]. 中国医药工业杂志, 2023, 54（2）: 200-206.

[29] 于晓辉, 李启明, 李秀玲, 等, 人用疫苗规模化生产工艺与技术 [J]. 生物产业技术, 2017（2）: 51-58.

[30] 杨勇, 张垚, 张瑞超. 浅析人用狂犬病疫苗生产厂房的设计要点 [J]. 机电信息, 2016（29）: 50-53.

[31] 罗贤宇. AAV 基因治疗药物生产车间工艺设计探讨及案例分析 [J]. 化工与医药工程, 2022, 43（3）: 38-43.

[32] 王斐, 单雪峰, 戴长河, 等. 水痘减毒活疫苗生产工艺研究 [J]. 中国新药杂志, 2012, 21（10）: 1175-1177.

[33] 张瑞超, 张晓彤. 水痘减毒活疫苗原液生产车间工艺设计分析 [J]. 化工与医药工程, 2020, 41（2）: 34-37.

[34] 蔡蕾, 谢蕾, 程庆, 等. 水痘减毒活疫苗生产场地变更质量可比性研究 [J]. 微生物学免疫学进展, 2018, 46（2）: 40-47.

[35] 杨晓明. 新中国疫苗研制 70 年回顾 [J]. 中国生物制品学杂志, 2019, 32（11）: 1177-1184.

[36] 于晓雯, 曹震, 张健, 等. 细胞治疗产品开发流程及管理对策 [J]. 中国医药生物技术, 2018, 13（3）:

281-285.

[37] 宋杨 . 单克隆抗体药物生产单元与工程设计分析 [J]. 化工与医药工程 , 2018, 39 (2) : 27-30.

[38] 陈雯霏，伍福华，张志荣，等 . 已上市核酸类药物的制剂学研究进展 [J]. 中国医药工业杂志 , 2020, 51 (12) : 1487-1496.

[39] 崔丽莉，张勇 . 上市核酸药物及其脂质纳米递送载体研究进展 [J]. 药学学报 , 2023, 58 (4) : 826-833.

[40] Yu M，Wu J，Shi J，et al. Nanotechnology for Protein Delivery: Overview and Perspectives[J]. Journal of Controlled Release，2016，240：24-37.

[41] Highsmith J. Biologic Therapeutic Drugs: Technologies and Global Markets[M].Wellesley：BCC Research, 2024.